# 现代防雷技术基础

## （第二版）

虞 昊　编著

清华大学出版社
北 京

## 内容简介

21世纪，人类进入信息社会，以微电子技术和计算机网络为依托的信息技术极广泛地渗入政府各个部门、各行各业和所有居民家中，与之不可分离的雷灾迅猛发展。因此，防雷市场扩大极快，大量人员转业、改行到防雷领域，亟须学习现代防雷科技知识。此外，在校各种专业的大学生也需要具备现代防雷基础知识。

由于雷电科学的发展还处在不太成熟的阶段，而防雷减灾还涉及人文科学，因此，防雷需要广泛的基础科学知识。本书适应这种形势，既广泛介绍了有关的自然科学和人文科学基础知识，又介绍了国内外雷灾和防雷实际情况，着重于培养读者的科学思维方法和创新精神。

本书可以供从事防雷工作人员作为专业教材，也可以供理工科大学教师、研究生及本科生作为参考书。



**图书在版编目(CIP)数据**

现代防雷技术基础/虞昊编著. —2版. —北京：清华大学出版社，2005.2(2025.1重印)

ISBN 978-7-302-10111-6

Ⅰ.现… Ⅱ.虞… Ⅲ.防雷—基本知识 Ⅳ.P427.32

中国版本图书馆CIP数据核字(2004)第130810号

**责任编辑**：王一玲　陈　力

**责任印制**：曹婉颖

**出 版 者**：清华大学出版社

**网　　址**：https://www.tup.com.cn，https://www.wqxuetang.com

**地　　址**：北京清华大学学研大厦A座　　**邮　　编**：100084

**社 总 机**：010-83470000　　**邮　　购**：010-62786544

**投稿与读者服务**：010-62776969，c-service@tup.tsinghua.edu.cn

**质 量 反 馈**：010-62772015，zhiliang@tup.tsinghua.edu.cn

**印 装 者**：涿州市般润文化传播有限公司

**经　　销**：全国新华书店

**开　　本**：185mm×260mm　**印　　张**：18.5　**插　　页**：1　**字　　数**：423千字

**版　　次**：2005年2月第2版　**印　　次**：2025年1月第12次印刷

**定　　价**：55.00元

---

产品编号：009099-03

# 前 言

1989年青岛市发生震惊世界的黄岛油库特大火灾，国务院看到雷灾形势的严峻，下令两部一局在各地设防雷中心，增加各部门的防雷经费，从而，我国防雷市场迅速形成，大批人员改行搞防雷。为适应这一形势的急需，也根据不同读者的需求，笔者于1995年先后写了两种版本的《现代防雷技术基础》，分别由气象出版社和清华大学出版社出版。

21世纪的中国已进入信息社会，即使广大农村和普通居民家庭的青少年也广泛使用信息技术，通过网络了解世界。作为信息传递载体的电磁波与闪电产生的脉冲电磁波交织在一起，信息技术设备就难免受干扰破坏，这一总体形势导致两种结果：

(1) 雷灾在量上发生跃变。不仅雷击的数量剧增，而且由于信息系统是现代社会的"脑"和"神经"，雷击造成的社会影响和间接的经济损失极为严重，使得国家不得不在立法上、行政机构上及经费支出上给予特殊的重视。于是，防雷市场迅猛扩大，从事防雷工作的人员迅速增多，因此，整个社会迫切需要防雷科技知识。

(2) 雷灾主要对象发生突变。由于微电子技术渗入社会一切领域，而且这种技术发展变化极其迅速，因此，防雷方法、观念相应地发生很大变化，防雷科技知识包罗万象、日新月异。

因此，主管防雷的行政人员必须有广阔和深厚的自然科学知识基础、良好的人文科学知识基础、高尚的品德和宽广胸怀，并善于尊重、依靠和团结具有其他专长的科技精英共同发展防雷科技，完善我国的防雷工作。

笔者在大学已有53年教龄，但在防雷领域只能算是一个新兵。本书是采集众多科技工作者的知识和劳动成果，加以消化、分析而成。因能力有限，书中可能存在疏漏和不足，恳请读者批评指正。

谨向所有帮助我写成此书的专家和工作人员致谢，特别是清华物理系老学长王淦昌院士和钱伟长院士。

虞 昊

2004年冬于北京

清华园

# 目　录

# 第 1 章　　雷电科学发展简史

## 1.1　中国古代对雷电的认识

公元前 1500 年殷商甲骨文中就有“雷”字，稍晚的西周青铜器上亦有“电”字，它指的是闪电。

最早见诸文字记载的对雷电作科学观察的学者当推东汉哲学家王充(27—约 97)。他在《论衡》中对雷电就作过如下描述：“雷者火也。以人中雷而死，即殉其身，中火则须发烧燋。中身则皮肤灼僖，临其尸上闻火气，一验也。道术之家，以为雷烧石色赤，投于井中，石燋井寒，激声大鸣，若雷之状，二验也。人伤于寒，寒气入腹，腹中素暖，温寒分争，激气雷鸣，三验也。当雷之时，电光时见，大若火之耀，四验也。当雷之击，时或燔人室屋及地草木，五验也。夫论雷之为火有五验，言雷为天怒无一效。”公元 490 年写成的《南齐书》载：“雷震会稽山阴恒山保林寺，刹上四破，电火烧塔下佛面，而窗户不弄也。”北宋科学家沈括(1031—1095)著《梦溪笔谈》描述更详：“内侍李舜举家曾为雷暴所震。其堂之西屋，雷火自窗间出，赫然出檐。人以为堂屋已焚，皆出避之。及雷止，其舍宛然，墙壁窗纸皆黔。有一木格，其中杂贮诸器，其漆器银釦者，银悉熔流在地，漆器皆不焦灼。有一宝刀，极坚钢，就刀室中熔为汁，而室亦俨然。人必谓火当先焚草木，然后流金石。今乃金石皆铄而草木无一毁者，非人情所测也。佛书言，‘龙火得水而炽，人火得水而灭’，此理信然。”南宋初庄绰在《鸡肋篇》中云：“余守南雄州绍兴，丙辰(1136)八月二十四日视事，是日大雷破树者数处，而福慧寺普贤像亦裂，所乘狮子凡金所饰与佛面皆销释，而其余采色如故。与沈所书盖相符也！”明季四公子之一的科学家方以智(1611—1671)进一步概括之：“雷火所及，金石销熔而漆器不坏。”

关于雷击人与物留下纹迹的现象，最早论述的人也是王充。当时人们有鬼神之念者说，雷击死者的尸体上的纹迹乃天神写的罪状，王充在《论衡》卷 6 的《雷虚篇》中斥为虚妄之言。理由是天若要百姓知其罪，就应让人看清所写的字，可是无人识尸体上的字迹，所以它根本不是什么天神之书，乃是火烧之痕迹而已。《太平御览》卷 13 载：公元 406 年 6 月雷震了太庙，墙壁和柱子上“若有文字”。《梦溪笔谈》对这种现象记述得更具体：“余在汉东时，清明日雷震死二人于州守园中，胁上各有两字，如墨笔画，扶疏类柏叶，不知何字。”

关于尖端放电产生的电晕现象，《汉书西域传》载：“元始中(公元 3 年)……矛端生火。”晋《搜神记》云：“公元 304 年，成都王发兵邺城，夜间见‘戟锋皆有火光，遥望如悬烛’。”我们若留心细察古书，揭去古人添加的神秘之说，当可更多地看出他们记叙到的一些自然界的物理现象。历史上还有对无云而雷这种罕见现象的记载,《太平御览》记有:"秦二世六年天无云而雷。""成帝建始四年,无云而风,天雷如击连鼓音,可四、五刻,隆隆如车声。"

我国对雷电现象的科学观察和忠实客观的记述早于欧美逾千年以上,而对其本质的研究和揭示却又晚于欧美百余年。这一现象在其他自然科学领域也存在。中国本是文明古国,而近百年来累遭列强侵略,科学技术落后甚多,思索其原因是非常必要的。仅就雷电科学而言,作者颇倾向于一些学者之见——这与我国千百年来文人的传统坏风尚有关。一种是鄙视科学技术,视为奇器淫巧不足道;另一种则是急功近利,不求甚解,为我所用,借以讽喻世人或君王,而平民百姓愚昧,常以迷信的方式希冀免除大自然之灾祸。古代的所谓圣人之流借雷电之可怕威力喻世人,认为雷电是神灵之一,它要惩恶,可是暴君多,百姓中恶人更多,并未畏之而改恶从善。又如鲁僖公 15 年(公元前 645 年)雷击夷伯之庙,这是展氏祖庙,史书未见说展氏有什么罪恶事迹,《左传》就认为他们祖上有"隐慝"即"阴过"。晋杜预(222—284)著《春秋左氏经传集解》云:"圣人因天地之变,自然之妖,以感动之,知达之君则识先圣之情以自厉,中下之主亦信妖祥以不妄。神道助教,唯此为深。"此文透露了圣人之言的秘密。

但关于被雷击死者身上的纹迹被传为雷公对死者的判罪之文,是颇惑人心的,世人亲睹者极少,即使见之者也受鬼神之说而牵强附会,以讹传讹,至今民间这种迷信犹存,此种现象尚有其社会心理基础。老人、贫者之信教,对自然现象无知而遇困境求助于神灵以自慰,均源于此。在南方多雷区的旷野处,遇到雷暴临空的人,信奉雷公只惩罪犯之说是从心理上避开恐惧的有效方法,许多宗教迷信的流行类似于此。在科学极不发达的古代社会中,这是无可奈何的结果。但是到了今天就应该破除它,因为这种不靠科学靠迷信的做法只会给人们造成灾难,为害社会。中国近代的故步自封、歧视科学的传统思想,严重阻碍了我国的社会进步和经济建设,因此,重视科学和宣传科学知识是极端重要的。

我国历史也有少数进步学者勇敢地反对以神鬼说明雷电及其灾害,其中既包括唯物主义也包括唯心主义者。除王充、沈括这两位著名学者外,文学家柳宗元也是较杰出的一位。他在《断刑论下》中说:"夫雷霆雪霜者特一气耳,非有心于物者也。""春夏之有雷霆也,或发而震,破巨石,裂大木,木石岂为非常之罪也哉!"宋代理学家程朱等人吸收佛学的优点,在哲理思索上下功夫,反对雷灾是天神惩罪之说。陆佃在《埤雅》(初名《物性门类》)中说:"电、阴阳、激耀,与雷同气发而为光者也。""其光为电,其声为雷。"朱熹认为雷电是"阴阳之气,闭结之极,忽然迸散出。"元代末刘基(1311—1375,他就是被传为神化人物的刘伯温)在《刘文正公文集》中讲:"雷何物也?曰雷者,大气之郁而激发也,阴气团于阳,必迫,迫极而迸,迸而声为雷,光为电。"他们的认识比起同时期的欧美学者,是更接近科学的,可惜他们只停留在观察自然界、作理性思辨,没有动手制作仪器、变革所研究的对象、进行实验工作、寻找其规律,因而无法前进。欧美之所以后来居上,在科学上超过我们,就是由于他们使用科学实验这一手段不懈地探索,并得到官方和社会的支持和尊重。

在防雷科技上,一定要实事求是地对待我国宝贵的历史遗产,要发掘和尊重我国古代文明宝藏,古为今用,增强民族自尊心。但不可盲目轻信,穿凿附会,误入歧途,这样反而不能发掘和利用宝贵的历史经验。要知道落地雷是小概率事件,几百年上千年的历史见闻和遗迹是防雷科学极难得的财富,中国在世界上有特殊优势,应该充分利用,下面就举古塔为例。

1997年,中国电机工程学会高电压专业委员会过电压与绝缘配合分专业委员会在合肥举行第五届学术讨论会,许颖将会议成果编辑成一本论文集,由电力科学研究院资料中心出版部出版。论文集第56~62页是武汉水利电力大学喻剑辉写的文章《消雷技术的理论基础与实践》,文中指出:我国长期无雷击记录的千年左右古塔很多,其中的11座塔累计受雷击的理论次数应为2 190次,而实际上却没有一次受雷害的记录,即消雷率达100%。

这篇文章列出的关于11座历经千年雷暴而仍无损的古塔的资料,是很珍贵的科技研究宝库,是20世纪80年代初期武汉水利电力大学解广润教授带领弟子们在全国调查的结果。1991年9月1日《科技日报》发表"降雷记"一文详细介绍了这件事,该文说:"从古塔史料以及调查到的第一手资料中,解广润找到了一把消雷的'金钥匙'。隐匿的历史老人终于吐出秘诀,于是,新的防雷理论写进了解广润的著作——古塔具有相当大的消雷能力,其消雷率高达99%以上。"据称,解广润最初研制的消雷器与所有外国的消雷器一样,都是用金属针,后来由于分析了古塔的导电性能类似于半导体,受此启发而创造了以半导体针取代金属针,从而发明了半导体消雷器(英文简称为SLE)。

这种半导体消雷器已作为畅销商品在全国各地安装使用10余年了,实践的效果证明了大家公认的一个结论:它与富兰克林(Benjamin Franklin,1706—1790)的避雷针一样地起着引雷入地的作用,而没有起到消雷作用。研制者也认识到SLE或者古塔都不可能起消雷作用,这只需认真学一学大学物理学就明白了。

如何理解古塔不遭雷毁的事实呢?这就需要深入、具体地考察每一座古塔的实际情况,运用正确的物理方法、原理分析,不可抽象、笼统地按自己的想当然作出结论。因为中国历代建成的古塔以千百计,不少毁而无存或毁而重建,仅存这10余座古塔,若说它能消雷,那么为什么大多数古塔却被雷击毁了呢?仅从消雷这一理由看,显然是互相矛盾的。这10余座古塔必有其特殊的机理,尚未被发掘出来。笔者曾在镇江见到一座被雷击毁的古塔,全身是铁制的,塔顶层已被雷电流融化掉了,足见雷电流之大。惊异之余,特把它拍下照片。此外,笔者还曾登上过:(1)宁波城市中心的天封塔(始建于武则天即皇位的天授年号,建成于万岁登封年号,故称天封塔),距今已有1 300多年,是砖结构;(2)杭州六和塔,距今1 030多年,为砖木结构;(3)山西应县木塔,距今940多年,全部木制;因游览时尚未转到防雷领域,未曾思考到从防雷视角加以考察。

最近看到一本台湾著名物理学家林清凉博士著的大学物理教科书,共五巨册,其中第二册《电磁学》分析了应县木塔不被雷击之原因,很有说服力,对当前我国的建筑防雷有重要意义。特将其部分内容摘录如下:

"从汉代起,历史上不断有人观察到尖端放电的现象。在长兵器的尖端、旗杆顶、金属塔刹、屋宇殿堂的脊吻上,都见到迸射火光或闪射火星的现象。方以智对于历史上诸多记载,认为这是'雷火,每依墙杆栋楹有披击出声而上者'。他对大气电场中的尖端放电的现象作出了直观的合乎事实的解释。

或许由于屋顶脊吻的尖端放电现象，曾经使中国人产生了建筑避雷的思想，也未可知。山西应县木塔建于1056年，高67m。其中铁制塔刹长14.21m。塔刹分别用8条铁链系于各屋脊端加以固定。这一建筑，历经近千年，但未被雷电烧毁。近年的研究表明，该塔是建于周围绝缘极好的地基之上，具有'绝缘避雷'的机制。300多年以前，来华传教士、葡萄牙人安文思(Gabril de Magalhaens，1609—1677)曾经提出中国人的建筑避雷问题，他的记述比美国富兰克林提出用避雷针保护建筑物的建议要早一个世纪。

安文思1640年入华，深入中国各地传教，最后定居于四川。1688年前后完成两本介绍中国文化的著作，其中之一为《中国的十二大奇迹(Les Douze excellences de la China)》。该书被分别译成法文和英文，成为欧洲人了解中国的经典著作。其中有一段中国建筑避雷的文字描述。当他叙述了中国建筑特点和渊源之后，他说'屋顶脊吻即龙上的金属条一端插入地里。这样，当闪电落在屋或皇宫时，闪电就被龙舌引向金属条通路，并且直奔地下而消散，因而不致伤害任何人。人们可以清楚地看到，这个民族极有智慧。'

今天，从大量遗存的古建筑中，人们并未发现屋脊龙吻上的那根铁条直通地下，然而，值得注意的是，当时的整个欧洲尚未产生任何避雷或避雷针的思想观念，安文思的记述也不会是他本人凭空想象的，通过那条金属通路雷电可以被引向地下消散的观念无疑是中国人的看法，可以说，避雷针的想法和设计渊源于中国。”

林清凉提出的“绝缘避雷”是极为重要又难能可贵的建筑防雷新思想，这与二百多年来欧美继承富兰克林的防雷思维传统截然相反。

为何古塔“立”在绝缘良好的地面上闪电就不袭击它了？这将在介绍大气物理学闪电成因之后再详谈，此处仅举一例以明之。中国科技馆的中央大厅有一个很精彩的物理演示，在一个能产生几十万伏高电压的静电起电机旁放了一个绝缘良好的台基，操作演示的女工作人员站在这个绝缘台上，举手触摸起电机顶端的高压电极，她的长发立刻飘竖起来，表明长发上带了同号静电，相互排斥，人身却安然无恙，没有电流通过，因为足下是绝缘物。关于此例请看彩图1。如果人站在地上，那就危险了，只要人一靠近，几十万伏高电压就会向人火花放电，立刻使人电击致死。从这个物理演示可以看出：古塔与那位作演示的女子类似，雷雨云过塔顶并不向塔火花放电！

最后要解释一下，中国古代在防雷科技上为何比欧美国家先进？是真？是假？实事求是地说，古代中国的科技比欧美发展得早而且好。英国李约瑟(Joseph Needham)博士花了一生的时间所写的《中国科学技术史》足以证明西方电学发展起步很晚。英国人格雷(Stephen Gray，1670—1736)于1729年才弄清电的传导现象以及物体可分为导体和绝缘体两类。而葡萄牙传教士安文思早在1688年写成的书中已明白的说明中国人以金属条作闪电通道的事实。本节开始所列举的《南齐书》、《梦溪笔谈》等古籍均已详细记述，闪电对金属物和非金属物的作用很不相同。这证明中国人早在11世纪之前就了解到导电物有两类，金属与非金属导电性不同，受到闪电作用的效果也大不相同，并由此而得避雷思路和措施。安文思描述的避雷装置确有此事，不是他一个人信口开河。华东师大老教授蔡宾牟主编的大学教材《物理学史讲义——中国古代部分》第170页就指出：“早在三国和南北朝时期，我国古籍上就出现过‘避雷室’，它表明当时我国已有了避雷措施。

直至唐代，屋顶上设置的动物形状的瓦饰，实际上是兼作避雷之用的。在一些古塔上，它的尖端常被涂一层有色金属膜，采用容易导电的材料直达地下的塔心柱，柱下端又有储藏金属的'龙窟'，这实际上就构成了避雷装置。许多高大殿宇，常有所谓'雷公柱'之类的设置，实际上就是避雷柱。"

但是中国二千多年来的封建社会有一个重要的坏传统——一切都是为皇朝的政治统治服务，文人急功近利、学而优则仕、鄙视科技及从事科技的匠人。正如林清凉在《大学物理》的绪论所指出的，李约瑟几大巨册描述的科技，主要是技术，而不能称为真正的科学。因为中国的史书所记述的只是观察到的现象和实践的经验，没有发展出实验研究这种科学方法，没有运用实验进行定量的研究以形成严密的系统理论（只有声学是个例外，由于政治上的需要，皇帝重视甚至亲身参加研究并载入史册，才得以系统地发展形成一门真正科学）。所以，从17世纪开始欧美依靠科学方法和实验迅速把电学发展成一门严密的系统科学，而中国则故步自封、日益落后。虽然在三国时已有了一些避雷室，但没有形成科学的理论来支持和宣传这种经验，以致普遍都失传了。正如林清凉所说的："从大量现存的古建筑中，人们未发现屋脊龙吻上的那根铁条直通地下。"

## 1.2　欧美雷电科学的建立

16世纪，近代科学先驱英国弗兰西斯·培根(Francis Bacon，1561—1626)、法国勒内·笛卡儿(René Descartes，1596—1650)、意大利伽利略(Galileo Galilei，1564—1642)等人，在反对封建宗教神学和经院哲学的斗争中，倡导和宣传了正确的科学思想和科学方法，对当时及后人产生了重大影响。他们提倡把科学实验提到很重要的地位，在这个基础上建立理性的思维，怀疑一切教条和无根据的论断。在18世纪中叶，许多学者进行实验观察，建立了关于电的本性的科学认识，在此基础上很快把雷电的神学面纱揭穿，从而初步建立起雷电科学。

这首先要归功于创造第一个起电机的盖利克(Otto von Gaericke，1602—1686)，他于1663年做了一个直径十多厘米的可以旋转的琉璃球，通过摩擦可获得足够的电来作各种研究，并于1672年首次观察到电荷的推拒作用。英国格雷(Stephen Gray)于1729年发现物体可区分为二类：导体和非导体。在他的工作的影响下，法国杜菲(Charles Francis de Cisternay Du Fay，1698—1739)做了类似的实验，约在1734年确定电荷可分为两种。一种被他称为玻璃型的(今称为正电)，另一种被他称为树脂型的(今称为负电)，并认为电荷具有同类相斥、异类相吸的性质。德国主教冯·卡莱斯特(Ewald Georg von Kleist)和荷兰莱顿城(Leyden)的物理学家穆欣布罗克(Pieter Van Musschenbrock，1692—1761)先后于1745年和1746年发明了莱顿瓶，并用来表演电的实验。美国富兰克林见到从欧洲来的史宾斯(Spence)表演的电学实验，产生了兴趣，也动手做实验。他在1746年对莱顿瓶作了改进并串联起来使用。1747年，他发表了关于莱顿瓶功效分析的文章，在实验中证明了异种电荷可以相消，第一个提出了正电和负电的概念以及电荷既不能创造也不能消灭的思想。

第一个把实验室人工产生的电(可称为地电)与闪电(可称为天电)联系在一起的人

是曾任伦敦皇家学会馆长的豪克斯比(Francis Hauksbee),1706年他使玻璃圆筒摩擦带电,研究它的发光,看到这种闪光与闪电很相似。次年,另一英国人华尔(William Wall)使用琥珀摩擦起电获得更多的电,观察到放电不仅产生闪光,而且产生类似雷鸣的响声,因此认为雷电是很似"地电"的放电。格雷于1735—1736年进一步从实验中总结出结论:"天电与地电的电火花在本质上是相同的"。11年后,莱比锡大学语言学教授温克勒尔(Johann Heinrich Winkler)于1746年发表长达27页的论文,论证了他用莱顿瓶产生的强大的火花放电与雷电相似,认定雷电就是一种电荷量更多的火花放电。

到达这一步还只是一种科学的猜想,真正证实天电与地电的同一性的人是富兰克林,他把天电引到地上来做实验,才使人们信服,这是雷电科学发展史上关键的一步。他在到达这一步之前成功地做了一系列实验研究并有许多重要发现,为这一步奠定了基础。首先他研究了电荷分布与带电体形状的关系,从而认识了尖端放电,并改进了莱顿瓶,这使他可以获得大量的电荷,用以产生强烈的火花放电,因而在1751年伦敦出版的《电的实验与观察》(这是他从美国写给在英国的好友柯灵逊(Peter Collinson),并请他在英国皇家学会上宣读的一组信,在欧洲引起广泛的重视,于是出版成书,到1774年为止共出了5版)上总结指出:"到1749年11月7日为止,可以举出人工放电与闪电在12个方面是相似的。但是尚未能判断天电是否也可以被尖端所吸引。"于是决定设计实验来考察,这正是他的高明和所以成为雷电科学和防雷技术上有划时代贡献的科学家的成功之处。

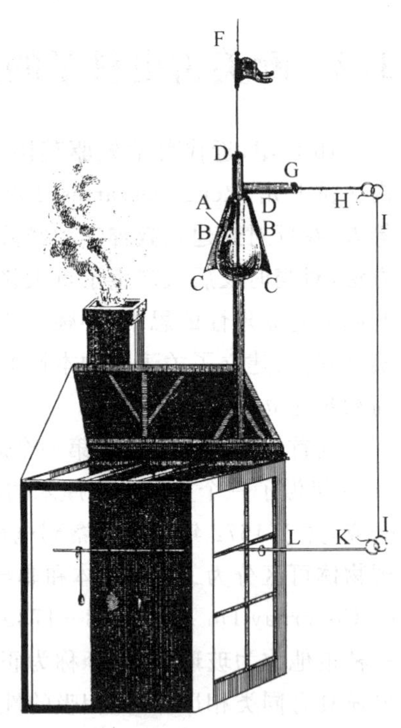

图1.1 Nollet的"岗亭"

富兰克林的实验分两方面,第一方面是他写给柯灵逊的信中(1750年7月29日)所叙述的岗亭实验。所谓岗亭就是设计的一个可以容纳一个人的小房子,有遮雨的顶盖,在顶盖上方竖起一根铁棒,上端磨尖,铁棒固定在绝缘底座上,小房子置于高塔或教堂顶上,人可以在小房内观察、做实验。图1.1是当年法国著名科学家巴黎Navarre学院物理学教授诺莱特(Abbé Nollet)在1753年建立在他别墅里的岗亭。

他的信发表后引起欧洲电学研究者的兴趣,法国皇帝路易十六对这一实验很重视,愿亲自看看,并赞佩富兰克林和柯灵逊的工作。这促使好多位学者积极进行岗亭实验,第一个成功的实验是1752年5月达李巴特(M. D'Alibard)在巴黎郊外名叫Marly的乡村中一座花园里做的。图1.2是他当年设计的实验装置的图纸,竖立的铁棒高40英尺[①]。5月10日,值班人员看到雷雨云过顶上时,铁棒下端发出电火花,它与地电产生的电火花

① 1英尺=0.304 8m

完全一样。鉴于这一成功，法国实验哲学大师 M. de Lor 八天后在他的巴黎住宅里竖起 99 英尺高的铁棒，固定在 2 英尺见方的厚为 3 英寸[①]的松香底座上，5 月 18 日下午 4、5 点钟，雷雨云过顶，产生的火花达 9 英寸～12 英寸。同年 6 月，路易十六皇家花园的植物学工作者(后来是他的医生)Louis Guilleaume Le Monnier 在 St Germain 花园重复这种实验，6 月 7 日在花园中的观众都感受到火花的刺痛，以致一些妇女最后请求他停止实验。他是把实验装置作了改进，并把一根铁丝从收集天电的铁管连接到花园的亭子上。有一次，他勇敢地站在绝缘的沥青座上，手执 5m 高的木制电极，其上绕有铁线，以致身体带上电，从他手上和面部发出长火花，还发出咯咯响声。

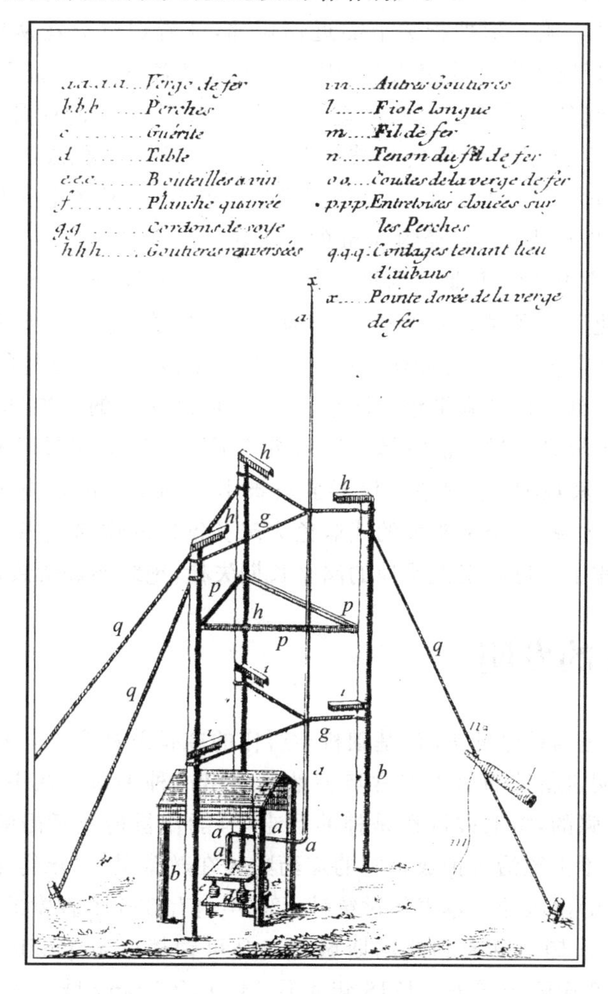


图 1.2　1752 年 5 月设计的“岗亭”

随后 Mylius 和 Ludolf 在德国，Canton 和 Wilson 在英国都成功地重现了这种实验现象，从此富兰克林的见解得到公认。

---

① 1 英寸＝25.4mm

第二方面则是富兰克林著名的风筝实验，直接从云中取下天电来验证其是否与地电相同。他设计制作的风筝是用手绢制的，骨架上装有金属尖端，用麻绳作风筝线，绳下端挂了一个金属圈，圈上吊了一个铜钥匙，用以把收集到的电荷引到莱顿瓶，金属圈上系一干燥的丝绳，人手拉丝绳站在遮雨的小屋里，以保证丝绳是不导电的。为了谨慎不致闹笑话，实验时只有他 21 岁的儿子在场作助手，因此这一实验当时不为人知，也未留下日期和实验记录。1752 年 10 月 19 日他给柯灵逊的信中才透露了实验的情况：把风筝放上去后等了很长时间看不出效果。后来头顶上方到来一朵有希望带着电的乌云，可是仍看不到预想的带电现象。就在这一时刻，细心的富兰克林注意到麻绳上几丝松散出来的纤维竖起来互相推斥，他立刻把指关节靠近铜钥匙，就看到电火花从钥匙跳向指关节。于是他用莱顿瓶放近铜钥匙来收集天电，用这些天电做各种实验，证明它与地电完全相同。此信发表后引起各国学者巨大的兴趣。一位叫 de Remas 的律师于 1753 年重复风筝实验时发现麻绳不是良导体，即使是被雨淋湿之后。于是他把放风筝的 240m 长的麻绳全部包上提琴钢丝，1753 年 6 月 7 日，他用风筝获得 20cm 长的电火花。后来他用更长的这种风筝绳竟产生长达 3m 直径约 3cm 的电火花。

应该说一说为雷电科学事业而殉难的著名科学家 G. W. Richman(1711—1753)，他是德国人，大学毕业后到俄罗斯工作，后来成为彼得堡科学院院士，与罗蒙诺索夫(M. V. Lomonosov)成为至交，1745 年开始研究电学。1752 年得知达李巴特的实验和富兰克林的风筝实验后，他立刻在自己家里建造岗亭，虽然他明知雷击的可怕，但仍经常与罗蒙诺索夫一起观察，从不轻易放过一次雷暴。1753 年 7 月 26 日，他在雷雨来临时离开彼得堡科学院的会议赶回家观测，他刚站到仪器前就被引下到室内的雷电击中身亡，年方 42 岁。据当时的人描述说，一个拳头大的浅蓝色火球从仪器的铁棒端出现，直奔他的前额，一次爆炸，他就倒毙了。也有书说是他的岗亭长期失检，绝缘不好所致。

## 1.3 避雷针的发明

科技的发明总是与社会的需求、基础科学所作的准备及社会上非科学的种种阻碍分不开，富兰克林发明避雷针的历史非常典型地反映出这种关系。在中世纪的欧洲，宗教对社会的控制是很强的，雷电被认作是神的意志，只能作祈祷或者敲响教堂里的钟才能避免闪电的袭击。不少统治者把成百吨的炸药贮放在教堂里，以求得上帝的保护。1784 年慕尼黑(Münehen)出版的一本书作过统计：33 年内有 386 个教堂的尖顶遭到雷击，共有 103 名司钟员被击毙。意大利威尼斯城的圣马可钟楼(Campanile of San Marco)从 1388 年至 1762 年 9 次毁于雷击。1718 年 4 月 14 日，Brittany 城一夜之间 24 个教堂受雷击，其中之一被彻底毁坏，2 名司钟员丧生。威尼斯的一个教堂于 1767 年受雷击，该城的统治者贮藏在教堂里的几百吨炸药被引爆，3 000 人被炸死，城的大部分被毁。1856 年 Rhodes 岛的一个教堂受雷击，发生类似的大爆炸，4 000 人毙命。至于不见于书籍的雷灾就太多了。

避雷针的发明不仅是使人类生活上免除自然灾害，而且在哲学上和科学上也是一件大事。一位英国贵族高度评价富兰克林说："电学是一门被忽视了的学问，最近几年里还有人认为它是一个无足轻重的问题。当时人们仅仅用电学解释一些吸引或排斥现象，人们也不认为有必要设想电学将会引出什么新事物。”19 世纪，著名德国科学家亚历山大·洪堡(Alexander von Humboldt,1769—1859)说：“从这个时代起，电学的发展由思辨物理学领域进入了对宇宙进行思考的阶段，从幽深的书斋走进了自由的大自然。”考察这段历史，可以说，电学是从 1660 年盖利克发明第一个起电机开始的，到 1750 年欧洲许多学者利用莱顿瓶做电学实验，但经过了足足 90 年，它仍停留在科学工作者的书斋里、实验室里，仅可供少数上层人做趣味表演，没有对社会生活产生什么益处和影响。但是从富兰克林写给柯灵逊的信公开发表之后，电学的发展对欧洲产生巨大影响。特别是当避雷针迅速传播到世界各地并产生了公认的好效果后，广大的居民群众认识到电科学的价值，这对消除人们头脑里非科学的思维观点也起了积极作用。天电与地电被科学证明具有同一性之后，天上雷电之神的威望让位给地上人间的科学了。

为什么避雷针的推行不是在已有 90 年电学研究历史和科学家众多的欧洲，而是在经济上刚刚起步、电学还刚刚开始的美洲？并且发明者又是一位刚开始涉足电学的商人富兰克林！这里有没有必然性的规律呢？有！

富兰克林出生于美洲的波士顿，8 岁上学，10 岁辍学，12 岁成为他哥哥的合同工，1731 年刚 25 岁就创立费城图书馆，1736 年又组织起联合消防公司，1743 年这位费城的印刷商却组织起美国哲学会。1748 年史宾斯(Spence)在波士顿作演讲，听众之一的富兰克林被吸引了，同年柯灵逊博士从伦敦给他寄来各种做电学实验的仪器，从此，富兰克林才开始了他的科学生涯，时年已过 40 岁。只过不到 5 年，他把研究的成果以信的方式寄到欧洲发表。在尚不为人知之时，他已在美洲创办起宾夕法尼亚大学。1775 年 4 月，在波士顿以北美国独立战争打响，他加入了战斗。次年 7 月 4 日在费城通过了《独立宣言》，宣布建立美利坚合众国，他是起草人之一。他所处的社会环境没有深重的封建和神学的顽固统治，允许无神论的哲学和科学的自由发展及自由争辩。而富兰克林本人又恰恰是怀有进步哲学思想、立志为公众的利益而奋斗的杰出人物，把科学当作为公众服务的手段，再加上他的正确的科学方法，这几方面的结合使他不但成为美国历史上受后人崇敬的政治伟人，而且又是对人类卓有贡献的受人敬佩的大科学家。在 1753 年 11 月 30 日，富兰克林荣获英国皇家学会颁发的科普勒金质奖章。1767 年英国物理学家普利斯特雷(J. Priestley)认为富兰克林把雷电和普通电统一起来，“是伊沙克、牛顿以来最伟大的”发现，1753 年英国对电学很有创见的学者沃森(W. Watson)称：“这些已经给哲学家们开拓了新的天地……”。所以，研究富兰克林的科学实践的成功经验并作为借鉴是很有意义的。

在 1.1 节中也列举了中国宋代学者对雷电的“格物致知”，他们对雷电的认识和研究探讨与千年前的王充相近，没有什么进展。一直到 20 世纪 20 年代，在中国已有了几十所大学之后，许多大学教授还承袭这种玄谈的传统学风，只停留在观察自然界的现象作论争思辨，而没有用实验来认识自然、变革自然，用实验来印证思索、发展观察、深化思辨。17 世纪～18 世纪，欧洲的学者在培根、笛卡儿、伽利略等先驱的影响下，冲破神学的束缚，开展实验研究，对电的认识作出了不少奠基性的贡献，对雷电科学的建立提供了不可缺少的条件。可是他们在科学方法上还有缺陷与不足，在思维上还免不了受到神学的阻碍,只局限在实验室的圈子内做实验,把天电与地电类比。富兰克林打破了这个局限。他一方面有目的地设计实验,把实验工作与思辨很好地结合起来,改进实验仪器,迅速取得实验观察和理论思想上的进展;另一方面用实验直接干预大自然的过程,用实验来印证天电与地电的同一性。他的这一大胆的做法又是与他的无神论的哲学观和以科学作为服务人类社会的手段这种崇高的人生观有关,他的科学不是供王公们观赏(如法国某些学者为路易十六和贵族仕女而做实验),而是想到人类免除自然灾害的需要,从而迅速取得造福于社会的科学成就,达到动机与效果的统一,为后人作出光辉榜样。

下面就看看富兰克林在几个重大的电学问题上是如何突破的。我们看到人工电火花的获得与研究是对比天电与地电的重要基础之一;电容器及电容概念就是产生这种物理现象的实验和理论基础;莱顿瓶的发明被公认为电学发展上的一件大事,与此也有关系。第一个发明莱顿瓶的是德国 Pomerania 城 Cammin 大教堂的副主教 Kleist。他鉴于当时各个做电学表演者放在绝缘支架上的荷电体的电荷难以保存,就试着把起电机产生的电荷通过一根金属杆送入盛有酒精或水银的细颈玻璃瓶,然后取走金属杆,发现瓶内电荷可以长期保留而不减损。1745 年 11 月 4 日,他把这一发现通告 Lieberkühn 报告柏林科学院,他本人并不清楚其原理,无法回答纷至沓来的询问信。次年,莱顿城的 Musschenbrock 和 Cunaeus 选择玻璃瓶内盛水作为电荷保持装置,因为前者是物理学家,能解释这一贮电原理,故法国 Nollet 命名这个电容器为莱顿瓶。其后,英国 W. Watson 作了重大改进,给玻璃瓶内外均镀上一层金属,容电量大增,使之成为现在通用的莱顿瓶。许多人都是使用它来做有趣的电学表演,可是富兰克林却不同,他变换莱顿瓶本身,致力于弄清贮电的机理,并从种种现象中追踪电的本性,另一方面又通过弄清原理来提高贮电量。他的这种有明确目的的实验研究很快获得两大重要结果。第一,他弄清楚瓶内的水并不是电荷的保持者,他在 1748 年制作了一个可解剖电容器实验,弄清楚贮电决定于玻璃的性质而与其形状无关,于是设计制作了平行板玻璃电容器并把它们串联使用,可以说他是最早弄清楚电容器性质的人。第二,他细心观察和测量了莱顿瓶的带电情况,从而提出了电荷守恒原理。

再来看看他在证明天电与地电的同一性和发明避雷针方面与众不同的情况。就在他刚开始研究电的时候,已有不少名学者在论证这个同一性。除了 1.2 节指出的 Winkler(1746)之外,法国 J. A. Nollet(1743)和英国 John Freke(1746)都发表了论文,但是谁也没有想到并设计出实验去引取天电来做实验上的验证。他能提出这一设计又与他的善于观察并在实验中发现尖端放电现象有不可分割的关系。这是他过人之处,从这一点看,他与英国的法拉第有相同的科学素质。他在发现这一现象后立刻开始了对打雷、闪电和云的形成进行详细的观察,表现出他对研究的积极态度,这又是他与众不同之处。他在 1749 年 4 月 29 日给 John Mitchel 的信中,提出了云层由于不断受到蒸汽摩擦而带电的看法。他认为:"当带电的云块飘过田野、高山、巨树、耸立的高塔、尖屋顶、船舶桅杆、烟筒等物的时候,拖曳出电火,正如许多尖导体和突出物产生的现象一样,整个云层就在那里放出电来。"由此,他在 1750 年 7 月给 Collinson 的一封信中提出了研究避雷针的设想。他说,既然尖导体可以把一个离它很远的带电体上的电荷释放掉,避免它对其他物体产生电击,那么尖导体"对于人类可能有些用处"。于是他建议将一根上端尖锐并涂有防锈层的铁杆安装在房屋的最高处，并用导线接在它的下端后沿着墙壁直通到地下(在海船上则把铁杆固定在桅杆顶端，用导线连接向下直通入水中)，它们就能"在云层将要产生电击的千钧一发之际，静悄悄地把电从云中吸走，因而使我们免受最突然、最骇人的悲剧。"在1750年5月的《绅士杂志(Gentleman's Magazine)》的脚注中富兰克林也有类似的说明。正式宣布避雷针的研制则是在1753年他出版的《Poor Richard's Almanack》一书中，并对这一装置作了详细描述。

当时人们虽然还未完全接受雷电和一般电的同一性说法，但是总有些人对雷灾的威胁抱有无神论的信念，直觉感到这种新办法会有效果，他们接受了富兰克林的建议，于是在英国及其在美洲的殖民地，在欧洲大陆特别是在法国，安装避雷针蔚然成风。在社会上也有反对的。一种是学者，从学说上持怀疑态度；更多的是由于宗教上的神说，认为在教堂尖塔顶上装铁棍会亵渎上帝，如威尼斯的某些教堂。1767年一个教堂因没有避雷针的保护而在雷击后引起教堂内炸药的爆炸，死了3 000人并毁了大半个威尼斯城。又如东印度公司的理事会认为避雷针会产生高电势而有危险，下令苏门答腊岛上的马拉加(Malaga)要塞拆去避雷针，1782年闪电点燃了该要塞的400桶炸药，造成巨灾。对比之下，前面提到过的9次毁于雷击的圣马可钟楼，1762年遭第9次雷击破坏之后于1766年装上了避雷针，从此再未受到雷的破坏。Sienna教堂的塔楼有类似的历史，于1777年也装上了避雷针。通过对比，避雷针的效用就日益得到广泛承认。

也有政治上的原因造成的否定。1776年7月4日"独立宣言"发表后，政治斗争波及到科学界，首当其冲的是起草宣言的人富兰克林的尖头避雷针。伦敦圣保罗大教堂于1769年装了一根尖头避雷针，1772年教堂好些部分毁于雷击。后来伦敦皇家学会中一些科学家对富兰克林的尖头避雷针提出异议，建议改用圆头避雷针。因为富兰克林是"独立宣言"的三个主要起草人之一，英国乔治三世下令将白金汉宫的尖头避雷针改成圆头避雷针(1777)。皇家学会会长J. Pringle毅然站在富兰克林一边，反对国王的错误做法，拒绝在学会中批准圆头方案，因而被国王革去他的会长职务。富兰克林于10月14日在一封信中写道："国王将尖头避雷针改成钝头避雷针，这对我来说倒无关紧要。如果要问我的想法，我认为他最好把避雷针宣布无效而整个取消。"(注：关于针尖形状的争论，18世纪的科学水平是无法解决的，20世纪末对这个争论已作出科学的结论。)

近年，有一本我国出版的物理学史课本说捷克斯洛伐克的科学家Prokop Divisch(1696—1765)是第一位发明避雷针的，他因得知Richman死于雷击而冥思苦索，于1754年研制了避雷针，这个说法是错的。不过说他是消雷器的鼻祖，倒是确切的，本章末还会讨论到他。

富兰克林提出避雷针之后，推广有功者首推意大利的Giovanni Battista Torrè，他于1752年6月23日在佛罗伦萨安装这种装置。在德国则是汉堡的物理学家Johann Reimarus，他第一个为St Jakobi教堂装上避雷针。

为了进一步弄清避雷针的作用机理，1752年9月富兰克林在自己家中装上一套特殊形式的避雷针，经常进行观察。一支铁棍固定在烟囱上，高出其顶端9英尺，在下端接下一根导线，穿过屋顶处用玻璃管套住以保证与房屋绝缘，导线一直通到地上，接在抽取地下水的唧筒(即泵)的矛形尖端上，导线在穿过房内楼梯间处断开，上下端分别各装上一个金属铃，相距6英寸，在两铃中央置一个用丝线挂起来的小铜球，雷雨云过顶时，铜球就会摆动起来敲击两铃，从而把上端的电荷传导到地下。在上端还挂有用丝线吊起来的软木小球，这是富兰克林自制的检验带电量大小的静电计，它可以测知过顶云的带电强弱。铃的间距取为6英寸是考虑到避雷针的保护作用，距离大于6英寸，闪电就可能袭击建筑物而不能通过双铃导下地了。

他利用这一实验装置发现雷雨云带的电多半是负电荷。他还观察到，带电量大的雷雨云使中央的铜球被推斥而远离两铃，强大的电火花直接穿过两铃，甚至形成连续放电，变成手指粗的火柱。经过多年的仔细观察，他很谨慎地指出(1774)：从避雷针引下的导线要接触到潮湿的土壤，埋得越深越好。避雷针有双重的作用，或者由于尖端放电而避免发生闪电，或者它把闪电导入地下，因此避雷针可以使建筑物避免遭受闪电的灾害。这就表明富兰克林后来修改了最初的看法，避雷针是起了引雷入地的作用。

在这一节详细介绍富兰克林研究避雷针的种种情况，是有鉴于近年来我国出现的一些不利于防雷事业的情况。有不少人热心钻研防雷新技术是好现象，但是必须吸取历史上的经验教训，尽量避免重蹈前人的覆辙，不致给自己和国家造成灾祸。避雷针的英文名“lightningrod”直译为“闪电棍”更准确些，本无避免雷击之意。而国内许多物理课本，甚至大学的教科书把避雷针的原理说成是靠尖端放电中和云中电荷从而消除闪电，这是连富兰克林都早已否定了的看法。由于这种错误的理解，1989年黄岛油库大火后，一些人发表文章，惊呼他们发现避雷针原来是引雷针，装了它反而“引狼入室”，这种看法不妥当，必须进一步作实事求是的分析。

下面从几方面分析一些容易含混的问题。

第一，要恰当地评价富兰克林发明避雷针的贡献。在1.1节末曾指出中国古代就有建筑防雷的思想和具体措施，比富兰克林至少早一百多年。是否应对欧美的这个发明提出修改？作者认为不妥。的确中国古代存在类似于避雷针的防雷装置，从技术上考虑，是领先于欧美，但是它并不能算作一种科学，因为没有上升到系统的理论，而富兰克林则不同，他是在系统的科学理论思维与科学实验相结合的基础上得出科研产品的，因此有令人信服的理论说明，很快得到公认，在世界各地迅速推广了，一直延续至今。中国古代恰恰是缺乏这种科学方法，所以即使早有技术设施，却不明其科学原理，因而停滞不前，很难推广，更难以发展。

第二，与欧美同时代的学者比富兰克林则是超群的，但是他的理论学说仍有局限性。令人遗憾的是，至今仍有众多学者把它视为不可逾越的权威，这是错误的。不妨举一例。富兰克林认为避雷针的针端必须是尖的，这样才会有尖端放电效应。尖端可不可以改为圆头？18世纪70年代就有过争议，前面已介绍过，当时的实践证明是尖的好。20世纪90年代美国学者重新研究起尖端的形状问题，这时人们对空气中尖端放电的物理机理已有较丰富的理性认识，可进行量化的计算，大大超过富兰克林年代仅有的定性认识，结果发现钝的针可以更好地吸引闪电的下行先导。于是从1994年起，他们开始做野外对比实验，一直到2000年，通过连续7年的野外对比实验，观察到12次雷电均击中钝的避雷针，而近旁的尖的富兰克林避雷针却始终未吸引雷击。读者有兴趣，可看《CHINA防雷》杂志2002年第9期30页刘欣生写的“传统避雷针的改进试验”一文。科学发展中，这种结论的反复是常有的。因为实验技术的不断改进和理论的深化,常使人类的认识出现反复,每一次反复都使人类的科学知识提高一步,向真理无限地趋近。

科学探索有失误是难免的,千百次修改而臻完善是常有的,绝对不允许向公众隐匿失误的情况,制造假象,把已暴露出问题的东西伪装起来,推向市场。从事防雷技术工作的和负责防雷安全工作的人员必须重视运用科学来鉴别市场上的防雷产品。

第三,一定要重视历史的研究,古为今用。技术与科学上的古为今用,一般说容易做到,而从人文科学的视角研究历史和历史人物,则易被忽视或者被有意回避。这是有重要现实意义的,也是本书特别要提出来的。富兰克林之所以在科学上有超群的贡献,主要在于他的人文素质之超群。他的一生在许多方面都令后人敬佩。他从青年时代起就为自己制定了道德准则十三条,严于律己,终其一生,无论走到哪里,身上永远带着写有道德准则十三条的小本本,经常以此规范自己。正如中国四书中《大学》所说的"修身、齐家、治国、平天下。"他的修身律己有崇高的目的,就是一切为了公众利益。他勤奋学习,从而使他所做的事业无不取得辉煌业绩。他希望普天下的人能有机会读书,于是他创建了美洲第一所公共图书馆;为了让青年受到良好的教育,他创办了费城大学;为了使患病的穷人获得治疗,他推动建立了宾夕法尼亚平民医院……。人们赞誉富兰克林是"现代文明之父"、"美洲的完人"、"美利坚合众国的奠基者"。而他自己在临终遗言中对自己一生的总结却是:"我,富兰克林,一个印刷工人"。从事科学研究发明避雷针,只是他从事的各种事业中的一件而已,同样是出于为了公众利益,不为名、不为利。因此他能毫不犹豫地修改自己的学术观点,否定自己最初的学说。这是后人应该向富兰克林学习借鉴的。

## 1.4　大气电学的发展

雷电科学真正建立起来要靠物理探测手段,即要有精确的探测仪器和完善的测量方法。富兰克林的时代只可能定性地了解雷电,至于定量的研究则需要等待实验仪器和实验方法的发展。这一直到开耳芬勋爵(Lord Kelvin,原名 William Thomson,1824—1907)的时代,才有长足发展。

1752 年,Lemonier 发现一根竖直的绝缘放置的长导体在晴天也会带电,第一次提出大气电场无时不存在。他进一步发现,导体若带尖端,它就会一直放电,到它的电位与尖端附近的大气的电位相等为止,这一现象为探测大气各处的电位提供了一个极重要的方法,即探针法。1787 年,发明电池的伏特(Alessandre Volta,1745—1827)发现,火焰会不断向周围空气泄放离子,因而又有了第二个测量大气中电场的方法,即火焰法。

Lemonier 猜测,即使在晴天,大气的电效应也是随时在变化的。1775 年,Beccaria 开始用一根伸直的长导线来观察这种变化,花了近 20 年时间才确认:导线在晴天获得的是正电,而在雷雨天气则多半是负电。1779 年,De Saussure 对富兰克林所制的小球静电计作了改进,使之可以灵敏地比较并精确地测定物体的带电,因此而观察到大气电效应的更丰富的特征(如冬天的效应大于夏天),并认识到大气中有正电荷,它随着高度而增加。1804 年,Erman 认识到大气电场的起源不是地面大气中的电荷而是地球所带的电荷。到

1842年,Peltier明白地肯定Erman的看法,并给出完整的说明:地球带有负电荷,De Saussure和Erman所观察到的现象是起源于静电感应。他还试图解释大气电效应随时间的变化情况和云的带电情况,认为是地面蒸发的水汽带走了地球的部分负电。

英国剑桥大学的高材生Lord Kelvin以其深厚的数学基础及善于实验技术的特长,不但在热力学上有极重要的贡献,而且对大气电学的发展奠定了非常重要的基础,使雷电科学可以定量地描述。他第一个明确提出电位的概念,并指出:无论探针法、火焰法和他所发明的滴水法,都使测量仪器的探测端导体与其紧邻的被测量的大气取得等电位,这一点对于实验测量和理论探讨都是有重要意义的。1860年他发明了象限静电计,大大提高了电位测量的精确度,沿用至今仍不失为测大气电场的基本仪器。他提出了多方面研究大气电场的方法和原理。1860年,他指出:欲弄清大气电场,要用气球携带仪器测量不同高度大气层的电位梯度,要考虑大气的导电性,要研究雨滴的起电,要用照相记录作为研究的一种重要方法。20世纪雷电科学的进展几乎都是沿着他所指出的这几个方向的。1860年,他还发现并证明:即使在晴天低层大气里也存在空间电荷;观察到闪电时大气电位梯度的相应变化;观察到火车头喷射出来的水蒸汽流是带电的。

20世纪大气电学的进展可以分以下几个方面。

第一个方面是关于大气导电的研究。C. A. Coulomb(1736—1806)于1795年发现大气也是导体。1887年Linss注意到这个问题的重要性,他根据所观察到的大气中的电流值进行估算,发现如无补给的来源地球所带的电量会在10分钟内消耗完。这一问题的提出,引起人们思考地球何以带负电并稳定不变的机制,从而引发各种关于大气电的理论和测量。首先是对大气导电的物理性质获得了新认识,Elster Geitel(1899)和Wilson(1990)分别发现了大气中存在离子即分子大小或稍大的带有正电或负电的小粒子。朗之万(P. Langevin,1872—1946)于1905年又发现了大离子,Pollock及其他人于1915年后陆续发现中等尺度的离子。研究大气中带电粒子的来源、分布和运动规律,成为现代雷电科学中非常重要的部分,并且是基础性的研究工作。研究者看到大气中的带电粒子有正有负,它们会吸引复合而消失。为什么其浓度会保持一定数值呢?由此感到大气必有产生离子的源。20世纪之交,原子物理研究中放射性的发现使人们认识到地层中存在放射性元素,这是一种重要的源。按此,大气中离子浓度应随高度而减少。Hess(1911)和Kolhörster(1913)分别通过测量发现高空大气层的电导是随着高度的增加而显著增加的。此后人们发现地球的外空间有非常强的辐射并从各个方向穿透地球的大气层,这就是宇宙射线。它们在大气中会产生二次射线,还可以到达地层下相当深处,足见其辐射粒子能量之大。此外,太阳的紫外线虽不能穿入大气层下部,但在大气层上部却是主要的电离源,使大气顶部有一层电离层。这些物理因素对于闪电的过程有重大作用。

第二个方面是对闪电的研究。Walter于1903年实现了Kelvin所设想的研究,即用照相记录研究闪电,他发明移动照相法,第一次使人们认识到一次闪电是由几次放电组成的。1926年,Boys设计出可以精确显示闪电的多种特征的照相机。他等待多年却抓不到拍闪电的机会,于是到多雷的南非,很快取得结果。Schonland和他的合作者Collens(1934)、Malan(1935、1938)使用Boys设计的照相机分别拍得了一批闪电的照片,充分显示出闪电的结构特征，现在各种书刊所列举的关于闪电的种种特点的描述的来源，就是这批照片。但是应该指出：闪电有很大随机性，与地区有关，许多照片来源于南非。例如，Mathias(1929)观察到一次闪电所包含的放电数可以多达42次；而Pierce(1955)却发现在英国的闪电另有特点，常遇的闪电却只包含一次放电，大约35%的闪电才包含有两次以上的放电。一般的闪电其后续的放电总是循第一次放电的途径，而Walter(1936)却发现一次例外，第二次放电却在某一个分叉点循分叉的支路而另辟通道，但未能到达地面。从照片分析可看到放电是由梯式先导组成，Schonland(1938)发展了解释梯式先导的学说。Bruce和Golde(1942)根据大量的观察(主要在南非)分析了一次完整的闪电内不同数目的放电的相对频数。Bruce(1944)、Schonland(1953)和Pierce(1955)先后提出了关于先导的理论。

第三个方面是关于雷雨云起电的机制和云中电荷分布的研究。Luvini(1884)运用法拉第的方法(1845)观察到水和冰相碰撞时，冰带正电、水带负电，并由此联想到卷积云中的起电。Sohncke(1888)于是认为地球带负电是由于云中的水，即雨的下降所致，可是测量雨带的电却是正电。Brillouin(1897)提出新的观点，认为冰的光电效应可使卷积云中的冰晶获正电，空气带负电。

另一些学者则从水滴破碎的带电这一角度研究云的起电机制。Elster和Geitel(1890)首先提出这一想法。Lenard(1892)发现瀑布底部带正电，而它激起的雾滴带负电。G. C. Simpson(1909)进行一系列细心的实验，排除了这个Lenard效应，确认在强烈的垂直射流中水滴破碎确能产生可观的起电，大的碎水滴带正电，周围空气中则有带正、负两种电的离子，并且以负离子居多。一个直径约8cm的蒸馏水的水滴破碎时，平均产生$5.5\times10^{-3}$静电单位的电量。Lenard(1921)论证了这一结果，认为是正确的，特别是引用了Hochschwender的测量值，后者的实验很有独创性，他拍摄到一批水滴破碎瞬间过程的照片，可以比较清楚地显示它们的物理变化状态。Zeleny(1933)，Chapman(1952)重复过这方面的经典实验，以确证他们的数据。Simpson根据自己的实验于1907年及1927年提出学说，认为雷暴起电与大雨滴的反复破碎有关。Mason(1953)取Simpson和Zeleny所给出的实验数据作估算，发现即使云体整个雨水破碎达三次之多，其分离的电量也不过$9\times10^{-2}\mathrm{C}\cdot\mathrm{km}^{-3}$，比实际测得的雷雨云的带电量小两个数量级。于是他和Matthews于1964年做了一个对比性实验，即自由下落的水滴在无外加电场和有外加电场中破碎。所测结果是：无外加电场时产生的电量与Simpson和Zeleny相吻合；有外加电场时，产生的电量增大，外加电场为$1500\mathrm{V}\cdot\mathrm{cm}^{-1}$时，带电量增大两个数量级。这证明在雷暴中存在初始电场时，大雨滴的破碎对云内下部的电荷结构有重要贡献。

Simpson(1919)还详细研究过与雪暴有关的电效应，发现雪花之间的碰撞使雪花获得负电荷，而空气获得正离子，以后(1937、1942)又提出，这也可能是雷暴起电的主要机制。

20世纪上半个世纪对雷电机制的认识起重要作用的有两人，一个是Simpson，另一个是C. T. R. Wilson，后者是可靠地确定雷暴过程的云中含电量的第一人。他制造了一种毛细管静电计来测量(1916、1920)闪电时垂直电场(即电位梯度)的变化，由此推算出云中电量和电荷的分布。此法较好，后被广泛采用。他指出(1922)晴天的大气电场主要起源于雷暴，他还发现(1923)大气电场还没有到达出现闪电之前，青草植被的地表就产生了可观的放电电流，因而指出，在雷暴条件下，由地球向上垂直输送电荷的过程中这种现象可能起重要作用。Elster 和 Geitel(1913)以及 Wilson(1929)分别提出感应起电的机制。

用气球升空探测高空电位的最早者当数 Linke(1904)，他使用 Kelvin 的滴水器作等电位器使静电计的测量端与所在高度的大气层等电位。后来，Ebert 和 Lutz(1908)用酒精取代水，改进了气球上的测量装置。Von Schweidler(1929)总结概括 57 个气球在中部欧洲升空所测得的结果，列出大气电位梯度与高度之间关系的经验公式。Koenigsfeld 和 Piraux(1950 年)用气球载无线电探空仪来测量，提高了精度。

值得注意的是 20 世纪 50 年代后，大气电场测量有了很大发展，这与二次世界大战有密切关系。在这期间(1939—1945)，特别在德国和美国，因为飞机和系空气球会受到雷暴的侵害，无线电通信会受其干扰，军方对雷暴探测投入很大研究力量，此外雷达技术的发展和航空、航天的发展，也为雷电科学提供了现代化的测量技术手段。从此，对雷雨云的探测不但可运用雷达，还可以运用飞机穿入云中，也可以由人造卫星从上部俯瞰观察。这样，雷电科学的发展进入一个新的时期。

## 1.5 现代防雷科技

从富兰克林发明避雷针起到 20 世纪初这 150 年时间里，防雷技术几乎没有进展。这有两个原因，一个是社会生产与生活变迁不大，建筑防雷已有避雷针作为有效保护，对防雷没有提出什么迫切的新需要；另一个则是大气电学的理论探索进展很少，不可能指导防雷技术的发展。

在 20 世纪之初，因为电信和电力事业的发展，所以工程防雷技术开始出现进展。1876 年贝尔发明电话，并由于社会的需求而迅猛发展，1880 年仅美国就有 48 000 台电话，架空长导线出现了，它立刻变为继建筑物之后第二个雷电袭击的重要对象。为了防护电话设备和人员安全，19 世纪 80 年代末就出现第二种避雷装置——导电器，它实际上是一个火花隙，当雷袭击架空导线时，高电压循导线进入室内之前在导电器处发生火花击穿，雷电流短路入地。这就是当今所广泛采用的避雷器的最原始形式。

1887 年伦敦筹资百万英镑建立供电公司，从此结束了 19 世纪电力工业分散经营的局面，把发电机发出的电能从各个工厂集中到中心电站集中供电，大大降低电力成本，输电网和变电站也就迅速扩展起来。与此同时电力输送的电压越来越提高以减少传输损耗，这样输电网的过电压防护与防雷就成为电力部门极为重要的问题。19 世纪 90 年代初，E. Tomson 研制出了磁吹间隙以保护直流电力设备，这可以说是磁吹灭弧避雷器的前身。1901 年德国制成的串联线性电阻限流的角形间隙，则是阀型避雷器的前身。此后，由于电力工业对绝缘研究和高电压输电研究的需要，建立起高电压实验装置，这就为人工模拟雷电的研究创造了物质条件，防雷保护与过电压保护结合在一起，研究绝缘闪络和闪电过程也结合在一起，因此 20 世纪以后防雷技术就从建筑领域转移到电力输送领域，所以防雷技术人员也就由电力系统来培养了。雷电科学发展的历史上物理学者原本是主角，自从电力系统利用强大的高电压实验技术力量抓住防雷工程的研究之后，研究大气电学的物理工作者就把研究的视线转移到其他方面，为其他高科技服务。因此雷电科学的发展主要偏重在工程技术方面，从高空转向地面。

在富兰克林时代，只注意直击雷的灾祸，20世纪之后，电力部门注意到感应雷(或者叫雷电的二次效应)的祸害。德国W. Peterson(1914)提出用接地避雷线防雷的理论，目的是降低绝缘上的感应过电压。后来美国F. W. Peek和W. W. Lewis也认为威胁线路绝缘的不仅是直击雷，还有感应雷，架设避雷线首先是防感应雷。而Atherton和Simpson等则认为感应雷对高压线路并无危险。20世纪30年代末期，大家取得比较一致的见解，认为对于100kV以上的输电线路，避雷线是防直击雷的基本保护装置。

至于建筑防雷方面，富兰克林尖端避雷针的形式也开始有了变化。1925年—1926年，Peek第一个在实验室内用人工雷研究避雷针的保护范围问题和雷云极性对保护系数的影响等问题。1934年，美国瓦斯和电力公司(AGE)开始用避雷针和避雷线保护变电所，由于避雷线的应用有效，建筑物的避雷装置又出现了避雷带。这种发展带有一定的必然性，因为现代高楼建筑普遍使用一些金属构件，有的是用于装饰，因此广泛利用建筑物的部件作为避雷装置可以降低造价。进一步的发展就是20世纪50年代以后迅速流行的笼式避雷网，几乎所有新建的现代化钢筋混凝土楼房都采用它。早在1877年英国防雷协会的年会上，电磁场理论的创立者麦克斯韦(James Clerk Maxwell，1831—1879)就提倡使用法拉第笼来代替普通的避雷针，并举雷击火药库为例，雷击到金属笼壳上可以保证不出事故。在19世纪实行这一方案还不太现实。到了20世纪50年代，现代的钢结构和钢筋混凝土建筑物已十分接近法拉第笼的条件，只要施工中对钢筋采取焊接方法就可以很轻易地实现笼式避雷网了，这可以说是到目前为止，建筑物防雷技术最完善的形式了。

但是即使这种建筑物避雷装置也不能不考虑到电力线和电信线上过电压波的入侵，因此出现了各种避雷器来把雷电过电压波分流入地，阻止雷电流侵入建筑物内部造成灾害。1907年美国出现铝电解电容避雷器，1908年瑞士Mosciki提出用高压电容器作防雷元件，1922年美国西屋公司制成自动阀型避雷器，1927年美国开始采用以非游离气体遮断工频续流的管型避雷器，20世纪50年代初磁吹阀型避雷器问世。1968年日本大阪松下电气公司研制出新一代的无间隙避雷器，它实质上是一种金属氧化物非线性电阻，现在它已成为避雷器的主流了。

20世纪70后代后，防雷工程情况突变，迄今尚未引起人们的普遍重视。首先频频遭到雷害的是航天部门，它是尖端科技最集中的部门并且雷害的损失严重。而后各行各业，凡是新技术普及之处，均雷灾频繁、损失惊人，一时里竟缺乏防雷良策，众说纷纭，甚至对二百多年来被人们公认不疑的富兰克林避雷针都发生了疑虑甚至予以否定。雷灾突然变得广泛而严重，不仅使素不关心也用不着了解雷电科学的人们困惑，同样也使长期从事防雷工程技术的行家里手和一般的防雷工作人员缺乏良策。产生这种新情况的原因是防雷技术已不适应近年来科技的迅猛发展，特别是微电子技术的普遍应用。闪电与二百多年前相同，并未发生变异，只不过它的某些物理效应在新技术产品上发生作用，而在这些产品面世之前人们是看不到也绝不会想到的。所以说雷电科学的发展必然与人类社会科学技术的发展相适应,因而防雷工程技术的研究也会在学术理论上出现新的研究成果。

1961年秋,在意大利发生了"丘比特"导弹武器系统的一系列雷击事故,引起军事部门的关注。1969年11月美国"土星V-阿波罗12"载人飞船在起飞后激发闪电的雷击事件,更促进了世界许多国家对航天系统和火箭发射场的防雷研究并开始了大规模的试验。阿波罗系列登月火箭前后共发生过7次雷击事故。1987年3月26日美国国家航天局(NASA)的"大力神/半人马座"火箭升空不久遭到雷击,火箭及携带的卫星均被炸毁,损失极大。由于这类高科技设备的价格极贵而其工作的意义重要,美国就不惜巨资花大力气集中许多国家部门和大学联合研究雷电规律及相关的防雷工程技术。位于多雷区佛罗里达州的肯尼迪航天中心(KSC)则是美国防雷实验研究基地中最重要的地方。兰利研究中心的科学家们用专用仪器装在抗恶劣天气的飞机里直接穿越雷暴云区,研究触发闪电现象,8年中飞机被击中700多次。美国联邦航空局(FAA)和美国空军也进行了类似的实验,以便弄清如何才能更好地保护飞机内的电子设备。

为了实地测量闪电的种种特性和参数,KSC采用在尾上拖有铜丝的小火箭作人工引雷,这一方法比等待自然落地闪电或实验室中的人工雷模拟实验要优越得多。以这种大规模现代化研究为基础,已提出了一整套综合的防雷工程技术措施,基本上可以达到航天飞行和发射场的避雷安全。附带说明一下,第一位用发射火箭研究雷电的是Torino大学实验物理学教授Giambatista Beccaria,他在1953年10月发射了6枚研究火箭,不过他实验研究的目的是测知雷雨云中的电荷分布。

中国科学院兰州高原大气物理所和第二炮兵的研究机构近年也多次用火箭引雷进行研究。航天部门和火箭发射场跟踪学习了KSC的技术,也做到了防雷安全无一失事。但是我国除了航天部门以外,其他各行各业对雷电的认识多数还停留在20世纪50年代~60年代以前的状态。1989年8月12日发生在青岛市的黄岛油库雷击起火的特大火灾事故,死伤人员之多和经济损失之大令全世界震惊,国务院总理亲自乘飞机指挥灭火。这一事件促进政府部门和广大人民对防雷的重视。另一件典型的新雷灾也引起人们的重视,那就是1992年6月22日国家气象中心大楼的落雷,避雷针是合格的,接了闪电又安全无恙,建筑物也无损,说明已受到避雷针的保护,可是计算机系统受到损害,停止工作46小时,次日中央电视台新闻联播之后的气象预报成了空白,其影响之大远远超过雷击造成的设备损坏。

由这两个典型雷灾事故引发了我国一场关于富兰克林避雷针的辩论,有的人认为灾祸是由避雷针的引雷造成,把一切罪责归咎于它,随之出现了种种消雷器,企图取而代之,在防雷工作中造成一些混乱。其实大家感到很新鲜的这个论争,在历史上并非新事物,捷克科学家Prokop Divisch曾在1754年发明了一种避雷装置,称之为气象机器,这是在26m高的木架上置216个尖端,以加强尖端放电,企图消雷,但失败了。1775年,Lichtenberg建议在房顶上挂起成串的带刺金属线来保护房屋不受雷击。这种企图利用尖端放电中和云中电荷的想法在历史上周期性地时起时落。到了航天部门遇上雷灾之后,这种思想又兴起来了。首先捡起这种设想的是美国的闪电消除公司(LEA),于1971年12月提出一种被称为消散阵系统(DAS)的装置,它是一种与二百多年前的气象机器相似的多针板，据其广告说试用效果良好，曾有一定销路。英国的Francis和Lewis股份有限公司则用消雷器(LSI)的名称大量生产推销一种类似的装置。1973年Snyder声称他的数千个尖端组成的阵列已获得成功。除这种多针式消雷器外，还出现一种具有20世纪特点的消雷器。1914年匈牙利物理学家L. Szillard设想，在避雷针上加装放射源也许可以增加引雷作用。20世纪70年代有些国家就出现了安装有放射源的避雷针，认为可以消雷，近年我国有的单位就装上了这种消雷器，如南京的金陵饭店、广州的花园酒店。

这些形形色色的消雷器曾在20世纪70年代流行了一阵子，争论很大，许多科研单位做了实验测量和对比实验，进行理论上和实践上的探讨，这在科学发展史上是正常的。的确有些东西被否定之后消失若干年，而后又再度兴起并大大发展。如半导体检波器用于收音机，最初叫矿石收音机，流行过好多年，后来被真空电子管取代了，但是到20世纪50年代，半导体重新崛起，把电子管完全压倒了。可是还有另一种情况，如永动机，那就是另一种结果了。消雷器究竟如何呢？20世纪90年代，在国际学术界已有比较一致的倾向，许多型式的消雷器自身遭到雷击损毁，它不但没有消雷，而且与富兰克林避雷针相似，也是引雷的。一些对比实验表明，不论多针式或放射源式，它们在雷雨云当空时，其放电电流并不比普通避雷针多。另一方面它们却要多消耗钢材或其他贵重材料，价格昂贵得多，维护困难，所以有些国家的防雷规范甚至写明禁用这种避雷装置。我国许多人尚不了解这些情况。

可以明确指出，近二十年来新发现的雷灾的起因是闪电的电磁脉冲辐射(LEMP)，它无孔不入，波及的空间范围很大，微电子设备越先进、耗能越小、越灵敏，则LEMP的危害范围越大。以往的防雷主要是强电系统，LEMP的存在危害不了它，而现在的防雷则转向弱电系统，涉及科技知识要复杂得多，特别是高频电子学方面，因此，防雷工程技术面临着一个大转变，包括观念上、方法上的转变。例如以往的防雷是一维(至多是二维空间)的防御，而今已是三维空间的防御了。

不妨举两个实例，以前的雷灾总是发生在落雷的地方，可是1994年5月23日北京的一场雷雨，天安门地区却同时有四个重要的部门遭到雷灾，显然在这里装不装避雷针或消雷器都与这样的雷灾无关，被雷电损坏的当然都是微电子技术设备。再一个事例是广州有名的白天鹅宾馆的雷灾。12年前为了考虑到电子电器设备的防雷，在六层楼以上所有客房都装上避雷器，认为这里都是高楼大厦，闪电的祸害到不了低处。可是在一次雷雨中，六层以下的客房电子、电器设备损坏了，而六层以上则安然无恙。

现在的防雷工程技术已进入一个新时期，要考虑闪电的各种物理特性和作用而实行三维空间的综合防护措施，这是一种系统工程。美国KSC的防雷工程可以说是一个典范。它并没有否定避雷针，在火箭发射场勤务塔上仍高竖着富兰克林避雷针，它照旧执行着二百多年来吸引闪电入地的任务。但是此外尚有一系列其他防雷措施，对付闪电的各种祸害，后面几章将详细介绍。同时还有雷电预警系统，把雷电遥测预警也纳入防雷工程中，这是现代防雷工程技术的一个新发展。美国、法国等近年已率先建立了全国雷电监测预警网，它对于电力输送网和森林防火的安全都有很重要价值。这项技术在我国还刚刚起步，需加快发展，中国科学院早在1991年就已由空间中心研制出先进的闪电监测定位系统，并通过验收。1989 年 8 月 12 日黄岛油库遭到落地雷击就是首先由这一套设备在济南地区发现并记录下来的，把闪电落地的时刻都记录在案。预警变为防雷工程的重要组成部分是值得注意的很有价值的一件事，因为对于野外作业和近年来日益发展的旅游业，防雷安全一直是个难题。此外在有些地方设置避雷装置有很多困难，如高山顶上的观象站、微波站、监测站等。中国有句话："惹不起，躲就是了！"对于雷击，也可以这么办。航天器、火箭的发射就是采用预警来躲开雷害，要实现这一点，就必须有可靠的监测系统。

最后介绍防雷工程技术发展的另一个重要方面——消雷。消雷器在二百多年来时起时伏，直至最近在世界各地又再度兴起，这并不意味消雷这一设想是行不通的。消雷器能否实现消雷是决定于这一具体设备是否符合科学规律。近年来在这方面是有进展的，而它又与物理学家对雷雨云的探测研究所取得的成就紧密相关。消雷工程更确切地说就是人工影响闪电的工程，可以分为两大类。

第一类是在雷雨云内进行干扰，使它的物理状态发生变化，从而抑制其起电过程，减少云间闪电（简称云闪）和云地间闪电（简称地闪）的次数和强度，这一工作已取得进展。如，1965—1967 年在美国蒙大拿州苏拉附近的山区，在积雨云中播撒大量碘化银晶体作为冻结核，与未播撒的云作对比，发现总闪电数、云闪和地闪次数分别平均减少 54%、50%和 66%，雷电活动的持续时间也明显缩短。1965—1966 年，美国在亚利桑拿州的弗拉格斯塔夫地区用飞机在积雨云下方大气电场强度大于 $3\times10^2\,V\cdot cm^{-1}$ 的区域均匀播撒大量金属箔丝，它们随上升气流进入云体，并在几分钟内迅速扩散开来，从飞机上可见到云中出现电晕放电，大气电场明显减弱，有一次试验，在作业后 10 分钟，强电场便消失了。

第二类是从地面向云发射火箭或强激光以触发闪电，包括云闪和地闪。20 世纪 60 年代初，美国海军在雷暴天气进行深水爆炸实验，激起六、七十米高的水柱竟遭雷击。这一偶然事件说明高速运动的接地导体有可能触发闪电。其后美、法等国都有科学家进行人工触发闪电的野外试验。1965 年 Newman 等人在船上向积雨云发射火箭，火箭拖一根与船体相连的不锈钢丝，长 300m，火箭到达低于云的高度，引雷的成功率达 50%，其中有一次，火箭到达 100m 处就触发由 10 次闪击组成的地闪，钢丝汽化，闪电沿钢丝通道击中船体。1968 年"阿波罗-12"宇宙飞船通过无闪的云体竟出人意料地遭到两次雷击，这一偶然事件启发了科学家，经过分析认为，若云中大气电场强度大于 $10^3\,V\cdot cm^{-1}$，向云中发射直径仅 7cm 的小火箭，有可能触发闪电。在美国索科罗用这类火箭做野外实验，获得了预期效果。在一次实验中，在 2 分钟内向积雨云同一强电场区发射 3 枚火箭均引发云闪，用飞机探测云区，测得的结果是，云附近的大气电场强度从 $6\times10^2\,V\cdot cm^{-1}$ 降至 $4\times10^2\,V\cdot cm^{-1}$。另一次，在 5 分钟内发射 4 枚火箭，在入云处的大气电场强度从 $15\times10^3\,V\cdot cm^{-1}$ 降至 $5\times10^2\,V\cdot cm^{-1}$。

1974 年 Ball 受这种实验的启发，提议用激光使雷雨云放电，他不是依赖于碰撞产生电子，而是用光产生电离。这一设想随着激光器的改进而终于变为现实，1992 年日本关西电力公司和大阪大学等单位合作，成功地利用激光改变闪电走向，它是用镜子把一束特定波长的功率达 10 亿瓦以上的强激光束射向雷雨云，在空气中形成高温等离子体，为闪电提供给定的放电通道。我国也有不少人工引雷的成就，详见《雷电与人工引雷》一书。

## 1.6 21世纪的展望

任何科学理论都立足于实验。一方面，理论思维离不开物理概念，而概念的正确建立必须从实验现象获得，准确无误的感性认识是绝对必需的。另一方面，理论的正确与否，只能靠实验检验。雷电科学之所以还很不成熟，就是由于过去所进行的实验太少了，雷电现象很难观测。近年来随着信息技术的发展和人造卫星的大量发射，雷电现象的观测技术大大进步了，因此今后雷电科学理论将会有突破性进展，这可以分两方面来谈。

一方面是关于雷电的经典理论方面。雷电是电磁现象，经典的麦克斯韦电磁场理论是研究和弄清雷电规律的最重要理论基础。20世纪之前基本上是以“路”的观念阐释雷电，只能在特定条件下近似地反映雷电，基本上没有运用麦克斯韦电磁场理论，从“场”的观念阐释雷电。21世纪由于信息防雷的需要，这方面的理论研究开始了，在数学上有很大困难，因此，还有赖于数学的进步。

另一方面是以近二三十年发展起来的非线性科学来研究雷电现象。例如，气象学家洛伦兹所发现的“蝴蝶效应”：南美洲亚马逊河流域热带雨林中一只蝴蝶偶尔煽动几次翅膀，可能最终会在两周后导致美国得克萨斯州一场巨大的龙卷风，这是他用以形象地说明全球气象变化规律中一种特殊的以往未被人们注意到的非线性现象，即大气状况“起始值”的细微变化会使全球大气运动产生巨大变化，雷电的产生与大气运动紧密相关，所以雷电现象也必有类似的“蝴蝶效应”。在混沌、分形学说发展的初期，人们看到夹在两块玻璃板间的 $SF_6$ 气体层中的放电现象，其二维的放电图形与大气中闪电的分叉图形相似，使学者联想到闪电应该是一种分形，可以用分形理论进行研究。又如闪电中最令人感到不可思议的现象是球状闪电(俗称滚地雷)，它有许多奇特现象，许多学者提出各种学说，均难以解释。近年的研究逐渐使人们看到：球闪的众多反常现象是一种非线性现象，应用非线性科学就能得到比较满意的解释。

综观这些情况，可以估计，雷电现象的研究需要运用混沌、分形等非线性科学。

目前，被全国奉为圭臬的《建筑物防雷设计规范》GB 50057—94 及其所依据的基础富兰克林防雷体系，不仅在近10年的实践中出现种种问题，而且在科学理论上问题也不少，束缚了防雷人员的思想。2004年，在云南召开的等离子避雷球试用鉴定会，研讨了其原理和应用前景，联系应县木塔的绝缘避雷，预测当前流行的种种防雷技术措施将要发生大变革。首先是旧防雷规范的大修改，由此引发种种连锁反应。例如许多防雷人员的工作将有变动，许多企业的防雷产品及防雷市场都会出现大变化，这是迅猛发展的数字技术和信息技术发展必然导致的结果。《防雷世界》2004年第一期刊出了 GB 5057—94 (2000版)要进行整本修改的通告，就是一个信号。

迄今为止，国际和国内所有防雷规范都是离不开富兰克林的引雷入地思想，并且是以“路”的概念为基础，因此都强调接地，并且当作最重要的防雷措施。由于任何设备离不开电力供应，电力供应必有安全接地。此外，通信线路也需以地作为基准，信息技术的防雷也需接地工程。

可是科技发展正动摇着接地的必需。等离子避雷技术根本不需要接地，古代的绝缘避雷现象的发现说明接地反而加剧直击雷害，切忌接地工程。移动通信和笔记本电脑的流行，无线化技术将上升为主流，今后的防雷是否还要坚持接地？相反，等离子避雷与绝缘避雷取代富兰克林避雷，再加上光纤通信和无线化技术的发展，将引发建筑和输配电领域的设计改革，提高人身和设备的安全，降低费用。修改防雷规范必须预见这个形势。

# 参考文献


1 王道洪，郄秀书，郭昌明．雷电与人工引雷．上海：上海交通大学出版社，2000

2 Golde R H. Physics of Lightning. Acade mic Press Inc Ltd，1977

3 《中外名人故事丛书》编委会．外国科学家故事．北京：中国和平出版社，1992

4 宋德胜，李国栋．电磁学发展史．南宁：广西人民出版社，1987

5 蔡宾牟，袁运开．物理学史讲义—中国古代部分．北京：高等教育出版社，1985

6 林清凉，戴念祖．力学．台北：五南图书出版股份有限公司，2004

7 林清凉，戴念祖．电磁学．台北：五南图书出版股份有限公司，2004

8 Chalmers J A. Atmospheric Electricity. Pergamon Press，1957

9 宋健．现代科学技术基础知识．北京：科学出版社，1994

10 曹康泰，温克刚．中华人民共和国气象法释义．北京：气象出版社，2000

11 何祚庥．伪科学曝光．北京：中国社会科学出版社，1996

12 虞昊．用避雷针还是用等离子避雷技术．雷电防护与标准化（暨全国雷电防护标准化学术研讨会专刊），2004. No. 3

13 庄洪春．“使感应电荷消失”的一种避雷新思路．雷电防护标准化学术研讨会论文集．全国雷电防护标准化技术委员会编印，2004

# 第 2 章　概率统计基础知识

## 2.1 事物的两种描述

对于同一个自然界，物理科学对它有决定性和概率性两种描述。

对物体的力学运动就是用决定性描述的。自从1687年牛顿在《自然哲学的数学原理》一书中完整地表述了他的绝对时空观、运动三定律和万有引力定律，在演绎推导出行星运动三定律之后，人们就习惯于跟随他的思维，形成了机械决定论的观点。拉普拉斯(1799—1827)在《天体力学》中运用牛顿力学进行太阳系行星及其卫星的轨道计算，臻于极精微的程度，他宣称，只要给定了起始条件就可以预言太阳系的整个未来，这就是机械决定论。后来根据天体观察到的现象，推算出太阳系中未被发现的行星海王星的存在及其空间位置，果然如预言的在天文观测中找到了它。从此，牛顿力学的决定性描述深入人心，并进而运用于物理学的其他领域，把非力学现象的起因归结为质粒的机械运动。

对于热学现象中气体的一些宏观参数(压强、温度、体积等)，它们之间的关系(或者说其变化规律)已由一些物理学家用实验探测出来。19世纪，克劳修斯(1822—1888)、玻尔兹曼(1844—1906)和麦克斯韦等人运用概率统计方法描述气体分子而建立气体分子运动论和统计物理，能很好地解释热学现象，并能推导出上述这些从实验建立起来的宏观参数之间的关系式。由此在物理学中逐渐形成概率统计方法及其一整套理论，概率性描述成为物理学中非常重要的部分。

从分子运动论的成功看，概率性描述和决定性描述是统一的，宏观量的决定性描述建立在微观量的概率统计性描述的基础上。这里有一个先决条件，那就是宏观物体(或者说体系)是由非常大量的粒子数构成的。当粒子数减少到一定限度时，就显示出物理现象的“起伏”或叫“涨落”，也就是发生偏离，决定性描述就出现不确定的随机变化。

概率统计是一种数学方法，服从于数学规律，不涉及被统计的具体事物的物理、化学或其他特性。概率统计方法应用范围极广，在碰运气取胜的游戏中、在保险事业、民意测验、生物遗传等都很有用，在自然现象中，如雷电、气象预报等同样很重要。但是要记住：运用概率统计得出来的结论，不能用决定性描述的思维方法来处理，因为雷电现象的统计数远远不足。

下面就结合气象现象来介绍概率统计的一些基础知识，而其数学证明和运算一概从略。

## 2.2 概率论及有关概念

在自然现象中有的是可以作决定性描述的，如潮汐每天涨落的时间、日食月食的发生情况及可能性都可确定地预言。但是有许多现象就不能准确预言其发生可能性、必然性，如雷雨时何处落雷，闪电走向，强度如何等。这类现象，在概率统计学中称为随机事件，简称为事件。

若两事件不能同时出现(如雨天和晴天)，只能出现其中之一，则称这两事件为互斥事件。把这样两个事件组成一个完备事件组，则称它们为对立事件，若以 $A$ 代表其中之一，则其对立事件称为 $A$ 的逆事件，可用 $\overline{A}$ 表示。

有的事件 $B$ 包含有事件 $A$，则 $A$ 的出现必导致 $B$ 的出现，例如事件降雨包含于事件降水之中。

如果 $A$、$B$ 两事件中任一事件出现可有事件 $C$ 出现，则事件 $C$ 就称为事件 $A$、事件 $B$ 之和，例如事件降水就是事件降雨与事件降雪之和。

如事件 $A$、事件 $B$ 同时都出现可得事件 $C$ 出现，则称事件 $C$ 为事件 $A$ 与事件 $B$ 之积。例如事件雷雨是事件打雷和事件下雨都发生的复合事件，即称事件雷雨是事件打雷与事件下雨的积。

概率论是研究随机事件的数量规律性的一门数学理论。观察随机事件的方法常是在相同条件下对事件进行重复实验，即所谓随机实验。做随机实验时，有的事件出现得多，也就是它出现的可能性就大，为此引入一个物理量 $P(A)$ 来表征事件 $A$ 出现的可能性，$P(A)$ 就称为事件 $A$ 的概率，或者说，概率是对于一事件的期待的定量化。

如在 $m$ 次观察中，$A$ 事件出现 $k$ 次，$k$ 被称作频数，则称 $k/m$ 为频率，或叫相对频数。请注意，不要把它与物理学中讲振动与波时的频率概念相混。它是无量纲的纯数，恒小于 1，也常用 $f$ 表示，且

$$f=\frac{k}{m} \tag{2.1}$$

另外再作 $m$ 次观察，$A$ 事件出现的次数不一定是 $k$ 次了。因此这种随机实验的频率是个不确定值。例如，在北京统计每年出现雷雨的日子，这个天数就是事件雷雨的频数。每年雷雨天数与全年的总天数之比值就是这一事件的频率 $f$，每年的 $f$ 值是变化不定的，也许有的年份会有相同值。如果取 1 000 年的 $f$ 值来比较，则可看出，这些数是在一个平均值左右变动，它反映了北京雷雨的频繁程度，也就是标志着其可能性的数量。换到广州，这个数就增多了，也就是广州遇上雷雨的概率更大。

在概率论里定义

$$P=\lim_{m\to\infty}\frac{k}{m} \tag{2.2}$$

就是说当观察次数无限地增多时，频率的极限就是该事件的概率。在气象统计中常用重现期 $T$ 反映概率的大小，即

$$T=\frac{1}{P} \tag{2.3}$$

## 2.3　概率的一些性质

概率的一些性质如下。

(1) 事件的概率的值的范围是[0　1]。必然发生的事的概率等于 1,不可能发生的事的概率等于 0。这两种情况就是属于决定性所描述的现象了。如日从东方出,月绕地球转。我们在实际中遇到的自然现象出现的概率都是介于 0 与 1 之间,接近 1 的事件常称之为大概率事件。

$$0 \leqslant P \leqslant 1 \tag{2.4}$$

(2) 对立事件概率之和等于 1。如预报明天要下雨的概率为 0.2,则利用这个关系式,就可得出明天无雨的概率必为 0.8。

$$P(A)+P(\overline{A})=1 \tag{2.5}$$

(3) 如果 $A$、$B$ 两事件是相容的,则至少出现一事件的概率为

$$P(A+B)=P(A)+P(B)-P(AB) \tag{2.6}$$

(4) 若 $A$、$B$ 互不相容,则至少出现一事件的概率为

$$P(A+B)=P(A)+P(B) \tag{2.7}$$

(5) 若 $A_1,A_2,A_3,\cdots,A_n$ 组成互不相容的完备事件群,则有

$$\sum_{i=1}^{n} P(A_i) = 1 \tag{2.8}$$

例如,闪电可以分成云中闪、云间闪、云地闪和无闪电四种互不相容的事件,各事件的出现的概率各不相同,不论在何地,这四种事件就组成完备事件群,其发生的概率之总和必等于 1。

(6) 有时需要知道事件 $A$ 已出现之后再出现事件 $B$ 的概率,并称它为条件概率,用符号 $P(B|A)$表示。条件概率的定义是

$$P(B|A)=\frac{P(AB)}{P(A)} \tag{2.9}$$

(7) 概率的乘法定理。由上面的定义公式(2.9)可得

$$\begin{aligned} P(AB) &= P(A)P(B|A) \\ &= P(B)P(A|B) \end{aligned} \tag{2.10}$$

由此类推,若有事件 $A_1,A_2,\cdots,A_k$,$k \geqslant 2$,满足 $P(A_1A_2\cdots A_{k-1})>0$,则有

$$P(A_1A_2\cdots A_k)=P(A_1)P(A_2|A_1)P(A_3|A_1A_2)\cdots P(A_k|A_1A_2\cdots A_{k-1}) \tag{2.11}$$

并称式(2.11)为乘法公式。

(8) 如果 $A_1,A_2,\cdots,A_k$ 构成互不相容的完备事件群,且事件 $B$ 恒与事件 $A_i(i=1,2,3,\cdots,k)$同时出现,即 $B=BA_1+BA_2+\cdots+BA_k$,由于 $BA_i$ 互不相容,由式(2.11)即可求得

$$P(B) = \sum_{i=1}^{k} P(B \mid A_i)P(A_i) \tag{2.12}$$

式(2.12)称为全概率公式。

(9) 由条件概率的定义和式(2.12)即可得出

$$P(A_i \mid B) = \frac{P(A_iB)}{P(B)} = \frac{P(A_i)P(B \mid A_i)}{\sum_{i=1}^{k} P(A_i)P(B \mid A_i)} \tag{2.13}$$

式(2.13)称为贝叶斯公式。

(10) 有些情况下,事件 $A$ 的出现与否对事件 $B$ 的出现毫无影响,也就是说两事件互相独立,则必有

$$P(B|A) = P(B) \tag{2.14}$$

及

$$P(AB) = P(A)P(B) \tag{2.15}$$

推而广之

$$P(A_1A_2\cdots A_k) = P(A_1)P(A_2)\cdots P(A_k) \tag{2.16}$$

## 2.4 随机变量

在确定的条件下进行一组观察,观察所得出的数量结果可以用一个数 $x$ 表示,每次所得值是事先无法预知的,它是个变量,但是这个数出现的概率则是确定的,称这种变量为随机变量。

随机变量首先是具有离散性,即它的取值是无法事先预料的、不可确定的且各次不尽相同,即表现出偶然性。它同时又服从一定的规律,即存在必然的规律性,稳定地在某种范围内变化取值,遵循某种分布规律,称它表现出集中性。

气象要素包括雷电在内,大都可看作随机变量,从其取值看可分两类:离散型和连续型。例如每天发生闪电的次数以及一次闪电包含的放电次数是离散型,而每次闪电的电流峰值则从几千安到几百千安可以取任何值,是可以连续变化的数值。

现在要谈谈事件概率的确定问题。以闪电的电流峰值为例,这个值的大小是防雷技术中很重要的参数,究竟什么值出现的机会最多?只能从许多次观察中去寻找。应该在世界各地观察,因为地区不同,条件也不同,不能以某一地区的观察值作依据。而且要长时间观察,因为春夏秋冬季节不同,条件也不同。取不同地区不同时间测得的闪电电流的峰值列成表,就看出数值的分布。统计某一电流值,例如,10kA 出现的频数被闪电测量的总次数除,即得出该电流值的频率。根据定义式(2.2)就可以看出,闪电电流峰值为 10kA 的概率与这个频率比较接近,若取的地点越多,观察的年份越长,测出的数值统计所得的频率就越接近概率的真实值。

显然观察到的随机变量是一个无限数列,这种包括整个情况的全部数列称为总体,或叫母体。而我们实际上的观察是有限的,只能是其中的一部分,这种有限的数列就叫做总体的一个样本,或叫子样。

由此可见,一些书刊或技术手册明白写出的"闪电电流为某一数值的概率为 $P$",并不是严格意义上的概率,而只是从某一样本统计而得的频率而已,实际上遇到的闪电可能与此差别很大,也可能巧合。更要注意的是它对某一特定地区可能不见得适用,所以

选用技术参数时需要考虑给定参数所适用的物理条件，条件不同概率就大不相同。为此，要取本地区的长年累月的统计数据来确立本地区雷电参数的频率，作为概率的依据来选择防雷技术方案，以确保安全可靠又比较经济。

以上对概率的讨论，是从数学的严格定义出发，运用代数中的排列组合和其他数学手段，从理论上推算出一些事件的严格意义上的概率。如在物理学的统计物理领域，对气体得出一些规律性的结论与实验完全吻合，气体所包含的分子数实际上已达到概率定义公式的要求。

但是在许多实际工作中，无法达到这种条件，那就只能近似地运用概率的概念，再运用数学上已达到的对随机变量的规律性的认识来进行观察和统计工作了，用较短的测量时间和较少的测量数据，取得较可靠的满足实际需要的结果。

## 2.5　随机变量的数字特征

离散型随机变量的数列虽变化不定，但统计发现它总是集中在某一范围，而且其中有极少数出现的次数特别多，所以它有一个值最可能反映这一变量 $x$ 的真面貌，在概率论中称它为数学期望，常用符号 $E(x)$表示之。若数列 $x_i$ 为观察到的 $k$ 个数值之一，其出现的概率为 $P_i$，则

$$E(x) = \sum_{i=1}^{k} x_i P_i \tag{2.17}$$

它表现出来的性质有：

(1) 常数 $c$ 的数学期望等于常数本身，即

$$E(c)=c \tag{2.18}$$

(2) 随机变量 $x$ 与一常数 $c$ 的乘积的数学期望等于 $x$ 的数学期望乘以 $c$，即

$$E(cx) = cE(x) \tag{2.19}$$

(3) 随机变量之和的数学期望等于随机变量的数学期望之和，即

$$E\left(\sum_{i=1}^{n} x_i\right) = \sum_{i=1}^{n} E(x_i) \tag{2.20}$$

(4) 两个相互独立的随机变量的乘积的数学期望等于它们各自的数学期望的乘积，即

$$E(xy)=E(x)E(y)$$

数学期望 $E(x)$实际上是算不出来的，因为式(2.17)中 $P_i$ 值无法求出。但是从理论上可以证明：随机变量 $x$ 的算术平均值 $\bar{x}$ 却是与 $x$ 的数学期望最接近的，即 $\bar{x}$ 是 $E(x)$ 的无偏估计量，若$E(x)=\mu$，则可证明

$$E(\bar{x})=\mu$$

所以一般就用平均值

$$\bar{x} = \frac{1}{n}\sum_{i=1}^{n} x_i$$

表示数学期望，以表征随机变量的数值。

有些情况，观察到的随机变量是一组数列 $x_i$，各 $x_i$ 的频率为 $f_i$，则其平均值是一种加权平均，即

$$\overline{x} = \sum_{i=1}^{n} x_i f_i$$

显然，随机变量 $x$ 对平均值 $\overline{x}$ 的离差 $(x_i - \overline{x})$ 的代数和为 0，即

$$\sum_{i=1}^{n} (x_i - \overline{x}) = 0$$

而且随机变量对 $\overline{x}$ 的离差（又称距平）的平方之和 $\sum\limits_{i=1}^{n}(x_i - \overline{x})^2$ 比它对任何常数的离差的平方和要小。

以上只是讨论了平均值是随机变量在某一组观察中显示出来的数列的集中位置，但不能表明这组变量的离散程度。有可能两组实验观察得到的数列的平均值 $\overline{x}$ 完全相等，一组的变量与平均值的离差很大，而另一组的变量却始终接近平均值。为了描述数列的离散度，就引入一个称为方差的概念。其定义如下：随机变量 $x$ 与其数学期望之差也是随机变量，若随机变量 $[x-\mathrm{E}(x)]^2$ 存在，则称其数学期望 $\mathrm{E}[x-\mathrm{E}(x)]^2$ 为 $x$ 的方差，常用符号 $D(x)$ 或 $\sigma^2$ 表示，即

$$D(x) = \sigma^2 = \mathrm{E}[x-\mathrm{E}(x)]^2 \tag{2.21}$$

方差是一个表征随机变量对它的数学期望 $\mathrm{E}(x)$ 的离散程度的一个统计量，有时也用到均方差的概念，即

$$\sigma = \sqrt{D(x)}$$

若方差 $\sigma^2$ 大，则离散程度就大。

方差有下列性质。

(1) 常数的方差等于 0，即 $D(c)=0$，$c$ 为常数。

(2) 随机变量乘以常量 $c$ 后的方差为

$$D(cx) = c^2 D(x) \tag{2.22}$$

(3) 若随机变量 $x,y$ 互相独立，则

$$D(x+y) = D(x) + D(y) \tag{2.23}$$

(4) 若 $x,y$ 相关，则

$$D(x+y) = D(x) + D(y) + 2\mathrm{E}\{[x-\mathrm{E}(x)][y-\mathrm{E}(y)]\} \tag{2.24}$$

其中，$\mathrm{E}\{[x-\mathrm{E}(x)][y-\mathrm{E}(y)]\}$ 称为 $x,y$ 的相关矩，记作 $\mathrm{COV}(x,y)$，也可称为协方差。

实际上测量次数有限，无法获得总体的期望，也就是说方差只是数学概念上的东西，仅作为理论探讨之用，实际测量数列中得不出方差，只能得到方差的估计值。因此，下面引入标准差，并用符号 $s$ 表示之。

对于一数列 $x_1, x_2, \cdots, x_n$，其平均值 $\overline{x}$，则

$$s^2 = \frac{1}{n}\sum_{i=1}^{n}(x_i - \overline{x}) = \frac{1}{n}\sum_{i=1}^{n} x_i^2 - \overline{x}^2 \tag{2.25}$$

它是随机变量 $x$ 的方差的估计值，而标准差

$$s = \sqrt{\frac{1}{n}\sum_{i=1}^{n}(x_i - \overline{x})} \tag{2.26}$$

是 $x$ 的均方差 $\sigma$ 的估计值。

标准差的性质如下。

(1) $s^2$ 不是 $D(x)$的无偏估计量,其无偏估计量应为

$$s'^2=\frac{n}{n-1}s^2 \tag{2.27}$$

只有 $n$ 足够大的 $s^2$ 才可以认作 $D(x)$的无偏估计量。

(2) 方差不具备稳定性。也就是说,把数列分成 $n$ 组来计算时,分组法不同,平均值 $\bar{x}$ 不变(即 $\bar{x}$ 是具备稳定性的),但方差则随分组变化而变。

如果随机变量是连续型的,例如前面提到的测量闪电电流的峰值,这时变量 $x$ 不是整数数列而是连续变量,则以上讨论用的代数加减就换成积分运算,式(2.17)对数学期望的定义就要改写成

$$\mathrm{E}(x)=\int_{-\infty}^{\infty} xp(x)\mathrm{d}x=\int_{-\infty}^{\infty} x\mathrm{d}F(x) \tag{2.28}$$

式中,$p(x)$称为分布密度,$F(x)$称为分布函数。而式(2.21)应改成

$$D(x)=\int_{-\infty}^{\infty}[x-\mathrm{E}(x)]^2 p(x)\mathrm{d}x=\int_{-\infty}^{\infty}[x-\mathrm{E}(x)]^2\mathrm{d}F(x) \tag{2.29}$$

## 2.6 相关

在探测自然现象寻找它的规律时,要注意到事物之间的相互联系。例如,闪电电流的峰值与大地、闪电通道的电阻等是否有关联,究竟关系密不密切,可不可以忽略不计等。这就要用到一个重要的概念,即相关,相关可以分三种情况。

(1) 完全相关,称为成函数关系。这是指一种现象 $x$ 与另一种现象 $y$ 可以用确定的函数表示,即

$$x=f(y)$$

(2) 统计相关,称为近似关系。在大气现象中,许多现象之间看不出一一对应的函数形式,可是又常常会互相制约,有某种牵连,我们就称之为统计相关,简称相关。

(3) 零相关,即互相独立,互不影响。

完全相关在物理学决定性描述中已经讲得很多了。这里只着重介绍统计相关,它又可以分为两种。

第一种是两种现象之间的简单相关。若两种现象之间的关系近似地可表示为一条直线,则称为线性相关,它可以是正相关,即依变量随自变量成比例地增或减。另一种则是负相关,即自变量增大时,变量减少。还有一种简单相关是非线性的,即成曲线关系,它在一段区间内常可近似为线性相关。

第二种是复相关,就是多个现象之间相关,多种自变量同时影响一个变量。在研究中,为了使问题简化,也可以只研究一种特殊情况,即令其他自变量保持不变,只看变量与其中之一个自变量的相关关系,这样得出的关系称为偏相关。

再来看看衡量相关紧密程度的五个统计量。

(1) 相关概率(又叫距平符号重合率)

设有两组(各 $n$ 个)对应的观察值:

$$x_1, x_2, \cdots, x_n \quad 其平均\ \overline{x}$$

$$y_1, y_2, \cdots, y_n \quad 其平均\ \overline{y}$$

若距平符号相同的为 $m_+$ 组，距平符号相反的为 $m_-$ 组，则 $x$ 和 $y$ 的正相关概率 $P_+ = \frac{m_+}{n}$，负相关概率 $P_- = \frac{m_-}{n}$。$P_+ > P_-$ 为正相关，反之为负相关，取二者中较大的一个称作相关概率，即

$$P = \frac{m}{n}, \quad m\ 是\ m_+、m_-\ 中较大的 \tag{2.30}$$

若 $m=n$，则 $P=1$，表示密切相关。

(2) 线性相关系数

由式(2.24)提出的相关矩 $\mathrm{cov}(x,y)$ 和均方差 $\sigma$，可定义相关系数为

$$\rho = \frac{\mathrm{cov}(x,y)}{\sigma_1 \sigma_2} \tag{2.31}$$

式中，$\sigma_1$，$\sigma_2$ 分别是随机变量 $x$，$y$ 的均方差。

实际上的计算是用样本线性相关系数 $r$ 作为 $\rho$ 的估计。它是这样规定的，若随机变量 $x$ 和 $y$ 的 $n$ 次实际测得值分别为 $x_1, x_2, \cdots, x_n$ 和 $y_1, y_2, \cdots, y_n$，则

$$r = \frac{\frac{1}{n}\sum_{i=1}^{n}(x_i - \overline{x})(y_i - \overline{y})}{\sqrt{\left[\frac{1}{n}\sum_{i=1}^{n}(x_i - \overline{x})^2\right]\left[\frac{1}{n}\sum_{i=1}^{n}(y_i - \overline{y})^2\right]}}$$

可以简化成

$$r = \left(\sum_{i=1}^{n} x_i y_i - n\overline{x}\,\overline{y}\right) \Big/ n s_x s_y \tag{2.32}$$

当 $x$，$y$ 两变量具有线性函数关系时，$|r|=1$；若两者无线性相关时，$r=0$。一般情况下，$|r|<1$，$r>0$ 为正相关，$r<0$ 为负相关。

(3) 相关比

上述两个量只能衡量变量间线性相关联系的状况。如果 $x$，$y$ 间存在非线性函数关系，则 $\rho$ 与 $r$ 两个量就不能表征其关联程度了。例如 $x^2+y^2=$ 常量 $c$，这时就引入相关比 $\eta$，其定义为

$$\eta = \sqrt{1 - \frac{\sum_{i=1}^{n}(y_i - \hat{y}_i)^2}{\sum_{i=1}^{n}(y_i - \overline{y}_i)^2}} \tag{2.33}$$

式中，$\hat{y}$ 是由回归方程自变量 $x$ 计算而得的 $y$ 的回归估计值，称 $\sum_{i=1}^{n}(y_i - \hat{y}_i)^2$ 为实测值对于回归估计值的离差平方和(剩余平方和)。

$\eta$ 的值为 0 与 1 之间的实数。如果 $\hat{y}_i$ 是直线回归时，则 $\eta = r$；如果 $\hat{y}_i$ 为多元线性回归，则 $\eta$ 就是复相关系数。

以上对概率统计概念的简单介绍，是为了方便查找防雷技术手册，追究一些经验计算公式的来源，在此不作详细介绍。

## 2.7 随机变量的概率分布实例

以上都是纯粹从数学概念上介绍概率统计，比较抽象，现在结合雷电实例来说明。以云地间闪电（简称地闪）的某些特性来看，地闪的持续时间是个很重要的参数，它当然是一种随机变量。它的概率是无法表示的，实际测量的都是它的频率，一些有关雷电的书刊给出的各种概率分布曲线其实是频率曲线，它只是概率的近似反映。图 2.1 是各种雷电著作常引用的在南非、美国新墨西哥州和瑞士圣萨尔瓦托山所观测到的地闪持续时间-出现概率曲线。其中，图(a)是南非 530 次地闪观测的平均结果；图(b)是新墨西哥州 72 次观察的平均结果；图(c)是圣萨尔瓦托山 303 次观察的平均结果。可看出，此曲线与地区关系极大。这三个图取的持续时间是分成一段一段时间区间来分类统计的，曲线就成折线，也就是说随机变量是离散型。

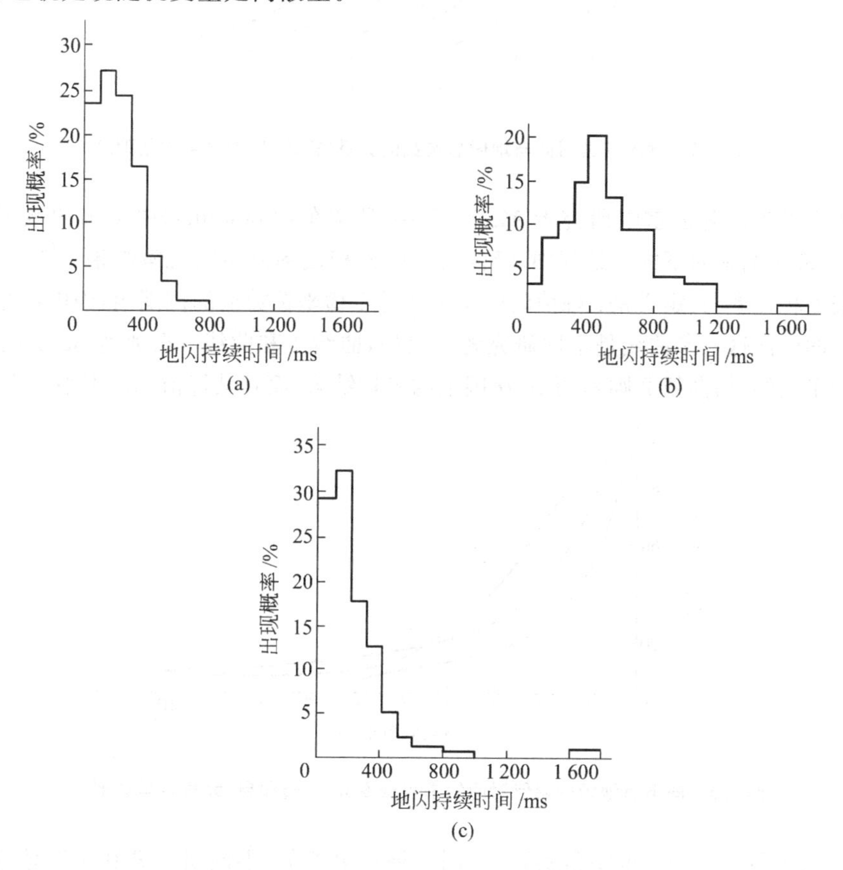


**图 2.1　地闪持续时间-出现概率曲线（转印自孙景群〈大气电学基础〉）**

(a) 南非；(b) 美国新墨西哥州；(c) 瑞士圣萨尔瓦托山

随机变量也可以是连续型，地闪持续时间的概率曲线也可以画成连续函数曲线，这样，地闪持续时间就又是连续型随机变量了。图 2.2 就是实例，它是南非观察到的平均结果。图中，纵坐标表示的是累积概率。它的定义是：地闪持续时间小于或等于横坐标数值的范围内的地闪的出现次数与地闪总次数之比。地闪可分成几种来统计，如由 2 次闪击组成的地闪，由 3 次闪击组成的地闪……。各种地闪的概率曲线不相同，也可以合起来取平均，图中的虚线就表征了全部地闪的概率分布。

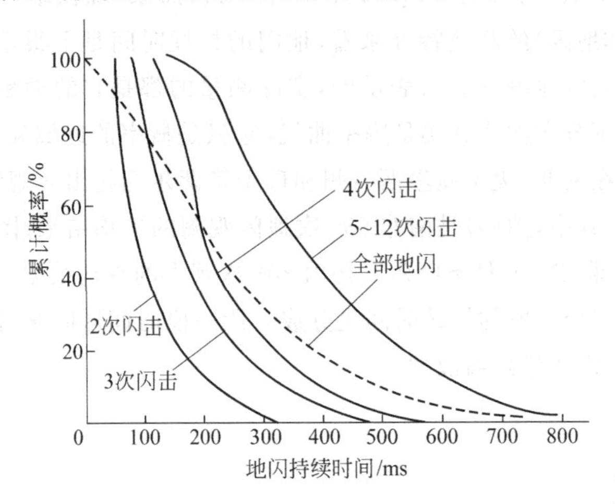


**图 2.2 地闪持续时间与地闪总次数的关系(转印自〈大气电学基础〉)**

再来看看美国著名雷电研究者 M. A. Uman 所著的《Lightning》中给出的概率分布曲线，图 2.3 表示的是向下的负地闪中，峰值时间的累积概率分布的观察结果。图 2.3 中，纵坐标代表累积概率，其定义是：峰值时间小于或等于横坐标数值的范围内，闪电次数与总次数之比。图中的这三条曲线是不同研究者给出的，曲线 1 和曲线 3 分别为 33 次闪电和 82 次闪电的平均结果；曲线 2 则是约 20 次闪电的平均结果，而且其峰值电流不小于 $5\times10^3$ A。

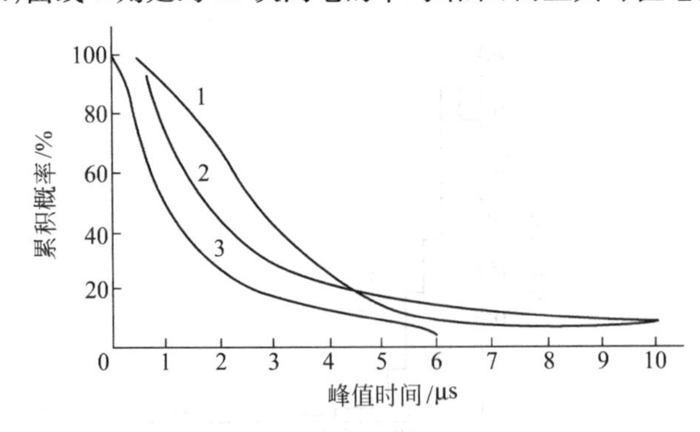


**图 2.3 向下负地闪中峰值时间的累积概率分布(转印自〈大气电学基础〉)**

从这些图可看出一个重要事实，对于同一种雷电参数，不同研究者在不同地点的观测结果互不相同，因此，在查阅引用这些结果时应清楚，它们只是一种概率统计的结果，有其各种条件的局限性。

下面再讲一个重要问题，就是如何从观测到的两组随机变量的数列得出其相互关系的经验公式，利用这一公式来估算有用的数值，并估计它的可靠程度。现在就以防雷工程中非常重要的参量——雷电时来说明。

在气象学中，雷电日就是指该天中发生过闪电雷响，不论有多少次，只要发生过的日子就计为一日。一年有多少天雷电日，就把这个天数称为年雷电日，这个数可表征一个地方雷电的频繁程度。另一个参量叫雷电时，就是指该小时内发生过闪电雷响。显然雷暴的严重程度用雷电时描述比雷电日更确切些。有的雷暴来临，一天之内只发生一次，也有的要发生好多次，也就是说前者只有一个雷电时，后者却有好几个雷电时，但用雷电日描述，两者就没有差别了。各地气象台统计年平均雷电日比较容易，这个数据各地都有。但是年平均雷电时这个参量的统计就麻烦多了，只有部分地区城市的气象台有此统计的数列。对于那些没有统计雷电时的城市，需要知道这个参量怎么办呢？那就可以把所有记录有年平均雷电时的气象台的数列和这些台记录的年平均雷电日的数列都列出来，运用概率统计的方法画到坐标纸上。如图 2.4 所示，把年平均雷电日 $T_d$ 作为自变量，即 $x$ 轴，把年平均雷电时 $T_h$ 作为因变量，即 $y$ 轴，因此可以把我国 210 个气象台的年平均雷电日和年平均雷电时组成的点群画到坐轴纸上，从这些点群的分布，可以画出一条拟合曲线，它可以表征 $T_h$ 与 $T_d$ 两个随机参量之间的函数关系。画出这条曲线的办法带有人为的主观性的，它应该是条平滑的曲线，应通过尽可能多的点，其他不在线上的点应对称地分布在两侧，数目大致相差不多，而且与线的距离尽可能短。这是凭画图的人目测直观地定出来的，所以称为拟合曲线。严格地说，就要用到前几节讲的概率统计理论了，最佳的拟合应是使各点的均方差最小。所以找出一条最佳的拟合曲线能为大家公认采用，是一个科研课题。

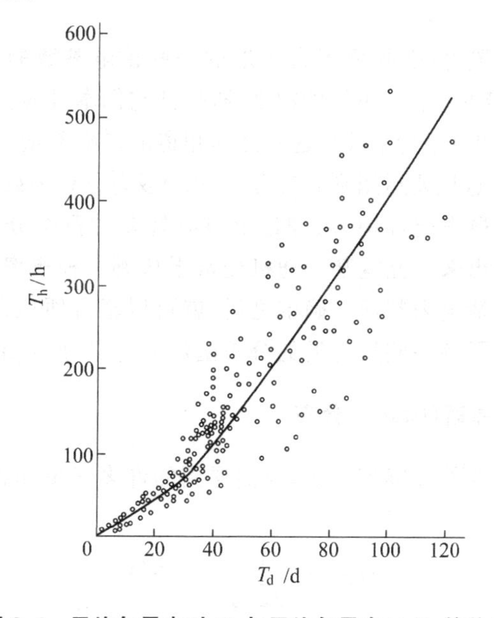


**图 2.4　平均年雷电时 $T_h$ 与平均年雷电日 $T_d$ 的关系**

圆圈点为实际观测值，实线为拟合曲线

根据曲线的形状、走向，凭经验可以猜测它的数学表示式，并摸索试算出式中的常系数使按此常系数所得公式算出来的均方差的值最小，这样得出来的公式称为经验公式。它是无法用物理定律逻辑推理导出来的。图 2.4 这条拟合曲线的经验公式如下：

$$T_h = aT_d^b \tag{2.34}$$

式中，$T_h$ 的单位是小时，$T_d$ 的单位是日。两个常系数最佳拟合时，常系数应为 $a=0.93$，$b=1.32$。

上面讲到，这是根据我国 210 个气象台的观测数据画出的，每个点是一个地方或城市气象台的多年观测值的年平均值。我国有几千个气象台站，他们没有年平均雷电时的观测数据，需用这个雷电参量时，就可以把当地的年平均雷电日值代入经验公式(2.34)，就可以求得当地的年平均雷电时了。它的可靠程度可以从拟合曲线估算出来。从图 2.4 上可看到，曲线的下部靠近坐标原点的部分，点紧挨着曲线。在 $T_d<30$ 日的范围，离散程度较小，在这个范围共有 59 个点，平均年雷电时实际观测值与经验公式(2.34)的均方差为 8.8h。而在 $31<T_d<60$ 日范围，点的离散程度就大了，92 个点偏离经验公式(2.34)的均方差增大到 29h 了。所以那些年平均雷电日大于 31 日的城市使用公式(2.34)时，可靠程度就差了。至于 $T_d>60$ 日的范围，59 个点偏离经验公式(2.34)的均方差达到 68h，其可靠程度就更差了。最好是当地气象台自己测量雷电时，可是这得经过许多年的观测之后取统计平均，不像一般的物理实验测量，这正是雷电、气象科学的困难之处。因此有些情况下只得采用经验公式来估算，在估算时必须注意到当地实际与这个公式之间的偏离程度，各地差别很大。

## 2.8 常见的概率分布函数

当我们确定防雷装置时，必须要考虑当地的一些雷电参数的可能数值，例如雷电流的峰值，这样才能确定避雷针和引下线的粗细，既保证它们本身的安全(不致被毁坏)，又要力求经济。这时就需运用概率论来计算这些必须知道的雷电参量的数学期望，式(2.28)就是确定数学期望的公式，这里要运用到分布密度 $p(x)$ 或者分布函数 $F(x)=p(x)\mathrm{d}x$。

在数学的一个分支概率统计中，从理论上讲有好多种概率分布函数，常用的函数可以从各种数学手册中查出来。究竟某一随机变量服从哪一种概率分布函数，则需要从实际观测到的数据的分布情况来判断。确定之后，就可以很方便地运用概率论的现成公式运算了。这样我们必须了解一些最常见的分布函数的特点，兹介绍如下。

### 1. 正态分布，或称高斯(Gauss)分布

它是最常见的最重要的连续型分布，我们遇到的许多气象和物理量是遵守正态分布的，它的概率密度函数是

$$f(x) = \frac{1}{\sqrt{2\pi}\sigma} e^{-\frac{1}{2}\left(\frac{x-\mu}{\sigma}\right)^2} \tag{2.35}$$

式中，参数 $\mu$ 和 $\sigma$ 决定函数曲线的形状，$\mu$ 和 $\sigma$ 值不同曲线就不相同。$\mu$ 就是变量 $x$ 的总体平均值，即 $\overline{x}=\mu$；$\sigma$ 则是 $x$ 的总体标准差，即

$$\sigma=\sqrt{\frac{1}{n}\sum_{i=1}^{n}(x_i-\overline{x})}$$

图 2.5 给出了 $\mu=0,\sigma=\frac{1}{2},1,2$ 时的正态分布曲线。

从图 2.5 即可看出，正态分布的性质如下。

(1) 正态曲线相对于 $x=\mu$ 这一垂直线是对称的。图 2.5 中 $\mu=0$，因此曲线对于 $f(x)$ 轴对称，这一特性的数学表示式为 $f(x+\mu)=f(x-\mu)$。

(2) $f(x)$ 在 $x=\mu$ 处达极大值，这就是说 $x=\mu$ 的概率最大。此外，在 $x=\mu\pm\sigma$ 处各有一个拐点，$x$ 轴是 $x\to\pm\infty$ 时 $f(x)$ 的渐近线。

(3) $f(x)$ 的极大值与 $\sigma$ 有关，$\sigma$ 值越小，$f(x)$ 的极大值越大。而且可看出，$x$ 的分布越靠近 $\mu$ 值，就说明观测值接近 $\mu$ 的概率越大。

(4) 变量 $x$ 落在 $\mu\pm\sigma$ 内的概率为 0.682 7，落在 $\mu\pm2\sigma$ 的概率为 0.954 5，落在 $\mu\pm3\sigma$ 内的概率为 0.997 3，因此正态随机变量都出现在 $\mu\pm3\sigma$ 范围内。超出这一范围的极少，在 $\mu\pm3\sigma$ 外出现的事件称为小概率事件。

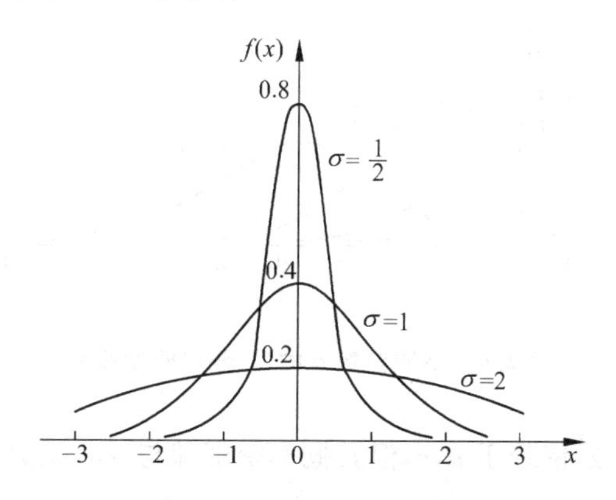


**图 2.5　不同 $\sigma$ 值的正态概率曲线**

有些情况下，为了消除各种不同数列的水平和离散度的影响，把变量的形式变一下，引入一个新变量 $u$，定义

$$u=\frac{x-\mu}{\sigma} \tag{2.36}$$

概率密度函数相应地变为

$$f(u)=\frac{1}{\sqrt{2\pi}}e^{-\frac{u^2}{2}} \tag{2.37}$$

而分布函数相应地变为

$$\Phi(u)=\int_{-\infty}^{u}f(y)\mathrm{d}y \tag{2.38}$$

称 $u$ 为标准化正态变量，$\Phi(u)$ 称为标准化正态分布函数。

### 2. $\chi^2$ 分布

设 $x_1,x_2,\cdots,x_n$ 是互相独立的随机变量，且服从同一个正态分布函数，引入一个变

量 $\chi^2$，且

$$\chi^2 = \sum_{i=1}^{n}\left(\frac{x_i-\mu}{\sigma}\right)^2$$

则其密度函数为

$$f_n(y)=\begin{cases}0, & y\leqslant 0\\ \dfrac{1}{2^{\frac{n}{2}}\Gamma\left(\dfrac{n}{2}\right)}y^{\left(\frac{n}{2}-1\right)}\mathrm{e}^{-\frac{y}{2}}, & y>0\end{cases} \tag{2.39}$$

式中，$\Gamma\left(\dfrac{n}{2}\right)=\int_0^{+\infty}t^{\left(\frac{n}{2}-1\right)}\mathrm{e}^{-t}\mathrm{d}t$，称为$\dfrac{n}{2}$的伽马函数，$n$ 称为自由度。具有 $f_n(y)$ 形式的分布称为具有 $n$ 个自由度的 $\chi^2$ 分布。图 2.6 就是不同参数 $n$ 的 $\chi^2$ 变量的分布密度曲线。

由图 2.6 看出，$\chi^2$ 分布的性质如下。

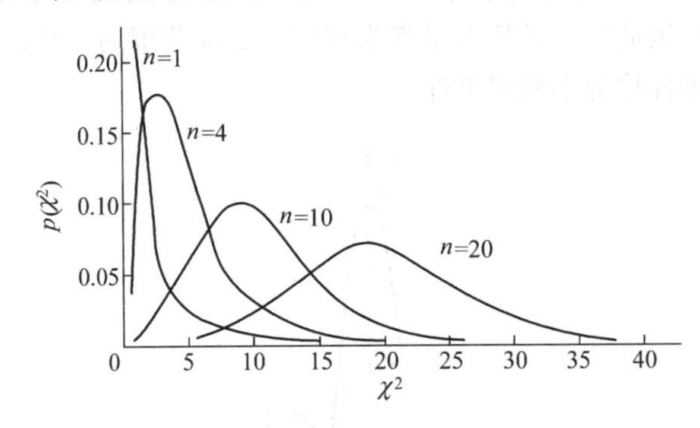


**图 2.6 不同参数 $n$ 的 $\chi^2$ 分布密度曲线**

(1) 虽然随机变量 $\chi^2$ 依赖于 $\mu$，$\sigma$，但其概率密度却与 $\mu$，$\sigma$ 无关，仅决定于自由度 $n$，且 $\chi^2$ 的平均值等于 $n$。

(2) $n$ 增大时，$\chi^2$ 的众值和平均值都增大，其分布渐近于对称。

(3) $n>30$ 之后，可认为 $\chi^2$ 变量服从正态分布。

### 3. $t$ 分布

设变量 $u$ 服从正态分布 $N(0,1)$，另一变量 $y=\chi_n/\sqrt{n}$ 为具有自由度 $n$ 的$\chi$变量，$u$ 与 $y$ 是相互独立的，则由此二变量组成的随机变量 $t=\dfrac{u\sqrt{n}}{\chi_n}$ 的概率密度函数是

$$f_n(t)=\frac{\Gamma\left(\dfrac{n+1}{2}\right)}{\sqrt{n\pi}\,\Gamma\left(\dfrac{n}{2}\right)}\left(\frac{t^2}{n}+1\right)^{-\frac{n+1}{2}} \tag{2.40}$$

称它为具有自由度 $n$ 的 $t$ 分布。

图 2.7 给出了不同参数 $n$ 的 $t$ 变量的分布密度函数。

$t$ 分布的性质如下。

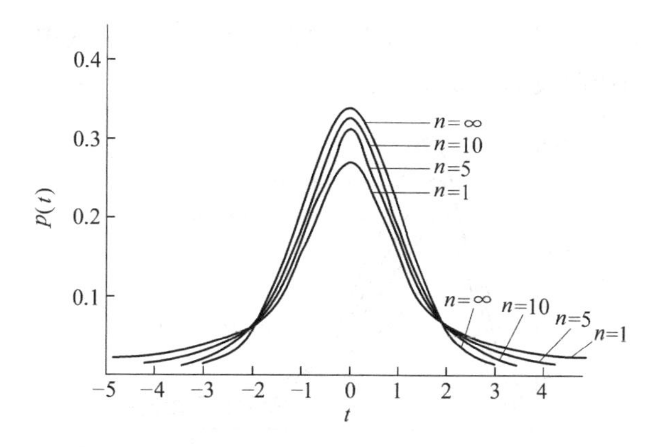


**图 2.7　不同参数 $n$ 的 $t$ 分布密度曲线**

(1) $t$ 分布仅和 $n$ 有关,呈对称。

(2) 与正态分布相比,曲线较尖。

(3) $t$ 分布可适用于小子样,但子样个数不能小于 3。

(4) $n$ 很大时,$t$ 分布趋近于正态分布,$n>30$,$t$ 分布可近似认为是正态分布(如图 2.8)。

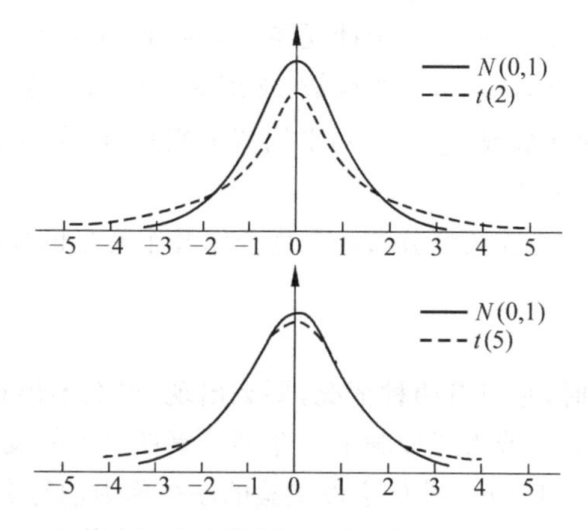


**图 2.8　$n=2,5$ 时 $t$ 分布密度与 $N(0,1)$ 正态分布密度的比较图**

### 4. $F$ 分布

设 $x=\chi_{n_1}^2/n_1$,$y=\chi_{n_2}^2/n_2$,这两个独立的随机变量组成新的随机变量

$$F=\frac{x}{y}=\frac{n_2\chi_{n_1}^2}{n_1\chi_{n_2}^2} \tag{2.41}$$

其概率密度函数为

$$f(F)=\begin{cases}0, & F<0\\ \dfrac{\Gamma\left(\dfrac{n_1+n_2}{2}\right)}{\Gamma\left(\dfrac{n_1}{2}\right)\Gamma\left(\dfrac{n_2}{2}\right)}n_1^{n_1/2}\ n_2^{n_2/2}\ \dfrac{F^{\left(\frac{n_1}{2}-1\right)}}{(n_1F+n_2)^{\frac{n_1+n_2}{2}}}, & F>0\end{cases} \tag{2.42}$$

称它为具有两个自由度 $n_1$ 及 $n_2$ 的 $F$ 分布，用符号 $F_{n_1,n_2}$ 表示，其中 $n_1,n_2$ 均为正整数。不同参数下的 $F$ 分布的曲线如图 2.9 所示。

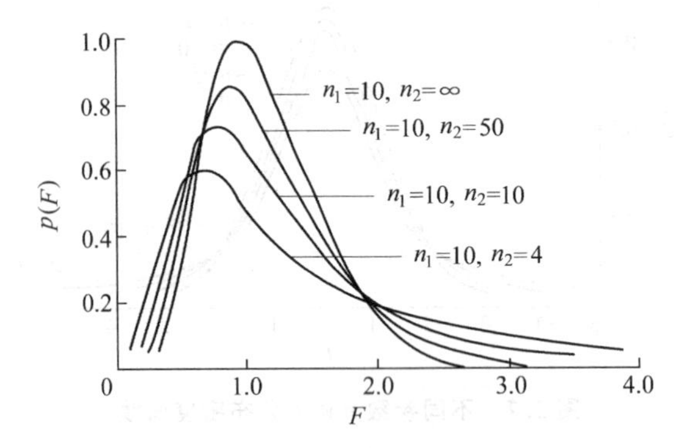


**图 2.9　不同参数的 F 分布密度曲线**

$F$ 分布的性质如下。

(1) 完全由 $n_1,n_2$ 二参数所决定。

(2) 自由度增大时，$F$ 变量的众值渐渐趋近于 1。

这里顺便说明一个名词众值。在统计观测到的数据(即数例)中，总是有某一个数出现的次数最多，就称此数值为众值，或叫众数，常用 $\hat{x}$ 表示随机变量 $x$ 的众值。如为分组记录，则众数组的中点就是众数，它与 $x$ 的平均值 $\bar{x}$ 很接近，实际工作中常把它作为平均值的近似值，计算就简化多了。

以上四个分布函数均为连续型分布。下面介绍几个常见的离散型分布。

### 5. 二项分布

在我们考察一件事时，它只有两种情况，要么出现，要么不出现。例如掷一个硬币只有两种情况，或者正面朝上，或者正面朝下。令某一事件出现的概率为 $P(A)=p$，则不出现的概率必为 $P(\bar{A})=q=1-p$。进行这种试验的序列称为伯努利(Bernoulli)试验序列。这种试验中事件 $A$ 在 $n$ 次试验中出现 $k$ 次的概率(运用代数中的排列组合考虑)为

$$P_n(k)=C_n^k p^k q^{n-k},\quad C_n^k=\frac{n!}{k!\ (n-k)!} \tag{2.43}$$

式(2.43)常称为二项概率定理。

若 $k$ 为服从二项分布的随机变量，则 $k$ 的分布函数是

$$F(x)=P(k<x)=\sum_{k<x}C_n^k p^k q^{n-k} \tag{2.44}$$

下面举例说明。如滨海某城市夏季出现雷电灾害事故的概率为 $p=0.1$，则不出现雷电灾害事故的概率就是 $q=1-p=0.9$，那么这一城市连续三年夏季出现雷灾的概率应为

$$P_3(3)=C_3^3\times 0.1^3\times 0.9^0=0.001$$

即千年一遇而已。至于三年内最多有两年发生闪电灾害事故的概率则为

$$P(k<2)=\sum_{k=0}^{2}P_3(k)=P_3(0)+P_3(1)+P_3(2)$$

$$= 0.729 + 0.243 + 0.027$$
$$= 0.999$$

这也就是说，三年中有一年不出现闪电事故的可能性极大，如果第一年出现了闪电灾害事故，次年或第三年不出现闪电灾害是非常可能的。可是我们却看到这么一件实实在在的事实：某著名滨海城市发生雷击大火震惊全国之后，在该火灾地点装了一种新避雷装置，一年多之后就在该地举行这种新避雷装置的推广会议，发布新闻，说是此地一年多以来未再发生闪电袭击事故，证明此商品防雷非常有效，获得了实践的检验。还可以举出不少类似的所谓新产品推广会。由此可见，对于气象和防雷，懂得一些概率统计科学基础知识是非常重要的，科学的问题是一点也马虎不得的。

下面再说一点二项分布的特性。当 $n$ 足够大时，二项分布就逐渐接近正态分布，而且接近的速度在 $p\approx0.5$ 处比 $p\approx0$ 处或 $p\approx1$ 处更快。因此，当 $n$ 够大时，可以引入一个标准化的二项变量

$$u_k = \frac{k - np}{\sqrt{npq}} \tag{2.45}$$

式中，$u_k$ 服从标准化正态分布，其总体平均值为 $np$，总体标准差为 $\sqrt{npq}$。这样，当独立试验次数 $n$ 很大时，可以将二项分布的计算改为直接查标准化正态函数表，从而大大简化了计算。

### 6. 泊松(Poisson)分布

这是适用于稀有事件的概率分布，即在试验中事件 $A$ 出现的概率 $p$ 很小，但试验次数 $n$ 很大。若 $np=\lambda$，$\lambda$ 为正常数，则在 $n$ 次试验中事件 $A$ 出现 $k$ 次的概率由泊松定理给出，即

$$P_n(k) = \frac{\lambda^k}{k!}e^{-\lambda}, \quad n\to\infty \tag{2.46}$$

式中，$k$ 是服从泊松分布的随机变量，$k$ 的分布函数是

$$F(x) = P(k < x) = \sum_{k<x} \frac{\lambda^k}{k!}e^{-\lambda} \tag{2.47}$$

可见泊松分布仅由一个参数决定。一般当 $\lambda<5$ 时就必须采用泊松分布，在气象事件中如冰雹、龙卷风等天气现象出现的概率就服从泊松分布。

## 参考文献


1　数学手册. 北京：人民教育出版社，1979

2　Reif F. 统计物理学《伯克利物理学教程》第 5 卷. 北京：科学出版社，1979

3　浙江大学数学系教研组. 概率论与数理统计. 北京：人民教育出版社，1979

4　王树廷，王伯民等. 气象资料的整理和统计方法. 北京：气象出版社，1984

5　冯师颜. 误差理论与实验数据处理. 北京：科学出版社，1964

6　李惕碚. 实验的数学处理. 北京：科学出版社，1980

7　全国工商管理硕士入学考试研究中心。综合能力考试辅导教材数学分册. 北京：机械工业出版社，2002(第四部分)

# 第 3 章　有关雷电的物理学基础

## 3.1　物理实验

科学可以分为纯粹科学和应用科学两大类，因此实验也可相应地分为两类。彭加勒所说的物理实验研究的“选事实”，其实就是今天科学界所说的选择科研课题或项目。这是至关重要的，决定着一个人科研的成败得失。联系到防雷领域，有关闪电本身的事实的搜集、探测，是属于基础研究，它的研究成果不可能给从事研究者带来任何经济收益，但是在学术上有重大价值。对闪电的规律掌握得越多，人们预见雷击的能力就越强，从而能增加防雷产品的可靠性。各种防雷技术、产品的研究是属于应用科学，在经济上很有价值，但它依赖于基础研究的进展。

翻开物理书，可以看到整个物理学是由大量的定义和定律组成，定义是人为的规定，而定律则是决定于实验，如果细心考察一下，会发现定律与实验之间的关系很复杂。大多数物理教科书只是命令式的规定读者接受书本的规定，并不展开讨论。彭加勒比较深刻地阐明了定律与实验间的复杂关系，有些定律比较简单，用一、二个实验就可得出表述明确的定律，如欧姆定律。有些定律则是对无数次实验结果的总结的推广，包括有科学家的理论思维的推断，如热力学第一定律，能量守恒定律。

实验之所以不等同于定律，是因为人类认识物质世界时有不可避免的局限性。第一是实验研究的对象的复杂性，可能有各种不为观察所知的因素参与了物理实验过程。第二是测量技术或仪器设备的精度的局限，它表现出来的现象就是每次实验测量的读数不完全相同，于是在实验物理上用误差来表征。为此实验工作必须有丰富的科学理论基础，而这些理论是从前人的科学实验和实践中总结出来的，不是任意拍脑袋产生的，进行任何实验都离不开科学理论的指导。误差可分为两类。一类是有确定规律的物理原因对实验产生的干扰，可以用已知的理论精确计算其作用量，可以在数据处理过程中加以消除，这种误差称为系统误差，使得实验测得的数据比较互相接近。另一种称之为偶然误差，它是一种不可控制的随机变化的物理原因产生的干扰，使得测量到的数据围绕其真值起伏变化，这就要用误差理论来处理，得出某一平均值来表征实验结果，并要有误差值表征这个实验的精确度。正如彭加勒所指出的：任何实验都需要用科学理论进行整理。当然，所有进行科学实验的仪器都必须在测量之前进行严格的审核、校准，确保它的精确可靠。

物理学是实验的科学，一切理论归根到底都是源于实验测量，要靠实验来验证，所以必须懂得物理量的测量的基本原则和方法。一些国际上著名的经典的大学物理课本，如德国的 E. Grimsehl 著的《Lehrbuch der Physik》，我国萨本栋著的四卷本《大学物理》等，都在讲授物理概念、定律的同时，列举、描述许多实验的仪器、测量的原则和方法。

20世纪50年代以后，由于体制的改变，教学上的需求发生变化，也反映到教材上。正如杨振宁指出的，中国的大学物理偏向于把物理变为逻辑物理，物理测量仪器、方法及基本的实验都被省略不谈，原理、概念和运算的数据与工程实际应用之间缺少了联系。随着近年来改革开放的加速，国外的新科技大量涌入，教材改革势在必行，物理量的测量是物理学极为重要的部分，亟须补充。我国各地、各大城市为适应防雷工作的急需，都先后设立避雷装置安全检测中心，这是非常重要的机构，他们最重要的工作就是检测，而检测工作最基础的就是物理量测量的准确性。这个核心问题只有依靠物理学，不仅是物理学理论的定律、概念和逻辑推理，而且是实验测量的原则和方法。

1. 测量仪与测量对象

这两者必然要互相发生作用，许多作实际测量的人员常常忽视了这一作用，因而测出来的结果的可信度成了大问题。例如要测量空中某一地点的大气电场，选一个最好的经过国家计量局鉴定合格的电场仪放到该地点测量，谁也不会怀疑这个仪表指示的读数的可信度，因为一切都合乎规范。现在要提出一个问题：这个测量值是大气电场原有的真实值，还是所用的仪表和大气电场共同作用之后的电场值？很明显，仪表本身是金属和介质组成的，当它移到需要被测量的地点附近时，金属上出现感应电荷，电介质出现极化电荷，还有测量者人体上的感应电荷，这许多电荷都要产生电场，它们与原先的大气电场叠加起来的总电场才决定该仪表的指示值。此外，人在测量时，要走近观测点，人体的热辐射要改变该区域的温度，随之影响气压和气体的密度，由此会引发气体的对流等。有些精密测量非常忌讳人体的热辐射，要求用隔离的房间作遥测。测量时还要用光线，这些光子又会对被观测的对象发生作用。

总之，这种相互作用是实验测量必须利用的，同时它反过来要改变未被观测时的原有状况，不发生作用是绝对不可能的。所以作测量前就应慎重、全面的考察，选出一种相互作用最不影响被测物理量的仪器和测量方法。同时还可以运用物理学来判断确定种种作用的情况、大小，在处理数据的时候进行计算，对数据结果予以修正。

2. 测量所依据的概念、原理、方法和它们的条件

下面结合防雷技术上极为重要的接地电阻的测量来讨论这个困扰着许许多多有关的工程技术人员的问题。首先要弄清被测的对象接地电阻的定义、概念和测量原理。最初提出这个概念并需要对它进行测量的是电力输送行业。由于出现事故，例如大风吹断输电线路，断线落地，造成大电流入地，这时变电站的接地点周围地面产生很大的跨步电压，危及人员生命，所以需要对接地电阻的大小作出限制规定，并进行检测。因为工业用电都是工频的，所以测接地电阻时用摇表，它的内部实际上是个工业交流发电机，运用欧姆定律，根据对地的交流电压所测得地中交流电流的数值，两者之比值就是接地电阻。由于用的是工频交流，故又称它为工频接地电阻。半个多世纪里，没有人对此发表过异议或争议。

近二三十年来，由于防雷的需要，对防雷设备的接地越来越受到重视，防雷装置的接地电阻的测量成为特别重要的问题。完全借用电力行业的测量接地电阻的一套定义、概念、原理越来越不合适。因为两者的对象有差异，或者说同一个大地，其通电的情况不同。闪电电流是脉冲大电流，而电力行业接地电流一般是不算太大的工频电流。大地对这两种情况所表现出来的阻抗颇不相同，因此对接地电阻的定义、概念要加以深化和区分。对闪电，大地所表现出来的阻抗称为冲击接地阻抗。因此有些人认为已流行半个多世纪的电力行业用的摇表式的测接地电阻仪已不合用了，一些新的防雷规范要求测量的是冲击接地阻抗，甚至有些规范还标明，必须用冲击阻抗测量仪来测接地电阻。于是种种新型冲击阻抗测量仪不断问世。一些实践表明：这种仪表测出的读数值大于摇表式测接地电阻仪的读数值，即工频接地电阻值。防雷工程的所有著作中都强调指出：冲击接地电阻值要小于工频接地电阻值，因为闪电的脉冲高压使大地地层下的介质发生火花效应，降低了大地的电阻。那么这些冲击接地电阻仪的问题出在哪里？就是出在它们把最重要的条件给抹掉了，这就是发生火花效应所必需的高电压！

这类仪表是否可以作番改进，把仪器产生的脉冲电压提高到与闪电相同呢？从理论上讲，这是可以的，但在实践中却是行不通的。第一，到目前为止，所有国家的工业生产技术还做不到这一步。第二，经济上也走不通。第三，这种仪表在测量中将危及人员生命和建筑物内的电子、电气设备。

可见，任何无视物理条件的测量都是错误的，是绝对不允许的。物理量的测量具有复杂性、重要性，在研制、生产和选购测试仪表时必须运用物理学的基本原理、原则来全面考虑。

**3. 研制和选用精密测量仪表时应考虑到的物理限制问题**

大家都知道万有引力和电荷作用力的精确测定是非常困难的，1798 年卡文迪许建立万有引力定律和 1787 年库仑建立电荷作用力的库仑定律都是运用扭秤这种装置，可以说，力学测量中利用悬丝扭力是最灵敏的办法。库仑测得悬丝的扭力矩与悬丝(金属丝)的直径的四次方成比例，所以悬丝直径的减小可以大大提高这种测量的灵敏度。即使到目前，最灵敏的电流计也仍是用悬丝装置，在悬丝上固定一面反射镜，镜子的偏转角可以从镜子的反射光投射到远处标尺上的光点的位移量度出来。库仑本人在自制的扭秤上就已发现，如果用放大镜来仔细观察，即使在没有任何外力作用和没有振动的条件下，悬丝仍不停地做微小的振动。如果提高现有的电流计的灵敏度而采用非常细的金属悬丝，就会看到小镜反射的光点不停地做无规则的移动，有时可以达到很大的位移。不管如何设法减少外界的振动干扰都无法减少这种漂移运动，以致无法使用这种太高灵敏度的电流计。造成这种无规运动的一种起因是气体分子无规热运动的随机碰撞的涨落，导致小镜子做布朗运动。其实更为基本的原因还是来自扭力装置自身，这就是有名的被称为扭摆的涨落，把这个装置放到真空中，仍可看到这种无规运动。因为扭摆的总能量可以视作两部分：镜子整体转动的动能和镜子与悬丝的所有原子的其他运动能量。这两部分能量的总和是守恒的，但两者间能量的分配可以出现涨落，这种涨落非常小，只有在扭丝极细时，这种涨落才会显示出来。所以悬丝式电流计的精确测量受到它本身运动固有规律的限制。

再来看看应用极广的电子放大器，不断提高它的放大倍数，似乎可以无限制的改善放大器的灵敏度，但是当放大倍数提高到一定程度后，就会看到放大器的输出电压会变化不定，似乎是外界电信号的干扰输入和噪声造成。其实不然，不管用多少办法去除外来干扰和内部噪声，这种输出电压的无规变化总是存在。这个现象的根本原因是线路本身电子的无规布朗运动造成的，布朗运动导致内部电位差的涨落，被放大器高倍放大而显示出来了，这就限制了电子放大器的放大倍数。

总结起来就是说，我们进行宏观物理量的测量时，它的精确度要受到微观物理涨落现象的制约。

**4. 仪表的鉴定、校准**

在作科学的测量和重要的工程检测时，必须知道所使用的仪表是否可信赖和读数是否准确有效，这是绝对不允许马虎出错的。常常看到有些人用昂贵的进口仪器做实验，宣称发现了某些公认的定律、公式有错误，自认为有了重大科学发现。可是他却不知道这些从国外买来的仪器的准确度如何校验，无法判明自己测得的数据是否可靠，是否精确。

测量仪的校准是一个极重要问题，现在讲几点基本知识。第一个是计量标准如何确定。最早是用国际公认的标准原器，现存放在法国巴黎附近的国际计量局中。例如长度是物理量中的最基本的量之一，米是最基本单位。1960 年以前，长度的国际标准是一根 X 形的铂铱合金棒作成的米原器，各国都有这个米原器的精确复制品，并作为本国的第一标准，各种长度量具都是以此作为鉴定依据，由此定出各种精度等级。但是这种计量标准存在问题，原器本身会随日月推移而变化，还会因天灾人祸（如世界大战）而毁坏，各国进行比较也很不方便，所以逐渐改变这种以原器为依据的计量标准，而采用自然界存在的某种物理现象来取代，这样在各国任何地方都可以校核。1960 年第 11 届国际计量大会决定采用氪-86 的一条橙红色光的波长作为长度的新标准，并规定 $1\text{m}=1\,650\,763.73\lambda_{\text{Kr}}$，由于现代光学测量技术的发展，这个新规定比米原器的精度提高了一个以上数量级，可优于 $10^{-8}$。

1983 年第 17 届国际计量大会又通过了米的新定义，把计量科学提高到一个新水平。它把定义和复现的方法分开，使米的定义可以较长期的保持稳定，而复现方法不受定义的限制，可以随着科技的发展而发展，继续提高复现精度。米的定义是：米是光在真空中于 1/299 792 458s 时间间隔内所经路程的长度。并规定了三种复现方法。

(1) 根据 $l=ct$ 和米的定义，可用真空中平面电磁波在时间间隔 $t$ 内所经路径的长度 $l$ 来复现。

(2) 根据公式 $\lambda=c/f$，用频率为 $f$ 的平面电磁波在真空中传播的波长 $\lambda$ 来复现。这里 $f$ 的测量就成为重要基础。

(3) 直接用典型的辐射来复现。只要获得相应频率的典型谱线，便可复现米。

由于近年来激光技术的发展，激光谱线的单色性可以超过氪-86 的那条橙红谱线，故米定义咨询委员会推荐了几条稳频激光谱线。现在利用甲烷饱和吸收的氦-氖激光波长，

可以得到光速 $c=299\ 792\ 458\mathrm{m\cdot s^{-1}}$，其精度已达到 $\pm4\times10^{-9}$，比以前提高了两个数量级。

另一个极为重要的基本单位是秒，其定义也在不断改进，从世界时、历书时发展到而今的原子时。1884 年国际子午线会议决定：以通过英国格林威治天文台的经线作为全球经度的起点(0°)，以其两侧各 7°30′的地区作为零时区，世界各地共划成 24 个时区，相邻区标准时差 1h，世界各地的标准时，都归算到零时区的标准时，称为世界时，时刻的起点为 1858 年 11 月 17 日零时。后来随着石英钟的问世，发现地球的自转是不均匀的，不同年度得到的世界时的秒长并不一致，精度只达 $10^{-8}$。

1960 年第 11 届国际计量大会决定采用历书时秒定义：秒为 1900 年 1 月 1 日历书时 12 时起算的回归年的 1/31 556 925.974 7。

1967 年第 13 届国际计量大会通过新的原子秒的定义：秒是铯-133 原子基态的两个超精细能级间跃迁相对应的辐射的 9 192 631 770 个周期的持续时间，原子时的时刻起点为 1958 年 1 月 1 日零时。当前铯原子钟的精度已达 $10^{-14}$ 量级，即数十万年不差 1s。国际原子时的稳定性是由分布在世界各地的二十几家实验室的原子钟定期比对来保证的，比对的不确定度小于 0.2μs。国际原子时是从 1975 年开始通过电磁波通信来传递，简称为发播。

彩色电视技术的发展和应用，为时间频率信号的高精度传递开辟了途径，为了保持相位稳定，彩色电视发播后的副载频大多用原子频标稳定，故发播精度甚高，用户可从彩色电视机接受到的彩色副载频信号来进行高精度的频率比对，10 分钟内校频精度可达 $1\times10^{-11}$。

国际上公认的基本物理量及基本单位还有好几个，这里只是举上述两例说明之。对于专门从事防雷检测工作的人员，建议参阅两本书：第一本是[莫]H. G 杰拉德、D. B. 麦克奈尔合著的《科学单位词典》，第二本是王立吉编的《计量学基础》。

《中华人民共和国计量法》已于 1985 年 9 月正式公布，1990 年底以后一律使用法定计量单位，这个计量单位采用国际单位制的基础单位和辅助单位，常用 SI 表示之，前面介绍的米和秒就是 SI 单位。共有 7 个基本单位：即长度的米(m)、时间的秒(s)、质量的千克(kg)、电流的安(A)，热力学温度的开(K)、物质的量的摩(mol)和发光强度的坎(cd)。其他物理量的单位都可以从这些基本单位导出。我们的测量仪表就可根据计量法的规定进行校准和量度。

校准并不一定都交到国家法定的计量部门，可以自己进行，因为市场上有经过国家计量局及有关主管部门鉴定批准的合格的各种标准器出售，可以据之进行检测校准，用高一级的检定低一级的仪表。

就举测电阻的仪表为例，1.0 级精度的仪表就可以用 0.5 级的标准器来鉴定或校准。方法是：用这个被测的仪表来测一个 0.5 级的标准电阻箱的电阻值，如果仪表的所有读数与标准电阻器所标明的阻值的相对读数差 $\frac{\Delta R}{R}$ 不超过 0.5%，则这个测电阻的仪表就是合格的 1.0 级精度仪表。有的冲击接地阻抗测试仪上注明，它获有国家计量局的鉴定证，其实质就是如此。正确的说这一仪表是对于金属标准电阻的冲击阻抗的检验合格。

但是务请注意：获得这种证书的工厂的每个产品并不是必定达到了鉴定证检测标准的合格品，还必须在验收和使用时逐一进行检验。对于进口的高级仪表也是一样，不能以外国名牌厂家的合格证作为凭据。在科学上决不承认任何商家的凭证，每台仪器都要经过自己亲手的检验校准。

也还有另外一种办法校验，就是用一个已经鉴定的 0.5 级精度的标准测电阻仪表与被校验的1.0级测电阻仪表并联使用，用一个可变电阻作为共同的测量对象，使其电阻从 0 开始逐渐增大，来比较两个仪表对同一个电阻值的读数。以标准表的读数作为直角坐标图中的 $x$ 值，被测电表的读数作为 $y$ 值，理论上讲，把这些点连接起来应是一条通过原点的直线，但实际上是做不到的。把所有的一对对读数列成表，求出每一对读数的差值 $\Delta R_i$，再求出 $\Delta R_i$ 与 0.5 级表的读数 $R_i$ 之比值 $\frac{\Delta R_i}{R_i}$，如果所有的 $\frac{\Delta R_i}{R_i}$ 均不超过 0.5%，则这块被检验的电表就是合格的 1.0 级精度表了。

如果 $\frac{\Delta R_i}{R_i}>0.5\%$。怎么办？退货做不到怎么办？还是有办法的，就要作一条光滑的曲线尽可能多地通过大多数点，并使不在线上的点均匀等分布在曲线两侧，这样一条曲线叫仪表的校准曲线，以后测量到的值作为 $y$ 值，从曲线上查出对应的 $x$ 值，这个值就是校准后的正确读数了。校准曲线也可以画成折线，它通过所有的点，即把相邻的两点均用直线段相连。

上面只是对一般的测电阻仪表的校准办法，至于冲击接地电阻或冲击接地阻抗，在国家计量局是找不到计量校准的，国家计量局是无法为这类测量仪作检测鉴定的。因为接地电阻的定义是有问题的，详见 3.5.3 节。如果有这种证书，那是没有科学价值的。实际工作中有许多物理量是无法请国家计量局作鉴定检验的，因为还没有标准的原器。

### 5. 测量方法

一般工程人员在测量工作上主要考虑的是仪器，总是力求选购和选用精贵的仪器，近年又流行选自动化程度高的数字指示式仪器。可是从物理科学上考虑，物理方法要比仪器本身的贵贱重要得多，几乎绝大多数诺贝尔物理奖获得者都是用自己设计的自制的简单仪器作出划时代的重大科学成就的，我国中科院许多著名老院士们都有这种本领，用便宜的甚至自制的仪器得出惊人的准确的实验结果。

这里特别要指出的是，任何测量都有误差问题，不同的方法对消除系统误差、减少偶然误差有极大的差异。以测接地电阻为例，只考虑防雷规范上指定用什么仪器的人员，大概较少考虑规范条例上也会提到的测量干扰问题，可是实际测量者却常常被种种外界干扰弄得束手无策，特别是科技和工业生产迅速发展的年代。干扰如何发现？如何排除？这就是测量方法所要考虑解决的。这里当然包括必须消除系统误差的来源。当今防雷科技面临的最困惑的难题之一，就是测量，下面有些章节还要详谈。

为此必须具备广阔的自然科学知识和各种物理测量方法、手段的知识，只有这样才能用较少的经费获得比较可信赖的测量结果。

## 3.2 电磁学绪言

电的学科大体可分为三大领域：电路、电磁学和材料的电性质。电路是由理想元件以各种不同方式相互连接所构成的。元件本身是简单的，它们可用具有若干端钮的方框来表示，在这些端钮上可能有电流流入，同时端钮间可能存在电压。然而当几百、几千甚至几百万个方框相互连接时，要理解正在进行着什么，那是远远地超出一般人的能力所及的。

如果我们希望了解材料的电性质，情况就更复杂了。即使最简单的元素也显示出相当复杂的特性。以氢原子为例，它由一个质子和一个电子构成，不会有任何比它更简单的东西了。如果你想解释氢原子的性质，你需要做许许多多的数学工作。如果你想去研究氢原子的性质，数学家告诉你微分方程的精确解并不存在。现在设想 $10^{22}$ 个原子相互堆积在一起，每一个原子包含 50 个电子，并试图回答关于材料电导性的问题。像这样的问题若能够回答出来，那真是一个奇迹。

电磁学介于电路和材料的电性质之间，有些现象十分简单，如库仑定律、毕奥-萨伐尔定律、感应定律以及与电荷、力、电流和电压有关的一些类似的定律，又如反射和折射的斯涅尔定律、透镜和平面镜、绕射效应等。所有这些现象都是分别论述的。仅作了较微弱的努力使这些现象相互关联。原因是不容易将它们联系起来。电磁现象有如此广阔的范围，表现出如此不同的性质，以致单独从任何一个角度来说明都必定要失败。任何人都承认罗盘总是指向北方，这是每个小孩都知道的。同样，任何人都承认当光线进入水时会发生折射现象。这除了把个人的体验放进科学的行话中以外没说明什么东西。但说这两件事刚好是同一现象的不同表现，却是夸张得难于令人置信。很少有人能感到这种联系似乎是明显的。所存在的联系不是物理的，而是纯粹数学的。由电流产生的磁场和存在于光束中的磁场，两者之间的相似不是形象具体的。能把它们两者都称为磁场的惟一理由是它们都遵守同一方程组。

从 1663 年制造摩擦起电机到 1785 年库仑用扭秤测定电荷相互作用力为止的时期，是静电学发展的时期。库仑定律是电磁学中第一个基本定律，从此电磁学进入了定量研究，电磁学才成为一门科学。

1780 年，伽伐尼(Aloisio Galvani，1731—1798)在解剖青蛙时发现了电流的现象，导致伏特(Alessanaro Volta，1745—1827)作仔细的定量分析，最终于 1800 年发明伏特电堆并可以产生稳定的电流。自此，人类进入了直流电研究的时期，并建立了一批定律：安培定律(1820)、欧姆定律(1827)等，直流电路理论基本完成。

法拉第从 1831 年发现感生电流到 1851 年得到电磁感应定律，开始了似稳电路的研究。法拉第 1831 年的实验已经基本上形成了发电机、电动机和变压器的雏形。1877 年雅布洛科夫设计出传输电力的实用变压器，斯旺 1878 年制成碳丝白炽灯并于 1885 年取得配电变压器和电力变压器专利。于是 1887 年伦敦筹资建集中供电的电力公司，电力与电器工业的大发展使得交流电路理论的应用遍及各种科技领域，“路”的概念自然而然成为人们习以为常的基本概念。

法拉第又是“场”的概念的创始人。在牛顿发现万有引力定律时，也诞生了引力场的概念，随之有了引力场中物体具有位能的概念，但是在牛顿力学里，物体之间的引力是一种超距作用。而法拉第对于电荷之间的相互作用力的理解却不同，他认为电荷在周围产生电场，可以用力线来描述。他在研究导电性问题时，联想到介质粒子极化时的形变，而把电场看作是一种特殊的介质——以太，电荷受到的力是通过以太形变传递的。法拉第反对超距作用，还设计了一些物理实验来验证电场传递力的作用。法拉第没有受过高等教育，不会运用数学来表达他的理论。1855 年麦克斯韦发表论文《法拉第力线》，赞同并阐述了法拉第的电场和磁场的物理思想，年近七旬的法拉第读了他的论文，写信对他给予很高评价。1961—1962 年，麦克斯韦在一杂志上分四部分发表《论物理的力线》，以数学方式来表述法拉第电场和磁场的物理思想，列出了后来为大家熟知的电磁方程式，认为电的作用是以有限的速度传递的，并且推想这个有限的速度就是光速。这对“场”的物理概念的建立是一个决定性的进展。著名物理学家、哲学家玻尔兹曼(Ludwig Boltzmann，1844—1906)在用德文翻译麦克斯韦的这篇论文时评论说：“当我们第一次看到对我们整个自然科学宇宙观具有革命化意义的方程式时，我们得到的那种印象由于麦克斯韦闭口不谈其重要意义而更加强烈了，他也许推测到了这种作用，即使他没有像我们现在看得如此清楚。”玻尔兹曼还在 1891—1893 年编写了一本经典著作——《关于麦克斯韦的电和光的理论的讲座》。

麦克斯韦关于电磁场的物理思想就像他对于其他新思想一样，总是与从物理实验得到的形象化思维紧紧联系的。他对流体力学有非常深入的研究，对流体力学中的流线、旋涡等现象非常熟悉：流体变形产生的力，绝不是超距的。所以他把创立的流体力学分子旋涡理论移植到电磁场理论中来，把电力线和磁力线想象成一些自转的带电粒子，把电场变化和磁场变化引起的相互作用想象为带电粒子的自旋速度变化后产生力的变化，旋转的粒子相互作用传递开来而产生了类似于弹性流体中出现的波，这就是电磁波。从他的方程式中可推导出波速与光速相同，由此直觉地猜测光波就是电磁波。历史上人们早已认定传递光波的介质是一种以太，它无处不在，因此麦克斯韦直觉地认为电场、磁场中传递作用的介质就是这种传递光的介质以太。

自从相对论为世界公认以来，无数实验告诉我们，假设的以太是不存在的。光本身既是粒子又是波，具有两象性。光子就是电磁场的粒子，电磁场本身就是一种客观存在的物质，不需要另外设想一种具有机械性质的粒子，人们之所以要设想一种机械性质的粒子，是由于受到牛顿力学机械观的长期影响，力图把世界丰富复杂的各种现象均归因于牛顿力学的动力学原因。这种世界观是不对的，电磁现象与力学现象是不同本质的两种现象，而 20 世纪初之前的科学家均无法认识到这一点，总是力图用牛顿力学机械观去解释宇宙间的一切现象，这是所谓经典物理的共同特点。1901 年普朗克创立量子论以后，一系列近代物理学的重大发现证明，牛顿力学的时空观等一系列基本观点需要修改，特别是涉及分子、原子、电子等粒子的微观世界还是天体运动高速领域，这时就必须用量子力学和相对论了。不过在经典物理范围内，麦克斯韦电磁场理论是完全正确的，迄今尚未发现有什么新实验与它相矛盾。

# 3.3 麦克斯韦电磁场理论

物理学的任何定义、定律、概念、原理、学说都有特定的适用条件和范围，一旦超出就不一定正确。目前防雷工作的种种失误，造成雷灾频仍，主要原因之一就是忘了这一点。造成这种现象的一个重要原因与大学教学中电磁学课程的教学法和讲授的理论体系有关。几乎所有大学讲授电磁学都是先讲静电学，再讲直流电、交流电路，最后讲电磁波。绝大部分时间用在讲电路，只有很少时间讲一点点麦克斯韦电磁场理论，可以说，学生几乎对这个最重要的东西没有多少印象，造成学生头脑里只有"路"没有"场"的概念。以往对于一般专业的毕业生，危害不大，因为实际工作很难碰到这方面问题。只有无线电电子学专业的学生，特别是与雷达、微波有关的专业，这是绝对不行的。不过这些专业有重头的后续课程，如电磁场理论、高频电子学等，几乎都专门讲麦克斯韦电磁场理论的基本概念和理论计算等。可是进入21世纪后，不仅一般的理工科专业，就是经管、文、法学院的毕业生也需要用到信息技术，几乎人人都要使用计算机和现代通信工具，要面临雷灾光临的危险，需要对麦克斯韦电磁场理论和基本概念有所知。

## 3.3.1 麦克斯韦方程组

大家都知道，H.赫兹(Heinrich Rudolf Hertz，1857—1894)用实验证明了电磁波的存在，并且证明光波也是电磁波，从而使麦克斯韦电磁理论得到公认，H.赫兹也因此赢得全世界的一致尊敬。麦克斯韦于1865年发表的方程式共有20个，包含有20个变量。1890年，H.赫兹在《静止物体的电动力学基本方程》一文，英国物理学家赫维赛德(Oliver Heaviside，1850—1925)在《电学论文》分别独立地把20个方程式归并简化为公认的四个方程式：

$$\nabla \times \boldsymbol{H} = \boldsymbol{J} + \frac{\partial \boldsymbol{D}}{\partial t} \tag{3.1}$$

$$\nabla \times \boldsymbol{E} = -\frac{\partial \boldsymbol{B}}{\partial t} \tag{3.2}$$

$$\nabla \cdot \boldsymbol{D} = \rho \tag{3.3}$$

$$\nabla \cdot \boldsymbol{B} = 0 \tag{3.4}$$

H.赫兹又在1894年发表的《关于电能传播的研究》中强调：什么是麦克斯韦理论呢？对于这个问题，我认为没有比这样更简明、更确切的回答，麦克斯韦理论就是麦克斯韦方程组。

在介质内，上述方程组尚不完备，对于各向同性介质，则有

$$\boldsymbol{D} = \varepsilon \boldsymbol{E} \tag{3.5}$$

$$\boldsymbol{B} = \mu \boldsymbol{H} \tag{3.6}$$

$$\boldsymbol{J} = \gamma \boldsymbol{E} + \frac{\partial \boldsymbol{D}}{\partial t} + \rho \boldsymbol{v} \tag{3.7}$$

考虑到电磁场的作用，则还应补充

$$\boldsymbol{F}=q(\boldsymbol{E}+\boldsymbol{v}\times\boldsymbol{B}) \tag{3.8}$$

上列各式中，$\boldsymbol{H}$ 是磁场强度矢量；$\boldsymbol{J}$ 是传导电流密度矢量；$\boldsymbol{D}$ 是电位移矢量；$\nabla\times\boldsymbol{H}=\boldsymbol{J}$ 是安环环路定律的微分形式，麦克斯韦给它添上了位移电流密度矢量$\frac{\partial \boldsymbol{D}}{\partial t}$，得式(3.1)，并称为安培-麦克斯韦定律。究竟他添加得对不对？正是由于添加了这一项，使得式(3.1)～式(3.4)联合起来，就可得到一个波动方程组。在真空中 $\boldsymbol{J}=0$，$\rho=0$，于是得出波动方程组

$$\nabla^2\boldsymbol{E}=\frac{1}{c}\frac{\partial^2\boldsymbol{E}}{\partial t^2} \tag{3.9}$$

$$\nabla^2\boldsymbol{B}=\frac{1}{c}\frac{\partial^2\boldsymbol{B}}{\partial t^2} \tag{3.10}$$

这显示 $\boldsymbol{E}$ 和 $\boldsymbol{B}$ 的波速恒等于真空中的光速 $c=2.997\,925\times10^8\,\mathrm{m\cdot s^{-1}}$。而这个结果已为 H. 赫兹实验证明，这就证明了麦克斯韦在 1873 年的论文《关于电和磁的论文》中的假设："这篇论文的一个主要特点是维护电磁现象取决于真实电流的学说，这种真实电流和传导电流不是同一东西，而在估计电的总运动中必须计入电位移的时间变化率。"

式(3.2)中，$\boldsymbol{E}$ 是电场强度矢量，$\boldsymbol{B}$ 是磁感应强度矢量，这就是法拉第定律的微分形式。

式(3.3)中，$\rho$ 是体电荷密度。式(3.3)和式(3.4)分别是电和磁的高斯定律。

式(3.7)中，$\gamma$ 为电导率，$\boldsymbol{v}$ 是电量 $\rho$ 的运动速度。如果在金属导体里 $\boldsymbol{D}$ 和 $\rho$ 均为零，则此式简化为 $\boldsymbol{J}=\gamma\boldsymbol{E}$，这就是金属导体中的欧姆定律。这里，$\gamma$ 为恒量，只决定于导体材料而与 $\boldsymbol{E}$ 及 $\boldsymbol{J}$ 无关。而在一般介质中，$\gamma$ 不一定是恒量。

## 3.3.2　静电学和电位概念

### 1. 引言

任何物体都是各种元素的分子组成，分子则由原子组成，原子则是由带正电的原子核和围绕它而运动着的带负电的电子组成。单个分子是看不见的，大数量分子组成的可以用普通光学显微镜观察到的微粒的种种可观察的现象被称为宏观物理现象。通常经典物理学的讨论对象是宏观物理现象，所谓经典电磁学所探讨的就是宏观物体的电磁现象。麦克斯韦电磁理论是经典电磁理论，它在宏观范围里是完全正确的。

在麦克斯韦方程式中出现的 $q$ 代表电荷。19 世纪 80 年代之前只知电荷有正、负两种，电荷流动产生电流，用电流强度 $I$ 表征其大小。实质上在金属导体内的电流是大量自由电子的定向宏观移动所致。日常生活中遇到的宏观带电体都是由于得到了自由电子而呈现负电，失去了部分自由电子就呈现正电。这些自由电子无时无刻不在作无规运动。宏观上观察到的是极大数量的电子的统计平均表现，不一定有宏观的迁移运动。只要没有宏观的电场和磁场，就不会出现宏观上的运动。在宏观物体上呈现宏观上的带电之后，这个宏观电荷就必在周围辐射宏观的电场，它的传播速度是光速，倘若宏观电荷以恒速运动，则它同时辐射宏观的磁场，以光速传播开去。实际上人们所处的自然界里，宏观电荷无时无刻不在运动，是异常复杂多变的。运动是绝对的，但在局部环境和短暂时

间内，也可能出现静止状态。人们为了弄清事物的规律，总是从简单的情况着手，逐步深化。最简单的情况是宏观电荷 $q$ 不动，电荷周围只有电场，静电学就是讨论这种理想化的情况下的电现象。请注意，宏观电荷指的是带电部位是宏观可观察的，而宏观电荷的数量 $q$ 不一定很大，也可以是一个电子的电量。

静电学只是考虑理想化的电荷已静止分布之后的情况，也就是电荷产生的电场已静止分布到所有空间，从数学上说，已充满无穷大空间了。凡是有电场的空间，必有能量，电场的能量密度是

$$w_e = \frac{\varepsilon E^2}{8\pi} \tag{3.11}$$

电场的能量从何而来？这就要追踪到建立静电场的起源。宏观电荷的产生，从历史上说是起源于摩擦。1663 年盖利克制成的人类第一个起电机就是手摇的摩擦起电机，人需要做功，把一种物体表面层原子的束缚电子拉到另一物体上，为此必须克服正、负电荷之间的吸引力并做了功。如果宏观电荷消失，也就是让正、负电荷相遇而中和，则电场也必消失了，那么正、负电荷的场能跑到哪里去了？这恰与摩擦起电过程相反，正、负电荷相吸引到中和的过程，电的引力对外界做了功。

静电学讨论的范围就限制在起电以后达到静电平衡状态，所有电荷恒定不动，静电场全部建成的条件下。

### 2. 静电学的建立

静电学的前提是电荷 $q$ 的速度 $v=0$，也就是不可能有磁场，即 $B=H=0$。同时，这意味着：所有物理量不随时间而变，麦克斯韦八个方程式中所有 $\partial/\partial t$ 恒为 0，因此静电场的麦克斯韦方程组形式变为

$$\nabla\times\boldsymbol{E}=0 \tag{3.12}$$

$$\nabla\cdot\boldsymbol{D}=\rho$$

$$\boldsymbol{D}=\varepsilon\boldsymbol{E}$$

$$\boldsymbol{F}=q\boldsymbol{E} \tag{3.13}$$

由此可推导出静电学中所有的定律、公式，本书从略。下面只就与防雷有关的基本概念方面进行讨论。

### 3. 电场

将课本上有关静电场的概念、定理、公式和某些重要的结论过于简化、理想化、僵化地用到防雷上就会发生问题。

第一，人们遇到的实际情况是：电荷几乎都不是静止和不变的，电场差不多都是随时间而变，而教科书讲的是静止不变的场，这两者有差别。

第二，即使正在研究、做实验测量的对象是静止电荷及其产生的电场，有没有未知的、意想不到的电场叠加于其上或者干扰研究和测量呢？这就是无处不在无时不在的大气电场。它的数值有时可以达到非常惊人的数值，而且无时不在变。俄罗斯科学家中就有人死在大气电场下，他就是物理学家 Richman。

第三，大学物理教学中很少讲电场的测量，很少把理论与实验紧密联系起来讲解，也很少把理论与实际情况联系起来讨论。

为此，我们在学完大学物理静电场基础知识之后要注意扩展已有的知识，深化一些概念。首先要看到静电场的概念、理论、结论对于似稳电场也是适用的(但要注意适用的条件)。其次要广泛了解各种电场的来源。电场是可以叠加的，决定电现象的是各种来源的电场的矢量和，其中大气电场是非常重要的，必须充分重视它的存在及影响。为此，了解大气电场的种种特性，对大多数人讲都是必要的。

自然界许多带电现象的起源，如云、瀑布、实验仪器的起电，电话线、电力线的带高压电，都与大气电场的存在有关，而这些事物的带电反过来又影响到大气电场。

**4. 电位(或称电势)**

由于静电场强度 $\boldsymbol{E}$ 在数学上遵守 $\nabla\times\boldsymbol{E}=0$，从数学定理上就知，必存在一个标量函数 $\phi$ 满足

$$\boldsymbol{E}=-\nabla\phi \tag{3.14}$$

今如把一个点电荷 $q$ 从电场外移至电场内某一点 $p$，就要反抗电场力 $qE$ 而做功 $A$，且

$$A=-\int_{\infty}^{p} q\boldsymbol{E}\cdot \mathrm{d}\boldsymbol{l}=-\int_{\infty}^{p}-q\,\nabla\phi\cdot \mathrm{d}\boldsymbol{l}=q\phi(p)$$

这个功就变为电荷 $q$ 在 $p$ 点的位能。由此定义电位为单位电荷从无限远移至 $p$ 点所需做的功，以标量 $V$ 表示电位，则这个定义可表示为

$$V=-\int_{\infty}^{p}\boldsymbol{E}\cdot \mathrm{d}\boldsymbol{l} \tag{3.15}$$

对于若干点电荷 $q_1,q_2,\cdots,q_n$ 的总电场中，任一地点 $p$ 的电位为

$$V=\frac{1}{4\pi\varepsilon}\sum_{i=1}^{n}\frac{q_i}{r_i} \tag{3.16}$$

式中，$r_i$ 是第 $i$ 个电荷 $q_i$ 至 $p$ 点的距离。

引进电位的好处是：它是标量，测量和计算都比较方便。知道电位以后就可以用式(3.14)求出 $\boldsymbol{E}$。

计算或测量 $V$ 时，遇到计算的起点是无穷远点这种情况。

如采用电位差，则方便得多。1、2 两点之间的电位差就是

$$V_1-V_2=-\int_{\infty}^{1}\boldsymbol{E}\cdot \mathrm{d}\boldsymbol{l}-\left(-\int_{\infty}^{2}\boldsymbol{E}\cdot \mathrm{d}\boldsymbol{l}\right)=\int_{1}^{2}\boldsymbol{E}\cdot \mathrm{d}\boldsymbol{l} \tag{3.17}$$

实际上测量仪表总是测量两个端子之间的电位差，工程上称之为电压，最方便的是把大地作为共用电位标准，视作 0 电位，则电压值就是电位值了。

这种工程上习以为常地把大地的电位当作 0 电位的概念，与一般电学教科书上说的 0 电位是完全不同的两回事，在理论思考中要区别清楚。在防雷科技上这种概念上的含混不清，会造成大失误。1988 年，笔者为中央电视台编导摄制了一部科教录像片《大气电场》，专门澄清这方面的概念错误，立刻受到全国各大学师生欢迎，并作为讲授静电学的重要形象教材。德国慕尼黑大学教授 Luchner 等高度评价了此录像片，并引荐到德国各

大学作为讲课放映之用。各地防雷中心也普遍采用此片培训防雷人员，本书末把该录像片的解说词作为附录，供读者参考。下面对这个问题进行详细解释。

(1) 作为静电学基本定义，电场的0电位，必须是无穷远处，只有在该处，电场强度 $\boldsymbol{E}$ 才严格为0。地球本身的电位从理论说，绝对不是0，它是一个带电体，从地球表面的平均电场强度可以求出地球表面电荷密度约为

$$\sigma \approx -3.45 \times 10^{-4} \text{静电单位} \cdot \text{cm}^{-2}$$

由此可估算出地球的全部带电量约为

$$Q \approx 1.7 \times 10^{15} \text{静电单位} = 0.57 \times 10^{8} \text{C}$$

若将地球视作孤立圆球导体，则其理论上的电位约为 $V \approx 10^{9}$ V。此计算可参阅1951年苏联教育部教科书出版社的《物理手册》(第2版)第17页。

工程技术上都一律采用地球的电位作为参考标准，认定它为0电位，由此把地面物与大地的电位差等同于电位。这样在讨论雷电云的电位时，当然是指雷雨云与大地之间的电位差。

(2) 工程界还有一个公认的假定：认为大地是与金属一样的非常良好的导体，并且推断得出一个重要结论，即地球是个等电位体，因此认为任何时刻地球的任何地点都是同一个恒定不变的0电位值。这个概念绝对要不得。实际上地球表面的面电荷密度处处不同，而且时刻在各种因素的作用下发生变动，电力系统经常有大电流入地，雷暴来临时，局部地点的地表强烈的静电感应使地表的面电荷分布迅速而巨大地变化。闪电落地，则有大电流迅速入地。所以大地的情况绝对不符合静电平衡条件，尤其是雷雨时刻和闪电入地之时，它绝对不是等电位体！雷击大地时刻，不少人畜是由于大地的各点之间巨大的电位差而丧命的！

从事防雷科技者必须牢记：大地绝对不是等电位体，不但各地点的电位不相同，而且同一地点不同时刻电位也在变化！它受到各种因素影响，大意不得。这种电位变化是可以粗略估算和不太准确地测量的。

(3) 但是在特定的条件下，把大地当成良导体且是等电位体，还是可行的，可以比较可靠而简单地解决实际问题。因为地球体积大，电容大，对于一般情况下，向大地注入的电荷而言，地球的电位变化几乎很难测知。另外，一般情况下建筑物由于采取降低地表面物质的电阻率的措施，在注入地表的电流不太大的前提下，地表面由于电流产生的电位差，不是很大，近似地把它当作等电位体也是行得通的。

还有一种情况，作为一种理论分析的简化和粗略估算，当大气电现象变化比较缓慢，那么取较短的一段时间来研究局部地区的情况，可以近似地视大地为良导体并且是等电位体，可以运用静电学的概念和定律来分析和计算。但是要切记这是有条件的一种近似估算。超出了这个条件，则将犯大错误。例如在晴天，大气电场在1h～2h内，可以视为稳定不变，地表面因各种因素释放的电流密度比较小，居民日常用电产生的地层表面的电流也很小。把地球某个区域看作等电位体是可以的。但是一旦雷电临空，则情况大不一样，只能在很短的时间和很小的范围内，近似地当作静电来分析，有时还勉强行得通。若发生闪电，则一切静电学概念和定律都不适用了。

另一个防雷界比较常见的问题就是物理概念、定义的运用混乱，不规范，以致讨论问

题违反了科学规律。例如在防雷规范中规定："等电位联结是用连接导线或过电压保护器将处在需要防雷空间内的防雷装置，建筑物的金属构架、金属等连接起来。"（见《建筑物防雷设计规范》GB 5007—94 第 66 页）这就是说，凡是用金属导体等物连接起来的地方，处处电位相等。这在静电学范畴是完全正确的。可是这儿是针对防雷工程作出的规定，也就是说在闪电打到该处时，若认为这些地点还是电位处处相等则是绝对错误的。

防雷工作中还有一个问题绝不可马虎，那就是数量大小的严谨。例如问，"什么叫导体"？回答说："电阻很小就是导体。"可究竟数量级是多少呢？通常，在理论计算中，线路中的金属导线的电位降可以忽视不计。在防雷问题上，导线上的电位降必须慎重对待，特别是避雷针引下线上各处的电位降是必须特别重视的。因为闪电电流太大，即使是不到 0.1Ω 的电阻，也可以产生万伏以上的电位降！写防雷规范的人员，对这个数量是斤斤计较的，似乎很严谨。可是对于他们所强调的等电位联结却失去了对数量的严谨。多年来，防雷科技人员所认识的等电位联结主要是顾及建筑物内的人身安全。用金属导线作等电位联结之后，闪电被引入地时，室内各处之间的电位差可以降到几百伏以下，室内的接触电压和跨步电压就降低到允许范围。这对 20 世纪 80 年代以前的建筑防雷而言，是一个有效的防雷措施。可是到了信息技术大普及之后，绝大多数建筑物内都有了信息技术设备，微电子器件的耐电压程度已降至 10V 数量级，这种等电位连接达到的电位差根本解决不了当今信息技术防雷安全的需求。

## 3.3.3　恒定电流

### 1. 恒定电流的基本方程组

所谓恒定就是物理量不随时间而变，从数学上看就是$\partial/\partial t=0$，因此式(3.1)～式(3.8)就简化成

$$\nabla\times\boldsymbol{H}=\boldsymbol{J} \tag{3.18}$$

$$\nabla\times\boldsymbol{E}=0$$

$$\nabla\cdot\boldsymbol{D}=\rho$$

$$\nabla\cdot\boldsymbol{B}=0$$

$$\boldsymbol{D}=\varepsilon\boldsymbol{E}$$

$$\boldsymbol{B}=\mu\boldsymbol{H}$$

$$\boldsymbol{J}=\gamma\boldsymbol{E}+\rho\boldsymbol{v} \tag{3.19}$$

$$\boldsymbol{F}=q(\boldsymbol{E}+\boldsymbol{v}\times\boldsymbol{B})$$

取这八个基本方程与静电学方程作比较，有三个方程完全相同，即

$$\nabla\times\boldsymbol{E}=0,\quad \nabla\cdot\boldsymbol{D}=\rho,\quad \boldsymbol{D}=\varepsilon\boldsymbol{E}$$

由于恒定电流的电场中$\nabla\times\boldsymbol{E}=0$，因此电场中也必有标量函数使得$\boldsymbol{E}=-\nabla\phi$，这与静电场中式(3.14)完全相同。因此恒定电流的电场类似静电场，可以定义出电位 $V$，这个物理量与 $\phi$ 是同一的。因此有

$$\boldsymbol{E}=-\nabla V$$

$$V_1-V_2=\int_1^2\boldsymbol{E}\cdot\mathrm{d}\boldsymbol{l}$$

恒定电流与静电场的最大差别是：电荷的流动必出现磁场，由于电流恒定不变，它所产生的磁场也恒定不变，可以用 $\boldsymbol{B}$ 和 $\boldsymbol{H}$ 两个物理量描写，$\boldsymbol{B}$ 的力线要服从 $\nabla\cdot\boldsymbol{B}=0$，故必成旋涡形状。由式(3.18)和式(3.4)就可以导出毕奥-萨伐尔定律。

**2. 在特定条件下，恒定电流公式与静电场公式的相似**

在所考虑的导电介质区域内，如果不存在外电源和体电荷分布，而且各处的电导率 $\gamma$ 是不随时间而变的恒量，则

$$\nabla\times\boldsymbol{E}=0$$

$$V_1-V_2=\int_1^2\boldsymbol{E}\cdot\mathrm{d}\boldsymbol{l}$$

$$\nabla\cdot\boldsymbol{J}=0 \tag{3.20}$$

$$\boldsymbol{J}=\gamma\boldsymbol{E} \tag{3.21}$$

$$I=\int_S\boldsymbol{J}\cdot\mathrm{d}\boldsymbol{S} \tag{3.22}$$

此处，$\boldsymbol{l}$ 是距离，$\boldsymbol{S}$ 是面积。

对比一下，在绝缘介质中静电场，没有体电荷分布时，则

$$\nabla\times\boldsymbol{E}=0$$

$$V_1-V_2=\int_1^2\boldsymbol{E}\cdot\mathrm{d}\boldsymbol{l}$$

$$\nabla\cdot\boldsymbol{D}=0 \tag{3.23}$$

$$\boldsymbol{D}=\varepsilon\boldsymbol{E}$$

$$q=\int_S\boldsymbol{D}\cdot\mathrm{d}\boldsymbol{S} \tag{3.24}$$

这五个公式非常相似，这种数学式的相似，使得恒定电场中某些物理量的计算可以套用静电场的某些现成的公式。例如，静电场中电容的计算，对于电容 $C$，有

$$C=\frac{q}{V_1-V_2}=\frac{\int_S\boldsymbol{D}\cdot\mathrm{d}\boldsymbol{S}}{\int_1^2\boldsymbol{E}\cdot\mathrm{d}\boldsymbol{l}}=\frac{\varepsilon\int_S\boldsymbol{E}\cdot\mathrm{d}\boldsymbol{S}}{\int_1^2\boldsymbol{E}\cdot\mathrm{d}\boldsymbol{l}}$$

而对于电阻 $R$，有

$$R=\frac{V_1-V_2}{I}=\frac{\int_1^2\boldsymbol{E}\cdot\mathrm{d}\boldsymbol{l}}{\int_S\boldsymbol{J}\cdot\mathrm{d}\boldsymbol{S}}=\frac{\int_1^2\boldsymbol{E}\cdot\mathrm{d}\boldsymbol{l}}{\gamma\int_S\boldsymbol{E}\cdot\mathrm{d}\boldsymbol{S}}$$

所以

$$RC=\frac{\varepsilon}{\gamma} \tag{3.25}$$

若导电介质的几何形状与电容器相同，则计算电阻就可借用式(3.25)，运用这一方法，可以很容易地计算绝缘介质的漏电电阻和理想化情况下的接地电阻。但是请注意，这是有特殊条件的！以后还会详细讨论它。

### 3. 恒定电流的实际情况

在静电学中讨论的是最简单的理想化情况，工程实践中，很难遇到这种情况。不过从这里建立的一些有关电场、电位、场能密度，电容的概念和电容器的计算等却可以在特定的条件下谨慎地推广使用。例如在电荷运动时，恒定电流的电场、电位都可以承袭静电学公式，只是导体内 $E\neq0$ 了，导体不再是等电位体了，导体各处电位之差决定于 $E$，计算方法却完全可以照抄静电学。总之，静电学与恒定电流在物理概念、数学计算方面有许多是可以共用了。

但是要注意其差异之处，那就是电荷的速度不为 0。静电学运用到力学的原理都是静力学范围，而恒定的电流就需要用动力学了。这时要考虑到两个重要规律。

第一，电荷受到的作用力多了一项，即洛伦兹力 $\boldsymbol{v}\times\boldsymbol{B}$。不过实际情况下，这一项力的大小比电场作用力 $q\boldsymbol{E}$ 小得多，常可以忽略不计。

第二，电荷运动时，由于带电粒子具有质量 $m$，所以它的速度 $\boldsymbol{v}$ 的方向不一定与作用力 $\boldsymbol{F}$ 的方向相同。也就是说，电流密度矢量 $\boldsymbol{J}$ 的方向不一定与同一地点的电场强度矢量 $\boldsymbol{E}$ 的方向平行，也就是电流线与电力线的形状不一定相似。不过，在金属导体里绝大部分范围可以近似地认为电流线与电力线是吻合的，因为在 $\boldsymbol{J}=\gamma\boldsymbol{E}$ 成立的区域，就必然如此。一般情况则不一定了。

恒流电路所讨论的范围都是金属导线组成的电路，可以说目光只局限于一维空间，即导线之中，导线的材料则恒为金属，电流总是在金属内流动。而防雷技术遇到的实际要复杂得多，电流是在三维空间运动，遇到的介质千变万化，闪电是在汽、液、固三态混合的云中、大气中及地球表面层中运行的，导电介质分气态、液态和固态三种，电荷也是花样繁多，有金属中的自由电子，有液体中的离子和空气中的各种大小的带电微粒或离子。这些电荷的运动轨迹一般说来不与电力线重合。这将在下面分几节专门介绍。

### 4. 欧姆定律

在恒流电路或恒流电场范围里，最重要、最常用的是欧姆定律。因为电流强度 $I$ 与电压(即电位差)$U$ 这两个最重要的物理量之间的关系是由欧姆定律确定的，这个定律在防雷领域是易懂的，可是防雷界展开学术大争论和进行防雷检测时，则暴露出各种困惑。例如《首届中国防雷论坛论文摘编》116、117 页文章“在地阻测试过程中影响因素的分析”是黑龙江省防雷中心 6 名技术干部合写的一份实验报告，他们用一台日本生产的高级地阻仪对一幢大楼的地网的接地电阻进行 28 次测量，却得到 14 种很不相同的读数，最小的为 0.7Ω，最大的为 100Ω，彼此相差达 160 倍！怎么理解这种怪现象？追根究源，就可发现，是对欧姆定律的认识上出了大问题。这个问题极重要，后面 3.5.3 节将对接地电阻进一步介绍。

德国物理学家欧姆(Georg Simon Ohm，1789—1854)于 1826 年通过一系列精巧设计的实验，得到“一段导线中的电流强度，在固定的温度下，恒与两端所加的电位差成正比”的实验结果，次年发表论文《电流链的数学计算方法》，用数学公式表示了他的实验结果。当年根本没有现今这样的测电流和电压的现成的精密仪表和稳定不变的电压源，一切都是靠他自制的设备。例如他开始使用伽伐尼电池，发现它产生的电流并不稳定，当时正好发现温差电现象，他就设计制作温差电堆作稳定的电压源。他这种获得精确的实验成果的独创精神和自制仪器的方法深受后人钦佩。由于这一发现在电学上极其重要，1842年他被选为伦敦皇家学会外籍会员，这个定律以他的名字命名。欧姆定律可写为

$$\frac{U}{I}=R \tag{3.26}$$

式中，比例系数 $R$ 是一个不随 $U$ 及 $I$ 而变的恒量，称为电阻。

但是请注意，这个定律只对金属导体成立，欧姆做实验测量的是一段确定几何形状的确定材料的金属棒。若其长度用 $l$ 表示，面积用 $S$ 表示，则有

$$R=\frac{l}{\gamma S} \tag{3.27}$$

式中，$\gamma$ 只与金属材料的本身有关，称为该金属的电导率。

把式(3.26)代入式(3.27)，再计及 $U$ 与 $l$ 和 $I$ 与 $S$ 的关系，就可导出

$$\boldsymbol{J}=\gamma\boldsymbol{E}$$

这就是欧姆定律的微分形式，即式(3.21)。

欧姆做实验所用的电源是温差电堆，所能达到的电压和电流的变化范围并不大(当然，这个"大"是指人们实际使用的范围之内)。后人为了检验这个定律的适用范围，进一步做了许多实验，发现对于一般金属材料，不论电流达到多大，$R$ 总是不变。因此可以说，在金属材料中，欧姆定律总是成立的，也就是 $R$ 和 $\gamma$ 是恒量，可以用它来计算 $U$ 或 $I$。

在非金属材料中，欧姆定律还能用吗？这要用实验来确定了，有些材料也许可以，一般情况，则欧姆定律不一定成立。

当然可以把式(3.26)写成

$$R\equiv\frac{U}{I} \tag{3.28}$$

并当成是 $R$ 的定义。也就是规定：任何介质都有电阻，因此可以用仪器测出每种介质的 $R$ 或 $\gamma$。但是它的数值却是变化不定的，不同的电流情况下，表现出不同的电阻值，必须标明这个值是对应于哪一个电流值的。请注意，在防雷科技领域，这种不遵守欧姆定律的介质构成的电阻元件被称为非线性电阻。

## 3.3.4 缓变现象和似稳电路

"缓"和"速"是相对的，在电磁理论中通常采用

$$\left|\frac{\partial \boldsymbol{D}}{\partial t}\right|\ll J \tag{3.29}$$

来作为"缓"的定义。意思就是说，在位移电流和带电质点电流相比较可以忽略的情况，就算是"缓"领域。在这一规定下，缓变现象中，麦克斯韦方程组就可简化为

$$\nabla\times\boldsymbol{H}=\boldsymbol{J} \tag{3.30}$$

$$\nabla\times\boldsymbol{E}=-\frac{\partial \boldsymbol{B}}{\partial t}$$

$$\nabla\cdot\boldsymbol{D}=\rho$$

$$\nabla \cdot \boldsymbol{B}=0$$
$$\boldsymbol{D}=\varepsilon \boldsymbol{E}$$
$$\boldsymbol{B}=\mu \boldsymbol{H}$$
$$\boldsymbol{J}=\gamma \boldsymbol{E}+\rho \boldsymbol{v}$$
$$\boldsymbol{F}=q(\boldsymbol{E}+\boldsymbol{v} \times \boldsymbol{B})$$

与恒定电流的全部方程组比较，仅第二个方程式不同，因为 $\boldsymbol{J}$ 可以随时间变化，所以 $\frac{\partial \boldsymbol{B}}{\partial t} \neq 0$。也就是变化的磁场可以产生电场，这就是法拉第发现的电磁感应现象，只是在缓变现象情况下，变化磁场产生的旋涡电场的变化率比较小，这种旋涡电场的变化就是位移电流。从麦克斯韦方程组可知，它与传导电流一样，会产生磁场。

这样我们看到了一幅电磁波产生的物理图像：如果一个电荷有加速运动，也就是说电荷的运动速度改变了，电流强度就有了变化，它在周围产生的磁力线将发生变化，则这些旋涡形的磁力线的周围就必产生旋涡形的电力线，于是这些电力线周围就产生旋涡形的磁力线……。可见电力线与磁力线一环扣一环地相互扩张开去，就像投石到水面上产生一圈又一圈扩大开去的水波。这就是说，电荷的恒速运动只产生稳定不变的磁力线分布（也就是磁场）。而电荷的变速运动则产生变化的电磁场，电场与磁场交织在一起，向四周传播开去，也就是辐射出电磁波，传播开去的速度就是光速。

其实人们早已熟悉的发光体辐射光的过程就是上述图像，只是人们没法看到它的微观的物理机理。发光体的原子内的电子做加速运动，均会辐射电磁波。当发光的电子数足够多，又都处在同一温度下时，就出现人们看得见的发光现象了，只是这种可见光的波长 $\lambda$ 比电磁学里讨论的振荡线路辐射的电磁波波长要短得多。从物理本质上看，都是电磁波，只不过对物体发生的物理作用会因波长的不同而表现不同。一般人体时时刻刻在辐射一种电磁波，其波长比可见光的波长要长一些，属于红外的范围，人眼看不见，却可以用仪器测出来，也可以用红外照相技术把它显示出来，还可以用红外望远镜看到人在黑暗中的像。

总之，除了静电学和恒流电路这两种最简单的情况外，电场和磁场均不再是恒量，而是随时在改变的量，称之为时变量，这时 $E,U,I$ 均为变量，在电路里或介质中的 $E,U,I$ 等量会随时改变。两个电路之间会相互发生作用，一个电路的电流 $I_1$ 改变时，通过磁场的变化，使得另一电路里的电流 $I_2$ 发生改变，这种现象称之为互感现象。同时 $I_1$ 产生的变化，也会对本身电路发生作用，引起 $I_1$ 本身的变化，称之为自感现象。

前面已多次指出：这种电磁场的作用或者说电磁扰动的传递不是超距作用，而是需要经过一个有限的时间的，这种传递的速度是光速 $c$。如果所探讨的电路的各点间距最大值为 $l$，则传递所需的时间为

$$\tau=\frac{l}{c} \tag{3.31}$$

这样在探讨电路各量之间的作用时，$I_1,I_2,\cdots$ 均在随时间而变，如果在 $\tau$ 时间内 $I_1,I_2,\cdots$ 尚未变化，则在这个范围内的 $I_1,I_2,\cdots$ 的值可以用同一时间内的数值。在这一条件下，可以称此现象为缓变形象。

如果电流作正弦变化,其周期为 $T$,其频率就是

$$f=\frac{1}{T} \tag{3.32}$$

这种振荡产生的波长就是

$$\lambda=\frac{c}{f} \tag{3.33}$$

那么,当讨论范围的最大尺寸

$$l \ll \lambda$$

时,各处 $E,U,I,\cdots$ 的差异很少,可以忽略不计,这种情况就是缓变现象。

通常电力部门的工频电,频率为 50Hz,工频电磁波的波长

$$\lambda_{50}=6\times 10^{6}\,\mathrm{m}$$

也就是在 1km 之内,电流、电压等物理量几乎是处处相同的,在这样长的范围内,可以采用同一个 $I$ 及 $U$ 表征,这种情况下的电路,可称为似稳电路。

如果频率提高到微波范围,微波的波长

$$\lambda<1\mathrm{m}$$

则一台仪器内的电路中,同一时刻,电路各部分的电流、电位的数值差异很大,绝不可用同一个 $I$ 和 $U$ 来描述。也就说,它已不属于缓变现象了,可是国内外各种防雷规范却把这种高频电路上的金属导线的连接称作等电位连接,这种错误必导致技术上的种种失误,必须注意纠正。

## 3.3.5 速变现象

### 1. 速变现象

在这种情况下,麦克斯韦方程组全部都用上,一点也不能简化了。L. 索利马在《电磁理论讲义》"速变现象"一章中谈到:

"有人可能得出一个猜测的结论,以为这一章比前面各章更难些。诚然,有几个课题可能需要一点不同的数学知识,但不能把这些称之为更困难。速变现象绝不比电磁理论的其他部分更复杂。我认为这主要是由于不熟悉而产生了恐惧,这种不熟悉是中学教师们谨慎地教育养成的。电磁波在概念上是简单的,况且在日常实践中有坚实的基础。每当你打开电视机的时候,就依靠着电磁波的传播看电视。反射和折射也是容易的概念。问题可能是在教你们光学的时候,没有充分强调过光波和电磁波一样遵守同一规律,光就是电磁波。只要你愿意去思考,用金属管或电介质来引导电磁波也是不超出常识的又一课题。

高频比低频更具有普遍性,但这不是提高对高频重视度的主要原因。其原因更在于人们对通信的无止境的欲望(需要越来越多的频带)和对速度的热情渴望。我们想要更快的汽车、更快的飞机、更快的计算机。快速计算机需要短脉冲进行工作,而一个短脉冲(譬如说是 0.1ns 的持续时间)必须用速变现象引起的所有方面来处理。这样,除了雷达和通信外,计算机也转向更高的频率。"

索利马的意思是,一般人怕高频电路,觉得这个领域数学难,物理也难,其实不然。

只要去除这种怕的心理，这些内容是容易教和容易学的。道理很简单，光就是比高频电路辐射的电磁波的频率更高，它不是比较容易教和学嘛，不少高频电磁波的物理特性已接近光波，因此可以借用光学的一些概念、方法和原理来处理高频电磁波问题。

可以举一个事例，有位防雷科技人员研制了一个装置，把它交给两家高压实验室做实验检测，输入一个脉冲大电流，输出的脉冲电流的峰值大大降低了，波形完全变了。这两家实验室都是国家级实验室，测量都很规范、准确。有些人面对这个实验事实，无法理解这个现象，竟认为这种实验不可信，太不可思议。分析原因，是这些人看问题始终抱着似稳电路的理论思维，把这个新装置当作一个似稳电路里的一个阻抗元件来计算。而在从事高频电磁波研究的人则从电磁波传输的理论来理解这个物理实验现象，认为一个尖脉冲形状的电磁波是许多不同频率的电磁波的复合体，不同频率的电磁波穿过特定的一段传输线，其波速各不相同，或者说穿过这个传输线所需的时间不同，因而在穿出之后再复合在一起时，合成波的波形就必然变了。波的峰值降下来，变得扁平些了。这种现象叫做电磁波的弥散现象，是麦克斯韦电磁理论的必然结果，是常见的物理现象。

美国学者 S. Ramo 和 J. R. Whinnery 合著的《Fields and Waves in Modern Radio》中谈到：对于有损耗的传输线和一般的电磁波导，相速将随着频率而变，构成复合波的各个正弦分量在线上移动时将发生相移，相速较大的波走在前面而慢的波落到后面。在有弥散现象时，传送到线上某一点的波的各个分量叠加起来有可能产生与输入波完全不同的波形。

电磁波的弥散现象就是光波的色散现象。所以脉冲电流经过电感型接闪体，输出的电流波形发生变化是与光经过玻璃棱镜出现色散现象相同的一类物理现象。一般人不熟悉电磁波弥散现象，更不会在习惯用“路”的观念考察的领域里掺入波动学说和观念，所以对高电压实验室内的实验结果无法接纳。而实际上，光就是电磁波，这个实验里遇到的是速变电磁现象，位移电流不能再忽略，“路”的概念要用“场”的概念取代，这里发生的现象是与人们熟悉的光波的色散现象完全相同。

科学史上这样的例子太多了。举天体物理学比较著名的事例来看。牛顿发现万有引力定律，是根据以往历史上众多人观测几颗著名大行星的运行数据而推测出来的，可是各星与地球相互吸引，星体又相互吸引，若用他的力学定律来计算各行星的精确轨道几乎是不可能的，他就先只考虑单独一颗行星与太阳之间的作用，简化为二体问题，又把星体简化为质点，就比较轻易地算出各大行星的运行轨道，然后再考虑其他行星对每颗行量的作用(常称之为“微扰”)，修正轨道的数据，最后终于把已知的五颗大行星的运行轨道计算出来，理论与测量比较一致。从此牛顿力学为世界所公认。最外层的第七颗行星天王星发现后，天文学家发现轨道的理论值与观测值有一点差异。坚信牛顿力学理论的人认定这不是理论的问题，而是尚有未发现的一颗大行星绕着太阳转，在牛顿去世 169 年之后，法国勒维列(U. Le Verrier，1811—1877)和英国亚当斯(J. C. Adams，1819—1892)差不多同时从天王星轨道的不规则性，计算出一颗未知的大行星的运动轨道，预言了这颗行星。柏林天文台的伽勒(J. G. Galle，1812—1910)立刻用天文望远镜按理论计算预言的方位搜索，果然找到了它，这就是太阳系的第八颗大行星——海王星。又过了 84 年，美国董波(C. W. Tombaugh)发现了太阳系第九颗大行星——冥王星，他是根据洛韦耳计算的理论值用照相找到的。人类几千年来有许多许多人在夜里观测天空里的星,星数不下几千万以上,为什么观测发现不了这些星中有两颗太阳系的海王星和冥王星呢?其实看到它们的人很多,但没有天体力学理论指导,等于视而不见、视而不知!

这个问题特别值得当今从事防雷新产品研制者重视,众多科技人员的失败,走了很多弯路而仍不能变失败为成功之母者,大都是由于两种偏差所致。一种是太不重视实验,只专注于脱离实验的理论设想,没有运用实验来纠正自己理论的错误。另一种刚好相反,很重视实验,却缺乏理论上(特别是基础科学理论上)的思索,扶正实验研制的方向。

结合前面刚提到的那个经国家级实验室检测的防雷装置新产品,实验已证明它可以降低脉冲大电流的峰值和改变波形,是可用于减轻闪电脉冲的破坏作用的器件。如果运用麦克斯韦电磁理论作指导,提高性能就大有希望了。研制者的理论思维若停留在"路"上,就会误以为这是该器件的阻抗在起作用,阻抗越大,脉冲电流的值就越小,而阻抗中电感部分的自感系数与磁导率 $\mu$ 成正比,因此把改进其性能的注意力放在寻找 $\mu$ 最大的磁介质上。这样做就在科研方向上犯了致命错误。

闪电电流脉冲波形极陡,这是其危害信息技术设备的主要原因,而改变其波形是研究的关键,防雷器件使得它的波形变得越平坦,则它的危害就越小。改变其波形的原理就是波的弥散效应。这就要求所研制器件介质的磁导率随波的频率而变,变化差异越大越好。因为各种频率的波在介质中的波速为

$$v=1/\sqrt{LC} \tag{3.34}$$

而

$$L=\mu L_0 \tag{3.35}$$

式中,$L_0$ 为真空中的自感系数;$\mu$ 为磁导率,不同的介质 $\mu$ 就不大相同,而且 $\mu$ 是频率 $f$ 的函数,即

$$\mu=\mu(f)$$

### 2. 速变现象中介质的参数

从上述例子看到,在高频情况下,介质的参数 $\varepsilon,\mu,\gamma,\cdots$ 均不是恒量,而是频率的函数。这在静电学、恒定电流和似稳电路中被看作是恒定的。

大家知道,常用的发射电磁波的天线采用半波偶极子天线,它是一根直棒,长度 $l=\lambda/4$,$\lambda$ 为发射的电磁波在介质中的波长。如果介质的磁导率和电容率分别为 $\mu$ 和 $\varepsilon$,则波长应为

$$\lambda=\frac{1}{\gamma\sqrt{\varepsilon\mu}} \tag{3.36}$$

20 世纪 60 年代初,一批从苏联留学回国的无线电工程专家希望研制一种发射天线极短的便携式无线电发射机。这些专家习惯于查现成的工程手册和公式来设计新产品,天线长度的现成计算公式是式(3.36),可见只要找到一种 $\varepsilon$ 和 $\mu$ 最大的介质就必成功。从手册上查到水的 $\varepsilon$ 最大($\varepsilon=81.5$),因此可选水为介质,把天线放入水中,天线杆就可缩短为原长的 1/9。可是实验结果完全不是那么一回事。这些无线电工程专家无论怎么改

进实验，总是失败。后来，中科院研究员清华物理系毕业生蒲富恪接受这项任务发现工程专家的设计方案失败的主要原因是使用现成的公式和手册上的参数时没有考虑这些公式和数据成立的条件和适用范围，就以水的$\varepsilon=81.5$来考虑，它是在静电场中体积极大的水中(即可以忽略边界，可视为无限大)所测得的。而无线电发射机的波频率很高，$\varepsilon$是频率的函数。还有，如果把天线棒放入水中，盛水的容器当然很小，水与容器的界面就是第一种介质的边界，这个边界的作用必须计及。容器的外表则是第二种介质的边界面，也必有影响。所以这样复杂的情况，不可能找到什么现成的理论公式。为此，蒲富恪就老老实实地从麦克斯韦方程组出发，把磁棒、水、容器及容器外的大气这四种介质放入方程式中，把边界条件列出来严格地求解。他终于得到一个积分方程，并求出它的解析函数解。这在介质天线理论中有重要实用价值，解决了这类天线的一些工程设计问题，引起了国际学术界的重视，并把他得出的公式命名为蒲氏公式。

前面曾介绍过什么是基础研究，什么是应用研究，这个例子就很能说明。蒲富恪所作的是基础研究，它只是从麦克斯韦方程组出发，把这理论沿波的发射领域作出一个理论上的带有普遍性结论。从它出发可以指导某种类型的天线设计的技术研究，直接与工业生产和经济利益挂上了钩。但是这种研究必须依靠基础研究的理论指导。

在速变现象中所有介质的电、磁参数均是随频率而变，尤其在频率高到$10^9$ Hz以上时，就更显著。频率再高，电磁波的波长$\lambda$就会趋向物质的分子直径范畴，已是微观世界了，就会与分子的特性有关，出现一些特殊的规律，这已超出宏观麦克斯韦电磁理论范围了。

此外，还必须把静电、恒定电流、似稳电路条件下对介质的分类的概念作些修改和深化。在上述范围里，绝缘体和导体是截然分开的，所以金属导体上一旦存在电荷，就永远不变，而电流则永远在金属导线里流，绝不会流出导线。实际上，根本不是这样。16世纪的人就已知道，电容器里的电荷会慢慢减少以至消失。现在人们已知道，导线会经周围的绝缘物漏电，这就是说，没有绝对不导电的绝缘介质，也就是没有$\gamma=0$的介质。防雷科技工作者更需特别重视这一点。不但任何材料都会导电，并且导电的状态与频率有紧密关系。

为了加深读者印象，此处引用美国J. D. Kraus于20世纪70年代写的一本《电磁学》教科书中的一个图及表格，这图和表格并不太严格准确，仅供参考。

**表3.1　常用媒质常数表**

| 媒　　质 | 相对电容率$\varepsilon_r$(无量纲) | 电导率$\gamma/\Omega^{-1}\cdot m^{-1}$ |
|---|---|---|
| 铜 | 1 | $5.8\times10^7$ |
| 海水 | 80 | 4 |
| 乡间土壤 | 14 | $10^{-2}$ |
| 城市土壤 | 3 | $10^{-4}$ |
| 清水 | 80 | $10^{-3}$ |

表3.1中列出的$\varepsilon_r$和$\gamma$均是在低频下测得的，可视为恒量，但频率一高，就不是这些数值了。图3.1中给出了各种介质在不同频率范围所显示的导电性质。从图3.1可见，

铜在微波频率以上时性质像导体，而清水在10MHz以上时，其性质却像绝缘的电介质。图3.1是用表3.1中参数的值来计算讨论的，在微波波段，表3.1中的参数值早已变了，所以图3.1中曲线在微波区域已不准确了。

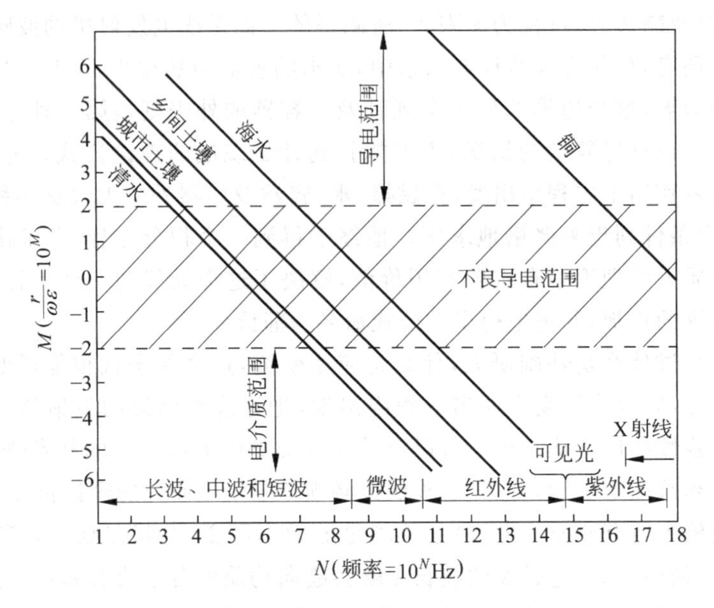


**图3.1 常用媒质的比值$\gamma/\omega\varepsilon_r$和频率的关系**

介质究竟是导电的还是绝缘的，从静电学看很好区分。只要电导率$\gamma=0$则必是绝缘介质，因为$\boldsymbol{J}=\gamma\boldsymbol{E}$，当$\gamma=0$时，$J\equiv0$，不可能有电流。这是理想化的，实际情况中，主要从位移电流是否可以忽略来区分，一般可分三种。

(1) $\omega\varepsilon\gg\gamma$，即$\gamma$可以忽略不计，也就是位移电流$\gg$传导电流，介质的电性质可视作绝缘介质。此处$\omega=2\pi\gamma$。

(2) $\omega\varepsilon\ll\gamma$，即$\omega\varepsilon$可以忽略，也就是位移电流$\ll$传导电流，介质的电性质可视同导体。

(3) $\omega\varepsilon\approx\gamma$。这种情况下，介质是不良导体。或者表示得更定量化一些，高频电子学里采取下列式子表示：

$$\text{电介质}\quad \frac{\gamma}{\omega\varepsilon}<\frac{1}{100}$$

$$\text{不良导体}\quad \frac{1}{100}<\frac{\gamma}{\omega\varepsilon}<100$$

$$\text{良导体}\quad 100<\frac{\gamma}{\omega\varepsilon}$$

举防雷工程很关注的土壤为例子。如某地的土壤，在低频测得的相对电容率$\varepsilon_r=14$，$\gamma=10^{-2}\Omega^{-1}\cdot\text{m}^{-1}$。假定这些值不随频率而变，则

(1) $f=10^3$Hz时，$\frac{\gamma}{\omega\varepsilon}=1.3\times10^4$，其性质为导体。

(2) $f=10^7$Hz时，$\frac{\gamma}{\omega\varepsilon}=1.3$，其性质为不良导体。

(3) $f=3\times10^{10}$ Hz 时，$\lambda=1$cm，$\frac{\gamma}{\omega\varepsilon}=4.3\times10^{-4}$，其性质为绝缘介质。

防雷工程界探讨接地电阻等问题时，从不考虑这一基本概念，把大地当作与频率无关的良导体，是不妥的。

### 3. 能量与能流

闪电是速变现象，闪电的能量究竟在何处？这是防雷科技必须严谨考虑的。按“路”的观念，闪电的能量必在闪电电流所通过的电路之内，就如同在似稳电路里，能量只局限在导线里，它的消耗只与电阻 $R$ 有关，即产生焦耳热 $I^2Rt$。而从“场”的观念看，闪电的能量在整个三维空间的电磁场里，任何地方均有电能密度 $\varepsilon E^2/8\pi$ 和 $\mu H^2/8\pi$。

1888 年，英国坡印廷(J. H. Poynting，1852—1914)指出：电磁场中的能量是沿 $\boldsymbol{E}\times\boldsymbol{H}$ 的矢量方向流动的，能量流密度的大小为 $EH$，因电磁波的 $E$ 恒垂直 $H$。此后，能量流密度矢量

$$\boldsymbol{S}=\boldsymbol{E}\times\boldsymbol{H} \tag{3.37}$$

就被后人称为坡印廷矢量。这个物理量很重要，对防雷科技探讨雷灾成因非常有用。其实，闪电从云端袭击地面过程中，雷雨云下广大的三维空间里存在电磁场和电磁场能，这些能量以矢量 $\boldsymbol{S}$ 流向各处，而并非只有闪电电流所在的窄长通路内才有能量。闪电放电过程中电磁场也同时转化为其他能量形式，过程是很复杂的。例如，闪电发出可见光和产生雷声，就是电磁场能有一部分转化为光能和声能，当然光也是电磁波，只不过是频率高得多。收音机经常可收听到远方闪电的信号，那是闪电辐射的波长较长的电磁波流向各处，其传播速度就等于光速。当然闪电击中的地方，电磁场中的能量较多地以坡印廷矢量流到这里，究竟有多大部分流向这里，得具体分析闪电击中地方的电磁特性。

为了加深理解，这里引用赵凯华、陈熙谋合著的《电磁学》中所举的一个简单例子，了解这个例子后，可以举一反三，仿此来思考闪电的能量传输。

坡印廷矢量的概念不仅适用于速变的电磁场，它也适用于稳恒场。这里我们利用坡印廷矢量的概念，分析一下直流电源对电路供电时，能量传输的图像。电路里磁力线总是沿右旋方向环绕电流的。在电源内部(图 3.2)有电源力 $\boldsymbol{K}$，电流密度 $\boldsymbol{J}=\gamma(\boldsymbol{K}+\boldsymbol{E})$。这里 $\boldsymbol{E}$ 与 $\boldsymbol{K}$ 方向相反，且 $|\boldsymbol{E}|<|\boldsymbol{K}|$，故 $\boldsymbol{J}$ 与 $\boldsymbol{K}$ 的方向一致，与 $\boldsymbol{E}$ 的方向相反。所以在电源里坡印廷矢量 $\boldsymbol{S}=\boldsymbol{E}\times\boldsymbol{H}$ 沿垂直于 $\boldsymbol{J}$ 的方向向外，即电源向外部空间输出能量。在电源以外的导线里(图 3.2(b)、(c))，$\boldsymbol{E}_{内}$ 与 $\boldsymbol{J}$ 方向一致，故 $\boldsymbol{S}=\boldsymbol{E}\times\boldsymbol{H}$ 沿垂直于 $\boldsymbol{J}$ 的方向向内；导线外的电场 $\boldsymbol{E}_{外}$ 一般有很大法线分量，但因切线分量连续，导线表面外的电场或多或少总有一些切线分量的，这切线分量与 $\boldsymbol{E}_{内}$ 和电流方向一致。由此可知，导体表面外的坡印廷矢量 $\boldsymbol{S}=\boldsymbol{E}\times\boldsymbol{H}$ 的法线分量总是指向导体内部的。导体的电导率 $\gamma$ 越小，$\boldsymbol{E}_{内}$ 本身和 $\boldsymbol{E}_{外}$ 的切线分量越小，导体内的 $\boldsymbol{S}$ 和导体外的 $\boldsymbol{S}$ 的切线分量就越小。在 $\gamma\to\infty$ 的情况下，导体外的 $\boldsymbol{S}$ 与导体表面平行。至于 $\boldsymbol{S}$ 的切线分量的方向，则需分两个情形来讨论。在导体表面带正电荷的地方(图 3.2(b))，$\boldsymbol{E}_{外}$ 的法线分量向外，$\boldsymbol{S}$ 的切线分量与电流平行；在导体表面带负电的地方(图 3.2(c))，$\boldsymbol{E}_{外}$ 的法线分量向内，$\boldsymbol{S}$ 的切线分量与电流反平行。

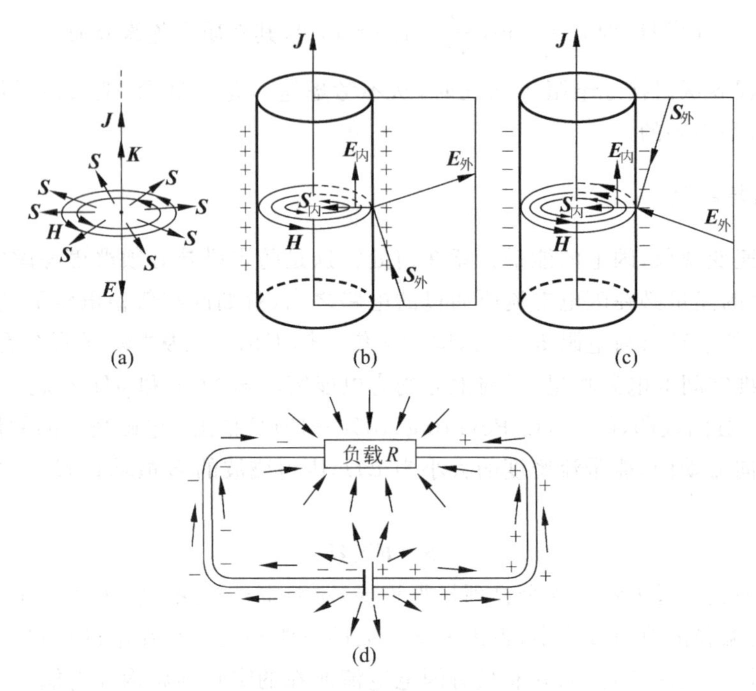


**图 3.2　电路里能量传输的途径**

下面看一看整个电路中能量传输的情况。如图 3.2(d)，设电路由一个电源、一个电阻 $R$ 较大的负载和电阻很小的导线组成。在靠近电源正极的导线表面上带正电，在靠近电源负极的导线表面上带负电。图 3.2(d)中的小箭头代表 $\boldsymbol{S}$，即能量流动的方向。按照上面的分析，能量从电源向周围空间发射出来，在电阻很小的导线表面基本上沿切线前进，流向负载。在电阻较大的负载表面，能量将以较大的法线分量输入，在导线表面经过折射，直指它的中心。由此可见，电磁能不是沿导线内部从电源传给负载的，而是在导体之外的空间沿导线表面传到负载，然后从它的侧面输入。我们看到，在这里导线不仅起着引导电流的作用，它还起着引导电磁能的作用。此外，能量不是通过电流，而是通过电磁场来传递的。需要指出，这本书把导体内的电荷看成只分布在导体外表面，是不太恰当的，而且也不是右边导体表面电荷为正，左边为负，实际情况很复杂，这里只是为了说明 $\boldsymbol{S}$ 的分布，简化了复杂的实际情况。

例如，2001 年 8 月 6 日浙江省绍兴县海涂九一丘地区的绿神特种水产品公司鳖场雷击大火，仅 45 分钟就把 21 600m² 塑料大棚温室烧光。现场勘察，是闪电击到大棚中央的钢支架顶端，引起大火所致。若认为闪电能量集中在闪电电流本身，这场火烧就等于在中央的塑料棚顶点起火。需知正在下大雷雨，四周又有十几辆救火车往棚顶上洒水，而棚的内面则因潮气大，布满水珠。在这种条件下，中央位置仅点一把大火，仅靠传热把火蔓延开来到 21 600m²，这般巨大面积在 45 分钟内烧光水淋中的塑料层，似乎太离奇了。燃烧也应遵守物理学中的热学规律！如果闪电从云中移近地面时，能量是分布在电磁场中，在大面积的塑料棚上把电磁场能转化为热能，则引燃起火是大面积发生的，而且这种能量也可以转化给大雨和救火车洒上去的水及塑料棚顶内部的水珠，则这种加热燃烧的速度就很快了。类似于微波炉内电磁波加热，电磁波场中的物品，包括物品中的水。研究防雷者应该做一做这种基础研究，可以设计一个模拟装置，测量一下，仅靠中央点火燃烧塑料层(其上下方应有水珠)所需要时间与脉冲电磁场烧烤同样面积和带水的材料所需时间作比较。见附录4。

**4. 传输线与电磁波传播**

在速变电磁现象中最彻底地解决问题，应采用前面提到的物理学家蒲富恪院士用的办法，就是按实际情况列出具体的电磁场边界条件，严格地对麦克斯韦方程求解。这样做在数学上困难极大，在工程技术上很难行得通，因此常常采用一些理想化的条件，忽略一些量，借用低频电路的现成公式、方法和概念，求出近似解，然后再作进一步的修正。这有点类似于利用牛顿力学解决天体运动轨道的计算，把多体问题先简化为质点的二体问题，然后加入微扰的计算。

在高频电子学这门专业课中就用了类似的方法，把解电磁场及其边界条件的问题，简化成传输线电路，这当然是一种近似计算，运用得合适就能比较好地解决实际问题。

下面只粗略地介绍一点这个领域的知识，读者若要深入一步，可以参阅美国J. D. 克劳斯《电磁学》及美国拉姆和惠勒合著《近代无线电中的场与波》。

雷电的脉冲放电除了辐射电磁波在广大空间传播外，它更容易产生沿输电线、电话线传播的脉冲电磁波，危害特别大。对于沿导线传播电磁波的问题，可以借用无线电工程中有关传输线的理论与概念。

所谓传输线，就是用来从一点到另一点传递或引导能量的设备。通常要求最大效率地传递能量，而热损耗和辐射损耗愈小愈好。它分两大类，一类是传输电磁波横波(TEM)型的，另一类是只能传送高阶型的，如波导管。这里只介绍传播TEM型的二导体型传输线。

二导体型传输线可以有许许多多种形式，它们都可以看作是从一种基本形式(即母型)推导出来，在工业上用的最多的就是市场上出售的两种电视机的天线馈线：同轴传输线和二线传输线。在有雷电时，闪电在输电线上产生的过电压波是以每根输电线与大地组成的传输线传播的，也是二导体型传输线。如从静电学的镜像法考虑，大地的作用可以用一根导线取代，这根导线的位置就如以大地作为镜面的空中输电线的虚像。这样，问题就转化为二线传输线了。

可以把两块无限伸展的平行平面板作为二线传输线的母型，由它可以转化为同轴传输线和二线传输线，如图3.3所示。其实闪电产生的脉冲电磁波在大气空间的传播，在一定区域内，有些类似于这一形式。因为只考虑TEM型波，故各点的$\boldsymbol{E}$都与导电平面垂直，而$\boldsymbol{H}$都与导电平面平行。

在图3.3中，图(b)把无限延伸的平面只取出其一部分长条板来考虑，它的宽为$b$，其他部分与它相似，重复而已。图(b)从横截面看就得到图(c)，再把两条板弯曲变形，可以得到图(d)及图(e)，那就成为二线传输线了。或者作另一种弯曲，就可以得到图(f)及图(g)，那就成为同轴传输线了。

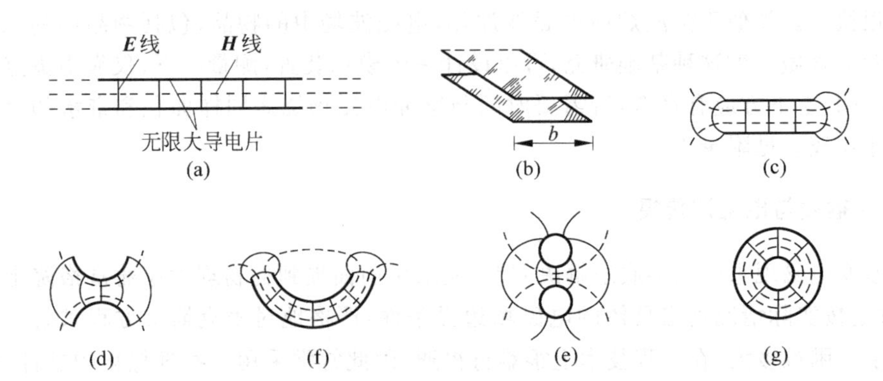


**图 3.3 用变形法从无限大导电平面型传输线演变为二线传输线和同轴传输线**

实线代表电场 $\boldsymbol{E}$ 的力线，虚线代表磁场 $\boldsymbol{H}$ 的力线

现在就讨论无限长均匀二线传输线，它在历史上被称作 Lecher wire system，《驻波》电教片中演示电流驻波的实验装置就是这种传输线。这二根导线均有分布电容和电感，其单位长所具有的电感为

$$L_1 = \frac{\mu_0}{\pi}\left(\ln\frac{D}{r_0}+\frac{1}{4}\right) \tag{3.38}$$

而单位长所具有的电容则为

$$C_1 = \frac{\pi\varepsilon}{\ln\dfrac{D}{r_0}} \tag{3.39}$$

这里没有计及大地的影响，$D \gg r_0$。

对于图 3.4 所示的单根架空线的电容，当高度 $h \gg r_0$ 时，单位长线与大地组成的电容为

$$C_1 = \frac{2\pi\varepsilon}{\ln\dfrac{2h}{r_0}} \tag{3.40}$$

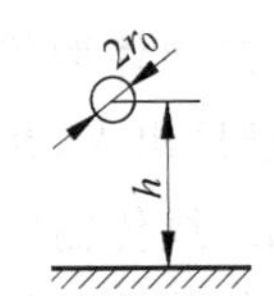


**图 3.4 架空单根导线**

还应考虑传输线有能量损耗，包括热损耗、辐射电磁能以及电晕放电等，这些损耗的总和可以用串联电阻和并联电导来表征，把串联电阻和电感的总效应用单位长的串联阻抗 $Z_1$ 来表征，即

$$Z_1 = R_1 + \mathrm{j}\omega L_1 = R_1 + \mathrm{j}X_1 \tag{3.41}$$

式中，$R_1$ 为串联电阻，Ω；$L_1$ 为串联电感，H；$\omega$ 为角频率，$\omega = 2\pi f$，弧度；$X_1$ 为串联电抗，Ω。并联电容和并联电导的总效应用单位长的并联导纳 $Y_1$ 表示，即

$$Y_1 = G_1 + \mathrm{j}\omega C_1 = G_1 + \mathrm{j}B_1 \tag{3.42}$$

式中，$G_1$ 为并联电导，S；$C_1$ 为并联电容，F；$B_1$ 为并联电纳，S。

取传输线的无限小一段 $\mathrm{d}x$，并设线上有一简谐波(频率为 $f$)，跨接线上的电压是 $U$，电流为 $I$(图 3.5)，则 $\mathrm{d}x$ 上的电压 $\mathrm{d}U$ 应为

$$\mathrm{d}U = IZ_1\mathrm{d}x \tag{3.43}$$

故有

$$\frac{\mathrm{d}U}{\mathrm{d}x}=IZ_1 \tag{3.44}$$

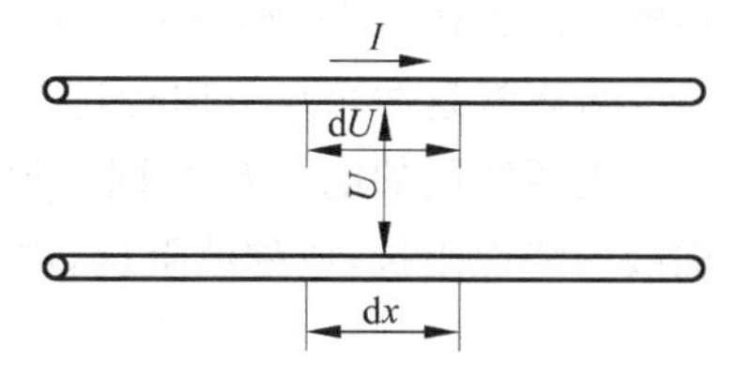

图 3.5　二线传输线

而 $\mathrm{d}x$ 两端间电流的增量 $\mathrm{d}I$ 应为从一根线流到另一根线的分路电流 $UY_1$ 乘以这段线的长度，即

$$\mathrm{d}I=UY_1\mathrm{d}x \tag{3.45}$$

故有

$$\frac{\mathrm{d}I}{\mathrm{d}x}=UY_1 \tag{3.46}$$

式(3.44)及式(3.46)对 $x$ 求导，得

$$\frac{\mathrm{d}^2U}{\mathrm{d}x^2}=I\frac{\mathrm{d}Z_1}{\mathrm{d}x}+Z_1\frac{\mathrm{d}I}{\mathrm{d}x}=I\frac{\mathrm{d}Z_1}{\mathrm{d}x}+Z_1UY_1 \tag{3.47}$$

$$\frac{\mathrm{d}^2I}{\mathrm{d}x^2}=U\frac{\mathrm{d}Y_1}{\mathrm{d}x}+Y_1\frac{\mathrm{d}U}{\mathrm{d}x}=U\frac{\mathrm{d}Y_1}{\mathrm{d}x}+Y_1IZ_1 \tag{3.48}$$

因为对于均匀传输线，$Z_1$ 和 $Y_1$ 处处相同，与 $x$ 无关，故 $\frac{\mathrm{d}Y_1}{\mathrm{d}x}=0$，$\frac{\mathrm{d}Z_1}{\mathrm{d}x}=0$，式(3.47)和式(3.48)可化简为

$$\frac{\mathrm{d}^2U}{\mathrm{d}x^2}-Z_1Y_1U=0 \tag{3.49}$$

$$\frac{\mathrm{d}^2I}{\mathrm{d}x^2}-Z_1Y_1I=0 \tag{3.50}$$

这就是均匀二线传输线的基本微分方程，它实际上是一组波动方程，是常系数二阶线性微分方程，是沿均匀传输线上的电压、电流随距离而变的关系的最普遍表示式，它的通解是

$$U=c_1\mathrm{e}^{\sqrt{Z_1Y_1x}}+c_2\mathrm{e}^{-\sqrt{Z_1Y_1x}} \tag{3.51}$$

$$I=c_1\frac{\mathrm{e}^{\sqrt{Z_1Y_1x}}}{\sqrt{Z_1/Y_1}}-c_2\frac{\mathrm{e}^{-\sqrt{Z_1Y_1x}}}{\sqrt{Z_1/Y_1}} \tag{3.52}$$

式中，$c_1$，$c_2$ 是未定的常数(与 $x$ 无关)，这要靠边界和初值条件决定，即给定 $x=0$ 处 $t=0$ 瞬间的已知电压或电流值来确定。可以取 $c_1$，$c_2$ 分别为

$$c_1=U_1\mathrm{e}^{\mathrm{j}\omega t} \tag{3.53}$$

$$c_2=U_2\mathrm{e}^{\mathrm{j}\omega t} \tag{3.54}$$

则两个通解就可写成

$$U=U_1\mathrm{e}^{\alpha x}\mathrm{e}^{\mathrm{j}(\omega t+\beta x)}+U_2\mathrm{e}^{-\alpha x}\mathrm{e}^{\mathrm{j}(\omega t-\beta x)} \tag{3.55}$$

$$I=\frac{U_1}{\sqrt{Z_1/Y_1}}\mathrm{e}^{\alpha x}\mathrm{e}^{\mathrm{j}(\omega t-\beta x)}+\frac{U_2}{\sqrt{Z_1/Y_1}}\mathrm{e}^{-\alpha x}\mathrm{e}^{\mathrm{j}(\omega t-\beta x)} \tag{3.56}$$

这里，令 $\gamma=\sqrt{Z_1/Y_1}$，称为传播常数。一般说，$\gamma$ 是一个复数，其实数部分 $\alpha$ 称为衰减常数，其虚数部分 $\beta$ 称为相位常数，即

$$\gamma=\sqrt{Z_1Y_1}=\alpha+\mathrm{j}\beta \tag{3.57}$$

式(3.55)和式(3.56)的物理意义比较清楚。含有$(\omega t+\beta x)$的项代表沿负 $x$ 方向行进的波，含有$(\omega t-\beta x)$的项代表沿 $x$ 方向行进的波。含 $\mathrm{e}^{\alpha x}$ 表示波沿负 $x$ 方向行进时波的

振幅作指数衰减,同理,含 $e^{-\alpha x}$ 则意味沿 $x$ 方向的波的振幅作指数衰减,故称 $\alpha$ 为衰减常数。

再看看这两个反方向行进波的其他特点。

把两线间的电压 $U$ 与同一地点的电流 $I$ 取比值,它类似于电路里的阻抗,称之为传输线的特性阻抗,或称波阻抗,用 $Z_0$ 表示,即

$$Z_0=\frac{U}{I}=\sqrt{\frac{Z_1}{Y_1}} \tag{3.58}$$

代入式(3.43)及式(3.44),则

$$Z_0=\sqrt{\frac{R_1+\mathrm{j}\omega L_1}{G_1+\mathrm{j}\omega C_1}} \tag{3.59}$$

在高频或者无损耗时,即 $\omega L_1 \gg R_1$,$\omega C_1 \gg G_1$,则式(3.59)简化成

$$Z_0=\sqrt{\frac{L_1}{C_1}} \tag{3.60}$$

此种情况下,$Z_0$ 是个实数,是纯电阻,可称为特性电阻 $R_0$。一般情况下,$Z_0$ 是复数,这个参数很重要,对电磁波在传输线上的传播有很重要关系。

再看波的相速度 $\omega/\beta$,即

$$v=\frac{\omega}{\beta}=\frac{\omega}{\mathrm{Im}\sqrt{Z_1Y_1}} \tag{3.61}$$

式中,$\mathrm{Im}\sqrt{Z_1Y_1}$ 表示 $\sqrt{Z_1Y_1}$ 的虚数部分。在无损耗情况下,即 $R_1 \ll \omega L_1$,$G_1 \ll \omega C_1$ 时,式(3.61)就简化成

$$v=\frac{1}{\sqrt{L_1C_1}} \tag{3.62}$$

下面给出两种常见的传输线的特性阻抗的计算公式。

(1) 二线传输线,线的半径为 $a$,二线中心之距为 $D$,在空气中的特性阻抗为

$$Z_0=276\lg\frac{D}{a} \tag{3.63}$$

(2) 同轴传输线,内导体外半径 $a$,外导体内半径 $b$,填充线间的媒质的相对电容率为 $\varepsilon_r$,其特性阻抗为

$$Z_0=\frac{138}{\sqrt{\varepsilon_r}}\lg\frac{b}{a} \tag{3.64}$$

在无线电通信工程上,这是非常有用的公式。家家户户电视机用的天线馈线,从室外天线或公用天线接口上接到电视机输入接口的线不外乎这两种,而且世界各国都是相同的几何尺寸,并对介质有特别规定。这是为了使这种馈线的特性阻抗有统一的数值,对各国生产的电视机可以通用,阻抗输入与输出应最佳匹配。扁平的馈线就是式(3.63)规定的二线传输线,它的特性阻抗均为 300Ω,又称它为平衡式馈线,它的衰减较大,易受外界电磁场干扰。另一种是同轴电缆,它的特性阻抗均为 75Ω。

下面分别谈几个具体问题。

(1) 阻抗匹配

传输线能否把电磁波能量传输到所需要的设备中去,要看给定的传输线的特性阻抗

与设备的负载阻抗是否匹配。如果馈线终端所接的负载阻抗 $Z_L=Z_0$，则循馈线传播的电磁波能量全部被 $Z_L$ 所吸收，称为阻抗完全匹配。此时式(3.55)和式(3.56)中就只有一个波了，只有行进的入射波，没有反射波，故在馈线中的波是纯行波，不论馈线多长，馈线上任何一点的阻抗都等于特性阻抗 $Z_0$。如果 $Z_L \neq Z_0$，则必出现反射波，式(3.55)和式(3.56)中都存在两个波，这两个相反方向进行的波叠加的结果就形成驻波了。

反射波与入射波幅度之比叫做反射系数，常用 $\rho$ 表示，即

$$\rho=\frac{\text{反射波幅}}{\text{入射波幅}}=\frac{Z_L-Z_0}{Z_L+Z_0} \tag{3.65}$$

由此可知，当 $Z_L=Z_0$ 时，$\rho=0$。可见，对给定的负载，选用馈线的重要性，300Ω 的馈线与 75Ω 的馈线是不能互接的。对于只能用 75Ω 的馈线，若要改用 300Ω 的馈线时，需要在馈线与负载之间插入一个阻抗变换器作为过渡，才能实现匹配。

(2) 单根输电线对雷电脉冲波的传输

前已指出，输电线与大地(可视为无限大平板导体)之间有静电感应，也有电磁感应，感应的电荷相等而异号。电力线从导线出发而止于大地平面时必垂直地面。假设将一个相同的导线对称地置于地平面下，其离地的距离与输电线离地的高度相等，则假想出来的电力线可以与地面以上的情况完全相同。在大地以上的半无限大空间看是全同的，只是地面下的半无限大空间是虚构的，所谓“镜像法”就是这个意思，因此在电势、电容和特性阻抗等公式的形式上是完全相同的，只是差了一个常系数 2。在讨论闪电袭击输电线后产生过电压波时，其传播情况就可以照搬二线传输线的公式和概念，只是把系数 2 的差别加进去，所以对于单位长度的单根输电线，有

$$L_1=\frac{\mu_0}{2\pi}\ln\frac{2h}{r_0} \tag{3.66}$$

$$C_1=\frac{2\pi\varepsilon_0}{\ln\frac{2h}{r_0}} \tag{3.67}$$

$$Z_0=138\lg\frac{2h}{r_0} \tag{3.68}$$

对于单导线架空输电线而言，$Z_0$ 约为 500Ω。发生电晕时，损耗增大，则 $Z_0$ 约为 400Ω。如用架空电缆，则 $Z_0$ 降低很多，一般只有十几至几十欧。

由于对给定的架空线 $Z_0$ 是定值，而 $Z_0=\frac{U}{I}$，因此可知，过电压波行波与闪电产生的脉冲电流的波形是相同的。

输电线中途有分支或接有负载，因此特性阻抗到这些点就发生变化，在这种阻抗突变点就必有反射波产生，就如光波遇到介质分界面，既有反射波又有折射波。

两种特殊情况分析如下。

第一种是输电线断线，这相当于 $Z_L=\infty$，代入式(3.65)即得

$$\rho=\frac{Z_L}{Z_L}=1$$

就是说 100%反射，形成驻波。

第二种情况是输电线与大地短路，相当于 $Z_L=0$，则

$$\rho=\frac{0-Z_0}{0+Z_0}=-1$$

也是发生 100%的反射，产生位相突变，或者说反射波的振幅与入射波相等，而振动反向。

电磁波在传输线上的传播情况，可以举大家熟悉的声波的传播现象作类比。在敞开空间，声波是向四面八方均匀地传播的，波阵面是球面波，波的振幅是与距离 $r$ 成反比衰减的，传不了太远。如果用一根管子，向管内发声，声音可以沿管内传播很远，这时声波束缚在管内，波阵面就是平面了。如果一个管口是敞开的，另一个管口是封闭的，则声波传到封闭的管口，就会反射而形成驻波。对于敞开的管口和封闭的管口，形成的驻波恰好波节与波腹的位置相反，在乐器笛、箫中就是这种情况。声波与电磁波在传播的过程在几何学上之相似，是由于这二种波的数学方程的相似，因而服从同样的数学规律。

正因为闪电产生的过电压波沿输电线或电话线传输时衰减较少，可以传得很远，所以成灾的概率很大，在防雷工程上应特别重视它。

(3) 闪电通道中的现象

在下一节中将介绍火花放电的通道里充满自由电子(类似于金属导体)的情况，因此可以近似看成一个圆柱形的导体。脉冲大电流产生的电磁波除了向广阔的大气空间传播之外，也要沿这个导体传播。把闪电通道从物理上看作是一种传输线，电磁波在这个通道中从云端传至地面，而后又在通道内反射上去到云端，如果衰减不大，可以来回反射几次。这里的情况与电视机的传输线内电磁波的传播有所不同，由于衰减大而且长度长，入射波与反射波只在反射端不大的范围内形成驻波。

讨论闪电通道内波的传播时，它的分布电容和分布电感的公式可近似的借用圆柱长导体的公式，若其长度用 $l$ 表示，通道半径用 $r_0$ 表示，显然 $l\gg r_0$，则单位长度上电容、电感的计算公式分别为

$$C_1=\frac{2\pi\varepsilon_0}{\ln\dfrac{l}{r_0}} \tag{3.69}$$

$$L_1=\frac{\mu_0}{2\pi}\ln\frac{l}{r_0} \tag{3.70}$$

但是闪电通道与一般金属导体尚有差别，它由两部分组成：内部是高导电的导体，半径 $r_{0内}$ 只有几厘米数量级；而外面包有一层电晕套层，其半径 $r_{0外}$ 要大得多，是几米数量级，电导率较小，充满空间电荷，因此 $C_1$ 及 $L_1$ 两式中所用的 $r_0$ 值是不同的，式(3.69)用 $r_{0外}$，式(3.70)则用 $r_{0内}$。

估算中等以下强度的闪电(这种闪电遇到的概率较大)时，可以近似取 $r_{0内}=0.03\text{m}$，$r_{0外}=6\text{m}$。在平原地区雷雨云较低时，取 $l=300\text{m}$，则可估算出：$C_1=14\times10^{-12}\text{F}\cdot\text{m}^{-1}$，$L_1=1.8\times10^{-6}\text{H}\cdot\text{m}^{-1}$，从而可估算出闪电通道的特性阻抗(有的称它为波阻抗)为

$$Z_0=\sqrt{\frac{L_1}{C_1}}=3.6\times10^2\,\Omega$$

也就是说中等以下强度的闪电通道的特性阻抗是几百欧的数量级，其波速则为

$$v=\frac{1}{\sqrt{L_1C_1}}=1.95\times10^8\,\mathrm{m\cdot s^{-1}}$$

需要强调一下，刚才介绍的闪电模型只是某些研究防雷的学者设想的一种物理模型，并没有确切的实验检验。

最后必须强调指出，上述的观念是 20 世纪 90 年代以前工程界流行的近似计算方法，与真实的闪电是有较大差别的。21 世纪已是信息社会，对于信息技术设备的防雷已是今后主要的问题，要准确解决信息技术设备的防雷问题，就不能再停留在上述的近似理论上，否则会造成重大失误。例如电力传输线或电话线与微波上用的传输线有很大差别，电磁场并不局限在电力线之间或大地之间，电磁场是开放的，闪电沿它传输时，必有相当大部分辐射出去，因此闪电沿线传输时会有显著的衰减，波形会发生变化，会有弥散现象，等等。这些物理现象必须严谨地考虑，目前制定的防雷规范没有考虑这些重要问题，是不妥当的，可能会导致信息技术防雷的种种失误。

## 3.4　气体介质中的电流

### 3.4.1　气体介质的放电现象

在物理教学中，气体是作为一种良好的绝缘体，放在静电学里作为一种绝缘介质来介绍的，描写它的电学特征是用介电常数 $\varepsilon$。这样的认识是不够全面的，会导致对许多重要的自然现象和工程技术的迷惑不解。

首先应该认识到，气体的这种绝缘性质只是在一定条件下的属性，它可以在确定的条件下转变为导体，作为导体的气体有很多复杂而有用的特性。

其次应该看到，只有纯净的气体才是良好绝缘体，而作为人们最常见的极为重要的大气，却是有微弱导电性的，有许多随机因素在起作用。

作为由分子组成的纯粹气体介质，即使在高出室温几百度的状况下，仍是良好的绝缘体，是不导电的。这包括各种液体的蒸汽，甚至金属的蒸汽，在不太高的温度下，它们也是不导电的。原因是，这些气体分子是中性的，不受电场的作用。

如果在气体中掺入带电粒子（它可以是极性分子的微粒或者是离子），这时在外电场的作用下，就会出现微弱的电流，大气就具有弱导电性。如图 3.6 所示的实验装置中，在上下两个电极板之间的介质是气体，在电极上加电压时，电流计没有指示，说明气体不导电。但在极板间放入一碟放射性物质后，电流计就有指示，表明气体导电了。进一步的观测可以发现，气体中出现电子和正、负离子。在图 3.7 所示的实验中，则是在两块电极间放入一支蜡烛，它的火焰提供离子，气体就导电了。图 3.8 则是显示紫外线产生气体导电的实验。

凡是能使气体产生导电粒子的外来因素，统称之为电离剂或电离源，由外来电离源的作用而出现的导电现象统称为被激导电。在这种情况下，一旦撤去电离源，气体就不再导电，气体中的电流消失。气体的这种被激导电（或称被激放电）的特性完全依赖于电离源的特性。

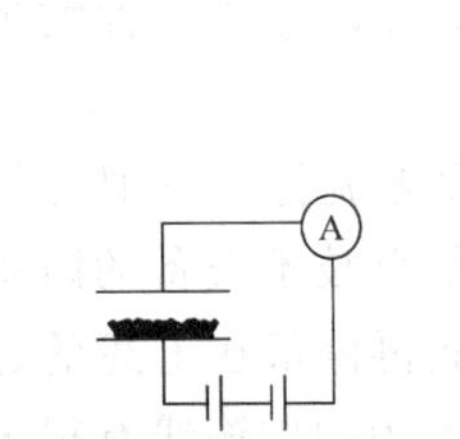

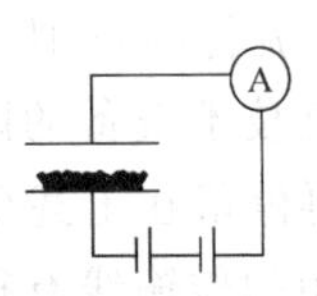

图 3.6 放射性物质引起气体导电

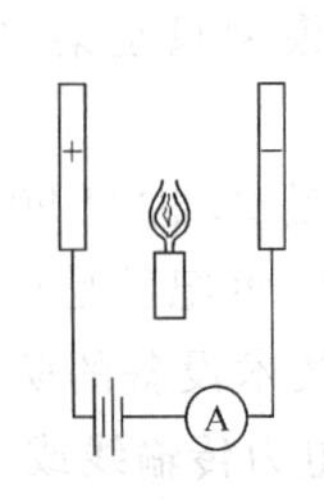


图 3.7 火焰使气体导电

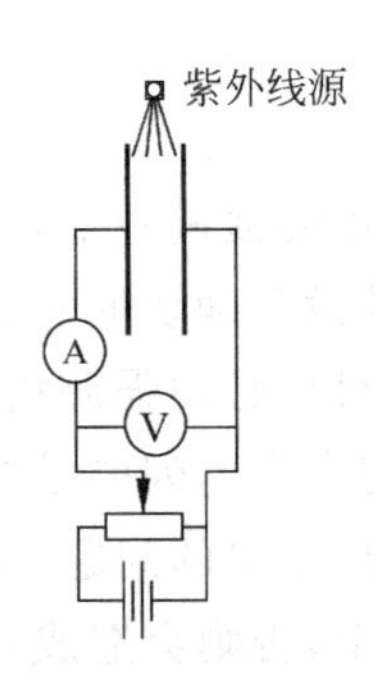


图 3.8 紫外线使气体导电

我们生活在大气之中，大气时时刻刻有各种电离源在制造种种导电的粒子，成分复杂，大气电场又总是存在，因此时时刻刻都在进行着被激导电，始终存在着微弱的大气电流。

如果增大电场强度到一定程度时，即使撤去一切电离源，气体仍能导电，这就是说气体进入了自持导电的状态，则称这种导电为自激导电。在这种情况下，导电的离子和电子完全来源于气体分子本身。这时气体本身发生了突变，由绝缘体变成了良导体，我们称这种转变为气体的击穿。两个电极之间发生气体击穿所需的电压称为击穿电压，此时作用于气体的电场强度，称为击穿电场强度。不同的气体所需的击穿电场强度的数值是不同的，它与气体的压强和温度均有关系，对于通常情况的大气而言，其数值约为 $3\times10^4\,\mathrm{V\cdot cm^{-1}}$。请特别注意：决定气体是否被击穿的物理量是电场强度，而不是电压。这在雷电研究中必须弄清楚，在迅变电磁场中，电位和电压概念已不存在，既不能测定，也无法使用，而电场强度是可测定的。

自激导电(或叫自激放电)因实验的条件、设置方法等的不同而出现不同特点、不同现象的放电，在自然界中也出现某些类似于实验室中的放电现象，所以详细研究实验室的放电现象、特性，有助于了解自然界雷电的机制与规律。下面分类描述之。

### 1. 辉光放电现象

它是把被研究的气体盛入封闭的玻璃管内，通过改变气体的压强和外加电压，从而看到种种异常复杂的现象，来分析气体导电的复杂特点。一般金属的导电，不论电流多大，外加电压与电流之间总是成线性关系，即服从欧姆定律。因为金属导体里有大量自由电子，自由电子在电场作用下的运动形成宏观的电流。这些电子数量极大，其运动的随机性与理想气体中的分子的运动很相似，可以用分子运动论的讨论方法来研究金属内自由电子群的运动，统计平均的结果表明，电子在电场作用下的迁移运动的平均速度恒与电场强度成正比，因此电流强度就必与外加电压成正比。

可是气体中导电的粒子有许多种，各粒子的运动特点差别很大。更重要的是它们之间的碰撞会出现种种物理上的变化(也不排斥有些气体分子、离子产生化学变化)，这种变化使导电的粒子增多或减少，或者使速度加大或减小。此外它们的运动与压强、温度密切相关，所以这种导电极为复杂，电流强度与外加电压绝非线性关系，也就是说不服从欧姆定律。关于气体导电中的物理过程的详细说明，将在下一节中介绍，这里只介绍宏观的现象。

图3.9是一般情况下的辉光放电管内气体的正常辉光放电示意图。其特征是：气体中出现明暗不同的区间，管压降维持一定，与流过的电流的大小无关，管的压降较大(大于$10^2$V)，管流较小(约$10^{-1}$A数量级)。

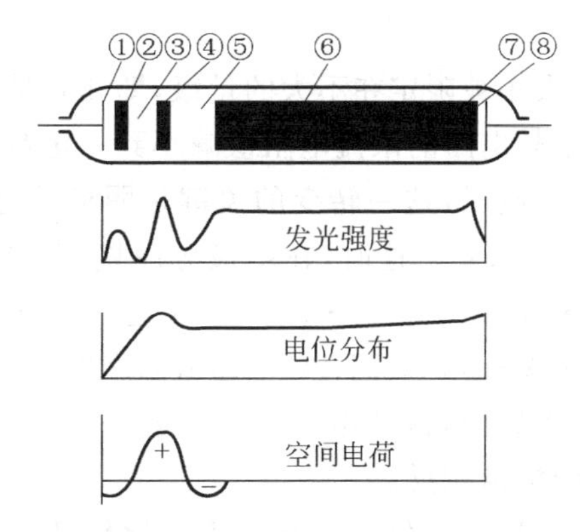


**图3.9 辉光放电管内气体的正常辉光放电**

从图3.9上方可见，发光区间依次为：

① 紧靠阴极表面有极薄暗层，称阿斯顿(Aston)暗区。

② 发光层，称阴极辉区。

③ 暗区，称克鲁克斯(Crookes)暗区，也有叫Hittorf暗区。

④ 较明亮的发光层，称负电辉。

⑤ 较宽的暗区，称法拉第暗区。

以上五个区域均属于阴极。

⑥ 发光的长柱，称正电辉或阳极光柱、正柱。

⑦ 一薄层发光层，称阳级电辉。有时阳极面上可看到阳极暗区。

这些放电区的形成可大致解释如下：电子刚离开阴极时速度小，不足以激发或电离气体分子，故为暗层。往右的区域，慢速电子与正离子发生复合时就会在变为中性分子时辐射光子，形成阴极辉区。未发生复合的电子速度增大后进入③区，速度较大，不易与阳极来的正离子复合，或者说复合的概率很小，故为暗区。穿过此区的电子都获得足够大的动能，使受撞击的气体分子大量游离，同时失去动能的电子在很小的速度下就易与正离子复合而辐射光，所以形成负电辉。在这区域由于电子的游离作用，正离子浓度高，组成正的空间电荷，电位升高，它与阴极形成了很大的电位差，电荷的分布和电位的变化见图3.9。在这区内不发生游离作用或复合作用，因电子数量较少而速度很高，所以穿过⑤区时与正离子复合的概率很小，这里的正离子大都是④区扩散过来的且较少，所以⑤区是个暗区，而且电子积累，产生负的空间电荷。它与阳极产生的电势梯度使电子加速，加速后的电子使分子电离，或激发分子、原子使之发光，而形成阳极光柱。在这个区域内，电子与正离子的密度相等，所以⑥区是个等离子区。其中，③区的电势降最大，正离子受到加速，撞击阴极，不但使阴极发射电子，而且还会出现阴极溅射。

要详细弄清辉光放电的复杂变化是较困难的。但是从研究中得到了许多有关气体导电的物理本质的认识。

从辉光放电现象的稳定分布可以看出一点，即复杂的导电系统有一个自我约束的物理机制，它能控制复杂的系统做有规律的运动，而产生特定的复杂形状的分布。

### 2. 弧光放电现象

在辉光放电时，电流的大小被限定在不大的量级，即几安量级以下，这是由外电路的大的电阻值所确定的。如果外电路的限流电阻值减小到一定数值，放电电流突然迅速增大，辉光放电就过渡到弧光放电了，这一转变的关键是阴极的温度升高到出现热电子发射，发光的通道产生出耀眼的弧光。这时，在阴极旁厚度仅 $10^{-4}$ mm～$10^{-5}$ mm 的薄层内，电场强度可达到 $10^6$ V·cm$^{-1}$～$10^7$ V·cm$^{-1}$。在这一强电场下，热电子发射的电流密度可达 $10^5$ A·cm$^{-2}$～$10^6$ A·cm$^{-2}$以上，导电通道温度可达 $5\times10^3$ K，而由于高的电流密度，使气体导电通道的电阻剧降，因此电极的电压就大大下降。这种伏安特性曲线与欧姆定律所决定的伏安曲线恰恰相反。

值得注意的是，在电弧通道里气体的电场强度也比较低，这个值在研究雷电的参量时有参考价值，故在此稍作探讨。

对于图 3.10 所示形状的炭棒电弧，极间电压 $U$ 与电弧长度 $l$ 和电流 $I$ 之间的关系遵循爱尔顿经验公式：

$$U = a + bl + \frac{c + dl}{I} \tag{3.71}$$

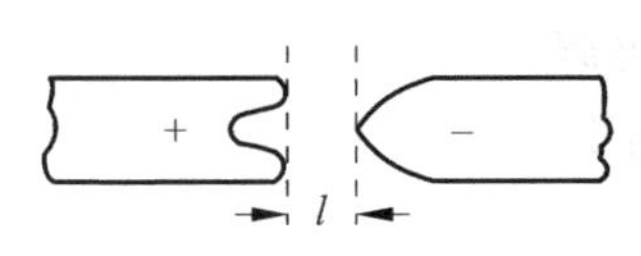


图 3.10　电弧形状

式中，$a,b,c,d$ 均为常数，但与气压有关，在标准状况下它们的值见表 3.2。

表 3.2　电弧公式中常数的取值

| 常　数 | 无对流的空气 | 有对流的空气 | Ar | $CO_2$ | $N_2$ |
|---|---|---|---|---|---|
| $a$ | 35.7 | 44.1 | 24.8 | 44.5 | 48.2 |
| $b$ | 3.0 | 2.6 | 0.9 | 1.7 | 2.6 |
| $c$ | 114.8 | 17.8 | 10.2 | 10.2 | 23.3 |
| $d$ | 1.8 | 1.8 | 0.0 | 8.7 | 5.3 |

由此可得出电弧中的电场强度的数值为

$$E = \frac{\mathrm{d}U}{\mathrm{d}l} = b + \frac{d}{I} \tag{3.72}$$

如果电极为金属，则式(3.71)应改为

$$U = a + bl + \frac{c + dl}{I^n} \tag{3.73}$$

式中，随金属的不同，$n$ 的取值从 0.34 到 1.38；$a,b,c,d$ 之值也各不同，并受外界的影响。

把表 3.2 的值代入式(3.72)，可以大致估算出电弧通道内的电势梯度，它约在 $10^2\,\text{V}\cdot\text{m}^{-1}$ 数量级。

在工业生产和实验中应用的电弧，例如弧光灯或者电弧焊，就不是用减小限流电阻来获得电弧。起弧方法很简单，只需把两个电极相接触，使电源短路，很大电流流过接触点，由于触点面积小，此处的接触电阻值相对于整个导线说阻值最高，由 $I^2R$ 产生的热足以使电极温度升到 $10^3\,\text{K}$ 以上，此时很快把两极拉开，立刻就出现电弧放电了。

### 3. 电晕放电

这种现象在雷雨临近时的自然界中很常见，有时出现在教堂尖顶上，有时出现在海船的桅杆顶上，欧洲人常称它为圣爱尔摩火(St. Elmo's fire)。在夜晚可以看到高压输电线有淡紫色光笼罩，可听到嗞嗞声，嗅到臭氧及氧化氮味，这是一种尖端放电，称为电晕放电。电晕放电发生在带电物曲率半径最小的表面位置附近，因为此处大气电场很不均匀。输电线路上的电晕引起能量损耗，并干扰无线电，因此是电力部门很重视的问题。

只有当曲率半径较小的带电体表面附近的气体的电场强度达到一个临界值(称为始晕电场强度)时，才发生电晕放电。在电力部门，广泛采用的计算始晕电场强度的经验公式是皮克公式。

(1) 对于同轴圆筒

$$E_k = 316 \times \left(1 + \frac{0.308}{\sqrt{r\rho}}\right) \times 10^3 \tag{3.74}$$

(2) 对于平行圆导线

$$E_k = 29.88 \times \left(1 + \frac{0.301}{\sqrt{r\rho}}\right) \times 10^3 \tag{3.75}$$

式中，$r$ 为出现电晕的表面处的曲率半径，$\rho$ 为空气的相对密度。

由式(3.74)和式(3.75)就可以推导出始晕电压的公式。但介质表面的光滑程度和污秽程度会有显著影响，这是必须计及的。

电晕放电的电离和发光等效应只发生在带电表面的一薄层空气里，称之为电晕层或始晕层。随着电压的升高，电晕电流增大，电晕层的区域扩大，电晕放电就会转变为火花放电或电弧放电。

电力部门研究得很多的是实验室内双电极电晕放电的情况。而在雷电现象研究领域，遇到的则是单极性电晕放电，两者是有差异的。近年消雷器盛行起来，可是却没有进行大量的深入的单极性电晕放电的研究。即使对双极性电晕已做了大量实验研究，也并没有获得足够完善的理论认识，现在的认识还是初步的。

在旧的电晕理论中，把起晕层看作良好的导电介质，因而把它视作起晕的金属电极的延续部分，由此得出结论：起晕层空气内电压降及电场强度都非常小。现在已明确了，这一结论是不正确的。

起晕层的空气与电弧间的空气不同，电弧的正柱中具有良好的导电性和正、负电荷相等的等离子区，而负电极的起晕层却是电子雪崩通过之后遗留下的密度很大的正空间电荷区域，这里既有正离子也有自由电子。由于电子运动速度大，所以电子的空间电荷比正离子的空间电荷小得多。正电极的情况更为复杂。

4. 火花放电

这种放电的最大特点是其不连续性。在时间上是瞬时出现即止，断续、间歇地出现；在空间分布上也是曲折多变，有分支，任意地终止，而不是从一电极至另一电极连续通过，这就使研究工作极为困难。

现在，在实验室内，运用快速的克尔盒开关控制的高速照相(有时配有 Wilson 云室)和 Boys 的高速旋转照相法来记录火花放电的过程，使研究工作有了很大进展。

火花放电的气体的压强较大，因此着火电压很高，但一旦火花的放电通道建立，空气击穿，电阻骤然下降到很小，会出现很大的脉冲电流，因而引起电势的巨大变化，在放电通道内的电势梯度变得很小，如果电源的功率不足，脉冲电流就将中断，电源电压重新上升到原先值，再次发生火花击穿。所以火花放电的间歇性，主要是电源的能量供应跟不上所致。

火花放电瞬间，脉冲电流峰值很大，所以放电通道发出强光，其温度可达 $10^4$ K，可使气体热电离，它又导致空气的爆炸，因而常伴有爆炸声。

火花放电分不同类型。有弧光火花，它显现出高压强弧光放电正柱的清晰轮廓；也有辉光火花，其放电正柱的轮廓模糊。

从正极发出的火花放电与从负极发出的火花放电也有差异。前一种情形下，火花通道具有清晰和明亮的轮廓；后一种情况下，火花通道具有较少的分支，模糊且有缺口的边缘。

还有一种特殊的火花放电，它是沿着固体介质和气体的界面上发生的，称为滑动火花。

常见的主要的气体放电现象就是上述四种，如果从电流密度的大小和气压的状况来进行区别，则各种形式的气体放电可划分为如图 3.11 所示的情况。纵坐标表示电流密度，横坐标表示气体压强 $P$ 与电场强度 $E$ 的比值。

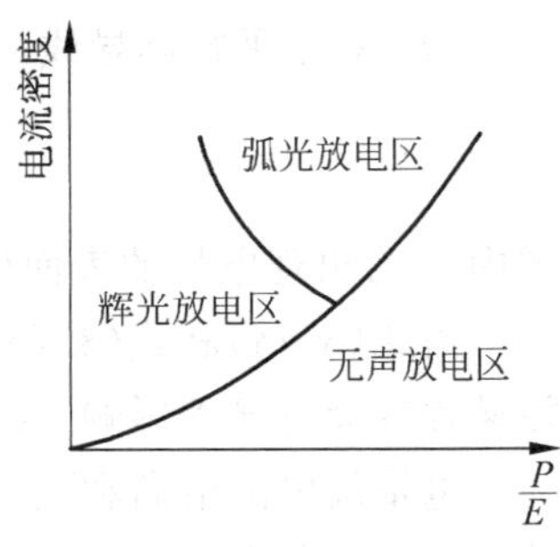


图 3.11 气体放电的分区

## 3.4.2 气体放电的物理机制

任何关于气体导电的理论，都是要定性地和定量地把宏观放电现象的一些宏观参量(电流强度、电势梯度、压强、温度等)同物理过程的微观机理及微观参量联系起来。

最早能较好地定量描写气体导电的理论是英国物理学家汤森(John Sealy Edward Townsend，1868—1957)于 1910 年提出来的，他在论文"The Theory of ionisation of gases by collison"中系统地描述了这一理论。

在 20 世纪初，气体分子运动论已发展得较完善，现在大学物理课本上的内容与那时的认识没有多少差别。人们对原子、分子的构造也开始有了较好的认识，知道原子、分子内有带负电的电子，失去了电子的分子就成为带正电的离子，但那时尚不清楚原子内带正电的部分是什么样的，是一团正电云还是很小的坚实的核？更不知原子内电子处在确定分裂的特定的能级上。汤森正是在这样的物理认识的基础上，于1910年提出了对于那个时代可以说是相当完美的气体导电理论。应该指出一点，他也是第一位测量出电子电荷的科学家。1891年英国物理学家Johnstone Stoney首次将电子(electron)作为电的自然单位，1897年在卡文迪许实验室工作的汤森第一次进行测电子电荷的工作，2月8日在剑桥哲学学会宣布：电子电荷$e$的值为$2.8\times10^{-10}$静电单位，在数量级上已经准确。他的工作为密立根(Robert Andrews Millikan，1868—1953)1912年精确测定电子电荷打下了基础。

他根据实验观察，从均匀电场中气体的电离现象和电流随外加电压的增加而变化的情况可知，气体的放电是电子对气体的碰撞而产生离子以及正离子撞击阴极表面产生电子所致。然后应用气体分子运动论来计算碰撞产生电离的概率、离子和电子数的增加，最后得出电流的变化与外加电压、极间几何因素的关系的理论公式。他提出的公式与那种纯粹凑数据的经验公式不同，他的计算公式的常系数都是有明晰的物理内涵的，在一定范围内，如电晕层的放电、辉光放电的某些区域、非自持的汤森放电等，都能较好地与实验观测相吻合。

他的关于气体导电从非自持的导电(即依靠外来电离源的导电)转变为自持导电的学说的核心是，认为电场增大到一定数值时产生了电子崩。这是他的重要贡献，能较好地说明自持放电可以不依赖于外来电离源。根据此学说，气体导电的起源在开始时可以是外来电离源的正离子，当电压增大到一定值后，正离子获得足够的动能，撞击阴离子而击出电子。这电子在电场力作用下获得足够大的能量，它撞击气体分子，使其放出电子而电离，这些新电子得到电场加速，再撞击其他分子使其电离，又产生更多的新电子，就如雪崩似的，这样不断增加的电子流就称为电子崩。

他首先引出三个系数分别用于描述电子崩过程的三种微观物理过程。

(1) 撞击游离第一系数$\alpha$，又称电子空间游离系数，它表示一个电子在电场方向走过单位过程而产生的离子的对数。

(2) 撞击游离第二系数$\beta$，它表示一个正离子在电场方向走过单位行程，与分子碰撞而产生的离子的对数。

(3) 撞击游离第三系数$\gamma$，它表示一个正离子撞击阴极表面所产生的电子数。

他又对碰撞的复杂情况作出三条简化的假定，也就是他对气体放电的微观过程的一种特性的理解。

(1) 电子的动能不够大时，碰撞不会使原子或分子电离，而当动能达到一定值(称为该气体的电离能)，则被碰撞的分子一定电离。

(2) 电子在每次碰撞时必失去全部动能，然后又从速度为0开始重新加速。

(3) 电子必沿电场方向运动，实际上电子有无规运动、曲折运动，这里则假定每个电子都按平均的速度方向，即外电场的作用力方向而运动。

这样就可以运用分子运动论的一些定理、公式来定出某些宏观量。例如一个电子的自由程量$\lambda$，则在走过单位行程中发生碰撞的次数应为$1/\lambda$，而电子走过距离$x$而不发生碰撞的概率为$e^{-\frac{x}{\lambda}}$，由此可得出：

$$\alpha = \frac{1}{\lambda}\mathrm{e}^{-\frac{x_u}{\lambda}} \tag{3.76}$$

式中，$x_u$ 是电子使分子电离所行走的路程。如果气体的电离电压是 $U_u$，根据电场强度 $E$ 与电压 $U$ 的关系，则 $Ex_u = U_u$，从分子运动论有 $\frac{1}{\lambda} = AP$。此处，$P$ 为气体压强，$A$ 为比例系数。把上述两个关系代入式(3.76)，就得出：

$$\alpha = AP\mathrm{e}^{-\frac{BP}{E}} \tag{3.77}$$

式中，系数 $B = AU_u$，且 $A$，$B$ 这两系数均与温度有关。

知道 $\alpha$ 后可以计算出电子数的增加，假定在单位面积上挣脱出 $n_0$ 个电子，它在奔向阳极的路上，行经距离 $x$ 后而增至 $n$ 个电子。每经过距离 $\mathrm{d}x$，必产生 $\mathrm{d}n$ 个新电子，每个新电子行经 $\mathrm{d}x$ 距离产生的碰撞电离次数按 $\alpha$ 的定义，应发生 $\alpha\mathrm{d}x$ 次，故新增电子数为 $\mathrm{d}n = n\alpha\mathrm{d}x$，积分得

$$\int_{n_0}^{n} \frac{1}{n}\mathrm{d}n = \int_0^x \alpha\mathrm{d}x$$

故

$$n = n_0\mathrm{e}^{\alpha x} \tag{3.78}$$

若两电极间距离为 $l$，则

$$n_l = n_0\mathrm{e}^{\alpha l} \tag{3.79}$$

将电子电荷乘上式两边，因 $J = nq$，故有

$$J = j_0\mathrm{e}^{\alpha l} \tag{3.80}$$

改变电极距离 $l$ 两次，可测得对应于 $l_1$，$l_2$ 的电流密度 $J_1$，$J_2$，代入式(3.80)就可定出 $\alpha$ 的实测值了。把实测值与理论公式(3.77)相对照，就可以检验汤森的理论。

弧光放电的气体是等离子气体，汤森的理论是不适用的。兰格缪尔(Irving Langmuir，1881—1957)提出的等离子区理论，把放电区域看成是均匀分布的，包括电场的纵向和横向上的均匀，电荷分布的均匀等，能部分地说明弧光放电的某些现象。

对于雷电科学和电力部门的实际需要而言，最关心的是对火花放电的物理机制的深入理解，闪电就是大自然里的最重要的火花放电。在实验研究中，许多人观测到：气压 $P$ 与极间距 $d$ 的乘积 $Pd > 200\mathrm{cm}\cdot\mathrm{mmHg}$ 时，火花放电的着火电压与汤森理论计算出的值差别较大。物理学者还看到许多实验事实不仅在数量上，而且在性质上也与汤森的理论不符，主要有以下几方面。

(1) 击穿完成所需时间在计算值和观测值之间的差异。如果阴极跑出一个自由电子，它引起的电子崩能否引起击穿放电？

(2) 不同的电极材料，碰撞发射电子的情况大不相同，现在的原子理论清楚地指出，这与不同元素的逸出功有关。按照汤森理论，则火花放电着火电压应与阴极材料有关。可是大气压强下的火花放电着火电压与阴极材料无关，闪电和正电晕放电也是如此。

(3) 按汤森理论，外部辐射应与火花放电着火电压有较大关系，可是实验却否定了这种关系，辐射强度增大 $10^5$ 倍，而着火电压仅变动 10%。

(4) 火花放电是不连续的，而汤森理论却是建立在连续介质中稳态过程的微分方程

上，描述的是连续放电。

1938 年 L. B. Loeb、A. F. Kip 和 A. W. Einursson 在《J. Chem. Phys.》上发表了一篇极有决定意义的实验观察报告，奠定了新的学说的基础。他们使用了物理学上贡献卓绝的设备——威尔逊云室，来观察火花放电的瞬变过程。

他们用相距为 2.6cm 的平板电极，在气压为 270mmHg、电场强度为 $10.5\times10^3\text{V}\cdot\text{cm}^{-1}$ 的情况下，摄下电子崩发展的云室照片，从照片记录可测知空气中电子雪崩传播的速度为 $1.25\times10^7\text{cm}\cdot\text{s}^{-1}$，它与同一条件下电子迁移率的实测值相符合。

然后大大降低云室的灵敏度，再进行拍照，这时拍到的图像相应于强电离的区域，发现了火花放电过程中存在远远大于电子崩所造成的强电离区，在完全相同的实验条件下，这种强电离区的传播速度大大超过电子在气体中可能迁移的速度，常常在 $3\times10^8\text{cm}\cdot\text{s}^{-1}\sim4\times10^8\text{cm}\cdot\text{s}^{-1}$。另外还有两个特点，第一是它的发展路径常常是有分支和曲折的，并不像电子崩那样是沿着电场方向发展的；第二是它们与电极接触的地方形成光亮的斑点。

显然这些现象表明：火花放电中这种快速的运动不是电子的运动造成的，只可能是光子，而且从光电效应可知一定频率的光子的能量是足以使原子和分子电离的。于是称这种光子产生的电离的强电离通道称为流光，或流注。

1939 年，J. M. Meek 在《Phys. Rev.》杂志上发表的“The mechanism of the lightning discharge”一文，用光的电离作用解释闪电通道的结构，从此发展出火花放电的流光理论，并被大家所接受。它可以定性地说明很多火花放电（包括闪电）的情况，但还不能完善地定量地说明各种火花放电的特性。图 3.12 和图 3.13 形象化地表示流注理论对火花放电过程的微观解释。

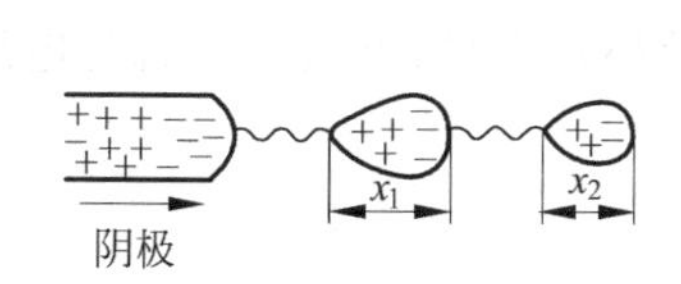


**图 3.12　阴极流注的发展**

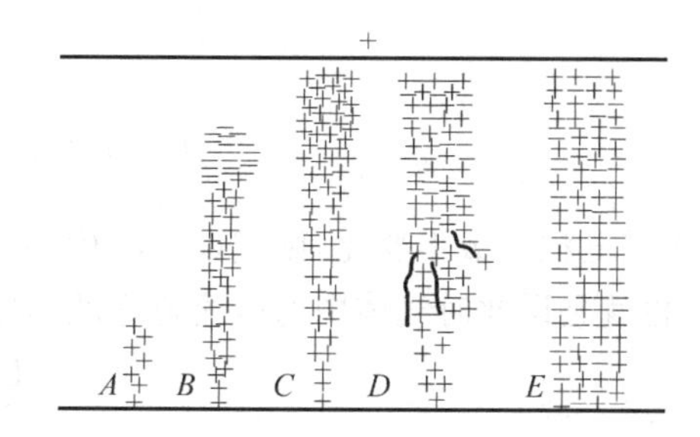


**图 3.13　阳极流注的产生和发展**

把汤森的电子崩理论补充光的电离而引发更迅速的电子崩就组成了流光理论，但是要正确认识气体中电流的物理实质，还必须进一步运用 20 世纪 40 年代以后迅速发展起来的以量子力学为基础的关于原子能级构造的现代物理知识。

## 3.4.3　气体中的电流

本书主要是讨论雷电现象，雷电从物理上看就是气体中的电流现象，所以只有深入研究气体中电流的物理实质，才可以较好地解决防雷技术中的各种问题。

前面两节只着重于宏观现象及其定性说明，只深入到作为电荷考虑的电子和离子，始终未触及这些电荷产生的内在规律。在20世纪40年代以前，也只能达到这一步。其实汤森理论中关于电离起因于碰撞而作的一些假定并不正确。碰撞可以产生电离，也可能减弱电离，这里的现象非常复杂，辉光放电的复杂现象正反映了这种复杂性，为此需要了解分子和原子的内部状态。本节首先还是从宏观讲起。

### 1. 气体中电流的宏观讨论

若气体中有带正电和负电的粒子，各带电荷 $Q_+$，$Q_-$，它们的密度各为 $n_+$，$n_-$，速度都是在同一直线上，且速率各为 $u_+$，$u_-$，则气体中的电流密度应为

$$J = Q_+ n_+ u_+ + Q_- n_- u_- \tag{3.81}$$

若 $|Q_+| = |Q_-| = Q$，这在气体导电时，绝大多数情况是如此，则

$$J = Q(n_+ u_+ - n_- u_-) \tag{3.82}$$

带电粒子在电场 $E$ 中加速，但又因为受到气体的阻力，这种阻力与速度是成比例的，所以速度增大到一定值 $u$ 时，电场力与阻力相等，这时电荷做匀速运动，粒子的速率 $u$ 就与电场强度的数值成正比，即

$$u = kE \tag{3.83}$$

式中，$k$ 表示单位电场强度下获得的速率，称为带电粒子的迁移率。这里，$k$ 可正、可负，对于负电粒子，$k$ 是负数。把式(3.83)代入式(3.82)，得

$$J = Q(n_+ k_+ - n_- k_-)E \tag{3.84}$$

如果电场是均匀的，则电位梯度也是均匀的，则两电极间的电压 $U$ 与其间距 $l$ 的关系是：

$$U = \int_0^l E\mathrm{d}l = El \tag{3.85}$$

则

$$J = Q(n_+ k_+ - n_- k_-)\frac{1}{l}U \tag{3.86}$$

如果带电粒子数不变化，则式(3.86)中 $U$ 前的这些量都是常量，电流密度就与电压成正比，也就是说此时气体中的电流遵守欧姆定律，即

$$\frac{U}{I} = R \tag{3.87}$$

### 2. 从分子运动论看气体中的电流

(1) 带电粒子可以是形形色色的，有电子，有正、负离子，也有带电的尘粒、水滴等，它们的运动可以是极端无规的，包括离子的无规热运动、尘粒的布朗运动、扩散运动、气流的携带等，这种微观运动导致宏观的迁移，使粒子密度 $n$ 发生变化。

(2) 当粒子相遇时，正、负电荷吸引而复合失去电性。使 $n_+$，$n_-$ 同时减少，可以引入一个复合系数 $\alpha$ 表征，这种复合的概率与 $n_+$，$n_-$ 成比例，则单位时间内正、负带电粒子密度的减少量应为

$$\frac{\mathrm{d}n_+}{\mathrm{d}t} = \frac{\mathrm{d}n_-}{\mathrm{d}t} = -\alpha n_+ n_- \tag{3.88}$$

(3) 必须考虑粒子间的碰撞以及带电粒子与中性气体分子的碰撞，即带电粒子只有在自由程内才做自由运动并得到电场力的加速，相碰后则改变了速率和运动方向。

由于考虑到碰撞的概率，不同大小的带电粒子的迁移率差别很大，它与带电粒子的尺寸、质量、所处的气体的成分及气体的压强均有关系，而且与粒子所带的电荷的正、负有关。如果气体很纯净，只有正、负离子，用气体分子运动论可以推导出正、负离子的迁移率公式为

$$k = A\frac{Q\lambda}{mu'} \tag{3.89}$$

式中，$\lambda$ 为平均自由程；$m$ 为离子的质量；$u'$ 为离子的热运动速率；考虑到离子的麦克斯韦速度分布函数后，系数 $A$ 接近于 1。但是实验测出的结果是：正离子较好地符合式(3.89)；而负离子则与式(3.89)差别极大，而且还与电场有关，后来逐渐发现负离子主要是电子，只在有些情况下才与分子结合成为负离子。什么情况下，电子才与分子或原子结合呢？什么情况下它又使分子变为正、负离子呢？这些都涉及原子或分子的内部能量结构。

### 3. 原子的能级

中性气体中产生正、负电荷的过程，叫做气体的电离，带电的粒子称为离子。只有当玻尔的原子模型理论在 20 世纪 20 年代被公认之后，电离的本性才得到人们的理解。原子的电离指的就是外层价电子脱离其核力作用的范围变为自由电子，同时原子也就成为正离子。正常情况下，气体原子内的电子被正电核的吸力束缚住，从电位能来看，位能是负的。量子力学告诉我们，这负的位能只能取一些特定的分立的值，为形象化，就称其为能级，氢原子能级如图 3.14 所示。最高能级为 0，电子越过 0 能级就自由了。正常时候，氢的价电子处在最低的能级上，这是最稳定的，这一状态称为基态。当外界给价电子以能量时(例如受到其他的原子或电子的碰撞)，价电子就跃到高能级，这时原子(也可说是电子)的状态叫做激发态。这种状态不稳定，价电子又跃回基态能级时，多余的能量 $\Delta W$ 就以光子的形式辐射出来，光子的频率 $\nu$ 一定满足

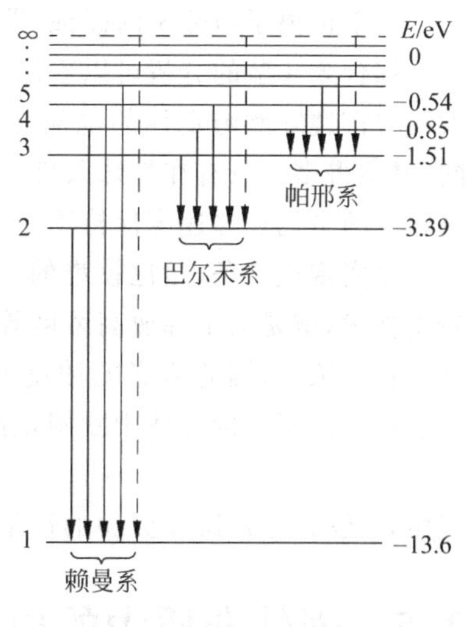


**图 3.14　氢原子能级图**

$$h\nu = \Delta W \tag{3.90}$$

式中，$h$ 是普朗克常数。

反之，如果光子冲击原子，价电子可以跃迁到高能级上，使原子受激，如果光子的频率较大，使电子从基态跃迁到最高能级，则价电子就可以自由了，氢原子就成为正离子，这个能量就是氢原子的电离能。一般紫外光的光子能量较大，超过气体的电离能，故是很好的电离剂。

如果原子已处于受激态，这时频率较小的光子也可以使气体的原子电离而放出电子，这就是流光理论的物理说明。

电子与分子、原子、电子或光子相碰撞时，能不能产生电离，不仅与能量有关，而且与相对运动的情况有关。两者相对的速率，或者更准确说，两者接近而在原子力作用范围内停留的时间(也就是作用时间)是有重要意义的，这也就是电离或激发的概率问题。慢速电子就容易与接近的原子结合而成为负离子。

#### 4. 几种碰撞的情况

一般情况下，对于电场中的气体，引起电离作用的主要是电子而不是离子或原子。因为电子的平均自由程比离子或原子大得多，因而可以在电场力作用下获得较大的动能以产生正离子和新的电子。电子与原子的碰撞有三种情况。

第一种是弹性碰撞，两者只交换动能和动量，碰撞前后动能的总和保持不变。因此原子内部状态不变，即不会处于激发态或电离。

第二种是第一类非弹性碰撞。碰撞前后两者总的动能之和减少，有一部分动能转变为原子内部的能量，原子处于激发态，或者变为离子，只有这种碰撞才发生电离。

第三种是第二类非弹性碰撞。碰撞的两者之一从激发态回到基态，把内部的能量转变为动能，使二者的总动能之和增加。

至于正离子与分子的碰撞，即使离子的动能较大，其产生电离的概率仍是很小的。

综合3.4节的分析可以看出，气体中电流的运动规律非常复杂。一些防雷工作者把大气看作遵守欧姆定律的电路元件是欠妥的，它与金属导体的电流的微观机理大不相同，复杂得多。只有在特殊条件下，即导电粒子的浓度不变，而气体分子比较多，使得带电粒子的平均迁移速度保持不变，才遵守欧姆定律。尤其是要注意风对这些的影响。

要实现这三条，是比较难的。但是近年防雷科技中有一种新的防雷技术，称等离子避雷技术，就是人工释放高浓度等离子体，它的正负离子浓度远远超过自然界中天然的带电粒子浓度，因此后者的浓度变化与人工制造的正负离子浓度相比，可以忽略不计。在这种等离子体的气体中欧姆定律成立，即可以有

$$\boldsymbol{J}=\gamma\boldsymbol{E}$$

式中，$\gamma$是个与$\boldsymbol{J}$和$\boldsymbol{E}$无关的恒量。

## 3.5 固体介质中的电流与欧姆定律

### 3.5.1 固体的分类

#### 1. 金属材料

金属导体的电阻与其长度$l$及截面积$S$的关系为

$$R=\rho\frac{l}{S} \tag{3.91}$$

式中，$\rho$为金属材料的电阻率，它的倒数就是电导率，用$\gamma$表示，即

$$\rho = \frac{1}{\gamma} \tag{3.92}$$

把式(3.85)电场强度与电势差的关系代入式(3.86)，再考虑到电流密度

$$J = I/S \tag{3.93}$$

就可以得出欧姆定律的微分形式

$$J = \gamma E \tag{3.94}$$

或表示成矢量形式

$$\boldsymbol{J} = \gamma \boldsymbol{E} \tag{3.95}$$

下面来讨论几种固体材料的情况。

已经有不少人重复验证过欧姆定律，在电流密度很大时，金属仍服从欧姆定律，即在确定不变的条件下，即其温度和压强等均不变时，$\rho$ 是不变的常量，与电压及电流的大小无关。

金属材料是电子导电性的，固态的金属是多晶体，各原子组成整体的固态材料后，它的能级变成为能带，其结果使得各原子的价电子处在能带中的导带区，可以自由运动，不受单个原子的束缚。一般金属导体里的自由电子密度约为 $10^{22}\,\text{cm}^{-3}$ 数量级，它在金属晶格内不停做无规热运动，互相碰撞，也与晶格节点的离子碰撞，完全可以用理想气体的分子运动理论来分析其各种物理过程，包括电流的宏观过程。

当导体加上端电压时，在导体内就有了电场，每个自由电子同时有两种运动。一种是极端无规则的热运动，其速度以 $\boldsymbol{u}_1$ 表示，它对各电子而言是各不相同的，但服从麦克斯韦的速率分布率，其平均值的平方随温度的升高而增大。另一种是定向迁移速度 $\boldsymbol{u}_2$，所有电子的定向迁移都决定于外加电场 $\boldsymbol{E}$。

对所有自由电子的速度总和求平均时，显然 $\boldsymbol{u}_1$ 的平均值为 0，因为极端随机之故。

至于其在电场作用下的定向迁移，则由于受到电场的加速，在自由移动而未受碰撞的一段时间 $\tau$ 内，所获得的末速度应为$\frac{eE}{m}\tau$，所以，在 $\tau$ 时间内的平均迁移速率为

$$\overline{u}_2 = \frac{1}{2}\left(0 + \frac{eE}{m}\tau\right) = \frac{eE\lambda}{2m}$$

自由电子的无规则热运动速率的平均值 $\overline{v} \gg \overline{u}_2$，所以电子在两次碰撞间的自由运动时间 $\tau$ 基本上决定于平均自由程 $\lambda$ 和平均迁移速率 $\overline{v}$，即 $\tau = \frac{\lambda}{\overline{v}}$，故

$$\overline{u}_2 = \frac{eE\lambda}{2m\overline{v}}$$

又

$$J = en\overline{u}_2 = \frac{e^2 n\lambda}{2m\overline{v}}E \tag{3.96}$$

与式(3.95)对比，得

$$\gamma = \frac{e^2 n\lambda}{2m\overline{v}} \tag{3.97}$$

在温度给定，而金属受到的压力不变时，$\overline{v}$ 及 $n$ 是不变的，可见 $\gamma$ 是个常数。

再来验证一下 $\overline{v} \gg \overline{u}_2$。金属导体在不致过热熔化的前提下，其电流密度是有限制的，

电工上规定容许值为 $J=1.1\times10^3\text{A}\cdot\text{cm}^{-2}$，由此可求出

$$\overline{u}_2\approx0.08\text{cm}\cdot\text{s}^{-1}$$

而根据古典的电子论可求出 0℃时

$$\overline{v}\approx\sqrt{\overline{v}_2}=\sqrt{\frac{3kT}{m}}\approx10^7\text{cm}\cdot\text{s}^{-1}\gg\overline{u}_2$$

### 2. 第二类导体材料

第二类导体材料即具有离子性导电的材料，包括一些离子性结晶体和许多具有离子导电性的半导体。这种固态物质的导电很像电解液的导电机制，只是离子的迁移运动要慢得多，离子在某个平衡位置振动若干时间，然后在电场作用下移动到一个邻近的平衡位置，振动一段时间，再移动到下一个邻近的平衡位置。在这种具有移动随温度的升高而加大特性的介质中，玻璃是比较典型的一种。这种导电机制的材料的电流也是与电压成正比的，服从欧姆定律。

以上两种材料的电流与电压成比例，在 *I-U* 坐标系中画出来的函数关系是一条直线，所以这两种材料的电阻称为线性电阻。而气体在 *I-U* 坐标系中的函数关系却是复杂的曲线，也就是说它不服从欧姆定律，这种物质的电阻可称为非线性电阻。在防雷技术上人们与非线性电阻关系密切，除了上述的气体外，还遇到两种固态物质。

### 3. 压敏电阻材料

压敏电阻材料多半是半导体材料，如 SiC、ZnO 等，由它们做成的电阻器的阻值随外加电压而变，如图 3.15 所示。在低电压时氧化锌的电阻非常大，与绝缘体差不多，当电压超过某一额定值时，它的电阻突然变得很小，它的这种特性非常适合避雷防护之用，现在市面上流行的避雷器几乎都采用它。用这种材料做成电子线路里的压敏电阻元件，也有很广泛的用途。

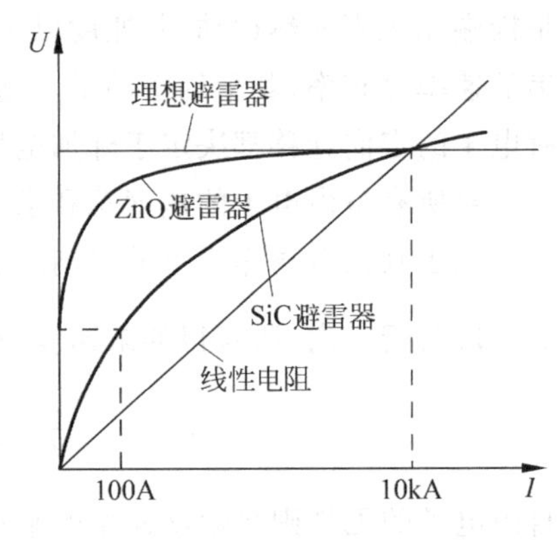


**图 3.15 SiC、ZnO 和理想避雷器伏安特性的比较**

### 4. 大地

一般笼统地说，大地是导体。其实大地的材料很复杂，有些岩石、沙砾层都是几乎不导电的绝缘体。而有些潮湿的土壤或受酸和碱侵蚀的土壤则电阻较小。

通常电工用摇表来测大地的电阻系数 $\rho$，而后计算接地电阻，这种做法是把大地当作金属体考虑，认为它是服从欧姆定律的，这是错误的。当闪电落地时，很高的瞬时电压足以把原先对低电压是绝缘的地方击穿，形成巨大的脉冲闪电电流，这种现象称为火花效应。在发生火花效应时大地电阻就降低了，电阻值与电压有关，电压越高电阻越小，两者不成线性关系。有些测大地电阻的电表，送到国家计量部门去鉴定时，计量部门是用金属制的标准电阻来鉴定仪表的读数的，这样的电表用于测量大地的电阻就不适合了，因为它的电压太低，测大地电阻时根本产生不了火花效应，所以测出的读数没有意义。但

是这样的仪表却在被推广，甚至被误当作国家制定的防雷规范中指定的必用仪表，购用者在实践中感到有问题，疑惑不解。

产生这个问题的最重要原因是对欧姆定律的认识僵化了、印象太深了，把它看成了绝对真理。而自然界的事物比我们所理解的定律要复杂得多，欧姆定律有局限性。近些年来，随着科技的迅猛发展，人们发现，许多新材料的物理性能是非线性的，而迄今为止，不少大学物理课本却几乎都偏重介绍线性的。即使是非线性的东西，也理想化、简单化地当作线性的来处理。电阻的概念、欧姆定律的描述，就是很明显的一例。

现在仍可以保留如式(3.87)和式(3.95)的欧姆定律的形式，但要把对它的理解扩大一下，就是把 $R$ 和 $\gamma$ 这两个物理量看成是 $E$、$U$ 或 $J$ 的函数，而对于金属这种特例，则 $R$ 和 $\gamma$ 是与 $E$、$U$ 或 $J$ 无关的恒量。

必须牢牢记住，只有 $R$ 和 $\gamma$ 与 $E$、$U$、$J$ 无依赖关系，是个恒量，式(3.87)和式(3.95)才代表欧姆定律！

### 3.5.2 固体介质的复杂现象

在3.3节讲的麦克斯韦方程组，基本上不涉及具体的介质性能，它的方程式中代表介质性能的参数 $\varepsilon$,$\mu$,$\gamma$ 一概被当作与时间无关的常数处理，所以问题就简单多了，数学上求解也容易些。但是有一些物质材料的性质很复杂，这涉及到微观世界，就无法回避实际，需要具体地深入考察。例如铁磁性材料，它的 $\mu$ 就非常复杂，它不但与 $H$ 的值有关，是 $H$ 的函数，而且同一个 $H$ 可以有不止一个 $\mu$ 值，即出现磁滞回线，那么 $\gamma$ 这个系数如何呢？的确有些材料有类似现象。防雷科技工作中要与各种物质材料打交道，如大地就是由各种各样材料组成，就需要研究了解各种物质的实际性质。苏联学者在这方面曾做过许多基础研究，值得借鉴。1932年出版了一巨册《电介质物理》，介绍他们长期进行的研究工作，包括各种实验方法、各种材料在电场作用下的表现以及强电场发生的击穿导电现象。1949年又出版了一本《电介质物理学(弱电场部分)》，此处所谓“弱”，是指物体没有达到击穿以前所受到的电场。他们发现：电流通过固体介质时会出现某种次级现象，使得欧姆定律不成立了。这里摘录此书的3.8节的部分内容：

“低温下固体介质电阻的决定是复杂的，因为电流与时间很有关。

1910年，在A.Ф.约非指导下研究晶体石英电导的A.A.沙波施尼柯夫写道，石英中的电流接通电压后，经过一些时间才稳定下来。

如果测量到在恒定电压和不高的温度下，固体介质中的电流强度与时间的关系，就容易发现电流随时间的降落。……电流随时间降落的现象，使低温下固体介质的电导很难研究。电导率本身失去可确定性，因为它与电压持续的时间有关。”

“固体介质中引起电流随时间降落的过程应分成快过程和慢过程。……电流随时间的降落对于大多数固体介质而言，发生在低温度下。”(笔者注：这里“低温度”不是指“低温”而是指“温度不高”。)

“固体介质中电流随时间的降落是由于不均匀性的存在。这种解释在许多情形中是符合事实的。但是也可能有其他原因。……但是对于大多数均匀介质(特别是晶体介质)，电流随时间降落的最可能的原因是固体介质中空间电荷的形成。”

“固体介质中违背欧姆定律的情形，首先由蒲耳(Poole)发现，……电导率与电场强度的经验关系如下：

$$\gamma = a\mathrm{e}^{bE} \tag{3.98}$$

其中，$a$ 和 $b$ 是常数。……许多介质的 $\gamma=f(E)$ 曲线不同于指数曲线。”

Poole 的论文发表于 1921 年的《Phil. Mag.》杂志上。

从以上内容可以略知，在固定不变的电压 $U$ 下，电流强度却在不同时间取不同值，即按 $R=\dfrac{U}{I}$ 定义出来的电阻不是恒量，自然 $\gamma$ 也就无法确定。如果大地的构成中有这些材料，那么按防雷规范规定的接地电阻定义来测大地的接地电阻，就不会有确定的值。国内出版的有关接地的书，大都列出各种土壤材料的 $\gamma$ 值，几乎没有看到哪一本书提到 $\gamma$ 是 $E$ 或时间 $t$ 的函数。

另有一点值得注意，上述关于电流随时间而变的现象，大都是发生在电压刚加上不久的时间段，一般在几秒之内。如果在此后的时间测量接地电阻，即在几秒以后读数，这种现象就发现不了。测电力系统的接地电阻是可以躲开上述现象的，可是在闪电入地的情况下，大地所表现出来的电阻就躲不开了，因为防雷科技要考虑的正是在闪电电压加上去的极短暂时刻大地的电阻状况。这样，现今采用的测接地电阻办法根本不适合防雷的实际。

上述中提到的对于电流与时间有关的现象的物理解释，为什么是正确的呢？为什么欧姆定律不成立了？

麦克斯韦方程 $\boldsymbol{J}=\gamma\boldsymbol{E}+\rho\boldsymbol{v}$ 是普遍适用的，所以电流强度还与体电荷的运动速度有关。固体介质中有体电荷分布，而且介质分子在电场作用下极化，极化电荷会发生宏观位移，即有位移电流。因此闪电入地瞬间，必须考虑强大的闪电电场对大地介质的电场力和磁场力对介质分子的极化作用和体电荷作用。

苏联的电工教科书《电工学理论基础》谈到：“不过导体里的位移电流比起传导电流来，一般总微小得可以不计。在另一方面，绝缘体内除去位移电流外一般还有传导电流，虽然后者大部分是比前者微小。”这段话不太引人注意，却又有重大理论价值，易被人忽视。一般地人们容易误认为，导体里只有传导电流，而绝缘体里则没有传导电流，很少想到位移电流这个重要角色。要知道位移电流无处不在。在似稳电路里，导体内存在位移电流；在闪电袭击下，就更应重视位移电流的存在。

还有一点应引起防雷科技工作者重视，就是不要用僵化的眼光看大地的导电状况。例如防雷工程常用的降阻剂，似乎埋入建筑物下就可以保证改良大地的导电状况了，其实它的导电状况易变化，若有闪电入地电流流过它，就有可能发生物理或化学变化。总之，防雷遇到的情况和机理是很复杂的，我们的视线应该开阔些，思维应该灵活些，才能有所创新。

## 3.5.3 接地电阻

### 1. 接地的历史

在防雷工程中接地是最困难的工作，在投资中占的比重也是最大的部分，疑难问题多。

历史上首先提出接地的是富兰克林所主张的防雷接地，目的是供闪电入地消散能量，那时尚未建立电压、电流强度和电阻等概念。

1844 年摩尔斯(S. F. B. Morse，1791—1872)完成有线电报试验工作。此技术为各国采用，在两地传输信号，利用大地作回路，送信机和受信机均需接地。1876 年贝尔(A. G. bell，1847—1922)发明电话，两条通信导线架空布设，架空线网迅速覆盖大地，很快受到雷击，因此使用了避雷器。避雷器的一端接地，它与避雷针相似，是为了把线网上的闪电能量泄放入地。有名的贝尔电话研究所开始了接地体系的研究，主要是关于接地的抗干扰问题。

19 世纪 90 年代，电力大发展，为了安全用电而提出了输电线路的各种安全接地措施，包括电器的外壳接地。这种接地主要目的是为了人身安全。例如最初发电厂送电到用户要经过配电变压器降压，其副边的低压输电线对地均是绝缘的(次级不接地)。可是运行中，配电变压器的原次级间的绝缘常出现损坏，以致原边的高电压进入副边线路中。世界各地均有这类触电事故，甚至发生火灾。从此，各国均实行变压器副边中性点接地的措施。这时接地点有可能出现大电流入地，入地点的地面的电位升高，沿地面产生电位降，使得行人在这个地点附近有可能触电身亡，因为人跨步时，二脚之间的电位差(称为跨步电压)很大。要减少跨步电压，就必须降低接地点区域的大地土壤的电阻率，由此出现了接地电阻这个概念。

防雷接地也必须考虑接地电阻问题，于是人们常把电力部门对接地的研究成果应用到防雷接地领域。实践证明，这是不妥的。

### 2. 接地种类

由于接地目的不同，接地有很多种，其要求亦不同，所以一幢建筑会同时有多种接地装置，互相独立施工，各行其是，建成后造成互相干扰。兹略述其大概分类。

(1) 安全接地，或称保护接地

如电源线入户时中性线的接地，所有电器外壳的接地，使得人体不致在使用时触电。电源线进户的配线按 IEC(国际电气标准会议)规定可分为如下几种。

① I-T 方式(如图 3.16 所示)。

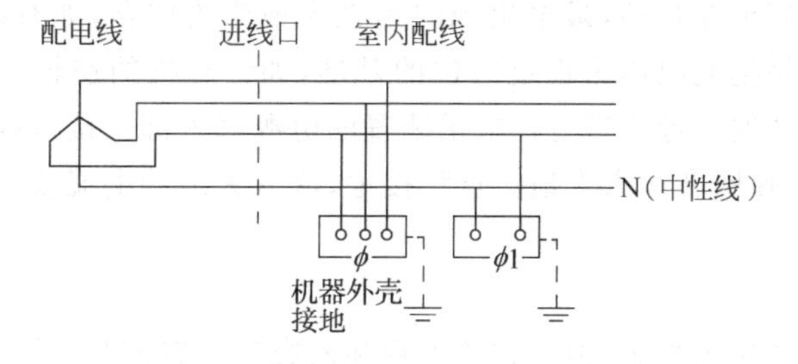


**图 3.16　非接地方式(IEC 的 I-T 方式)**

② T-T 方式(如图 3.17 所示)。

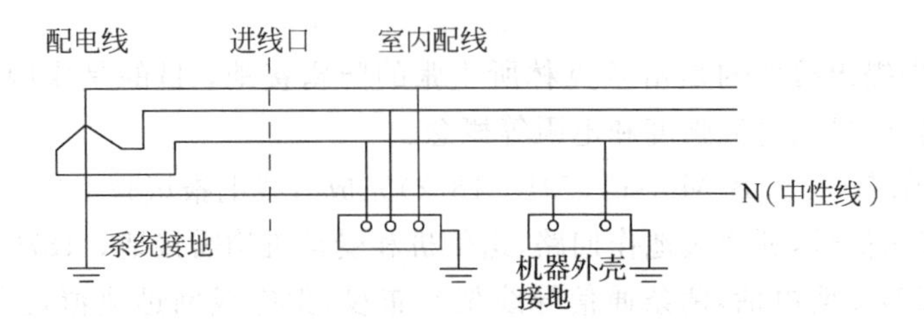


**图 3.17　各个保护接地方式(IEC 的 T-T 方式)**

③ T-N 方式(如图 3.18 所示)。

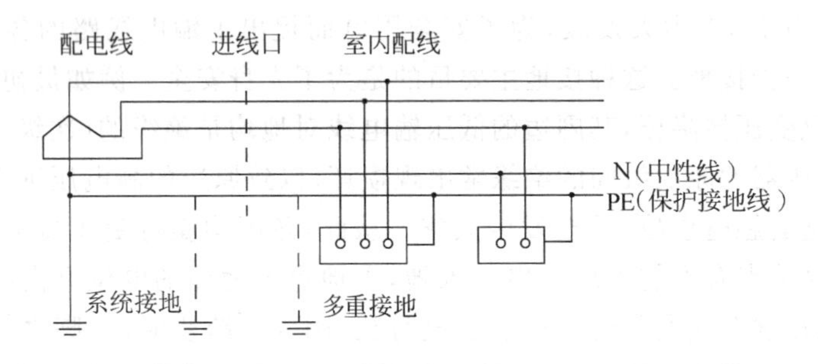


**图 3.18　保护接地线方式(IEC 的 T-N 方式)**

④ 兼用方式(如图 3.19 所示)。

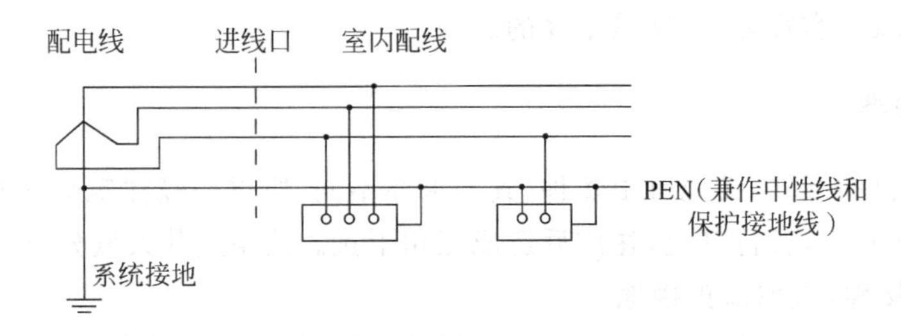


**图 3.19　兼用方式**

(2) 机能接地

细分起来机能接地有几种，最早出现的是把大地作为回路，如有线电报、有轨电车、电气铁道等。其次是把大地作为稳定电位的基准，如计算机的逻辑地，各种电子线路的接地都是属于这一情况。近年盛行在电子装置的电源输入部位接入线路过滤器，也就是通过电容器接大地，使噪音逸入大地。这种接地，流入大地的电流较小，但对大地电位的稳定要求较高。

(3) 避雷接地

虽然避雷接地的历史最久，但对它的了解和研究却比较困难。因为它是瞬态的小概率事件，探测比较少，却又很复杂。另一方面，由于雷灾的严峻，亟须对这种接地加大研究力度。

### 3. 接地电阻的定义、计算和测量

一般物体电阻的定义比较简单，使用式(3.28)就行了。因为其大小尺寸有限，可以在两端加上电压 $U$，测出其通过的电流强度 $I$ 值，就可得到两者的比值 $R=U/I$。而地球很大，如何测量 $U$ 与 $I$ 这两个量是个难题。下定义必须与测量的可操作性联系起来。

2001 年 8 月，科学出版社翻译出版的《接地技术与接地系统》(为日本学者川濑太郎著)一书中给出的定义比较妥当："当有一个接地电极，现有接地电流 $I$ 流入这个电极，一旦在接地电极流入接地电流，接地电极的电位就比接地电流流入前升高 $U$，这时把 $R=U/I$ 作为那个接地电极的接地电阻。"也就是

$$R=\frac{U}{I} \tag{3.99}$$

请注意，他强调这个定义有两个附带条件。按此定义测量的，实施的方法是如图 3.20所示，必须有一个测电流的电表 A 和一个测电压的电表 V。形式上看这与大学物理实验课中测电阻的线路图一个样，只需注意消除电表内阻的系统误差即可，其实大不一样。由于大地内任何两点的电位差是由电力线的形状决定的，从法拉第的场的概念即知，$\boldsymbol{E}$ 的大小和方向是用电力线的分布表示的。另一方面若承认大地的土壤服从欧姆定律，则有 $\boldsymbol{J}=\gamma\boldsymbol{E}$，即电流线应与电力线相吻合，所以任何两点的电压与电流线的分布紧密相关，电流的回归电极位置必须移到无限远处，以保证接地电极输入大地的电流的电流线是以接地电极为球心沿球半径辐射出去且均匀分布的。

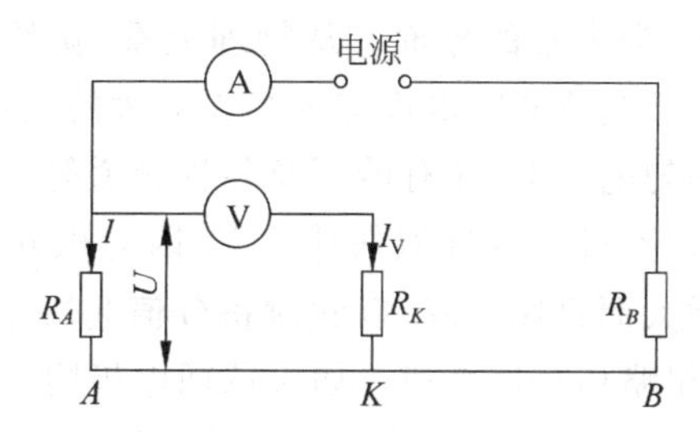


**图 3.20　用电流表及电压表测量接地电阻原理图**

$R_A$ 为接地体接地电阻，$R_K$ 为电压辅助极接地电阻，$R_B$ 为电流辅助极接地电阻

这样，就可解开一个谜。在前文提到黑龙江省防雷中心用日本进口仪表测接电阻时，有些读数相差几十倍。而这样大的读数差别是发生在测量金属钎(即回归电极钎)插入土壤的深浅做大幅度变动的情况下，可见回归电极的深度对电流线的分布有重大影响，当然电压读数也相应地发生较大变化。显然，回归电极应做成大面积电极插入几十米以下的深度才是比较合理的！有哪家仪表厂肯如此规定呢?!

如进一步探讨，问题还多着呢。在假定大地为均匀介质并服从欧姆定律的前提下，电流线分布不仅与回归电极的形状和位置有关，还与接地极的形状有更紧密的关系。所有讨论接地电阻的计算原理都注意到了这一点，但测量接地电阻时却避开了这个难题。通常可见到一些书列出了一组不同形状的接地极的接地电阻的理论计算公式，不知它们是如何运算推导出来的，有什么条件限制，也就是它们的适用范围是什么？什么情况下

就不准确了，该如何修正？下面就来探根究源。

这类理论计算的大前提是大地必须均匀且服从欧姆定律，即

$$\boldsymbol{J}=\gamma\boldsymbol{E},\quad \gamma\text{处处相同，是恒量}$$

因此恒定电流（工频交流也可以）的电流线与电场的电力线处处吻合，静电场的全部公式及原理可以照搬使用。因此，静电学里的叠加原理可以用到此处，复杂的接地网可以分解成一些简单的金属体，如圆球形、圆柱形等。这样，计算电阻 $R=\dfrac{U}{I}$ 变成计算简单的金属球或金属圆柱的电位了。今看一个接地极，在地表面下近似地看作一个半径为 $R_0$ 的半球，则从这个半球表面沿半径方向流向无限远的电流的电流密度为

$$J=\frac{I}{2\pi R_0^2}$$

如果介质均匀，无任何杂散电荷，在大地下半无穷大空间，电流线恒为均匀分布，垂直于任何半径为 $r$ 的球面，欧姆定律可写成

$$J=\frac{I}{2\pi r^2}=\gamma E_{\mathrm{r}}$$

$$U=\int_{R_0}^{\infty}E_{\mathrm{r}}\mathrm{d}r=\int_{R_0}^{\infty}\frac{I}{\gamma\times 2\pi r^2}\mathrm{d}r=\frac{I}{\gamma\times 2\pi R_0}$$

$$R=\frac{U}{I}=\frac{1}{\gamma\times 2\pi R_0} \tag{3.100}$$

从推导的过程中可以看到，式(3.100)能够成立的必要条件是电流线必须在各处都是均匀分布且垂直于以电极球心为中心的球面。从物理上看，就是要求大地必须是均匀的、服从欧姆定律的导电介质，而电流回归电极应为半无穷大的金属球壳。实际上根本不可能做到，大地不仅有极不均匀的土壤，还有砂石及各种管道等。上述情况如何具体应用，精确度多大？谁也说不清。不过可以近似估计一下，因为积分内的 $E_{\mathrm{r}}(r)$ 这个函数是与 $r^2$ 成反比的，它随着 $r$ 的增大而迅速下降，因此对积分值起决定作用的是接近半径为 $R_0$ 的球面的介质。因此可以粗略估算这个值。如果球面电极附近是均匀的介质，则这个公式可以说比较准确一些，但是电流必须在这些范围是辐射状。

从式(3.100)可看出一个降低接地电阻的途径，那就是电极半径越大阻值越小，如果将接地电极做成半径很大的半球形金属壳，便可大大节省价值昂贵的降阻剂和大量钢材。

一般防雷著作中给出的垂直圆棒接地电极的计算公式比半圆球电极更不准确，因为棒的长度必须无穷大，才可以保证电流线是始终垂直于圆柱表面呈辐射状，否则棒的末端的电流线与以端点为球心的半球面垂直，积分内的函数很复杂，无法求解。更何况大地介质很不均匀，也不一定服从欧姆定律。

从定义式(3.99)进行理论计算而得的各种形状的接地电极的公式与实际情况相差太大，只是在一种极端理想的情况下，作半定量的估算有点价值。若用来估算闪电入地瞬间大地呈现的电阻则是更不可靠了。因为以上的计算只是似稳电路，而闪电是速变现象，其次闪电电流的电流线远比上述理想化的设想复杂多了。因为闪电有高频成分，电流会出现趋肤效应，集中到地表，这在许多雷灾的照片和实况报道中呈现出来。又由于闪电电场特别大，会使大地的土壤等介质出现击穿现象，使介质中的导电电荷增多，使电

导率 $\gamma$ 增大。此外，闪电还会在埋于地下深处的金属管道、导线之间取捷径而击穿导通，则电流线成为管状，集中在一起，使得土壤或沙砾被烧熔而成为条状闪电熔岩，见图 3.21 所示照片。计算地下闪电的电场和电位差，就得考虑这种特殊的电流线分布。

总之把电力部门接地的一套计算和测量移用到避雷是不太妥当的。

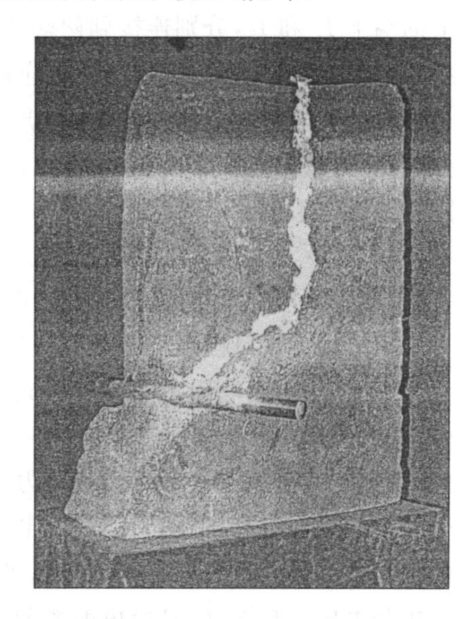

图 3.21　闪电经过地下管线

再进一步探讨接地电阻的测量，这一节讲的测量并不是介绍实用的测量技术和仪器仪表的使用方法，而是为了弄清楚当今测量方法存在的问题。

中国电力出版社于 1997 年 10 月出版的《电力系统的过电压保护》(第 2 版)中介绍了两种测土壤电阻率的方法。原文如下。

“(1) 在被测的土壤中打入钢管或铁棍

在埋入处的土壤中应将植物层(即腐殖土)或硬土层除去。辅助电极和探针的布置，应符合图 3.22 所示的测量单独接地装置的接地电阻的接线。在要求测量土壤电阻率的地方，测量已经埋入的主接地极的接地电阻时，管子应尽可能埋深一些，保证接触良好。

当利用接地电阻测量仪测得接地电阻值后，即可利用下面的公式计算出土壤电阻率 $\rho$：

$$\rho = 2.73\frac{Rl}{\lg\frac{4l}{d}}$$

式中，$R$ 为用接地电阻测定器测得的电阻值，Ω；$l$ 为管子埋入地中的深度，cm；$d$ 为管子的直径，cm。

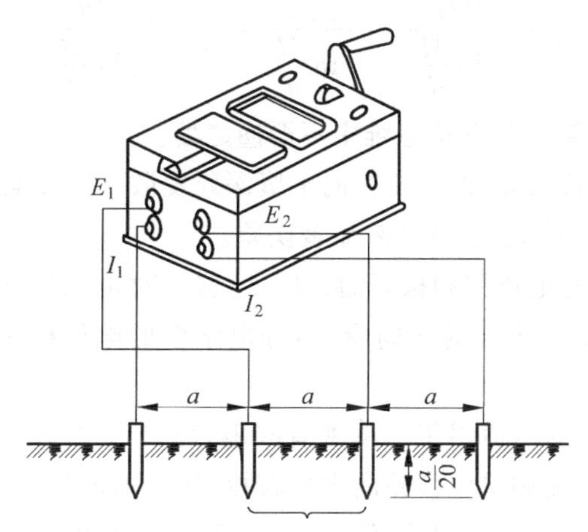


图 3.22　测量土壤电阻率时的接线图

(2) 在被测区按照直线打入地中四根铁棍

若铁棍之间的距离为 $a$,铁棍打入地中的深度一般不应大于$\frac{1}{20}a$。将接地电阻测量仪上的端子 $I_1$ 和 $I_2$,分别连接到两端的铁棍上,而端子 $E_1$ 和 $E_2$ 则分别连接到靠中间的两根铁棍上(端子 $I_1$ 和 $E_1$ 间的压板应拆开),如图 3.22 所示。

当接地电阻测定器的开关在'调整'位置时,仪器的指针应指在红线上,然后再将开关转到'测量'位置,即可进行测量。此时测得的电阻值系靠中间的两根铁棍之间的电阻。土壤电阻率 $\rho$ 的计算公式为

$$\rho = 2\pi aR$$

式中,$R$ 为接地电阻测量仪的读数,Ω; $a$ 为铁棍之间的距离,m。

用这种方法可以近似地求得土壤深度等于铁棍之间距离 $a$ 处的平均电阻率。”

那么,这两个电阻率的计算公式是如何推导出来的,如何评估它的可信度呢?下面作详细分析。

图 3.22 中所示仪器是当今电力行业常用的苏联生产的 MC-07 型接地电阻测量仪,被认为准确性较高,适用于测发变电所接地网的接地电阻,故该书特别推荐使用,所描述的两种方法当然也是电力部门公认的。其电源是个小手摇发电机,可供给 $10^2$V 数量级的工频电压。$I_1$ 和 $I_2$ 是输出电流的两个电极。而 $E_1$ 和 $E_2$ 是测量电位差的二极,当然应把测量端子放在输出电流的两个端子之间。

先看第一种方法,这里把铁棍(或管)打入地下较深,其直径为 $d$,所以这一测量已作出假定,认为电流输出电极是无限长的金属圆柱体,认为电流线必垂直圆柱表面并且均匀辐射到无限远,因此两个测电位差的电极是处于这种电流线场中,其电位差计算公式与静电学的圆柱形电容器的公式一样,因此必然推导出电阻的计算公式为

$$R = \frac{\rho}{2\pi l}\ln\frac{4l}{d} \tag{3.101}$$

式中,$l$ 为圆柱筒的长度,$d$ 为圆柱筒的直径。从式(3.101)可推导出

$$\rho = \frac{R2\pi l}{\ln\frac{4l}{d}} = \frac{2\pi Rl}{\ln\frac{4l}{d}} = 2.73\,\frac{Rl}{\lg\frac{4l}{d}}$$

从这种演算中可看到几处理论思维中不严谨之处:

(1) 圆管不是无限长,其端部电流线向土壤深处发散。在静电学推导圆筒电容器时,特别指出,这里有边端发散效应,将带来显著误差。

(2) 由于电源必须有电流回归极,因此 $I_1$,$I_2$ 这一对电流极之间的电流线在两维平面上的分布,从垂直于大地表面的方向看,与静电学中的电偶极子的电力线分布完全一样,见图 3.23。

可见,式(3.101)根本不适用了。读者有兴趣,可以求得严格的解。当然,必须假定圆柱面的长度 $l$ 无限长,而测量电位差的电极较短,处在均匀分布的电流线之间。

至于该书所说的第二个方法就更不准了。在第二个方法中,认定 $a \ll l$,因而把电流输出极近似地看作半径为 $a$ 的半圆球金属电极,就可以使用式(3.100)

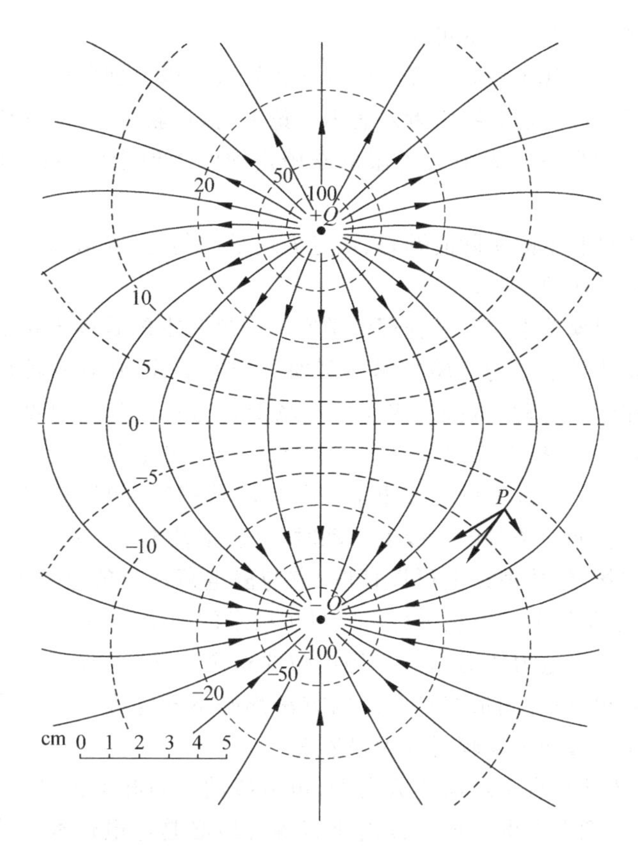


**图 3.23　正、负电荷均为 $1.4\times10^{-10}$C，相隔 12.7cm 的电偶极子周围的电场和电位变化**

实线表示场线，虚线表示等位线单位为 V

$$R=\frac{1}{r2\pi R_0}=\frac{\rho}{2\pi a}$$

推导出

$$\rho=2\pi aR \tag{3.102}$$

读者自己根据第一种方法的讨论，就可看出此法不严谨的地方。

应该说，测土壤电阻率比测接地电阻要好得多，因为这时可以在广阔的地面挑选其中一块地方，它的地下基本上是均匀的土，使得电流线均匀分布，尽可能接近理想化条件，而对实际建筑测接地电阻则不同，地面下早已有各种金属、非金属的管道以及种种构件等，电流线分布极不规则，电阻率也极不均匀。

其实要准确测大地中各种物质的电阻率有很准确的物理实验测量方法。可以把各种被测物制成标准的立方体或圆柱体，放入两块很大的平板电极间，给平板电极加上电压即可，此时电流线必是均匀垂直平板电极表面的。为了减少边端效应，还可以加上围环等。总之，这样得到的 $\rho$ 值可以很准，然后可以与 MC-07 型接地电阻测量仪测出的 $\rho$ 值作对比，就可看出后者的精确性了。可是对这类测接地电阻仪的接地电阻值的精确性却无法检验确定。因为全世界任何国家的标准计量机构均没有接地电阻的标准件，因此无法评判所谓的测接地电阻仪的可靠性。

可否作些改进呢？其实在防雷界早已有学者发现了电流回收极产生的系统误差，并在操作方法上作了改进。还有些学者发表不少论文，探讨新方法、新的修正公式，不过均没有谈到最关键的问题——大地是否服从欧姆定律？大地中实际的电流线如何探测？如何确定？

下面抛开这些最基本的实际问题，只认定大地是均匀的，服从欧姆定律的，从这个前提下探讨一下测量方法的改进。

还是要从实验现象着手。大学物理电学实验中最基本的是静电场的测定实验，这在科学和工程上都是非常重要的实验技术。例如一个电子管，必有各种形状的电极，要研究电子射线如何在管内运动，就必须先了解电场如何分布。为此要设计一些模型电极，测出二维平面内，这些电极形成的等位面(在二维平面图里它实际上是等电位线)。常用的测量方法是在电极间通以低频交变电流，用电表(或蜂鸣器)测量出等电位线，显然电表的两个测量端子在同一条等电位线上移动时，电表指针不动。这样测出来的实际上是似稳电流的电流线场，但从理论上可以证明，它与静电荷产生的电场的电力线的分布完全相同。图 3.23 就是用上述方法进行实验得出结果的一个实例。图中虚线是实验测出的等电位线。然后根据电力线必垂直于等电位线这个规律，再画出电力线，即图中实线所示。由此可以看出，所有测量接地电阻的方法都躲不开电流回归极造成的影响，即电流线必汇集到这个电极而不是辐射到无限远去。

若介质均匀，则从垂直于地面的方向看，电流线的分布必为图 3.23 所示的形状，呈对称分布。请注意，两个点电荷的连线的垂直等分线必是等电位线。从三维空间看，它应是等电位面，电位是零，一直延伸到无限远。这就为准确定出接地电极的电位找到了办法。接地电极与这个零电位面之间的电位差就是接地电极的电位升高值。所以，测量时应把电压表的一个端子放在接地电极上，另一个放在零电位面处。怎么确定零电位面的位置？实际上操作时会遇到种种困难，因为地面下介质并不均匀，又有杂散电流的影响。但是从理论上讲，这已大大前进了一步。

# 参考文献

1 [英]索利马 L. 电磁理论讲义. 北京：人民教育出版社，1981
2 赵凯华，陈熙谋. 电磁学. 北京：人民教育出版社，1978
3 [美]克劳斯 J D. 电磁学. 北京：人民邮电出版社，1979
4 [美]拉姆 S，惠勒 J R. 近代无线电中的场与波. 北京：人民邮电出版社，1958
5 毕德显. 电磁场理论. 北京：电子工业出版社，1985
6 [苏]聂孟，卡兰塔罗夫. 电工学理论基础. 北京：高等教育出版社，1956
7 [苏]史特拉乌夫 E A. 电与磁. 北京：电力工业出版社，1955
8 [苏]卡普卓夫 H A. 气体与真空中的电现象. 北京：高等教育出版社，1958
9 沈其工. 高电压绝缘基础. 南京：江苏科学技术出版社，1990
10 [苏]华耳特尔 A Φ 等. 电介质物理. 北京：高等教育出版社，1957
11 [苏]斯卡那维. 电介质物理学(弱电场部分). 北京：高等教育出版社，1958

12　[加]Kuffel E,[德]Zaengl W S. 高电压工程基础. 北京：机械工业出版社,1993
13　[日]川濑太郎. 接地技术与接地系统. 北京：科学出版社,2001
14　[美]夏里克 G. 接地工程. 北京：人民邮电出版社,1988
15　董振亚. 电力系统的过电压保护. 北京：中国电力出版社,1997
16　张纬钹,何金良,高玉明. 过电压防护及绝缘配合. 北京：清华大学出版社,2002
17　von A Engel. Ionized Gases. Oxford：Oxford University Press,1965
18　虞昊. "接地电阻"的定义科学吗？CHINA 防雷,2004,4
19　虞昊. 接地电阻能否精确测量. 大学物理,2006,9
20　曾永林. 接地技术. 北京：水力电力出版社,1979

# 第 4 章　闪电的物理过程及其特性

上一章是根据防雷的需要有的放矢地联系雷电实际介绍物理学的基础知识，普适性很强。这一章则是用普适的物理概念、原理和实验研究方法来阐述具体的雷电现象。由于雷电是大自然里的复杂现象，放在实验室内考察而得出的知识就有局限性和概率统计性，这是读者必须注意的。因此在各节的讲授中介绍一些历史，使读者了解到得出的理论、公式、结论、参量的局限性和来源，供读者进一步深化发展它。在这一点上，本书与现有的某些防雷工程方面的大学教材有所不同。

## 4.1 晴天大气电场

众所周知，地球有磁场，人是生活在无处不在的地磁场中，它对人体有着多方面的作用，包括人的睡眠都会受其影响。各种电子设备必须考虑到磁场的作用，例如家中常有的彩色电视机，若使用不当，就会受其磁化而出现“跑彩”现象。

但是大家都很少知道人还生活在无处不存在的大气电场中，因此在某些精密测量中会出现一些“怪现象”，并百思不得其解。产生这种情况的原因，不仅是晴天大气电场（见图 4.1）较弱，更主要的是居室与大地等电位所致。在室内几乎没有大气电场，在室外则不然了，一个人的身高约 1.5m～2m，这样的高度差内，晴天大气电场所产生的电位差，也就是电压，就有 200V 左右。那么，为什么人不会触电丧命？为什么用万用电表却测量不到呢？请看《大气电场》录像片（见附录 1）就会明白了。下面分几方面介绍。

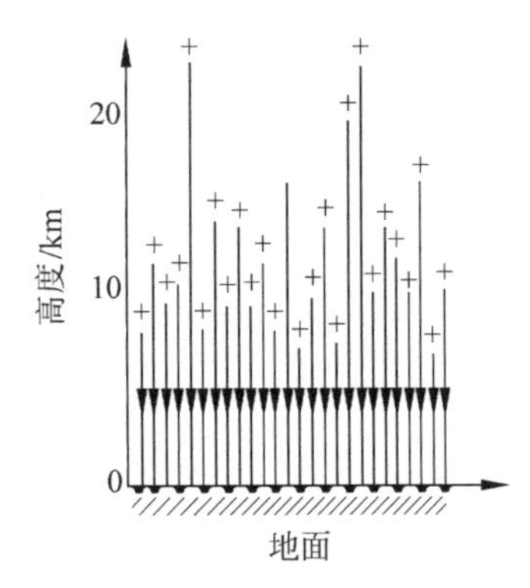

**图 4.1　晴天大气电场的电力线**

### 1. 描述大气电场的方法

最常使用的是两个电学量：一个是电场强度 $\boldsymbol{E}$，它是矢量；另一个是电位 $V$，它是标量。从电学理论知，二者有关系式

$$\boldsymbol{E} = -\nabla V \tag{4.1}$$

在直角坐标系中，也可以表示为

$$\boldsymbol{E} = -\frac{\partial V}{\partial x}\boldsymbol{i} - \frac{\partial V}{\partial y}\boldsymbol{j} - \frac{\partial V}{\partial z}\boldsymbol{k} \tag{4.2}$$

大气电场可以用几何图形象化地描绘，法拉第提出用电力线来表征静电场。另外，

从实验测量上，可以通过测出电场中电位相同的地点，把这些点连接起来形成一个面，这样的一个几何曲面就称为等位面。当把电力线和等位面都画出来时，就可发现：电力线与等位面相交处，它们总是互相垂直。如果用单位矢量 $\boldsymbol{n}$ 表示等位面的法线，则式(4.2)就可简化成

$$\boldsymbol{E}=-\frac{\partial V}{\partial n}\boldsymbol{n} \tag{4.3}$$

因此，只要取上述两种表示法之一就可描述大气电场的特征。

因为电场强度 $\boldsymbol{E}$ 等于电位梯度，所以等位面的间距变化就可以表征 $\boldsymbol{E}$ 的数值变化。由于导体表面在缓变场的情况下为等位面，所以当地面有起伏、空中有导体时，平行的平面等位面就发生弯曲，如图 4.2 所示。

大气电场的电场强度数值由地面向上逐渐减小，到距地面 10km 处已减少到地表面处数值的 3%。图 4.3 是大气电场强度与距地面高度之间关系的简化的粗略表示。

**图 4.2　晴天大气电场的等位面**

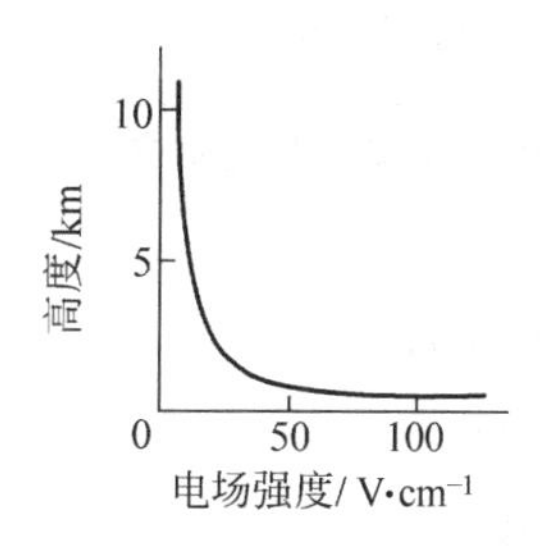


**图 4.3　大气电场强度 $E$ 值与高度的关系**

### 2. 测定

上面虽说可以用 $\boldsymbol{E}$ 和 $V$ 两个量描述大气电场，实际上测定各地各种高度的大气电场却只能测 $\boldsymbol{E}$。虽然开尔文等发明了滴水器来使测量仪的测量端与所测地点的大气保持等电位，但是电位值本身与选取的电位参考点有关，实际上只能测电位差。若要测任意高空的电位与大地电位之差，则测量仪器要有另一测量端与大地相接触，这是难以实施的。因为测量仪必须不扰动被测系统的原来状态，这是物理测量的极为基本的原则，升空的测电位差仪要在空中拖一根长导线，就严重改变了大气电场的原始等位面分布，见图 4.2。

为此，实际测量的电学量是大气电场的电场强度 $\boldsymbol{E}$。测量的仪器和方法将在本书第 6 章介绍现代雷电探测与预警时详细说明，这里只指出其简要原理。我们知道一块平面带电板附近的电场强度数值与板上的电荷面密度成比例，即

$$E=k\sigma \tag{4.4}$$

式中，$k$ 是一个与单位制的选取有关的常系数，$\sigma$ 为电荷面密度。若以一块接地金属板屏蔽它，$\sigma$ 就变为 0 了。因此不断移动这块屏蔽板，就可以使带电板交替地充放电，产生一个交流电流，其数值与 $E$ 成比例，由此可以测出 $E$ 值。这就是常用的电场仪的基本原理。在不同高度测量 $E$，就可以得出如图 4.3 所示的曲线。

各高度的 $E$ 值测出来之后，就可以用下列关系求出任何高度 $h$ 处的电位值：

$$V(h) = \int_0^h E(h)\mathrm{d}h \tag{4.5}$$

显然，与 $E(h)$ 不同，$V(h)$ 随着高度 $h$ 的增大而增大。

### 3. 各地地面的大气电场的实际情况

长期的观察表明，电场强度因地而异、因时而异，但对每个地方而言，地面平均晴天大气电场强度是稳定的，见表 4.1。中国的广州是 $87\mathrm{V}\cdot\mathrm{cm}^{-1}$，而新疆的伊宁只有 $56\mathrm{V}\cdot\mathrm{cm}^{-1}$ 俄罗斯的圣彼得堡附近高达 $171\mathrm{V}\cdot\mathrm{cm}^{-1}$，而英国伦敦附近的丘这个地方竟高达 $363\mathrm{V}\cdot\mathrm{cm}^{-1}$。全球平均值为 $130\mathrm{V}\cdot\mathrm{cm}^{-1}$，一般说来，人口密集的大城市往往大于此数，小城市和乡村则往往小于此平均值。

**表 4.1 世界各地地面晴天大气电场的平均结果**

| 观测地点 | 纬度/(°) | 经度/(°) | 大气电场/ $\mathrm{V}\cdot\mathrm{cm}^{-1}$ | 大气电场变化/% | | 观测时间 |
|---|---|---|---|---|---|---|
| | | | | 日较差 | 年较差 | |
| 埃贝托弗坦(挪威斯瓦巴德群岛) | 79.1N | 11.6E | 95 | 17 | 80 | 1913—1914 |
| 图勒(格陵兰) | 76.3N | 68.3W | 52 | 46 | 80 | 1958—1959 |
| 斯科斯比松(格陵兰) | 70.5N | 22.0W | 71 | 45 | 50 | 1932—1933 |
| 特罗姆瑟(挪威) | 69.7N | 18.9E | 104 | 50 | 28 | 1932—1933 |
| 卡腊首克(挪威) | 69.3N | 25.6E | 139 | 79 | 86 | 1903—1904 |
| 瓦西乔(瑞典) | 68.4N | 18.2E | 89 | 56 | 124 | 1909—1910 |
| 费尔班克斯(美国) | 64.9N | 147.8W | 97 | 38 | 30 | 1932—1933 |
| 雷伊堡(加拿大) | 62.8N | 116.1W | 82 | 46 | 34 | 1932—1933 |
| 乌普萨拉(瑞典) | 59.9N | 15.2E | 70 | 71 | 84 | 1912—1914 |
| 阿什(挪威) | 59.7N | 10.8E | 104 | 44 | 101 | 1916—1923 |
| 巴甫洛夫斯克(苏联) | 59.7N | 30.5E | 171 | 46 | | 20 年 |
| 埃斯克代尔米尔(英国) | 55.3N | 3.2W | 263 | 42 | 61 | 1914—1920 |
| 波茨坦(德国) | 52.4N | 13.1E | 202 | 36 | 63 | 1904—1923 |
| 丘(英国) | 51.5N | 0.3E | 363 | 41 | 74 | 1898—1931 |
| 瓦恩斯多夫(德国) | 51.2N | 13.7E | 178 | 57 | 79 | 1924—1926 |
| 亚琛(德国) | 50.8N | 6.1E | 95 | 61 | 94 | 1957—1958 |
| 巴特瑙海姆(德国) | 50.4N | 8.7E | 42 | 59 | 43 | 1935 |
| 尼尔布格(德国) | 50.3N | 6.9E | 104 | 48 | 69 | 1957—1958 |
| 法兰克福 A(德国) | 50.1N | 8.7E | 146 | 46 | | 1928—1931 |
| 法兰克福 B(德国) | 50.1N | 8.6E | 96 | 81 | | 1931 |
| 海德尔贝格-科尼斯图(德国) | 49.4N | 8.7E | 129 | 28 | 112 | 1957—1958 |
| 瓦尔乔耶(法国) | 48.8N | 2.0E | 90 | 53 | 70 | 1923—1924 |

续表

| 观测地点 | 纬度/(°) | 经度/(°) | 大气电场/V·cm⁻¹ | 大气电场变化/% | | 观测时间 |
|---|---|---|---|---|---|---|
| | | | | 日较差 | 年较差 | |
| 巴黎(法国) | 48.8N | 2.0E | 175 | 57 | 40 | 1893—1898 |
| 慕尼黑(德国) | 48.1N | 11.6E | 176 | 77 | 41 | 1906—1935 |
| 布肖(德国) | 48.1N | 9.6E | 141 | 48 | 64 | 1947—1948 |
| 克雷斯蒙斯特(奥地利) | 48.1N | 14.1E | 105 | 57 | 75 | 1902—1916 |
| 昌邦拉福雷特(法国) | 48.0N | 2.3E | 92 | 50 | 80 | 1942—1944 |
| 楚格斯皮茨(奥地利) | 47.4N | 11.0E | 125 | 50 | 92 | 1927—1928 |
| 帕亚纳(瑞士) | 46.8N | 6.9E | 86 | 80 | 118 | 1954—1955 |
| 达伏斯(瑞士) | 46.8N | 9.8E | 64 | 69 | 106 | 1908—1910 |
| 朱特劳乔切(瑞士) | 46.5N | 8.0E | 149 | 36 | 50 | 1954—1955 |
| 戈尔纳格兰特(瑞士) | 46.0N | 7.8E | 115 | 46 | 74 | 1954—1955 |
| 的里雅斯特(意大利) | 45.6N | 13.8E | 73 | 118 | 34 | 1902—1905 |
| 伊宁(中国) | 44.0N | 81.3E | 56 | 129 | | 1968.8—9 |
| 特克斯(中国) | 43.2N | 81.8E | 60 | 52 | | 1968.8—9 |
| 塔什干(苏联) | 41.3N | 69.2E | 118 | 116 | | |
| 托尔托萨(西班牙) | 40.8N | 0.5W | 106 | 54 | 35 | 1910—1924 |
| 斯坦福(美国) | 37.0N | 122.0W | 76 | 114 | 54 | 1932—1933 |
| 东京(日本) | 35.7N | 139.8E | 144 | 100 | 72 | 1949—1952 |
| 塔克森(美国) | 32.3N | 110.8W | 46 | 110 | 17 | 1931—1934 |
| 赫勒万(埃及) | 29.8N | 31.3E | 150 | 41 | 36 | 1909—1914 |
| 台北(中国) | 25.0N | 121.5E | 28 | 130 | 132 | 1934—1936 |
| 广州(中国) | 23.1N | 113.3E | 87 | 110 | | 1937.2,4,5 |
| 普纳(印度) | 18.5N | 73.9E | 67 | 57 | 46 | 1930—1938 |
| 马尼拉(菲律宾) | 14.5N | 121.4E | 79 | 47 | | 1927—1930 |
| 万隆(印尼) | 6.9S | 107.5E | 86 | 169 | 66 | 1935—1936 |
| 万卡约(秘鲁) | 12.1S | 75.3W | 47.3 | | | 1924—1934 |

注：N,S表示北纬、南纬；E,W表示东经、西经。

从大气电场的上述情况看，地球是一个带负电荷的带电体。但是大气电场并不惟一地决定于地球的带电量，还与空间电荷分布有关，实际情况非常复杂。例如，在圣彼得堡、基辅等地的425次观测的晴天大气电场的结果的统计表明，电场随高度而变的情况，从30m～6 000m范围竟可分为四种类型，差别很大。

每天从早到晚，电场也在变化，这种日变化因地因季节而异，有的只出现单峰、单谷，有的则具有双峰、双谷。

## 4.2 晴天大气中的电流

在第1章中已说及，在18世纪时，已有学者发现大气并非绝缘介质，莱顿瓶的发明就是因为很多研究电现象的学者发觉绝缘良好的带电物上的电荷会在几十分钟后消失殆尽。长期考察之后才知，大气里总是含有大量气体正、负离子，使大气具有微弱导电性。这些带电粒子是如何产生的？其运动有何规律？这些都与闪电的特性和防雷有紧密关系。

### 1. 大气电离源

大气是由几层物理性能不同的部分构成的，按高度可以划分为四层，如图4.4所示。

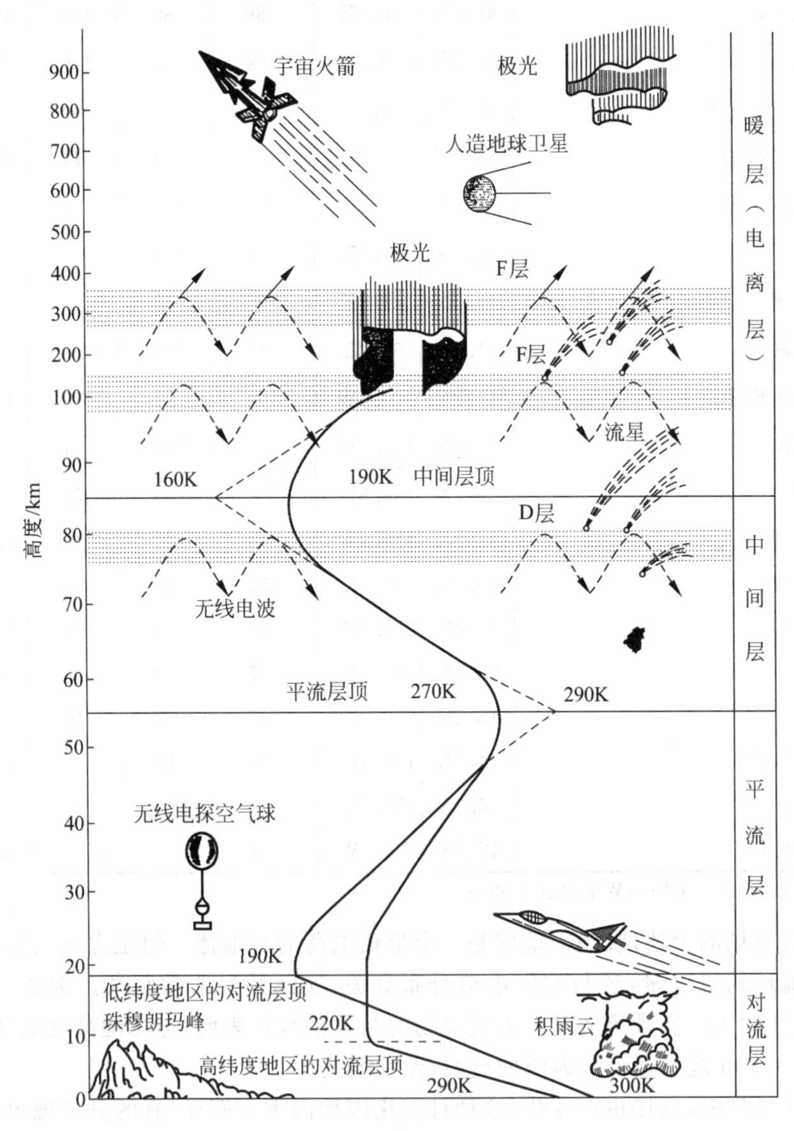


图4.4 大气结构示意图

各层的电离情况差别很大，最下层是对流层，高度约距地面十几公里以下。电离源主要有三种：地壳中放射性物质辐射的射线、大气中放射性物质辐射的射线和来自地球外空的宇宙射线。次要的还有太阳辐射中波长小于 1 000Å 的紫外线、闪电、火山爆发、森林火灾、尘暴和雪暴等，局部范围还有人工产生的，如火箭、飞机、工厂产生的离子。

电离源使大气电离的能力可用大气电离率来表征，其定义为：单位体积和单位时间内大气分子被电离为正、负离子对的数目，单位是离子对 • $cm^{-3}$ • $s^{-1}$。它的大小取决于电离源的强度和大气的密度。

地壳中含有镭、钍和铀等放射性物质，不断辐射 α 射线、β 射线和 γ 射线。α 射线电离能力强，但贯穿能力较差，很难从地壳辐射到大气，可以忽略不计。β 射线实为带负电的电子流，电离能力比 α 射线弱，但贯穿能力比 α 射线强，在地面处产生的大气电离率为 $0.3cm^{-3} \cdot s^{-1}$。γ 射线为光子流，电离能力虽然最弱，但贯穿本领最大，其大气电离率为 $3.2cm^{-3} \cdot s^{-1}$，可见它是主要电离源。

大气中含有氡等微量放射性物质，主要来自地壳和工业的排放污物，其产生的 α 射线、β 射线和 γ 射线的大气电离率分别为 $4.4cm^{-3} \cdot s^{-1}$、$0.03cm^{-3} \cdot s^{-1}$和 $0.15cm^{-3} \cdot s^{-1}$。

宇宙射线主要由能量为 $10^8$eV～$10^{20}$eV 的高能粒子组成，不仅使大气电离，还会因与大气分子碰撞而产生中子和介子等高能粒子，构成次级宇宙射线，使大气电离。宇宙射线因受地磁的作用而向两极偏转，所以宇宙射线随着纬度增大而变大。在赤道附近的海平面高度，其大气电离率为 $1.5cm^{-3} \cdot s^{-1}$；在纬度 40°～50°处，其大气电离率增大到 $1.9cm^{-3} \cdot s^{-1}$。

各种电离源的作用随高度而变，在贴近地面的大气层中，各种电离源产生的大气电离率随高度变化情况如图 4.5 所示。总的大气电离率随高度而变的情况如图 4.6 所示。图 4.6 中，在 3km 以下，实线表示陆地上空，虚线表示海洋上空，产生这种差别是因为海洋中放射性物质极少所致。

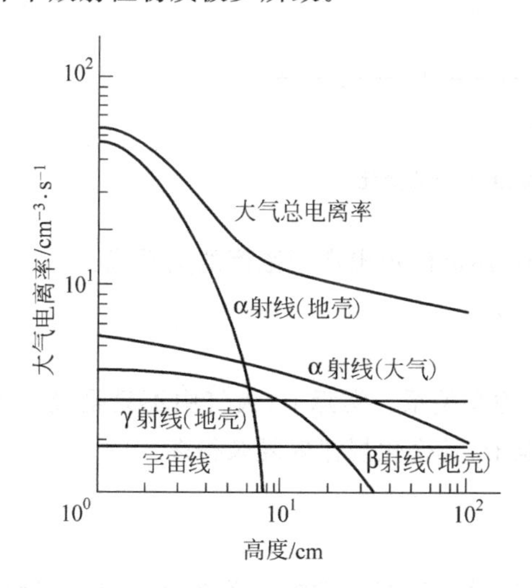


**图 4.5　各种电离源产生的大气电离率随高度的分布**

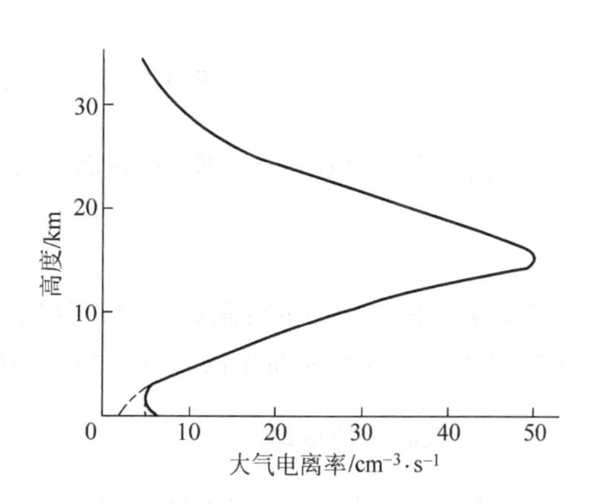


**图 4.6　大气电离率随高度的分布**

高度 3km 以下，实线表示陆地上空，虚线表示海洋上空

2. 大气离子的变化规律

大气中的分子受射线的碰撞而电离，这是轻离子。大气中还存在大量微粒，称之为气溶胶粒子，它们与带电分子碰撞而结合成较大的离子，气溶胶粒子尺寸一般在$10^{-6}$cm～$10^{-3}$cm；也有一些尺寸小于$10^{-6}$cm的粒子，称之为超微气溶胶粒子。把大气分子和超微气溶胶粒子带电所成的离子称为大气轻离子，一般气溶胶粒子带电所成的离子称为大气重离子。

大气离子浓度是随时间而变的，电离源使浓度增大，但正、负离子又会在碰撞过程中复合而使浓度减少，因此离子均有一个平均存在的寿命。

理想化的情况下，可近似认为大气中只有轻离子，则可以运用物理学的统计物理原理求出这种简化情况下的轻离子浓度$n(t)$随时间$t$变化的规律，如图4.7所示。因此，由$n(t)$就可定出大气轻离子的寿命$\Delta t$，即

$$\Delta t = \frac{n}{q} \tag{4.6}$$

式中，$q$代表电离率。例如$n=2.5\times10^3\text{cm}^{-3}$时，若电离率$q=10\text{cm}^{-3}\cdot\text{s}^{-1}$，则大气轻离子寿命约为4min。

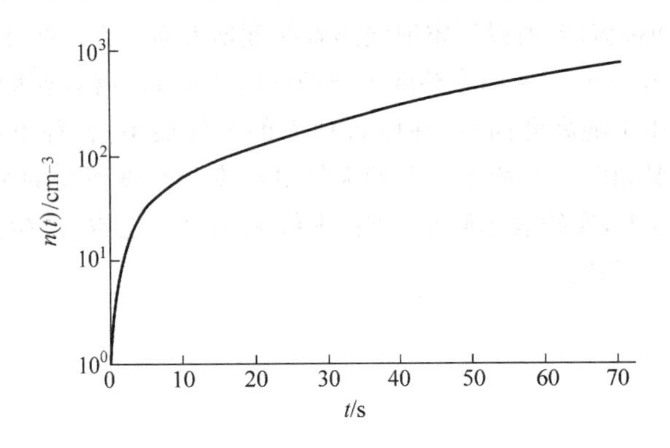


图4.7 大气轻离子浓度$n(t)$的变化

当大气电离过程达到平衡时，在静止大气中，还可以得出离子浓度的关系式：

$$n = \left(\frac{q}{\alpha}\right)^{\frac{1}{2}} \tag{4.7}$$

式中，$\alpha$是气体离子的复合系数，它与气温、气压均有关系。实际上，大气中不只是轻离子一种，还有重离子和不带电的大气中性气溶胶粒子，其变化规律要复杂得多。

3. 大气离子的运动

这个物理问题与当今消雷防雷工程的种种学说争论有非常重要关系，所以要定量地介绍一下。

第1章曾讲到富兰克林对避雷针的最初看法，认为针的尖端放电可以中和高空中的积雨云中的电荷，他不曾也不可能想到大气中的电荷迁移输送到云中的物理过程。

而今有条件来深入正确地考虑这个物理问题了。尖端放电产生的是前面谈到的各种大气轻、重离子，它们的运动要服从电学和牛顿运动定律。离子在电场作用下受到的力为

$$\boldsymbol{F} = e\boldsymbol{E} \tag{4.8}$$

这样它就要作加速运动，但是离子会与大气中其他粒子碰撞(不考虑与异号电离子的复合的情况)，所以必须计及分子运动理论的自由程和内摩擦等阻力，这样加速运动会趋向为某一速度 $\boldsymbol{u}$ 的等速运动，此时它受到的阻力与 $\boldsymbol{u}$ 有一确定的关系式：

$$\boldsymbol{F}' = \frac{6\pi\eta r\boldsymbol{u}}{1 + c_1\dfrac{\lambda}{r} + c_2\dfrac{\lambda}{r}\exp\left(-c_3\dfrac{\lambda}{r}\right)} \tag{4.9}$$

式中，$\eta$ 为大气粘滞系数；$r$ 为大气离子半径；$\lambda$ 为大气分子的平均自由程；$c_1$，$c_2$，$c_3$ 均为取决于离子和大气介质物理特性的常系数。在离子作等速 $\boldsymbol{u}$ 运动时必有

$$\boldsymbol{F} = -\boldsymbol{F}'$$

把式(4.8)与式(4.9)代入上式，即可得出

$$\boldsymbol{u} = \frac{e\left[1 + c_1\dfrac{\lambda}{r} + c_2\dfrac{\lambda}{r}\exp\left(-c_3\dfrac{\lambda}{r}\right)\right]}{6\pi\eta r}\boldsymbol{E} \tag{4.10}$$

可简化成

$$\boldsymbol{u} = k\boldsymbol{E} \tag{4.11}$$

式中，比例系数 $k$ 称为离子的迁移率。其物理意义是：离子在单位电场强度下在大气介质中作等速运动的速率，从式(4.10)可看出，此速率与离子的大小有关，因此大气离子可以根据其迁移率的大小分类，见表 4.2。

**表 4.2　大气离子的分类**

| 类　别 | | 迁移率 $k/\mathrm{cm^2\cdot V^{-1}\cdot s^{-1}}$ | 半径 $r/10^{-8}\mathrm{cm}$ | 成　分 |
|---|---|---|---|---|
| 大气轻离子 | 气体离子 | $k \geqslant 1.0$ | $r \leqslant 6.6$ | 气体分子 |
| | 小离子 | $1.0 > k \geqslant 10^{-2}$ | $6.6 < r \leqslant 78$ | 超微粒子 |
| 大气重离子 | 中离子 | $10^{-2} > k \geqslant 10^{-3}$ | $78 < r \leqslant 250$ | 埃根粒子 |
| | 大离子 | $10^{-3} > k \geqslant 2.5\times10^{-4}$ | $250 < r \leqslant 570$ | 埃根粒子 |
| | 特大离子 | $k < 2.5\times10^{-4}$ | $r > 570$ | 埃根粒子，大粒子 |

从式(4.10)还可看出，离子半径越小，迁移率越大，大气轻离子迁移率约比一般大气重离子迁移率大两个数量级以上，因此大气电导率主要决定于大气轻离子迁移率。大气轻离子在各种气体介质中运动的情况不同，一般总是负的轻离子的迁移率大于正的轻离子迁移率，详见表 4.3，表中气体介质都是处于标准状态。

大气轻离子迁移率因地而异，在地面和海面处，大气轻离子迁移率平均值介于 $1\mathrm{cm^2\cdot V^{-1}\cdot s^{-1}}$～$2\mathrm{cm^2\cdot V^{-1}\cdot s^{-1}}$之间，请参阅表 4.4。

表 4.3 不同气体介质中的轻离子迁移率

| 气体介质成分 | 正轻离子迁移率 $k_1$/ $cm^2 \cdot V^{-1} \cdot s^{-1}$ | 负轻离子迁移率 $k_2$/ $cm^2 \cdot V^{-1} \cdot s^{-1}$ | $k_2/k_1$ |
|---|---|---|---|
| 干空气 | 1.37 | 1.91 | 1.39 |
| 湿空气 | 1.37 | 1.51 | 1.10 |
| 氮分子 | 1.27 | 1.84 | 1.45 |
| 氧分子 | 1.29 | 1.79 | 1.39 |
| 水汽(100℃) | 1.10 | 0.95 | 0.86 |
| 二氧化碳 | 0.81 | 0.85 | 1.05 |
| 氩 | 1.37 | 1.70 | 1.24 |
| 氢 | 6.70 | 7.95 | 1.19 |
| 氦 | 5.09 | 6.31 | 1.24 |

表 4.4 各地地面和海面处，大气轻离子迁移率的平均结果

| 观测地点 | 正轻离子迁移率 $k_1$/ $cm^2 \cdot V^{-1} \cdot s^{-1}$ | 负轻离子迁移率 $k_2$/ $cm^2 \cdot V^{-1} \cdot s^{-1}$ | $k_2/k_1$ |
|---|---|---|---|
| 巴甫洛夫斯克(苏联) | 1.11 | 1.11 | 1.00 |
| 法兰士约瑟夫地(苏联) | 1.30 | 1.36 | 1.05 |
| 上澳大利亚(澳大利亚) | 1.02 | 1.25 | 1.23 |
| 堪培拉(澳大利亚) | 1.40 | 1.39 | 0.99 |
| 普纳(印度) | 1.12 | 1.13 | 1.01 |
| 太平洋 | 1.30 | 1.31 | 1.01 |

从式(4.10)还可看出，$k$ 反比于 $\eta$，$\eta$ 与大气密度成正比，所以大气离子迁移率随高度迅速递增，它与气温、压强的关系可表示为

$$k(T,P) = k(T_0,P_0)\left(\frac{T}{T_0}\right)\left(\frac{P_0}{P}\right) \tag{4.12}$$

式中，$k(T_0,P_0)$为标准状态下的大气离子迁移率，对大气正、负轻离子可分别取 $k_1(T_0,P_0)=1.4\text{cm}^2 \cdot \text{V}^{-1} \cdot \text{s}^{-1}$，$k_2(T_0,P_0)=1.9\text{cm}^2 \cdot \text{V}^{-1} \cdot \text{s}^{-1}$。

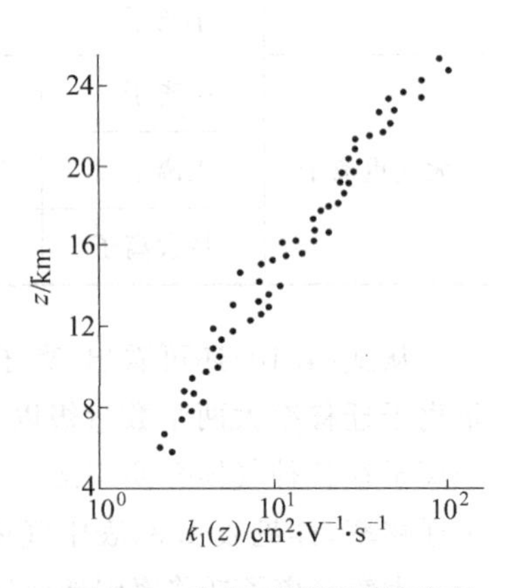


图 4.8 大气正轻离子迁移率 $k_1(z)$的分布

图 4.8 为澳大利亚墨尔本上空的实测结果。距地面 20km 高处大气轻离子迁移率达 $2\times10\text{cm}^2 \cdot \text{V}^{-1} \cdot \text{s}^{-1}$，约比 6km 高度处大一个数量级。

### 4. 大气离子的一些分布情况

大气离子浓度因地而异，而且具有日变化和年变化。大量观察表明，大气轻离子浓度的变化范围约从 $10^2\text{cm}^{-3}$ 数量级至 $10^3\text{cm}^{-3}$ 数量级，陆地大气正轻离子浓度的平均值为 $n_+=750\text{cm}^{-3}$，大气负轻离子浓度为 $n_-=650\text{cm}^{-3}$，后者略小于前者，且 $\frac{n_+}{n_-}=1.15$。

大气重离子浓度取决于气溶胶含量，因此变化范围比大气轻离子浓度的变化范围大，约从 $10^2\text{cm}^{-3}$ 数量级至 $10^4\text{cm}^{-3}$ 数量级。

表 4.5 列举了各地地面和海面处大气正、负轻离子浓度的平均值，各地大气轻离子浓度平均值为 $10^2\text{cm}^{-3}$ 数量级，约比大气重离子深度的平均值 $10^3\text{cm}^{-3}$ 小一个数量级。

**表 4.5　各地地面和海面处，大气离子浓度的平均值**

| 观测地点 | 大气轻离子 | | | 大气重离子 | | |
|---|---|---|---|---|---|---|
| | $n_1/\text{cm}^{-3}$ | $n_2/\text{cm}^{-3}$ | $n_1/n_2$ | $N_1/\text{cm}^{-3}$ | $N_2/\text{cm}^{-3}$ | $N_1/N_2$ |
| 莫斯科(苏联) | 710 | 625 | 1.12 | — | — | — |
| 巴甫洛夫斯克(苏联) | 600 | 570 | 1.05 | 2 680 | 2 480 | 1.08 |
| 阿拉木图(苏联) | 740 | 590 | 1.17 | 5 260 | 5 430 | 0.97 |
| 太平港 | 678 | 243 | 2.80 | — | — | — |
| 塔尔图(苏联) | 720 | 690 | 1.04 | — | — | — |
| 法兰克福(德国) | 556 | 525 | 1.06 | 9 860 | 9 690 | 1.02 |
| 丘(英国) | 440 | 314 | 1.40 | — | — | — |
| 华盛顿(美国) | 200 | 200 | 1.00 | 3 600 | 3 255 | 1.11 |
| 爪哇(印尼) | 602 | 558 | 1.08 | 2 500 | 2 210 | 1.13 |
| 大西洋 | 670 | 625 | 1.07 | — | — | — |
| 太平洋 | 420 | 420 | 1.00 | — | — | — |

还可以指出：大气轻离子浓度与大气重离子浓度呈负相关。图 4.9 显示，理论预言的结果和实际观察结果是相符的。图中，曲线为理论计算的结果，圆点为观测的结果。

### 5. 大气电导率

它的定义为：单位电场强度的作用下，因大气运动而形成的大气电流密度，单位为 $\Omega^{-1}\cdot\text{cm}^{-1}$。

大气电导率包括大气正极性电导率和大气负极性电导率，前者取决于大气正离子，后者取决于大气负离子。

若以 $\gamma$、$\gamma_1$ 和 $\gamma_2$ 分别表示大气总电导率、大气正极性电导率和大气负极性电导率，则

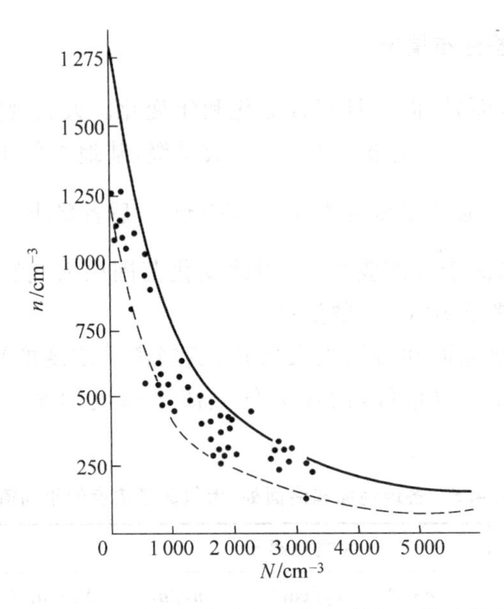


**图 4.9 大气轻离子浓度 $n$ 与大气重离子浓度 $N$ 关系的观测结果**

$$\gamma = \gamma_1 + \gamma_2 \tag{4.13}$$

$$\gamma_1 = \int_0^{\infty} ek_1 B_1(k_1)\mathrm{d}k_1 \tag{4.14}$$

$$\gamma_2 = \int_0^{\infty} ek_2 B_2(k_2)\mathrm{d}k_2 \tag{4.15}$$

大气轻离子迁移率约比大气重离子迁移率大两个数量级,而前者的浓度仅比后者的浓度小一个数量级左右,粗略估算表明,大气轻离子对大气电导率的贡献可占两种离子对大气总贡献率的95%左右。于是近似地可以有以下两个近似表示式:

$$\gamma_1 = ek_1 n_1 \tag{4.16}$$

$$\gamma_2 = ek_2 n_2 \tag{4.17}$$

式中,$n_1$,$n_2$ 分别为大气正、负轻离子浓度;$k_1$,$k_2$ 分别为大气正、负离子迁移率。两式表明,大气电导率与大气轻离子浓度之间呈正相关。由于晴天大气轻离子浓度与大气的气溶胶含量和大气电离率有关,所以晴天大气电导率也与大气的气溶胶含量和大气电离率密切相关。

但是前面曾指出,大气气溶胶浓度增大时,晴天大气重离子浓度将增大,而大气轻离子浓度减小,这就导致晴天大气电导率相应减小。实际观测也表明,晴天大气电导率与晴天大气轻离子浓度呈正相关,而与大气重离子浓度呈负相关。

由此可知大气晴天电导率不仅随地点而变,而且还有日变化和年变化。

根据大量观测统计结果可以得出:晴天大气总电导率平均值为 $2.3\times10^{-16}\,\Omega^{-1}\cdot\mathrm{cm}^{-1}$,其变化范围约为 $2\times10^{-17}\,\Omega^{-1}\cdot\mathrm{cm}^{-1}\sim6\times10^{-16}\,\Omega^{-1}\cdot\mathrm{cm}^{-1}$。表 4.6 为实测情况。

**表 4.6　各地地面和海面晴天大气总电导率的平均结果**

| 观测地点 | 大气总电导率/$10^{-16}\,\Omega^{-1}\cdot cm^{-1}$ |
|---|---|
| 巴甫洛夫斯克(苏联) | 2.30 |
| 塔什干(苏联) | 3.89 |
| 太平港 | 2.96 |
| 波茨坦(德国) | 1.08 |
| 达佚斯(瑞士) | 3.08 |
| 爪哇(印尼) | 2.96 |
| 大西洋 | 3.11 |
| 太平洋 | 3.22 |

晴天大气电导率随高度而变,因时因地而异,图 4.10 显示了各地观测站所观测的晴天大气总电导率随高度分布的平均结果和变化范围。至于其随地点和时间而变就更复杂了。

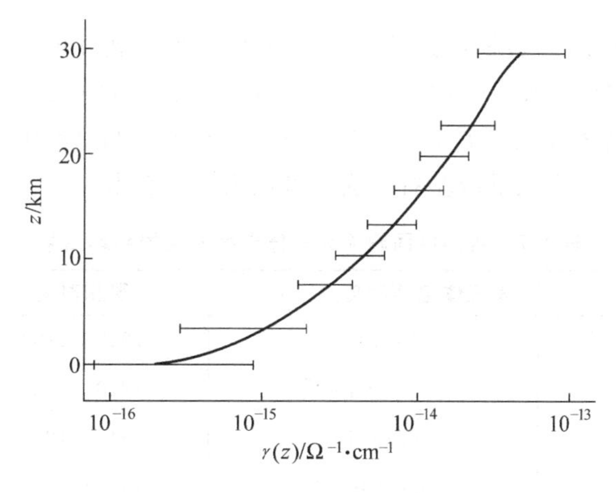


**图 4.10　晴天大气总电导率 $\gamma(z)$ 随高度 $z$ 分布的平均结果和变化范围**

### 6. 晴天大气的体电荷

由上面的讨论看来,似乎大气是等离子体了,正、负电子均匀分布混在一起,宏观不显电性。实际上却不是,因为除电离源产生的正、负离子对之外,上方还有云雾降水产生的其他带电粒子,下方还有树枝、花草等尖端物的尖端放电产生的电荷,还有火山爆发、沙暴、雪暴、输电线路电晕放电、工厂排放的带电粒子等。它们受到大气电场、重力、对流等因素的非对称的作用,使得大气中各处的正、负电荷的分布不均匀,势必使任何局部空间都不是电中性的,显示有净的体电荷分布。若体积 $V$ 的大气中携带总的正电荷为 $Q_+$,负电荷为 $Q_-$,则大气体电荷密度 $\rho$ 应为

$$\rho = \frac{Q_+ + Q_-}{V} \tag{4.18}$$

前面已指出,晴天大气电场有比较稳定的平均电场强度,其方向恒与地球表面法线方向反平行。而地球带有稳定的负电荷,显然可推测出,大气含有正的体电荷密度分布,它是可以运用电学理论及实测数据估算出来的。

由静电学理论可知

$$\nabla \cdot \boldsymbol{E} = 4\pi\rho \tag{4.19}$$

代入式(4.1),就得出

$$\nabla^2 V = -4\pi\rho \tag{4.20}$$

由于大气电场的 $\boldsymbol{E}$ 的方向几乎总是 $-\boldsymbol{n}$ 方向,取 $z$ 轴与 $-\boldsymbol{n}$ 相重合,电场强度与 $z$ 轴方向一致(为正),则式(4.19)及式(4.20)可分别简化成:

$$\rho(z) = -\frac{1}{4\pi}\frac{\partial E(z)}{\partial z} \tag{4.21}$$

$$\rho(z) = \frac{1}{4\pi}\frac{\partial^2 V(z)}{\partial z^2} \tag{4.22}$$

只要测出 $E(z)$ 并用式(4.5)求得 $V(z)$,就可以用式(4.21),式(4.22)解出大气电场中体电荷密度 $\rho(z)$。

从实际观测到的 $E(z)$ 数据可以看出,$\rho(z)$ 不仅随地点和高度变化,还同样具有日变化和年变化。全球表面晴天大气体电荷的平均值约为 $10^{-17}\text{C}\cdot\text{cm}^{-3}$,各地地面和海面高度的晴天大气体电荷密度值通常介于 $-2\times10^{-17}\text{C}\cdot\text{cm}^{-3}$ 与 $2\times10^{-17}\text{C}\cdot\text{cm}^{-3}$ 之间,其绝对值变化范围可达1个数量级左右。这些可从表4.7看出。

**表4.7 各地地面晴天大气体电荷密度的平均结果**

| 观测地点 | 大气体电荷密度/$\text{C}\cdot\text{cm}^{-3}$ | 观测时间 | 备注 |
|---|---|---|---|
| 巴达布林(德国) | $4\times10^{-17}$ | 1905—1907 | 0m～2m 高 |
| 乌普萨拉(瑞典) | $-1.7\times10^{-17}$ | 1918—1920 | 0m～2m 高 |
| 乌普萨拉(瑞典) | $-6.7\times10^{-17}$ | 1918—1920 | 1m～3m 高 |
| 丘(英国) | $3.4\times10^{-18}$ | 1932—1934 | 1m～3m 高 |
| 楚格斯皮茨(奥地利) | $6.8\times10^{-18}$ | 1924—1926 | |
| 波茨坦(德国) | $6.3\times10^{-17}$ | 1921—1922 | |
| 慕尼黑(德国) | $1.4\times10^{-17}$ | 1934—1936 | |
| 丰原(日本) | $5.7\times10^{-17}$ | 1934 | |
| 巴甫洛夫斯克(苏联) | $1.1\times10^{-18}$ | 1923—1924 | |
| 斯坦福(美国) | $2.8\times10^{-17}$ | 1931 | |
| 弗里堡(瑞士) | 0 | 1915—1916 | |
| 塔尔图(苏联) | $3.2\times10^{-17}$ | 1951 | |

由于在各地实际测得的大气电场的 $E(z)$ 差别很大,所以 $\rho(z)$ 随高度而变的情况也较复杂,一般说来,大气平静时 $E(z)$ 随高度而单调地减小,如图4.3所示。如此,则 $\rho(z)$ 也是一条类似图4.3所示形状的单调递减的曲线。

实际情况却很复杂，因为大气中有湍流、逆温等气象变化，所以有时会与图 4.3 这种曲线完全不同，可说是出现反常。有些地方体电荷密度由正变为负，或者随着高度而递增 。

表 4.8 为英国伦敦附近实测的情况。

**表 4.8　10m 高度以下气层中晴天大气体电荷密度随高度的分布**

| 高度范围/m | 大气体电荷密度/$C\cdot cm^{-3}$ | | |
|---|---|---|---|
| | 静稳大气 | 强湍流大气 | 各种大气状况的平均 |
| 1～3 | $-6.7\times10^{-18}$ | $6.7\times10^{-18}$ | $3.4\times10^{-18}$ |
| 3～5 | $-6.7\times10^{-18}$ | $6.7\times10^{-18}$ | $6.7\times10^{-18}$ |
| 5～7 | $5.3\times10^{-17}$ | $3.4\times10^{-18}$ | $1.3\times10^{-17}$ |
| 7～10 | $1.7\times10^{-17}$ | $1.3\times10^{-17}$ | $2.3\times10^{-17}$ |

### 7. 晴天大气电流

它是由几种不同性质的晴天大气电流分量组成，主要可分为晴天大气传导电流、晴天大气对流电流和晴天大气扩散电流。其中，传导电流是晴天大气正、负离子在大气电场作用下的运动而形成的，对流电流则是晴天大气体电荷随气流移动而形成的，扩散电流则是晴天大气体电荷因湍流和扩散而形成的。若这三者分别用 $\boldsymbol{J}_c,\boldsymbol{J}_\omega,\boldsymbol{J}_t$ 三个矢量代表电流密度，则晴天大气电流的电流密度矢量 $\boldsymbol{J}$ 应为三者的矢量和，即

$$\boldsymbol{J}=\boldsymbol{J}_c+\boldsymbol{J}_\omega+\boldsymbol{J}_t \tag{4.23}$$

由欧姆定律可知

$$\boldsymbol{J}_c=\gamma\boldsymbol{E} \tag{4.24}$$

若以 $\boldsymbol{v}$ 表示气流移动的平均速度，则

$$\boldsymbol{J}_\omega=\rho\boldsymbol{v} \tag{4.25}$$

晴天大气体电荷密度不均匀引出扩散运动，若以 $k$ 表示大气湍流扩散系数，则有

$$\boldsymbol{J}_t=-k\nabla\rho \tag{4.26}$$

式(4.23)有时还需要补充第四个电流成分，那就是在大气电场的电场强度 $\boldsymbol{E}$ 发生变化时所必须考虑的大气位移电流，以 $\boldsymbol{J}_d$ 表示其电流密度矢量，则有

$$\boldsymbol{J}_d=\frac{1}{4\pi}\frac{\partial\boldsymbol{E}}{\partial t} \tag{4.27}$$

现在来估计一下各个量的大小。

若取大气电场 $E=100V\cdot m^{-1}$，晴天大气电导率 $\gamma=10^{-16}\Omega^{-1}\cdot cm^{-1}$，则 $J_c=10^{-16}A\cdot cm^{-2}$。

而在地面处 $\rho=10^{-18}C\cdot cm^{-3}$ 及气流速率为 $1m\cdot s^{-1}$ 情况下，$J_\omega=10^{-16}A\cdot cm^{-2}$。

又在强湍流条件下，可取 $k=10^6cm^{-2}\cdot s^{-1}$，若取地面处 $\frac{\partial\rho}{\partial z}=-1.5\times10^{-17}C\cdot cm^{-4}$，则 $J_t=-1.5\times10^{-16}A\cdot cm^{-2}$。

由此可见，在贴近地面高度，当对流和湍流扩散运动较强时，这三种电流成分是同一数量级的。一般情况下，晴天时，比地面稍高的大气中，则传导电流是主要的。

至于位移电流，在大气电场1小时内增大$300V\cdot cm^{-1}$的情况下，$J_d$可达$7.4\times10^{-17}A\cdot cm^{-2}$，此时就必须计入这一电流成分了。

晴天大气电流的观测包括直接测量和间接测量两种，直接测量方法是通过在一段给定时间内测大地上所接受到的电荷量，从这个数据得到的是大气总电流密度$J$。

间接测量法则是观测晴天大气电流强度和晴天大气电导率，而后用式(4.24)计算，这样得到的数值是大气传导电流密度$J_c$。

若上述两种方法所得值不一致，就表明大气电流中有晴天对流电流和晴天大气扩散电流。

此外晴天大气电流密度与晴天大气体电荷密度还必须满足电荷守恒定律，即

$$\frac{\partial\rho}{\partial t}+\nabla\cdot\boldsymbol{J}=0 \tag{4.28}$$

晴天大气电流密度也是随地点、季节而变，海洋上变化较小，陆地上变化较显著，表4.9是各地实际测量的结果。

**表4.9 各地地面晴天大气电流密度的平均结果**

| 观测地点 | 经纬度/(°) | | 晴天大气电流密度/$10^{-16}A\cdot cm^{-2}$ | 晴天大气传导电流密度/$10^{-16}A\cdot cm^{-2}$ | 观测年限 |
|---|---|---|---|---|---|
| | 纬度 | 经度 | | | |
| 法兰士约瑟夫地(苏联) | 80.3N | 52.8E | 4.2 | | 1932—1933 |
| 斯瓦巴德(挪威) | 79.1N | 11.6E | | 4.3 | 1913—1914 |
| 斯科斯比松(格陵兰) | 70.5N | 22.0W | | 1.7 | 1932—1933 |
| 费尔班克斯(美国) | 64.9N | 147.8W | | 3.3 | 1932—1933 |
| 雷伊堡(加拿大) | 62.8N | 116.1W | 2.7 | | 1932—1933 |
| 乌普萨拉(瑞典) | 59.9N | 15.2E | 1.6 | | 1950—1951 |
| 巴甫洛夫斯克(苏联) | 59.7N | 30.5E | | 3.5 | 1916—1920 |
| 爱丁堡(英国) | 55.9N | 3.3W | 1.4 | | 1909 |
| 达勒姆(英国) | 54.8N | 1.6W | 2.2 | | 1938—1939 |
| 冰岛 | 54.0N | 22.0W | | 3.0 | 1910 |
| 格伦克雷(爱尔兰) | 53.2N | 6.3W | 2.5 | 2.7 | 1933—1935 |
| 波茨坦(德国) | 52.4N | 13.1E | | 2.4 | 1912—1921 |
| | | | 1.1 | | 1932—1933 |
| 格廷根(德国) | 51.5N | 9.9E | | 2.7 | 1906 |
| 丘(英国) | 51.5N | 0.3E | 1.1 | | 1930—1931 |
| 瓦恩斯(德国) | 51.2N | 13.7E | | 3.7 | 1934—1938 |
| 瓦尔瓦约(法国) | 48.8N | 2.0E | | 2.2 | 1913 |
| | | | | 1.6 | 1924—1927 |

续表

| 观测地点 | 经纬度/(°) | | 晴天大气电流密度/$10^{-16}$ A · $cm^{-2}$ | 晴天大气传导电流密度/$10^{-16}$ A · $cm^{-2}$ | 观测年限 |
|---|---|---|---|---|---|
| | 纬度 | 经度 | | | |
| 慕尼黑(德国) | 48.1N | 11.6E | 1.0 | | 1909 |
| | | | | 2.3 | 1936 |
| 布肖(德国) | 48.1N | 9.6E | 1.6 | | 1951—1952 |
| 昌邦拉福雷特(法国) | 48.0N | 2.3E | | 1.3 | 1939 |
| | | | | 2.2 | 1942—1944 |
| 泽汉姆(奥地利) | 48.0N | 13.1E | | 2.7 | 1912 |
| 帕亚纳(瑞士) | 46.8N | 6.9E | 2.1 | | 1954—1955 |
| 弗里堡(瑞士) | 46.8N | 7.2E | | 3.2 | 1913 |
| 伊索迪布里萨戈(意大利) | 46.1N | 8.7E | 3.6 | | 1955 |
| 托尔托萨(西班牙) | 40.8N | 0.5E | | 2.2 | 1914—1924 |
| | | | | 1.9 | 1930—1935 |
| 华盛顿(美国) | 38.9N | 77.1W | | 1.5 | 1930 |
| 塔克森(美国) | 32.2N | 110.8W | | 2.1 | 1931 |
| | | | | 2.9 | 1940—1943 |
| 西姆拉(印度) | 31.1N | 77.2E | 1.8 | | 1909 |
| 广州(中国) | 23.1N | 113.3E | 2.0 | | 1937 |
| 浦那(印度) | 18.5N | 73.9E | | 2.7 | 1935—1937 |
| 班加罗尔(印度) | 13.0N | 77.6E | | 2.1 | 1932—1933 |
| 万隆(印尼) | 6.9S | 107.5E | | 2.6 | 1932—1935 |
| 萨摩亚(美国) | 13.5S | 171.5W | | 2.1 | 1907—1908 |
| 瓦塞罗(澳大利亚) | 30.3S | 115.9E | | 3.1 | 1924—1934 |
| 圣米格尔(阿根廷) | 34.6S | 58.7W | | 1.1 | 1946—1948 |
| 堪培拉(澳大利亚) | 35.3S | 149.2E | | 2.8 | 1930—1936 |
| 彼得曼(南极洲) | 65.1S | 64.1W | | 7.1 | 1908—1909 |

注：N、S 表示北纬、南纬；E、W 表示东经、西经。

晴天大气电流每天都会有脉动变化，可以有一个峰值，也可以有两个峰值。

## 4.3　雷雨云

以上虽讨论的是晴天，但它探讨的一些电的规律对雷雨天气仍是有指导意义的，而且雷雨云的带电与晴天大气的电场有紧密关系。

下面几节就要涉及闪电及产生闪电的云(俗称雷雨云)。其实云的种类很多,有几种与雷电有关,其中最重要的是积雨云,所以一些专业书就只讲积雨云。可以说俗称的雷雨云即是专业书上所讨论的积雨云。为了弄得更清楚些,还是需要先全面地介绍气象学中关于云的基本知识,表4.10列出常见的各种云的状况,表4.11则是介绍有天气预兆的各种云。从表中可见到什么样的云与雷电有关系。

**表4.10　常见的云**

| 云类 | 国际简写 | 云　形 | 云色 | 伴随出现的天气 | 云　种 |
|---|---|---|---|---|---|
| 卷云 | $C_i$ | 丝条状,片状,羽毛状,钩状,砧状 | 白 | 晴 | 高　云<br>(云底离地面6 000m以上) |
| 卷层云 | $C_s$ | 丝幕状,有晕 | 乳白 | 晴或多云,北方冬天可能下雪 | |
| 卷积云 | $C_c$ | 细鳞片状,成行、成群排列整齐,像微风吹拂水面而成的小波纹 | 白 | 晴,有时小雨、大风 | |
| 高层云 | $A_s$ | 均匀成层,如幕布 | 灰白或灰 | 阴,有时下小雨 | 中　云<br>(云底离地面2 500～6 000m) |
| 高积云 | $A_c$ | 云块较小,扁圆形、瓦块状、水波状排列 | 白或暗灰 | 晴,多云或阴 | |
| 层积云 | $S_c$ | 云块较大,条状、片状或圆状,较松散;成群、成行或波状排列 | 灰白或深灰 | 晴,多云或阴,有时下小雨(小雪) | 低　云<br>(云底离地面2 500m以下) |
| 雨层云 | $N_s$ | 低而漫无定形,如烟幕,云底常伴有碎雨云 | 暗灰 | 连续性雨雪 | |
| 积云 | $C_u$ | 底部平坦,顶部凸起,如山峰 | 灰白,浓淡分明 | 晴,少云或多云 | 直展云<br>(云底高约2 500m左右与低云相近) |
| 积雨云 | $C_b$ | 比积云浓厚,庞大,像高山,顶部模糊,底很阴暗,云底很低 | 乌黑 | 多云或阴,有雷阵雨,伴有大风、雷电,有时产生冰雹、龙卷风等 | |

**表4.11　有天气预兆的云**

| 云形 | 云类 | 云状及其特征 | 天气预兆 |
|---|---|---|---|
| 积状 | 卷云 | 毛卷云——云丝分散,纤维结构清晰,像乱丝、羽毛、马尾 | 雨 |
| | | 密卷云——白色,云丝密集、聚合成片 | 晴 |
| | | 钩卷云——白色,云丝平行排列,上端有小钩或小团,很像逗点符号 | 阴雨 |
| | | 伪卷云——云体大而厚密,像铁砧或倒立的扫帚,由积雨云顶(冰晶部分)脱离主体后单独出现的 | 晴 |

从这两表可见积状云与雷电最有关系,积状云如何发展而成积雨云呢?图4.11形象地表示局部地区由于大气的对流而形成积雨云的情况。由于地面吸收太阳的辐射热量远远大于空气层,所以白天地面温度升高较多(夏日这种升温更显著),近地层的大气温度由于热传导和热辐射也跟着升高。气体温度升高体积必然膨胀、密度减小、压强也

降低,根据流体力学的原理气体就要上升,上方的空气层密度相对来说较大,就要下沉。整体运动是不可能的,除非有些特殊点首先产生扰动,有序运动就很快形成,这与热现象中有名的“伯纳德现象”是相同的,“伯纳德对流”就必然发生。大气对流就是其中之一,这种特殊点就是地表的隆起部位,此处温升高,上升气流首先在这里产生,无序运动转化为有序运动。

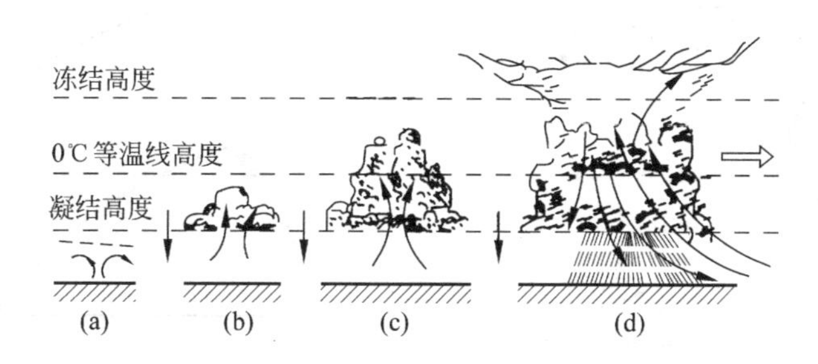


**图 4.11　积雨云的形成**

在热气流上升时必伴随发生两种物理过程。第一种是膨胀,因为高空的气压低,上升气流团就要膨胀降压。第二种是降温,这是气体状态方程所决定的,同时也是由于高空大气温度低,热交换所致。这就使得上升气团中的水汽凝结而出现雾滴,就产生了云。

由对流运动而形成的云称为积状云,也可称为对流云,其外形特点是孤立块状,起初水平范围不大,底部平坦,顶部凸起自由地向上方伸展如山,色暗而臃肿。

积状云包括淡积云、浓积云和积雨云几个不同发展阶段。此外,伪卷云、密卷云和钩卷云也属此类。

图 4.11 中,图(b)是淡积云,图(c)是浓积云,图(d)是积雨云。到达积雨云这一阶段,垂直对流非常强烈,云中除了一般的水雾滴之外,还有温度低于 0℃的过冷水滴和冰晶,云的顶部失去了圆弧形,厚度可发展到 10km 左右,底部乌黑,开始出现大雨、暴雨、冰雹和闪电。这种积雨云又称为热雷云,是局部地区热对流所致,范围较小,通常在午后发生,消失也快,但也有达几小时的。在我国,积雨云在华北及西北的夏季最多见,一般说来,危害不算很大,这种雷暴称为气团雷暴。

另外一种的影响范围与程度就大多了,称为锋面雷暴,白天晚上均可发生,南方比北方多,山地比平原多,内陆近海比沿海多。它的产生情况可形象地用图 4.12 表示。

气象学中关于锋的概念,可用图 4.13 示意。大气中不同性质的气团,如冷气团、暖气团之间有一个过渡区域,当它十分狭窄的时候,气象学就称它为锋,在锋的两侧温度有剧烈差异。锋在空间总是倾斜的,下面是冷空气团,上面是暖气团。锋的宽度向上逐渐展宽,近地面层约数十公里宽,高层则达 200km～400km 以上,它比起气团的范围来还是狭窄的。在研究讨论中,常把锋看成面,故又称之为锋面。它与水平面的交线称为锋线,其长度从几百千米至几千千米。

根据锋的移动情况不同,可以把它分为几类。第一类是冷锋,如图 4.14 所示,是冷气团推动暖气团运动,冷锋过境,气温下降,在我国一年四季均有,冬季常见。第二类为暖锋，暖气团起主导作用，如图 4.15 所示，大多在我国东北地区和长江流域活动。其他还有准静止锋、锢囚锋。

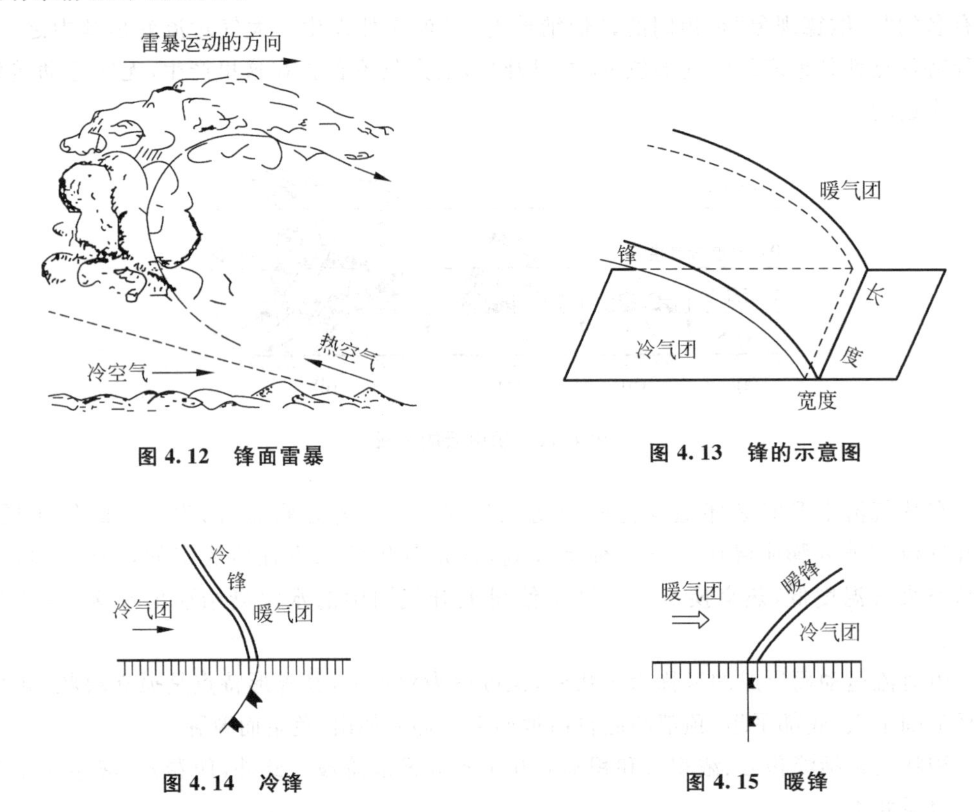


图 4.12　锋面雷暴

图 4.13　锋的示意图

图 4.14　冷锋

图 4.15　暖锋

由于锋面上潮湿不稳定的暖气团的强烈对流造成雷暴，它可以发生在各种锋面上，而以冷锋最为强烈，它随着锋面一起移动，所以雷暴覆盖面积广，来势迅速，几千米范围同时波及。一般是在夏季发生，但在秋末春初也有发生的条件。雷云常随高空气流而移动，因此也可能与地面风向相反。在我国雷云移动方向多自西北向东南，华中地区以西或西南为常见，在东北地区多为自西向东。多数情况移动速度较快，可达 $100\text{km}\cdot\text{h}^{-1}\sim170\text{km}\cdot\text{h}^{-1}$，因此在一个地区只 15min～20min 内就结束了。由于这种雷暴与锋面移动有相关性，其趋势可以预测。1989 年 8 月 12 日青岛市那一场惊动世界的特大雷击火灾就是这种雷暴所致。当日中国科学院空间中心雷电组正在用他们自制的雷电监测系统观测山东地区的闪电活动情况，清楚地从荧屏上看到雷暴的移动情况，从山东省西北部逐渐移向沿海地区，早在半小时前就估计到闪电落雷将要移到青岛市区，而且记录下青岛市的黄岛地区在 9 时 55 分有一个落雷点。由此例可以看出，气象学的研究与防雷工程是有密切关系的，以往气象学着重于预报风雨，今后有可能预报闪电袭击。

所以下面介绍一些雷暴的移动特点和天气的特征。

一般情况，雷暴大体上随 $500\times10^2\text{Pa}$ 对应的高度上的气流方向运行，其速度平均为 $30\text{km}\cdot\text{h}^{-1}\sim40\text{km}\cdot\text{h}^{-1}$。一般是春秋季大于夏季，夜间大于白天。因为春秋南北温差大，高空引导气流强；而在夜间，多锋面雷暴本身移动迅速，所以夜间雷暴比白天移动得快。但地形对雷暴移动有影响：

(1) 积雨云遇山地阻挡，由于迎风面有上升气流影响，使雷暴在山地的迎风面停滞少动。

(2) 当积雨云受山脉阻挡时，雷暴即沿山脉走向移动，如山脉有缺口时，则雷暴顺着山口移动。

有些地方或者野外作业不可能设置有效的避雷装置，则可以采取预防性的“躲”的方针，以保护设备和工作人员的安全，因此需要了解雷暴天气的一些气象要素的变化特征，早作准备。气象部门从一些典型地区的观测，归纳出如下一些情况作为参考。

(1) 风、雷暴前地面风较弱，低层空气自四周向云体中辐合。当雷暴降水出现时，风向突转，风速突增，这是降水时雨滴下降的牵动作用所致，所以雷暴降水前后，风向随之发生明显变化。

(2) 气压。雷暴前气压是一直下降的，破坏了日变化规律。雷暴降水出现时气压急速上升，仅几分钟后就转为急降，在记录纸的曲线上出现一个明显的圆顶，通常称为雷暴鼻，见图 4.16。由于冷空气下沉而导致的气压上升是很激烈的，可达 $\frac{1}{3}\times10^{2}\mathrm{Pa}\cdot\mathrm{min}^{-1}$。

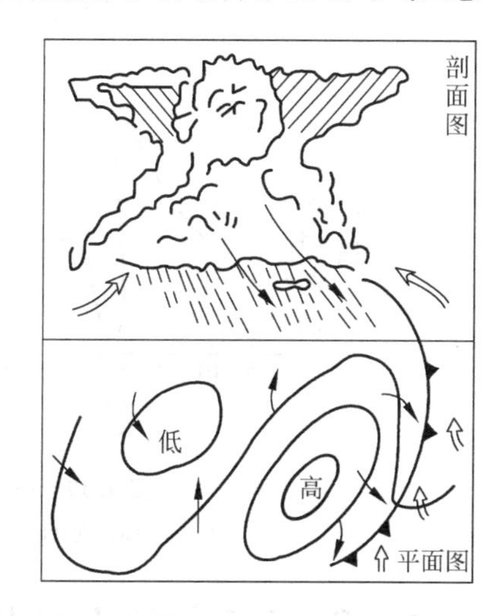


**图 4.16　雷暴高压与雷暴中气流分布**

(3) 温度。雷暴前气温不断升高，一旦出现雷暴降水，气温就猛烈下降，这是由于下沉冷空气及雨滴蒸发吸热所致，温度变化可达 10℃左右。这种气温急剧变化与气压的变化有近似负相关性，气压急升时气温迅速下降，气压达最高值时气温达最低值，随后气压下降时气温又稍有回升。

(4) 湿度。雷暴前由于上升气流大量携走水汽，地面相对湿度减小，但当雷暴阵风与降水出现后，相对湿度迅速增加到接近 100%，雷暴过后，相对湿度又稍有下降。

(5) 降水。雷暴所出现的阵性降水，强度很大，一般是开始时很急，以后又缓慢减小。

(6) 云与雷电现象。一般在雷暴出现前，可以观测到堡状和絮状高积云。这些云的出现表示空中大气状态的不稳定，促使云体不断向上发展而形成积雨云，产生雷暴。雷暴来临时，首先常可观测到伪卷云，紧跟着来临的是巨大乌黑的积雨云，伴随着闪电与雷声。

图 4.17 是 1963 年 5 月 10 日浙江平阳站记录下来的一场雷暴的几种气象因素的变化曲线，可作为一个实例。

除了上述两种常见的雷云，即热雷云和锋面雷云外，还有比较少见的涡雷云和火山雷云，它们分别是在台风涡流及火山爆发时形成的。

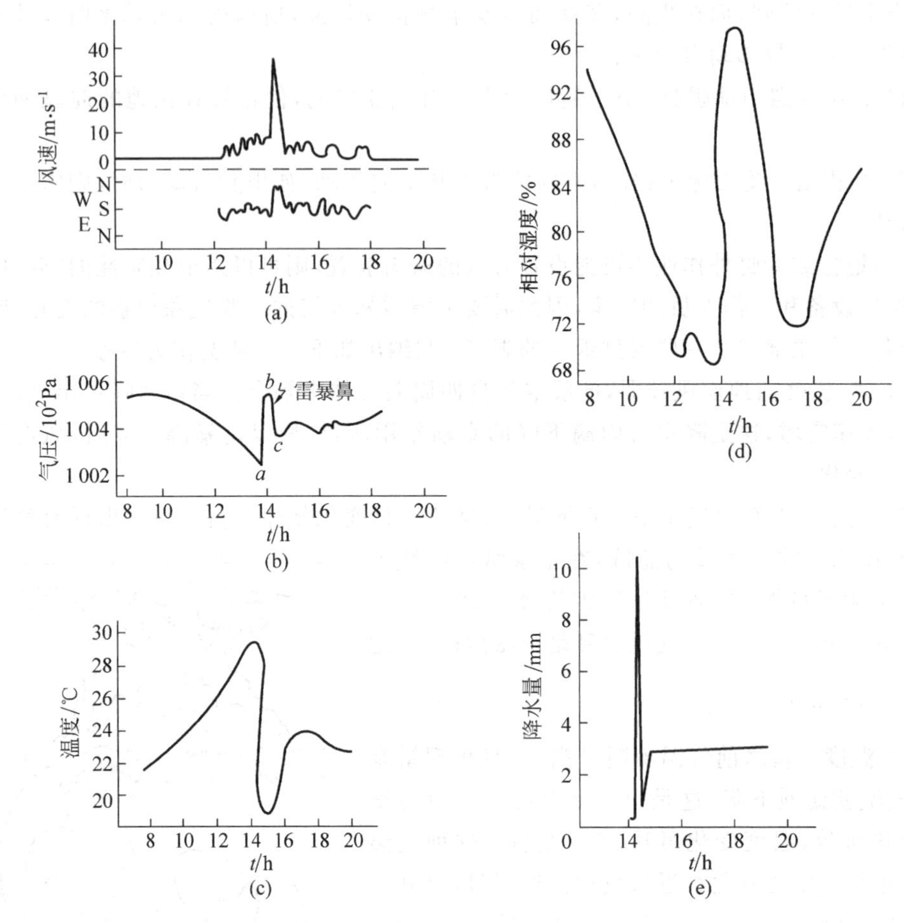


**图 4.17 一次雷暴过程的气象要素的观测实例**

(a) 风;(b) 气压;(c) 温度;(d) 相对湿度;(e) 降水

# 4.4 积雨云中的电结构

闪电主要来自积雨云,所以了解它的电结构是极为基本而重要的,英、法、美、德等国和独联体都对此进行长期的探测工作,从气球升空到飞机直接进入积雨云中。但是迄今得到的只能是一种概率性的认识,所发表的探测结果只可以说是在若干地点上空对少数积雨云的抽样调查而已。但是又必须承认,它有普遍的代表性,比 1960 年前的认识大大向前跨了一步。我国应该对自己的上空也进行采样探测来深化对积雨云的电结构的认识,完善这一认识。下面只能引用外国的探测资料。

积雨云发展的前一阶段是浓积云,此时一般尚无闪电,但当飞行器穿越时,也可能触发闪电,苏联对它作过较多探测。1971 年,在 И. М. Имянитов, Е. В. Чубарина 和 Я. М. Шварц 三人发表的探测结果中,提出图 4.18 这一模式,表示浓积云中电荷分布的典型情况,同时又提出图 4.19 所示的浓积云中不同大小的大气体电荷尺度的出现概率分布的平均结果。

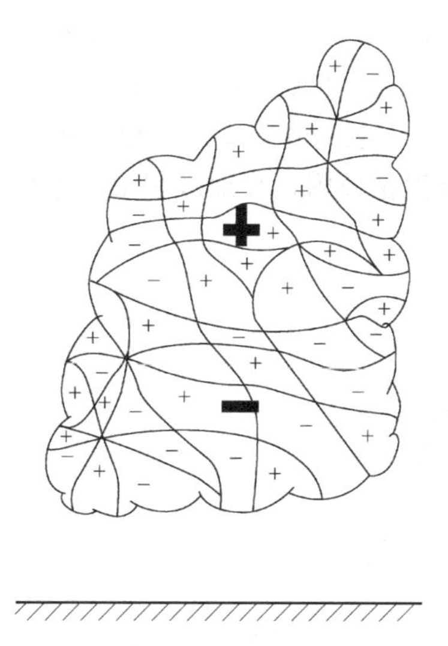

图 4.18 浓积云中电荷分布的典型情况

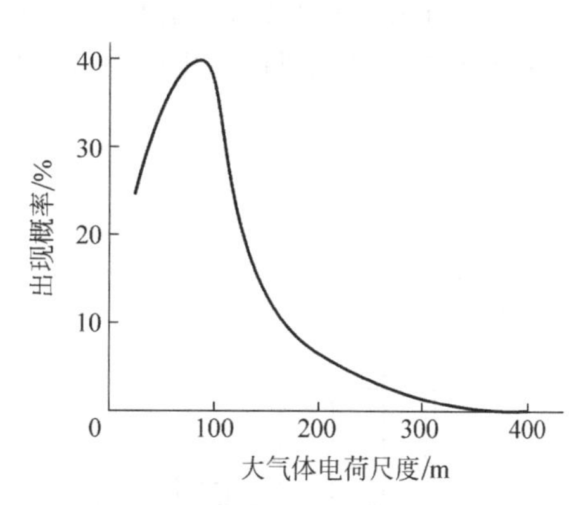


图 4.19 浓积云中不同大气体电荷尺度的出现概率分布

一般情况下，云中各部分都出现大气体电荷，有的部分为正，有的部分为负，分布极不规则，随机性极大，但是从云体外考察，似乎有一个正电荷中心在上方，另有一个负电荷中心在下方，从地面上看，好像云是带负电的。每一局部荷电区的大气体电荷密度绝对值较高，其平均值大于 $6\times10^{-17}C\cdot cm^{-3}$ 的出现概率达 75%，个别情况下，其值可达 $7\times10^{-15}C\cdot cm^{-3}$。但较大范围的云中平均大气体电荷密度绝对值就低得多，其值为 $3\times10^{-18}C\cdot cm^{-3}\sim6\times10^{-17}C\cdot cm^{-3}$ 的出现概率为 50%。

云中大气体电荷密度的分布是不均匀的，云中大气体电荷尺度的变化范围在几十米至几百米之间，这个尺度与大气体电荷密度绝对值的大小密切相关，大气体电荷密度绝对值较大时，大气体电荷尺度较小；反之，大气体电荷密度较小时，大气体电荷尺度就较大。

多数浓积云中大气电场强度的峰值为正，即指向朝上，其平均值可从 $1V\cdot cm^{-1}$ 左右变化到几百 $V\cdot cm^{-1}$ 左右，不同大气电场平均峰值出现概率的平均结果如图 4.20 所示。图中，大气电场平均峰值为 $0V\cdot cm^{-1}\sim10V\cdot cm^{-1}$ 的概率最高，达 50%，而大于 $200V\cdot cm^{-1}$ 的出现概率仅为 0.2%。

浓积云中大气电场的分布是不均匀的。若云中一定空间范围内的大气电场具有相同符号和大小，则该空间范围的尺度称为大气电场不均匀分布尺度，其范围为几十米至几百米，图 4.21 示出了它的出现概率的平均结果，可以看出，这个尺度主要在 10m～150m。

下面介绍一些被大家公认的且常被各书刊引用的积雨云中电结构的典型，如图 4.22 所示。其中，图(a)是德国 H. Israël 发表于《Atmospheric Electricity》第 2 卷的实测结果；图(b)是在南非多雷地区上空探测所得的结果，由美国著名雷电研究者 Martin A. Uman 发表于 1969 年出版的《Lightning》。1986 年他写的另一本书《All About Lightning》中还给出了图 4.23 所示的结果，他注明是根据 1963 年英国出版的 D. J. Malan 所著的《Physics of Lightning》一书得到的。1990 年 6 月，美国肯尼迪航天中心(KSC)和美国国家航天局(NASA)联合印发了一份报告,介绍航天中心的最新防雷技术。其中有一个关于积雨云电荷分布的典型图,如图 4.24 所示。从这些图可看出:从 20 世纪 60 年代直到 90 年代,公认的积雨云中电荷分布是几乎相似的,可认为有三个电荷中心,典型化表示如图 4.22(c)所示。图 4.22(c)是 G. C. Simpson 等人根据英国伦敦附近丘地区积雨云电荷分布的大量观测的结果而提出的电荷分布模式。

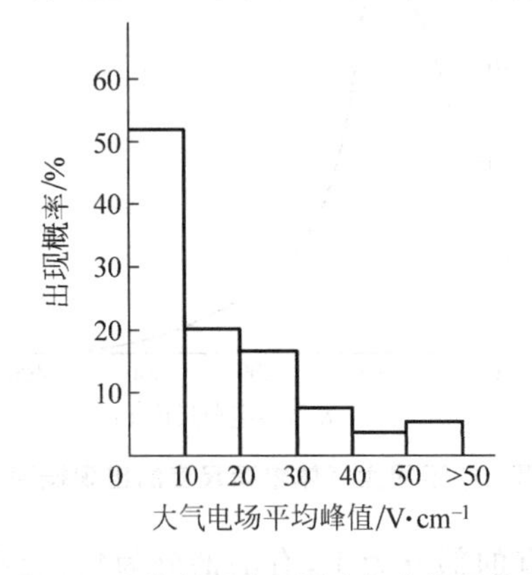


**图 4.20　浓积云中不同大气电场平均峰值的出现概率分布**

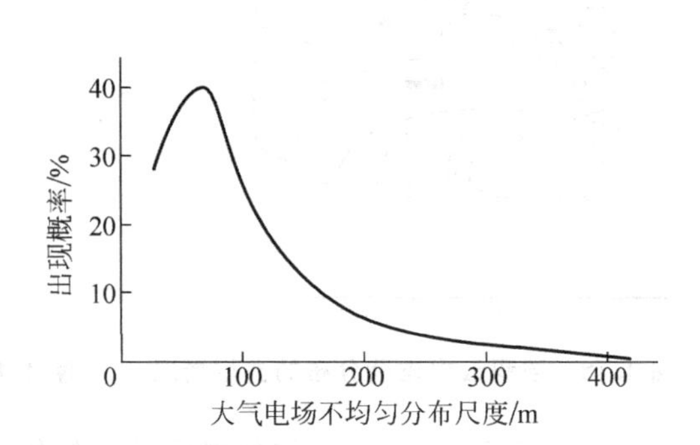


**图 4.21　浓积云中不同大气电场不均匀分布尺度的出现概率分布**

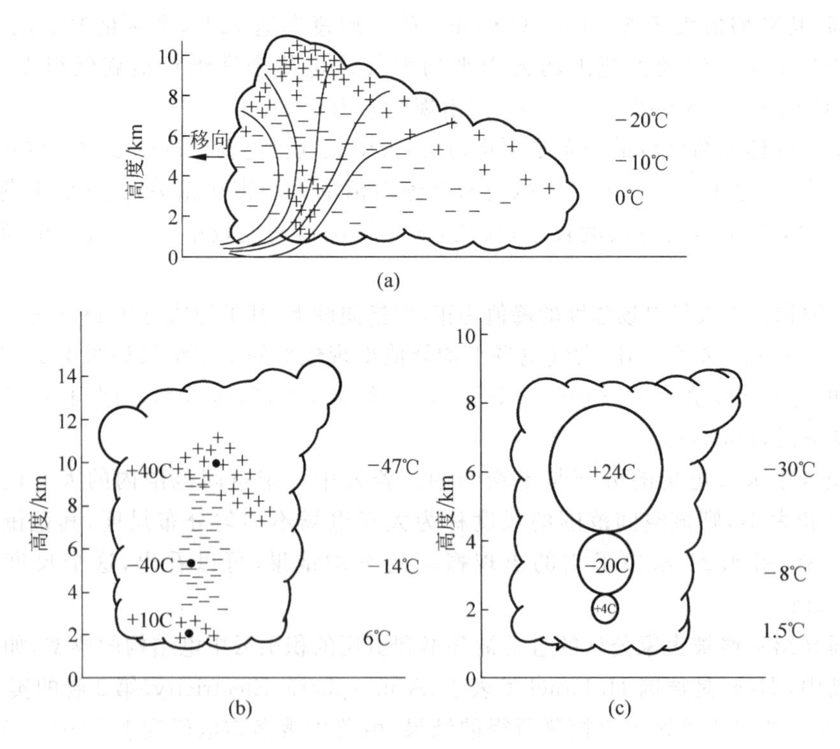


**图 4.22　积雨云中电荷分布的典型情况和电荷分布模式**

(a) 英国丘地区;(b) 南非地区;(c) 电荷分布模式

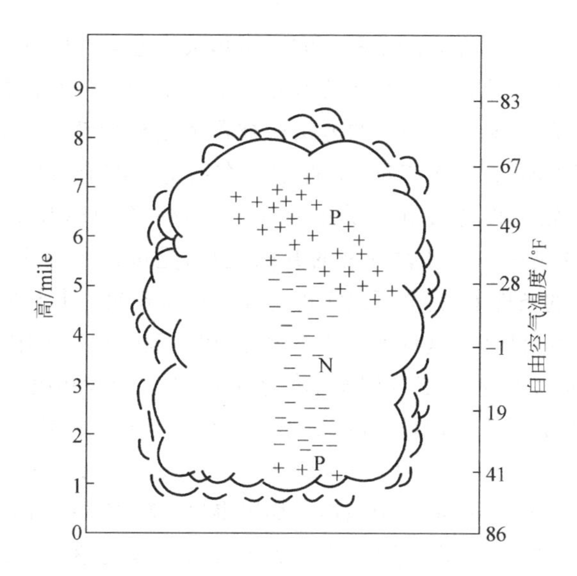


图 4.23 积雨云中电荷的可能分布

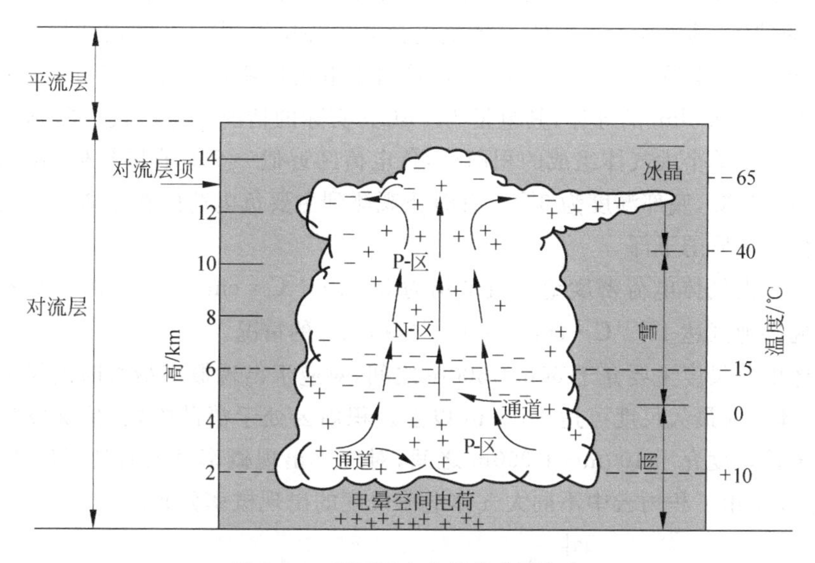


图 4.24 积雨云中电荷的典型分布

综合这些图可以看出几个共同点：

(1) 积雨云的大气体电荷分布是复杂的，但可以看成为三个电荷集中区，最高的集中区为正电荷，中间区为负电荷，最低区为正电荷。

(2) 在云下方的地面上观测，好像云是带负电，因中间区的电量最多，对云下空间产生的大气电场起决定性作用。所以在雷暴来临时，人们观测到大气电场突然转向，由负变正。

(3) 从远离积雨云处观测时，积雨云显示出电偶极子的特性。

但是仔细比较可以发现，各图是颇有差异的。首先，电荷分布状况互不相同。其次，云中电荷集中区的高度有差别，而且温度分布情况也不同。在下方的正电荷区已处于 0℃以上，而南非的下方正电荷区却在0℃以下。再次，云体大小也各不相同。

这正说明地区性的差异和探测取样的差异。事实上，有些学者对这种典型模式提出少许异议是不足为怪的。这些图表示的电结构被称为是典型性的，就是说大多数地区大多数时间观测到的实际情况与之相符，也肯定会有些地区在有些时间观测到其他情况。这一概念对于从事防雷工程的人员来说非常重要。举一个物理现象为例就可以更清楚了。水到0℃结冰，这是一切物理教科书的共同说法，是可以用决定性描述，不可以用概率描述的。在实验室的条件下，完全可以实现这样的反常现象：让水降温到0℃以下，水仍不结冰，这就是所谓过冷液体。这种现象并不罕见，在一般的积雨云中就有这类过冷水滴。可见，大自然界特别是气象现象，必须用概率描述事物，要注意少用决定性的思维判断问题。

显然，上面讨论的云是在平原地区的，对于高原和高山地区是不能照搬的。如图4.4所示，平原地区的积雨云的底部比珠穆朗玛峰低得多，所以在高山地区观测积雨云对地面产生的大气电场的结果显然不同，向全中国推广那里得出的防雷试验结果显然也是不科学的。

现在再介绍一些实测的情况、数据，供读者增加些具体的感性认识。Simpson提出的积雨云中的电荷分布模式认为，主要正电荷区中心位于高空6km高度，温度－30℃，是半径为2km的球体，其电荷为＋24C；主要负电荷区中心位于3km高度，温度－8℃，是半径为1km的球体，其电荷量为－20C；最下方弱的正电荷区中心位于1.5km高度，温度为1.5℃，是半径为0.5km的球体，其电量为＋4C。实际的情况与这一模式差别较大，如在南非观测到的由单个大气体组成的积雨云，负电荷区近似一个垂直圆柱体，长达6km，其顶部温度为－40℃，底部温度为0℃。有时还观测到主要负电荷区在云体上部，而主要正电荷区却位于云体的下部。

积雨云中大气体电荷密度绝对值平均为$3\times10^{-16}\mathrm{C\cdot cm^{-3}}\sim3\times10^{-15}\mathrm{C\cdot cm^{-3}}$，也可观测到局部地区达$10^{-14}\mathrm{C\cdot cm^{-3}}\sim10^{-13}\mathrm{C\cdot cm^{-3}}$的情况。

大气体电荷尺度主要介于50m～500m之间，对应于出现概率最大时的尺度为200m左右，大气体电荷最大尺度可达1 000m以上。积雨云处于消散阶段，情况发生变化，云中大气体电荷尺度介于100m～1 000m之间，对应于出现概率最大时的尺度为300m左右。图4.25给出了积雨云中不同大气体电荷尺度的出现概率分布。

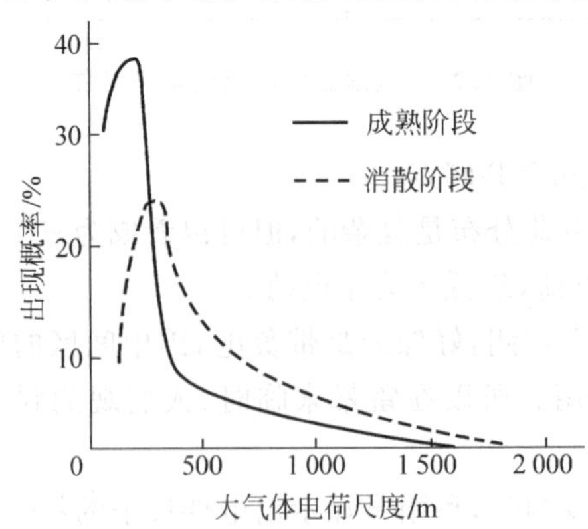


**图4.25 积雨云中不同大气体电荷尺度的出现概率分布**

积雨云中大气电场很强，大气电场的峰值一般为正，其平均值的变化范围可从 $10^2$ V · $cm^{-1}$数量级至 $10^3$ V · $cm^{-1}$数量级。美国用火箭探测 90 次，仅 7 次观测到云中大气电场的峰值超过 $10^3$ V · $cm^{-1}$，其中有 2 次超过 $4\times10^3$ V · $cm^{-1}$。1948 年，Gunn 在飞机机身上、下都装上电场计，9 次用此飞机穿入雷暴云中探测，有一次飞机遭到雷击，在雷击前测得云中大气电场高达 $3.4\times10^3$ V · $cm^{-1}$。20 世纪 70 年代，中国科学院大气物理研究所在北京曾探测到积雨云中大气电场的峰值最大可达$1.4\times10^3$ V · $cm^{-1}$。

表 4.12 列出一些对流云中各大气电学量的常见值。

**表 4.12　对流云中诸大气电学量的常见值**

| 云　状 | 大气体电荷密度平均绝对值/C · $cm^{-1}$ | 大气体电荷密度平均产生率/C · $cm^{-3}$ · $s^{-1}$ | 大气电场平均峰值/V · $cm^{-1}$ | 云厚/m |
|---|---|---|---|---|
| 淡积云 | $3.3\times10^{-18}\sim1.7\times10^{-16}$ | $3.3\times10^{-21}\sim3.3\times10^{-19}$ | 0～10 | 100～1 500 |
| 浓积云 | $3.3\times10^{-18}\sim3.3\times10^{-16}$ | $3.3\times10^{-21}\sim3.3\times10^{-19}$ | 0～10 | 1 500～5 000 |
| 浓积云（正向积雨云过渡） | $3.3\times10^{-16}\sim3.3\times10^{-14}$ | $3.3\times10^{-19}\sim3.3\times10^{-17}$ | | |
| 积雨云 | $3.3\times10^{-15}\sim3.3\times10^{-14}$ | $3.3\times10^{-16}\sim3.3\times10^{-14}$ | 300～2 000 | 2 000～12 000 |

## 4.5　积雨云中的起电机制

4.4 节主要讲实验探测情况，而这一节主要讲理论探索。要消雷首先要弄清雷电是如何产生的，因此研究并弄清积雨云是如何产生电的物理成因是一个非常重要的科学课题，吸引了众多大气物理学家的关注，并先后提出几十种积雨云起电机制理论。要验证、判别就必须到积雨云中去观测和做实验，这是很难做到的，通常只能在实验室做某种局限性的实验，所以迄今为止，对积雨云起电机制的研究仍处于探索阶段。

鉴于上述情况，这里只能简单介绍目前比较流行的几种理论，各有其可信的一面，也各有其局限性的一面。

### 1. 积雨云起电机制理论如何评判

积雨云起电机制理论主要是从两方面评判。首先是从实验结果来评判。每一理论均可以推演出一个可以用实验去检验的具体结论，与实验观测结果差别过大或无法用实验误差或统计规律的起伏范围来说明的，就被淘汰。其次，还应该用普遍适用的早为大量不同方面的实践所证明的物理基本理论、定律来评判，凡是与之矛盾的，则也必被大家所否定。

不过到目前为止，对于积雨云的实验探测还远远不够普遍和准确，有些是由于大自然气象本身的复杂性、多因素性所造成，所以不少关于起电机制的理论仍得以并存。这里有几个大家公认的可以作为评判理论的事实。

(1) 起电过程主要发生在积雨云的起初阶段和成熟阶段。

(2) 雷暴单体中出现的大气电过程和降水过程的寿命期平均约为半小时。

(3) 参与一次闪电的闪电电荷平均为 20C 至 30C。闪电电矩平均为 100C · km。

(4) 闪电发生频率可达每分钟几次。因为云体荷电水滴悬浮在空气中，所以云体本身并非良导体，每次放电只能是局部区域内的、比较集中的、互相靠近的电荷，待云中其他邻近电荷再次聚集之后才可能有下一交闪电放电，所以两次放电之间常有几十毫秒的间隔。

(5) 第一次闪电一般出现于雷达测到积雨云中出现降水粒子之后约 10min～20min 内，这时云中较大范围内的大气电场强度应大于 $3\times10^3\mathrm{V\cdot cm^{-1}}$。

(6) 积雨云中有固态和液态水化物，云中主要负荷电区一般位于－5℃层处，正荷电区位于其上方几千米，但这一情况并非绝对如此。

在理论上，应考虑到起电机制多是从微观过程开始，而后还必须涉及宏观的机制。而这宏观机制比较容易观测，它是符合物理基本原理的，积雨云中宏观过程服从力学和电学原理，大气体电荷是由重力和电场力两种作用下产生分离、积累而最终导致闪电的。这段时间可以用 $t_0$ 表示，若体电荷正负电荷区的垂直间距达 $\Delta H$ 时产生可以出现闪电的大气电场，则必有

$$\Delta H = \int_0^{t_0} v\mathrm{d}t \tag{4.29}$$

式中，$v$ 为电荷分离的相对速度。

云中聚集的体电荷总量 $Q$ 与云中的大气电场 $E$ 之间必有如下关系：

$$E=\frac{4\pi}{S}Q \tag{4.30}$$

式中，$E$ 是垂直方向的大气电场，$Q$ 近似地分布在一个水平的平面范围上，$S$ 为平面的面积。

而这个电场 $E$ 与垂直的大气电流密度 $J$ 之间的关系是

$$\frac{\mathrm{d}E}{\mathrm{d}t}=-4\pi J \tag{4.31}$$

这里的 $J$ 应包括两部分。第一部分是受电场作用力而形成的尖端放电电流密度和传导电流密度之总和 $J_1$，这一电流将导致大气电场的衰减，也将减少积雨云中体电荷的积聚。第二部分则是重力作用下带电粒子(主要是云中水滴、冰粒)的下降运动和较轻的带电粒子在垂直气流作用下的上升运动。积雨云与其他云的主要不同是其富含水汽并有极强烈的垂直气流运动，正是这种运动，导致云中产生宏观体电荷的分离积聚。设两种电荷的相对分离速度为 $v$，电荷体密度为 $\rho$，则对流电荷密度为

$$J_2=\rho v$$

而

$$J=J_1+J_2 \tag{4.32}$$

由此可知积雨云中垂直大气电场的增长率为

$$\frac{\mathrm{d}E}{\mathrm{d}t}=-4\pi J_1-4\pi\rho v \tag{4.33}$$

**2. 感应起电学说**

晴天有积雨云形成时，所含降水粒子初始垂直大气电场作用下感生电荷，如图 4.26 所示。这种极化的水滴在下沉过程中与大气离子相遇，将俘获与下部电荷异号的离子，显然这些下沉的水滴将带负电荷，大气正离子则受其斥力而上升，于是在云中下部形成

负电荷区，其上部为正电荷区。

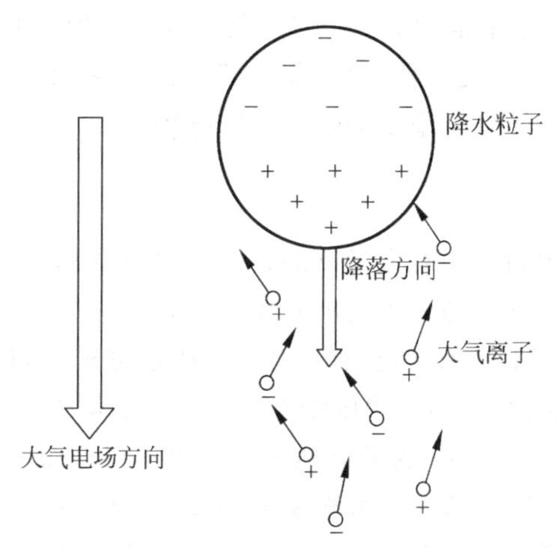


图 4.26　降水粒子选择俘获大气离子的起电机制

这一学说定性的解释似令人满意，但根据这一学说详细估算出的$\frac{dE}{dt}$理论公式，作定量的解说时遇到困难。例如由此推算出的电场增大到 500V · cm$^{-1}$，需时超过 12min，这尚未达到产生闪电的程度。所以这一学说只可以说明积雨云起始阶段。

于是有修改后的学说：下沉的降水粒子不一定是液态，可以是冰晶、雹粒等较大粒子，下沉时极化带电如图 4.27 所示。上升气流携带的中性粒子与它相碰撞，当接触时间大于电荷传递所需的弛豫时间(约 $10^{-2}$s～$10^{-1}$s)时，弹离的粒子将带走极化粒子下部的部分正电荷。若把这些颗粒简化而看成球，大、小粒子的半径分别为 $R$ 及 $r$，下沉极化粒子相对于云粒子的速度为 $v_2$，弹离系数为 $\alpha$，云粒子的数密度为 $n$，则可以运用理论推导出电荷产生率，即

$$\frac{dq_2}{dt}=-\pi^3R^2v_2n\alpha r^2\left(\frac{E\cos\theta}{2}+\frac{q_2}{6R^2}\right)$$

式中，$q_2$ 代表下沉的降水粒子携带的电荷。

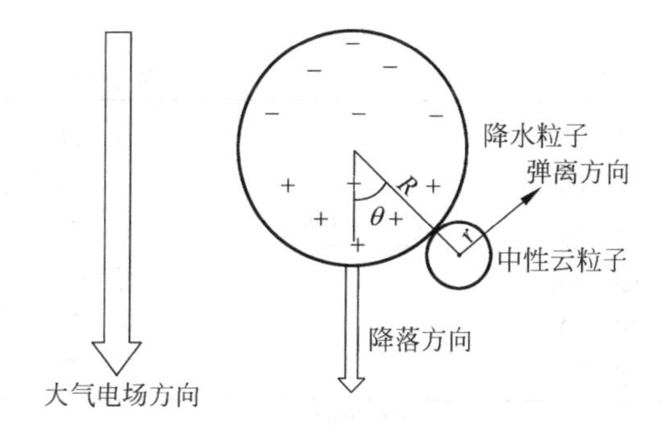


图 4.27　云粒子与降水粒子碰撞弹离的起电机制

如把各种粒子碰撞都计及之后，可以推算出大气电场的增长率$\frac{dE}{dt}$的理论公式。把估

计的各参数(大量观测所得的平均值)代入之后可以估算出,当积雨云中大气电场达 $3\times10^3 V\cdot cm^{-1}$,云中荷电区水平范围为 2km 时,电荷总量应为 33C。所以这一学说得到公认,被认为是积雨云起电机制之一种,但绝非全部,因为有些重大问题不是此学说能解释的。例如为什么地球上空能维持稳定的晴天大气电场?

### 3. 温差起电学说

所有的观测都看到积雨云中有大量冰晶、雹粒、过冷水滴,它们在对流气流的携带下碰撞摩擦,由此推想,它们肯定与云内起电有关。

经实验与理论探索确知,冰有热电效应,其物理机理可表示如图 4.28 所示。在冰块中总是存在 $H^+$ 和 $OH^-$ 两种离子,离子浓度随温度的升高而增大,当冰的不同部分温度有差异时,温度高的部分的离子浓度大,这就必然出现扩散作用。如图 4.28 所示,图(a)中左端的冰温度高,则正氢离子 $H^+$ 和负的氢氧根离子 $OH^-$ 均向右方扩散,扩散速度与离子的大小有关,氢离子的扩散速度大,所以先期到达右端,这就导致冰块右端带正电。随着也就出现内部的静电场,它的方向指向左,这一电场的作用阻止氢离子的继续扩散,最后达到动平衡。在宏观上看出,冰块为电偶极化带电,它与两端的温度差成比例,这种物理现象就是冰的热电效应。积雨云与冰的热电效应形成关联是通过两种主要方式。一种是当冰粒、雹粒相互间碰撞摩擦相互接触时,由于温度差别而产生热电效应,有离子迁移;当分离时,各带上异号电荷,在重力和气流的双重作用下互相分离。这就可以说明积雨云中正、负电复杂分布。另一种则是过冷液滴与雹粒的接触,过冷液滴一旦有了固态的凝结核就会发生相变,由

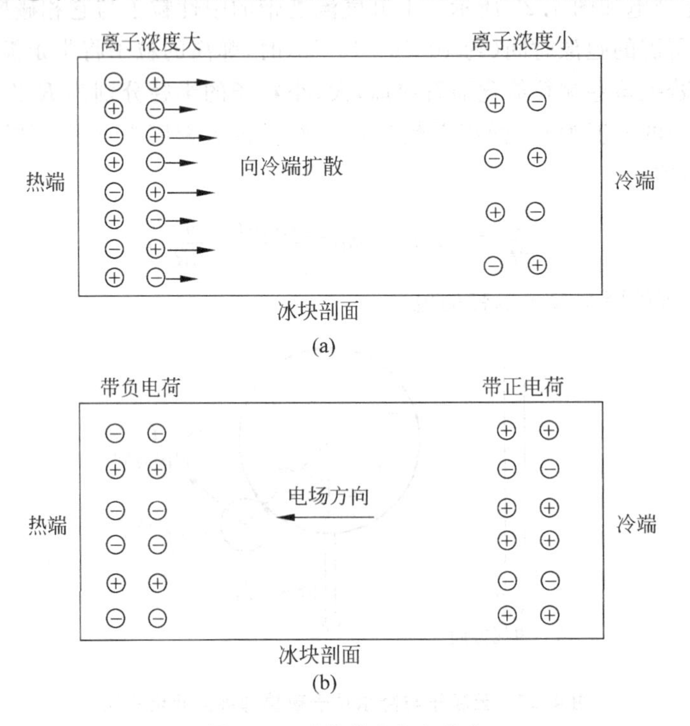


**图 4.28 冰的热电起电效应**

⊕表示较轻的正氢离子;⊖表示较重的负氢氧根离子

液态迅速变为固态(即冰),同时放出潜热,它将包在作为凝结核的雹粒上,过冷液滴内部因潜热而膨胀,造成已凝结的外层冰壳的破裂而产生冰屑。由于热电效应,这些冰屑是带正电的,它们较轻而小,易被上升气流携至云的上部,所以积雨云的上部聚集起大量正电荷,温度也较低。当然这里并不排斥同时还会有感应起电的物理过程。

再由此理论仔细推算,可得出:大气电场从初始的晴天大气电场值增到 $3\times10^3$ V·$cm^{-1}$ 值所需时间 $t_0=500$s,即在降水出现后近 10min,由 $t_0$ 可求得荷电区的高度 $\Delta H=2.5$km。这些理论估算值与前面举出的实际观测的平均值相近,所以被公认为是可信的起电机制之一。

### 4. 破碎起电学说

第 1 章已粗略介绍过这一学说发展的历史,此处再作些深化说明。图 4.29 是取自 1964 年 Matthews 和 Mason 拍下的实验照片组,每幅照片的时间相隔 1ms,它显示出一个下落的大水滴在下落过程中受到气流的作用变得不稳定,同时形成一个支撑在液体圆环上的不断扩大的口袋,最终破裂产生许多小水滴,圆环则破碎成几个较大水滴。图 4.30 则表明水滴破碎的起电过程。

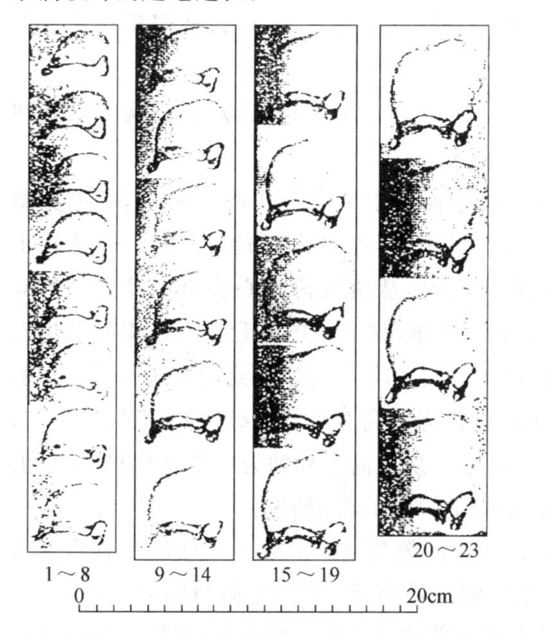


**图 4.29　一个下落的大水滴变得不稳定,同时形成一个支撑在液体圆环上的不断扩大的口袋,口袋最终破裂产生许多小水滴,并且圆环也破碎成几个较大的水滴**

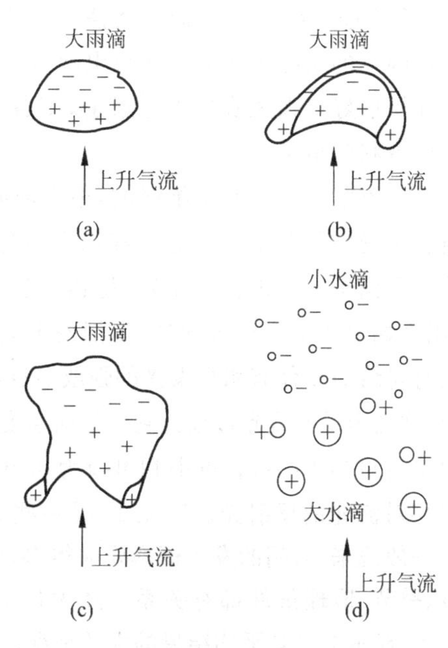


**图 4.30　雨滴破碎起电机制的剖面图**

但是按这一学说,雨滴所能达到的带电量并不够大,这样形成的积雨云的带电量比实际观测值至少小 2 个数量级。

若考虑到云中雨滴下沉时已存在晴天大气电场,使水滴感应带电,则破碎后大小水滴所获得的电量就大多了，而且积雨云中的大气电场又在随着体电荷的出现而逐渐增大，使雨滴感应带电的电量也同步增大。根据这一理论补充而推算出来的积雨云的总带电量与实测值的平均值就比较接近了。

## 4.6 闪电的类型、球闪

闪电有两种分类。一种是从闪电表现的形状分类，则可分为线状闪电、带状闪电、片状闪电、联珠状闪电和球状闪电。其中，线状闪电最常见，对其研究也最多，防雷主要是针对它的。另一种是从闪电的空间位置分类，则可分为云内闪电、云际闪电、晴空闪电和云地闪电。其中，云地闪电是发生在云与大地之间，简称地闪，与人类的关系最密切，是防雷研究的主要对象；而前两种合称为云闪，与人类也是有关系的，特别是 20 世纪以后，随着科技的发展，其危害也严重起来，不仅对航天、航空有危害，云闪产生的电磁脉冲辐射(LEMP)对通信和微电子技术设备都会产生影响。

每次人眼见到的一个线状闪电包含几次火花放电，每次闪电间隔时间为几分之一秒，由于视觉暂留效应，人眼是无法区分的。但是用转动照相技术，可以从照相底片上看出每次闪电的实际组成的火花放电次数。

如果恰好有强风吹过闪电通道，则各次放电的通道发生平移，这时人们就可以见到罕有的带状闪电了。

云中雾状水滴之间是绝缘的，但当局域的大气电场达到 $10^4\,\mathrm{V\cdot cm^{-1}}$ 程度，带电雾滴间就会出现空气介质的强电击穿而发生导电，并发出光，称之为流光。云闪一般是从正电荷中心向下方发出初始流光，将达到负电荷中心时，从负电荷中心发出不发光的负流光，沿初始流光通道反方向进行，把两个电荷中心连通，完成放电过程。在这瞬间就出现持续时间约 1ms 伴有明亮发光的强放电过程，它中和了初始流光所输送并储存在通道中的电荷，称之为反冲流光过程。它的传播速度比初始流光要高 2 个数量级，约为 $10^8\,\mathrm{cm\cdot s^{-1}}$，峰值电流可达 $10^3$ A，它可中和电荷为 0.5C～3.5C。从地面看到的云闪常是片状，这是由于云层对流光的反射光。表 4.13 是一些观测到的云闪的实际情况。

一般说来，云闪的发生概率要大得多，所以云闪次数与地闪次数之比总是大于 1，它与纬度、季节、地理条件都有关系。经大量实地观测统计发现，这个比值与纬度呈负相关。表 4.14 显示的是其平均结果的大致情况，是根据局部地区的测量结果得出的。可以看出，热带地区的比值最高，有的可达到 6～9。

**表 4.13 云闪结构参量和电学参量的典型值和变化范围**

| 放电过程 | 结构参量和电学参量 | 典型值 | 变化范围 |
|---|---|---|---|
| 初始流光过程 | 持续时间/ms | 100～300 | — |
| | 传播速度/$\mathrm{cm\cdot s^{-1}}$ | $8\times10^5\sim5\times10^6$ | — |
| | 持续电流强度/A | 100 | — |

续表

| 放电过程 | 结构参量和电学参量 | 典型值 | 变化范围 |
|---|---|---|---|
| 反冲流光(*K*)过程 | 持续时间/ms | 1 | — |
| | 间隔时间/ms | 10 | 2～20 |
| | 传播速度/cm·$s^{-1}$ | $1\times10^8\sim4\times10^8$ | — |
| | 总持续时间/ms | 50～200 | — |
| | 峰值电流强度/A | $1\times10^3\sim4\times10^3$ | — |
| | 电荷/C | 0.5～3.5 | — |
| | 电矩/C·km | 3～8 | — |
| 云闪全过程 | 持续时间/ms | 150～500 | — |
| | 高度/km | 4～10 | — |
| | 长度/km | 1～3 | — |
| | 电荷/C | 30 | 10～100 |
| | 电矩/C·km | 100 | 20～400 |

**表4.14　云闪数与地闪数之比值随纬度变化的平均结果**

| 纬　　度 | 2°～19° | 27°～37° | 43°～50° | 52°～69° |
|---|---|---|---|---|
| 云闪数与地闪数之比 | 5.7 | 3.6 | 2.9 | 1.8 |

地闪将在4.7节详细讨论，这里只介绍两种罕见的闪电。

一种是联珠状闪电，似乎都是在强雷暴中一次强烈线状闪电之后偶然出现。

苏联曾在顿河地区观测，在17年的雷电观测中只见到一次，即1938年6月8日发生强雷暴时，在一次线性闪电后出现了联珠状闪电。

南非约翰内斯堡在1936年11月5日发生多年来少有的强雷暴中，出现一次联珠状闪电。D. G. Beadle先看到距自己100m左右处有一线形闪电，闪电通道直径达到约30cm，紧接着在原闪电通道上出现20～30颗直径约8cm的长串发光亮珠，亮珠位置十分稳定，各珠相距约60cm，大约持续了近半秒钟才消失。

1916年5月8日德国德累斯顿发生强雷暴，许多人同时看到一次联珠状闪电。先是在高约300m的云底有一线状闪电击中临街的一个钟楼，然后闪电的通道展宽熄灭时，在原闪电通道上出现一长串亮珠，总数约32颗，直径约5m，似蛋状，亮珠间的联线隐约可见，随后亮珠缩小到约1m左右，变圆，颜色初呈浅黄，后变砖红色，再变为深暗的朱红色，整个过程持续2s～3s。

在火箭人工引雷中也观测到在较强闪电之后出现联珠状闪电。

对这种罕见现象的解释，众说纷纭。

另一种是球形闪电，或称之为球闪，民间则常称之为滚地雷。

1989年青岛的特大火灾之后，有些人归咎于滚地雷，似乎这场大火非人力所能避免，真是这样吗？从这一点看，有必要对此作些描述。1990年6月3日中国科学院自然灾害研究委员会成立了“中国科学院球状闪电信息中心”，并在报刊上刊登通告，广泛征集各种球闪和晴天火球的目击报告和资料。这是很有意义的，因为球闪的现象比较罕见，没有收集到确切的记录材料，就难以研究并弄清其物理本质，也就无法找出确切可靠的防雷措施。科学研究必须建立在足够数量的确切的实测资料的基础上。

但是这种现象比起带状闪电和联珠状闪电出现的概率要大得多，而且随地区而异。中国早在两千年前《周书》就有记录：公元前1068年周武王住宅受到滚地雷的袭击。文献对俄罗斯科学家Richman雷击毙命的描述是：一个球状火花击中他的前额而致其毙命，也就是说他死于球闪的袭击。

著名的美国雷电科学家M. A. Uman征集到100多件报告，描述报告者亲眼所见的球雷情况。其中有一份报告说：“当遇到可怕的雷雨时，我正站在厨房内，一声尖锐的霹雳声引导我向身左的窗帘看去，一个圆的、蓝色的如棒球大小的物体向我冲来，掠过我的头顶，通过厨房的玻璃门直冲炉子背部，并喷出耀眼的流光。当它掠过我的头发时，除了有针刺感外，没听到声音也无其他反应，过后检查发现，在窗户和玻璃门上各有一个烧灼的小孔，在炉子背部也有烧焦的痕迹。”

一个在州立大学担任过工程系主任的教授写道：“我在主配电室工作时，室外正在下雷雨，看到一个直径约15英寸～18英寸的火球从转换器的整流子跳出来，从我头顶上约3英尺高处快速飞过，然后撞到离转换器几百英尺的天花板上，火球碰到天花板后，便向四处喷射小火花，可闻到浓烈的臭氧气味。”

下面是对飞机航行中遇到的球闪的描述：“我坐在由纽约飞往华盛顿的客机舱的前部，机舱为全金属材料。后半夜，飞机遇上雷暴，飞机被强光和激烈的放电所笼罩，突然有一个直径稍大于20cm的炽热火球在驾驶舱内出现，随后落到离我约50cm处的走道上，沿着整个机舱中央走道移动，相对速度有$1.0\mathrm{m\cdot s^{-1}}\sim2.0\mathrm{m\cdot s^{-1}}$。在移动中，离地高度不变，它似乎不辐射热，光强可能为5W～10W，蓝白色。”

一位美国KC-97USAF空中加油飞机驾驶员写道，“我们飞在18 000英尺高空的云中，温度在0℃以上，没有湍流。‘圣爱尔摩火’在飞机前窗的边缘周围跳跃，大家都不在乎它。当我注视仪表盘时，突然一个黄白色直径约18英寸的火球出现在仪表盘挡风屏的中心，以快于人迅跑的速度从我的左边座位跑到副驾驶员右边的座位，并掠过领航员和工程师的身边，落到机舱通道上。在以前的飞行中，我已被雷击过两次，所以，此时我正等待着火球的爆炸。当它滚到机舱后部时，我的精力全集中在飞行操作上……坐在机舱后部的操作人员以激动的声音打电话描述火球的行径：这个火球穿过货舱，横向滚到机翼，然后从右翼跳出，滚入云中，火球从出现到消失为止都未发出声音。”

世界闻名的学术刊物《Nature》自1970年至1976年刊载了三篇关于球闪的文章，介绍的情况如下：

在一次强雷暴期间，由云中落下一个发光火球，它飘移了相当一段距离后停留了一会儿，然后继续飘移，直至最后击中码头，并发生爆炸，爆炸将码头的一根木桩震裂成许多细条。

一架波音727飞机的机翼末端出现一个白色发光球，大约持续5s后发出“砰”的一声而消失。

一位妇女在室内看见一个直径为 10cm 的紫蓝色发光火球，并将她的衣服烧了一个洞，同时还发出咯咯响声，当她用手把火球拂开时，被灼伤而出现红肿。

1973 年 7 月杂志《Izvestia》上 A. Aulov 报道，一架伊柳辛 18 飞机在飞行中与一个大而明亮的火球相撞，飞机被猛烈地震动了一下，机组人员在一瞬间变得什么也看不见了。

由 R. H. Golde 主编的被国际上认为雷电科学的权威著作《Physics of Lightning》(1977)的第 10 章专讲球闪，是由专门研究球闪的专家 S. Singer 执笔，他指出：De Jane 于 1910—1912 年、Brand 于 1923 年、Singer 于 1971 年发表了详尽研究球闪的评论性文章，说明这个问题是很受学者们注意的。在此著作中介绍了几件球闪事例：

Anna L'udwing Gossè 在雷暴时观察到一个像高尔夫球大小的发光球，由门飘游进入厨房，它以从容散步的速度前进，当它在一人高处飘游到厨房后又稍稍上下跳动。它通过厨房后部的火炉上方，然后又折回到厨房中间，形成一条 U 形轨迹，最后不留痕迹地穿门而出，在厨房内停留了半分钟左右。

E. H. Sadler 是一位具有战时爆炸经验的电子工程师，他和家里三个成员在强雷暴时观察到一个直径约 1.5m 的蓝白色大圆球，它静止地出现在树林中最高的树顶上，并听到不常有的嘶裂声，它消失时的爆炸声与 2kg 硝化纤维炸药的爆炸声不相上下。

Lazarides 于 1971 年观测到球闪穿过烟囱进入室内的情况。Wanger 于同年报道说，有一比网球稍大的淡黄色火球在餐厅中爆炸。

该书还刊出两张球闪的照片，一张是 1939 年 Norinder 提供的、由 Schneidermann 拍到的球闪照片，球闪似直立的鸡蛋形。另一张是 1951 年 Kuhn 拍到的球闪照片，见图 4.31，这一球闪还放射出火花。

**图 4.31　Kuhn 拍摄到的球闪照片**

S. Singer 归纳他所调查研究的球闪情况如下：它大多是球状，偶尔也有环状或由中心向外延伸的蓝色晕，发出火花或射线。火球直径平均 25cm，大多数在 10cm～100cm，极端情况则从0.5cm直到数米。颜色似乎可与火焰或大气中的放电的颜色相比，常见的为橙色和红色，当它以特别明亮并使人目眩的强光出现时，也可看到黄、蓝和绿色，其寿命常在 1s～5s，也有些大的可达数分钟。行走路径，首先是从高空直接向下降，在接近地面时突然改变方向作水平移动；也有的突然在地面出现，沿弯弯曲曲路径前进；也有沿地表滚动的、迅速旋转的，运动速度常在 $1m \cdot s^{-1} \sim 2m \cdot s^{-1}$。它可以穿过门、窗，常见的是穿过烟囱进入建筑物。一般是无声的，也有发出嘶嘶声、爆裂声的。有的可闻到硫磺、臭氧或二氧化氮气味。许多火球是不留痕迹地无声消失，但大多数在消失时伴有爆炸，有些尽管爆炸声响震耳却不造成损害，也有会造成破坏的，使古老建筑倒坍，家畜死亡。

下面介绍一些国内见到的情况。1962 年 7 月 22 日傍晚，几位大气物理科学工作者在泰山玉皇峰处看到雷暴中一个直径约 15cm 的殷红色火球，从关紧的玻璃窗缝钻入室内，以 $2m \cdot s^{-1} \sim 3m \cdot s^{-1}$速度在室内轻盈地飘动，约 3s～4s 后从烟囱逸出，在即将离开时爆炸消失。烟囱被削去一角，爆炸气浪使室内一个暖水瓶胆震碎。

1980 年 9 月 1 日北京发生一次强雷暴，被称为“901 号强雷暴”，《北京科技报》第 115 期载：“9 月 1 日凌晨 1 时 50 分到 2 时 30 分前后，一次强雷暴袭击了北京市城区及市郊地区……在西直门附近一条小巷内，一个矮小平房里的一家是这次强雷暴的受害者。受害的目击者说，雷声不停的在我们这一带盘旋，半夜，突然一道白光从半开的小窗闪进，瞬时变成巨大的火球从我头上飞过，击断了电线，碰在墙角上，留下斑斑‘血迹’，幸好人都没有伤着……”。

我国著名建筑防雷专家王时煦、马宏达等人，从 20 世纪 50 年代初就负责北京地区的防雷工作，他们在 1985 年出版的《建筑物防雷设计》一书中指出：

“从我们的调查得知，球雷的几率是不小的，如表 1.2(原书表号)的统计数字，球雷占 8%。

北京地区的球雷事故较为显著，如 1981 年 8 月 2 日西郊善家坟公安局仓库，因落球雷烧坏 33 根电警棍。1983 年 8 月 15 日北京东郊炼焦化工厂，因落球雷烧毁高 4.4m、直径 6m、体积为 $100m^3$ 的酒精罐 2 个。同日东郊十八里店公社铸造厂，落球雷烧爆 10t 汽油罐 2 个以及 2t 柴油罐 2 个。

又如 1982 年 8 月 16 日北京迎宾馆内两处落球雷，皆为沿大树滚下。一处当即打倒一位战士，并将 2.5m 高的警卫室平顶的混凝土顶板外边沿和砖墙距地 2m 高的部位击坏两个小洞，门外拉线电门损坏，室内电灯打掉，造成电话断线。另一处为院内东南区堆料木板门落一球雷，该木板房高 3.5m，在三棵 14m 至 16m 大树包围之中，球雷沿大树滚下，将东面窗户上没有接地的铁丝网击穿 8 个小洞，将窗玻璃击穿两个小洞，然后钻进室内，烧焦了东部木板墙面和东南部房角，将室内两条自行车内胎烧毁，电灯线烧断，胶盖闸击坏……。”

据报载看，最惊人的球雷大概是 1964 年 7 月福建古田遇到的，在晴天遇到的一个球雷，波及数华里 30 多户人家，伤亡多人。

前文介绍了球闪的一些状况，球闪强烈的电磁效应和能够穿透金属的性质以及它极好的稳定性都是人们最为关注的研究课题。虽然对球闪的研究已有 200 多年的历史，但长期以来一直处于个人的、分散的、以记录观察事实为主要内容的阶段。直至 20 世纪 80 年代后期，以 1988 年 7 月在东京召开的首届球状闪电国际学术会议为标志，有关球闪的研究才获得迅速的进展。现在，日本、英国、俄罗斯和中国都有了球闪研究组织，世界各国收集的球闪目击报告超过万例，日本、美国和荷兰等还在实验室里作出了各种球闪。目前已提出的各种球闪模型有几十种，其中，比较重要的有：苏联的 P. L. Kapitsa 提出的球闪是电磁驻波的理论，荷兰的 G. C. 载杰候斯提出的超导-核聚理论，美国的 P. H. 汉多提出的微波放大-孤子理论，中国邹有所提出的涡旋-孤子理论以及化学反应模型等。这些理论和模型都能解释球闪的部分性质，但都不够完善。核工业研究生部杜世刚于 1997 年在上述模型的基础上结合他自己的研究，主要从等离子物理理论（特别是非线形理论）出发来解释球闪的产生和稳定机制。以下作简要介绍。

#### 1. 从普通闪电到球闪的形成过程

许多观测结果都证明了雷雨天气中的球闪与枝状闪电有直接关系。不少人都看到过当枝状闪电击中地面上的突出物体（如大树、高压电塔、电线等）时形成球闪。他们发现：在较强的闪电之后看到的珠状闪电像悬挂在天空中的一长串珍珠。闪电通道开始时是直的，随着时间的增长越来越弯曲，在弯曲后出现较大的珠。在较小的珠消失之后，这些大珠仍然可见。这些珠的直径开始时约为 40cm，可见时间达 0.3s。有时，一个或两个较大的珠持续时间特别长，它们以 $1\text{m}\cdot\text{s}^{-1}\sim2\text{m}\cdot\text{s}^{-1}$ 的速度在天空中飘游，这就是球闪。

(1) 雷电等离子体和电磁波的形成

雷电是发生在地球较低对流层中的气体放电现象。测量表明，雷电通道平均电流约为几万安，最大值超过 20 万安。而雷电通道的直径一般只有几厘米至十几厘米。如此大的电流密度使通道中的气体温度高达 20 000K～30 000K，因此闪电通道实际上为一大轴向电流通过的长等离子体柱。另一方面，这样大的闪电电流上升时间仅为 $10\mu$s，持续时间为数毫秒。由于电流的急剧变化而造成磁场的急剧改变和强大的时变电场的产生，这就形成了在地球表面与电离层之间的对流层中传播的雷电脉冲电磁波（LEMP）。测量表明，雷电电磁脉冲的频率从数赫兹至兆赫兹。

(2) 雷电等离子体柱的箍缩和破裂

闪电通道里的轴向电流形成角向磁场 $B_\theta$，该角向磁场和闪电电流 $J_z$ 相互作用产生的洛伦兹力（$J_z\times B_\theta$）对等离子体柱产生一向心磁压力，这个力使等离子体柱箍缩变细，并使等离子体柱的密度和温度增加，这就是等离子体的箍缩效应。由等离子体物理知，一个等离子体柱，当它被流过自身的轴向电流产生的磁场约束时，它是不稳定的，会产生腊肠不稳定性和扭曲不稳定性。腊肠不稳定性最终导致等离子体柱的破碎，形成球状闪电或棒状闪电。

(3) 旋转等离子体和变化磁场的产生

当扭曲不稳定性发生时，使原来直的闪电通道变得越来越弯曲，在通道急剧转弯处形成旋转等离子体，这就是球闪。此外，当普通闪电击到地面上的突出物体时，一方面电场很强，另一方面闪电通道里的等离子体流不能继续前进，于是向上卷起形成旋转结构，这是地面附近的大多数球闪形成的原因。根据旋转等离子体动力学，等离子体的旋转必将产生湍流和磁场，这就是球闪出现时伴随有很强的电磁效应的原因。

### 2. 球闪的孤子模型

球闪的孤子模型认为：有电磁效应的球闪是等离子体孤子。为了解孤子，这里先介绍孤波的观念。等离子孤波是等离子体中传播的一种大振幅波，其波形为一孤立的大振幅波包，在传播过程中波包保持形状不变。相互碰撞后波形和速度都不改变或只有轻微改变的孤波称为孤子。从物理上看，孤子是由非线性的场所激发的、能量不弥散的稳定的准粒子，是一维空间上的一种特殊的相干结构，即空间上局域、时间上长寿的规整结构。孤子能长时间局域化，是系统中非线性与色散两种作用相互平衡的结果。孤子的出奇的稳定性与这些非线性系统遵守无穷多个守恒定律有关。

认为球闪是等离子体孤子的主要依据是：

(1) 球闪的运动表现出多方面的突变性，这表明球闪是一种非线性现象。通常，线性现象表现为时空上的平滑运动，而非线性现象则表现为从规则运动向不规则运动的转化和突变。挪威人 E. 思传德在雷达及精密仪器监视下的多次球闪录像显示，球闪具有突然出现、突然消失、突然加速和突然停止的特点。在球闪存在的时间内，亮度会突然增加，运动方向会突然改变，有时还会静止不动地悬浮在空中。这些突变性表明，球闪不能用线性理论解释，它是一种非线性现象。

(2) 球闪具有很好的时间和空间的稳定性。线性和非线性现象的区别反映在连续介质中的波动上。线性行为表现为色散引起的波包弥散和结构的消失；而非线性作用却可以促进空间规整结构的形成和维持，如孤子、涡漩和突变面等。根据核弹产生的大火球和激光产生的小火球估计，直径为 10cm 的高能火球只能存在大约 10ms，而球闪却具有较长的寿命。直径同样为 10cm 的球闪可存在数秒甚至数十分钟，且在持续时间内保持形状不变。这表明球闪是一种特殊的相干结构——孤子或涡漩。

(3) 球闪的运动明显地受电磁场的影响并表现出强烈的电磁效应。在等离子体物理中，朗缪尔孤子表现为局域的静电场，光孤子表现为局域的电磁场。而相当一部分球闪喜欢沿导体运动，球闪的运动明显地受电磁场的影响。球闪出现时伴随有强烈的电磁效应，例如球闪能造成通信中断，电控系统失灵，甚至造成重大的停电事故；球闪能使宝刀熔化而刀鞘无损(可解释为球闪的交变磁场使金属中产生涡流，涡流的热效应使金属熔化)。这些事实表明，有电磁效应的球闪是等离子体孤子。

(4) 球闪能穿过金属板的性质可用孤子具有"开隧道"的能力来解释。科学家发现，由非线性效应产生的孤子具有"开隧道"的能力，它能穿过壁垒，无损失地从壁垒的另一侧出来。自感透明孤子就具有这种性质，当足够强的、形状为双曲正割的光脉冲通过共振吸收的二能级介质时，吸收为零，如同通过透明的媒质一般。这一现象可用 $\pi$ 脉冲的概念来解释。

(5) 朗缪尔孤子和光孤子是由非均匀高频强电磁场产生的有质动力引起的，而大量球闪观测资料表明，雷雨天的球闪都发生在闪电通道急转弯处，或在闪电击到地面上突出物时形成。那里的电磁场极不均匀，所以有质动力很大，而且这个力总是由强场区指向弱场区，于是等离子体被从强场区排开，形成等离子体的局部凹陷，同时高频场被捕获在这个凹陷中。当电场频率与等离子体频率接近，并且有适当的能源补偿凹陷中的能量损失(如对雷暴时产生的高频电磁场辐射形成的共振吸收)时,就能导致稳定的凹陷——等离子体孤子的形成。

### 3. 球闪的化学反应模型

根据球闪内含有臭氧和二氧化碳气体及部分球闪呈燃烧状等事实,一些人提出了化学反应模型。他们认为:球闪是靠它内部含有的混合气体的化学反应所释放出的热量来维持长寿命的。在普通的枝状闪电发生时,闪电通道的温度高达 20 000K～30 000K,如此高温下,氧分子被离解为氧原子,若一个氧原子、一个氧分子和一个中性分子发生三体碰撞,就能生成臭氧($O_3$),其反应式为

$$O+O_2+M \longrightarrow O_3+M$$

其中,M 是中性第三体,其作用是维持反映过程的能量与动量守恒,M 主要由氧分子和氮分子充当。臭氧能吸收波长短于 1.1$\mu$m 的辐射,特别是中心波长为 2 550nm 的哈特莱吸收带。这会使臭氧离解,并释放出从闪电电磁波吸收的能量,其反应式为

$$2O_3 \longrightarrow 3O_2+69.4\text{kcal}\cdot\text{mol}^{-1}$$

另一方面,在高温下氮气的性质变得活跃起来,它能同氧生成 $NO_2 \cdot NO_2$。这不仅能加速 $O_3$ 的离解,而且 $NO_2$ 分解为 $O_2$ 和 $N_2$ 时也放出能量,其反应式为

$$2NO_2 \longrightarrow O_2+N_2+16\text{kcal}\cdot\text{mol}^{-1}$$

正是这些反应释放出来的能量维持了球闪的长寿命。实验表明,一个“$O_3$-$NO_2$”系统的寿命从 14s 到 2 400s,这个时间与观察到的球闪的寿命一致。

关于球闪的产生机制,上述两种模型可能性最大。由于各个球闪产生的条件并不完全相同,所表现的性质也有差异,因此存在着两种甚至多种产生机制的可能性。即使对同一个球闪,两种或两种以上机制共存的可能性也是存在的。

## 4.7　地闪的类型及其特性

云地闪的结构的揭示要归功于 C. V. Boys 的转动照相法。开始时他的方法是底片不动,两个镜头作相反方向的旋转。几年后作了改进,两镜头不动而底片作快速移动,其分辨率可达微秒数量级。1956 年 Schonland 在南非约翰内斯堡附近拍摄的大批照片,记录下来的全是负极性云的放电,从照片可看出,第一闪击的先导为梯级形式,它起始于负极性云,把负电荷携带至地,就称之为负闪击,所形成的电流定义为负电流。原照于书中不易翻印,所以各种介绍雷电的书都用模拟原始照片的图 4.32 的示意图形来说明。照片的记录图形所反映的闪电实际图像则可用图 4.33 示意。

### 1. 地闪的全过程

现在先介绍开阔地带最常见的云地闪(或叫落地雷)的全过程。通常情况下,大气只有微弱导电性,只有极少的离子,即使电场强度很大,也不会出现大的电流,这与有大量自由电子的金属导体完全不同。即使在积雨云与大地之间有了足够大的大气电场的情

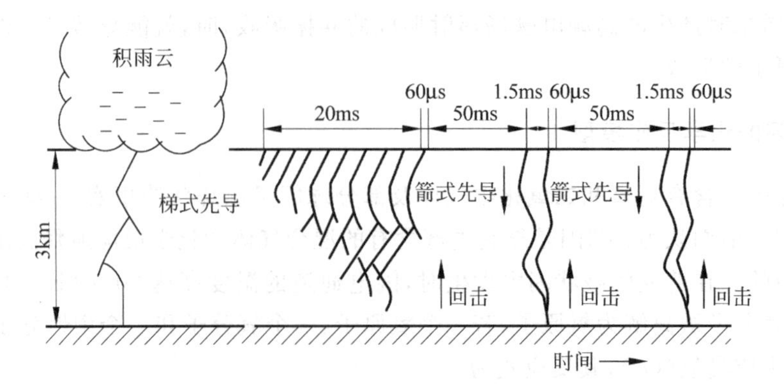


图 4.32　常见地闪结构的典型情况

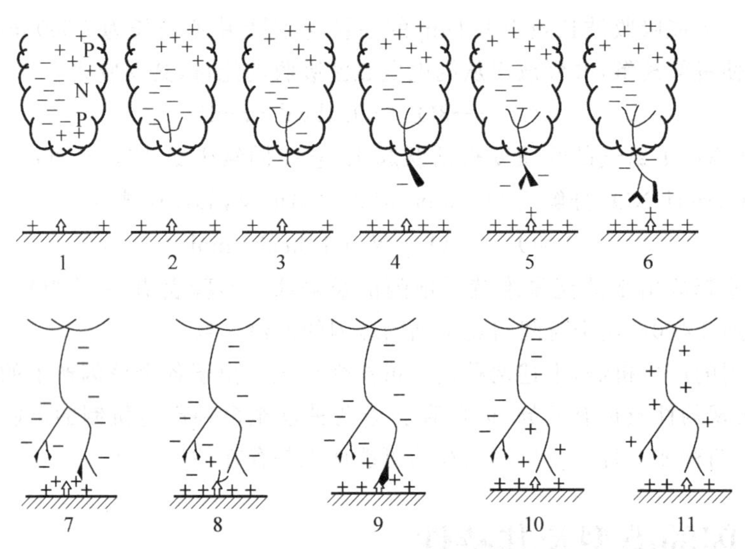


图 4.33　闪电从云向地面发展的过程示意图

况下，地面各种尖端产生的放电电流仍然很小。在云中的大气电场虽然更强，但是云雾粒子之间的中性空气仍是绝缘的。当负电荷中心的电场强度达到 $10^4\,V \cdot cm^{-1}$ 左右，云雾大气就会发生电击穿，主要是获得足够大动能的电子撞击气体分子，使其游离而产生大量离子，这部分气体就成为导电介质，并且有气体发光现象。通常称这部分导电的气体为流光，或叫流注。这段导电气体是逐级往下方延伸的，因为电子雪崩导电是靠电场给予的动能去碰撞前方的气体分子，它基本上沿着电场作用力的方向（注意，电子是负电荷，积雨云负电中心向地面的电场的方向是垂直地面向上的），但是由于运动的惯性和碰撞的概率，每个电子的速度方向却不是垂直向下的，有很多随机因素造成导电气体的向下发展的方向并不垂直向下，这一段暗淡的光柱在照片上显示出来是一条弯曲有分叉的折线段，逐级向下方推进。称它为梯级先导或梯式先导。它向下推进的平均速度为 $1.5\times10^7\,cm \cdot s^{-1}$ 左右，其变化范围为 $1.0\times10^7\,cm \cdot s^{-1} \sim 2.6\times10^8\,cm \cdot s^{-1}$。而单个梯级的推进速度要大得多，一般为 $5\times10^9\,cm \cdot s^{-1}$ 左右。单个梯级的长度平均为 50m 左右，其变化范围为 3m～200m。各梯级间的间歇时间平均为 50μs 左右，其变化范围为 30μs～125μs 左右。梯式先导的通道直径较大，其变化范围为 1m～10m。

梯式先导可细分为 α 型和 β 型。α 型梯式先导平均传播速度较低，约 $10^7$cm・$s^{-1}$，比较稳定，其单个梯级较短，亮度较小，也较稳定。β 型梯式先导平均传播速度较高，开始时可高达 $8\times10^7$cm・$s^{-1}$～$2.4\times10^8$cm・$s^{-1}$，而后逐渐下降，至接近地面时，其速度已与 α 型接近了，这种先导的上部有丰富分枝，单个梯级较长也较亮，而后逐渐变短变暗。

当具有负电荷的梯式先导到达离地约 3m～5m 时，可形成很强的地面大气电场，就会引发地面产生回击。它实际上是引起地面空气产生向上的流光，此流光与下行的先导相接通，就形成一个直通云中负电荷区的导电通道，地面的电荷就迅速流入这个通道冲向云中，由于大地是导体，地面电荷可全部集中到通道，所以电流很大，形成很亮的光柱。回击的推进速度也比梯式先导快得多，平均为 $5\times10^9$cm・$s^{-1}$，其变化范围为 $2.0\times10^9$cm・$s^{-1}$～$2.0\times10^{10}$cm・$s^{-1}$。回击通道的直径平均为几厘米，其变化范围为 0.1cm～23cm。回击峰值电流可达 $10^4$A 左右，回击过程是中和云中负电荷的主要过程。回击通道温度可达 $10^4$K 量级。地闪所中和的云中负电荷绝大部分在先导放电过程中储存在先导的主通道和分枝中，回击过程中，地面的正电荷不断把这些负电荷中和掉，常称回击为主放电或主闪击。

由梯式先导到回击完成地闪的第一次放电闪击，约过几十毫秒(见图 4.32)又出现第二次放电闪击。这是由于积雨云中，分布的电荷互相被绝缘的空气分隔。这与大地不同，大地是导体，地面上的电荷可以自由流动，迅速聚集到闪击地点，而积雨云中电荷的迁移聚积需要时间。待重又聚集到负电中心处后，就又可以循已有离子的原先通道再次放电，这时云中发出的流光不再像梯式先导那样逐级缓慢推进，而是顺利快捷得多，称之为箭式先导或直窜先导，平均速度为 $2.0\times10^8$ cm・$s^{-1}$，变化范围为 $1.0\times10^8$cm・$s^{-1}$～$2.1\times10^9$cm・$s^{-1}$。当它到达地面上空一定距离后，再次引发地面窜起的回击，组成第二个完整的放电闪击。这样的放电闪击次数最多可达 26 次之多。当然有些地区有些情况下，一次地闪只包含一个放电闪击，称之为单闪击地闪。多闪击地闪的各个闪击间隔平均为 50ms，变化范围为 3ms～380ms。一次地闪的持续时间平均为 0.2s 左右，其变化范围为 0.01s～2s。现在给出三张统计表(表 4.15～表 4.17)，据此可以看出其实际观测结果。在参阅一些防雷技术手册给出的雷电参数值时，应了解他们的来源和可信赖的程度(或者说局限性)。表 4.15 是K. Berger于 1972 年在瑞士圣萨尔瓦托山(San Salvatore)测得的。表 4.16 中，D. J. Malan 一栏是他 1956 年在南非测得的，Kitagawa 一栏是他在美国新墨西哥州观测的结果，Berger 一栏是他 1970 年在瑞士测得的。表 4.17 是 N. Kitagawa 和 M. Kobayasi 于 1958 年在日本东京的地球物理刊物上发表的。

**表 4.15　具有给定闪击数的闪电次数(Berger，1972)**

| 每次闪电的闪击数 | 闪电数 | 在 242 次多闪击闪电中所占百分比/% | 在 242+784 次闪电中所占百分比/% |
|---|---|---|---|
| 1 | 784 | — | 76.5 |
| 2 | 79 | 33 | 7.7 |

续表

| 每次闪电的闪击数 | 闪电数 | 在242次多闪击闪电中所占百分比/% | 在242+784次闪电中所占百分比/% |
|---|---|---|---|
| 3 | 49 | 20 | 4.8 |
| 4 | 20 | 8 | 1.9 |
| 5 | 24 | 10 | 2.3 |
| 6 | 14 | 6 | 1.4 |
| 7 | 10 | 4 | 1 |
| 8 | 7 | 3 | 0.7 |
| 9 | 5 | 2 | 0.5 |
| 10 | 6 | 3 | 0.6 |
| >10 | 28 | 11 | 2.7 |
| 合　　计 | 784+242=1026 | 100 | 100 |
| 平均值：$\frac{闪击数}{闪电数}$ | | 4.8 | 1.9 |

**表 4.16　南非(Malan,1956)、美国新墨西哥州(Kitagawa 等,1962)和瑞士(Berger,1970)记录的闪电持续时间**

| 编　号 | 闪电持续时间/ms | Malan | Kitagawa 等 | | | Berger | | |
|---|---|---|---|---|---|---|---|---|
| | | 530 次闪电/% | 36 次分立型闪电/% | 36 次混合性闪电/% | 72 次闪电(平均值)/% | 58 次向下闪电/% | 245 次向上闪电/% | 303 次闪电(平均值)/% |
| 0 | 0 | 0 | 0 | 0 | 0 | 0 | 0 | 0 |
| 1 | 0~50 | 11.5 | 0 | 0 | 0 | 26 | 5 | 9 |
| 2 | 0~100 | 23.5 | 6 | 0 | 3 | 43 | 26 | 29 |
| 3 | 0~150 | 36 | 16.5 | 0 | 8 | 53 | 43 | 45 |
| 4 | 0~200 | 50 | 22 | 0 | 11 | 63 | 60 | 61 |
| 5 | 0~250 | 62 | 28 | 0 | 14 | | | |
| 6 | 0~300 | 74 | 37 | 6 | 21 | 80 | 78 | 78 |
| 7 | 0~350 | 81.5 | 47.5 | 11 | 29 | | | |
| 8 | 0~400 | 86 | 53 | 16.5 | 35 | 86 | 91 | 90 |
| 9 | 0~450 | 89 | 55 | 28.5 | 41.5 | | | |
| 10 | 0~500 | 92 | 67 | 42 | 54.5 | 93 | 95 | 95 |
| 11 | 0~550 | 93.5 | 72 | 50 | 61 | | | |
| 12 | 0~600 | 95.5 | 81 | 53 | 67 | 96 | 97 | 97 |
| 13 | 0~800 | 98 | 92 | 78 | 85 | 98 | 99 | 99 |
| 14 | 0~1 000 | 98 | 95 | 80 | 92 | 100 | 100 | 100 |

续表

| 编　号 | 闪电持续时间/ms | Malan | Kitagawa 等 | | | Berger | | |
|---|---|---|---|---|---|---|---|---|
| | | 530 次闪电/% | 36 次分立型闪电/% | 36 次混合性闪电/% | 72 次闪电(平均值)/% | 58 次向下闪电/% | 245 次向上闪电/% | 303 次闪电(平均值)/% |
| 15 | 0～1 200 | 98 | 97.5 | 95 | 97.5 | | | |
| 16 | 0～1 400 | 98 | 98 | 97.5 | 99 | | | |
| 17 | 0～1 600 | 98 | 99 | 97.5 | 99 | | | |
| 18 | 0～1 800 | 100 | 100 | 100 | 100 | | | |

**表 4.17　闪击间歇时间(Kitagawa 和 Kobayasi,1958)**

| 闪电编号 | 闪电持续时间/ms | 闪击间歇时间/ms | | | | | | | | | | |
|---|---|---|---|---|---|---|---|---|---|---|---|---|
| | | 闪　击　顺　序 | | | | | | | | | | |
| | | 1 | 2 | 3 | 4 | 5 | 6 | 7 | 8 | 9 | 10 | 平均 |
| 1 | 1 088 | 48 | 66 | 50 | 66 | 56 | 46 | 175 | 165 | 416 | — | 121 |
| 2 | 862 | 45 | 19 | 45 | 38 | 36 | 243 | 45 | 49 | 200 | 144 | 86.4 |
| 3 | 1 256 | 31 | 16 | 41 | 67 | 48 | 107 | 41 | 188 | 228 | 439 | 120.6 |
| 4 | 871 | 20 | 72 | 108 | 82 | 105 | 46 | 193 | 67 | 118 | 60 | 87.1 |
| 5 | 605 | 18 | 25 | 37 | 31 | 37 | 41 | 72 | 81 | 77 | 186 | 60.5 |
| 6 | 749 | 28 | 29 | 34 | 35 | 55 | 73 | 84 | 38 | 73 | 300 | 74.9 |
| 7 | 847 | 38 | 47 | 36 | 46 | 116 | 54 | 62 | 139 | 114 | 195 | 84.7 |
| 平均值 | 899 | 32.6 | 39.1 | 50.1 | 52.1 | 64.7 | 87.1 | 96.0 | 103.8 | 175.0 | 220.7 | 90.3 |

表 4.16 也可以用另一种形式来表示,即把地闪持续时间的出现概率用图 2.1 表示。严格地说,概率两字应该换用频率,但习惯上称概率。

### 2. 地闪过程中大气电场的变化

积雨云发展到发生闪电之前,大气电场不断增大或者产生反向后而迅速增大,这里所谓迅速是指人的感官量级,即以分钟计量,相对于似稳场而言,或者说这种电场的变化不会产生出电磁辐射。当积雨云产生对地的脉冲放电(即地闪)时,情况就完全不同了,这种闪电过程中大气电场发生极为迅速的变化,其变化得用微秒量级去描述,要产生电磁辐射。第 1 章已介绍过,利用这种辐射的测量,可以侦知积雨云电结构的信息,这是研究雷电的非常重要的手段。下面作详细介绍。

在闪电过程中大气电场除了已知的静电场成分外,又增加了感应电磁场和脉冲电磁场这两种新的成分,这三种场都随距离 $r$ 的增大而减小,但衰减的规律是很不相同的。静电场是与 $r$ 的三次方成反比,衰减最快;感应场则与 $r$ 的二次方成反比;而辐射场则与 $r$ 成反比,所以在较远处,主要是辐射场起决定作用。

当测站与积雨云的距离 $r$ 大于云的尺度和高度时，任一时刻 $t$ 垂直地面方向的大气电场分量 $E(t)$ 可由下式表示：

$$E(t)=\frac{M}{r^3}+\frac{1}{cr^2}\frac{\mathrm{d}M}{\mathrm{d}t}+\frac{1}{cr}\frac{\mathrm{d}^2M}{\mathrm{d}t^2} \tag{4.34}$$

式中，$r$ 以 cm 计；电学量均用静电单位；$M$ 为云的电矩；$c$ 为光速，以 $\mathrm{cm\cdot s^{-1}}$ 计。

Chapman(1939 年)、Pierce(1955 年)、Kitagawa 和 Brook(1960 年)等人就用放大器-示波器法来研究，一条室外天线通过与电阻 $R$ 并联的电容器 $C$ 接地，若天线离地的有效高度为 $h$，则天线上感应电荷的变化量将为

$$q=UC_{\mathrm{A}}=EhC_{\mathrm{A}}$$

式中，$C_{\mathrm{A}}$ 是天线的电容量。所以 $C$ 两端的电压变化就是：

$$U=q/(C_{\mathrm{A}}+C)=EhC_{\mathrm{A}}/(C_{\mathrm{A}}+C) \tag{4.35}$$

因此示波器上的电压波形也就反映出 $E$ 的变化规律。再利用式(4.34)就可测知云的电矩，从而看出积雨云在闪电过程中电结构的迅速变化情况。

这里只举少数事例，Malan 和 Schonland(1951)详细研究了对地多次放电的闪击间歇时的电场变化，这个变化对 5km 距离内的雷暴为负，而对 12km～20km 距离的雷暴则变为正。由此得出结论：在间隙时间内，积雨云内下部与上部发生了相沟通过程，可以用图 4.34表示。图中 a 是在把正电荷 $+q$ 输送到高度导电枝状流光的一个回击结束之后所设想的电荷分布情况，此处流光位于平均高度为 $H_1$ 的通道的顶部。在 $+q$ 与云中主负电荷 $-Q$ 间存在的强电场中，枝状正流光在 $+q$ 被中和之前一直向 $-Q$ 伸展，使得剩余负电荷 $-(Q-q)$ 处在这时平均高度为 $H_2$ 的流光所造成的导电区中，如图中 b 所示。此后，云中负电荷以图中 c 所示的直窜先导的形式向通道下方流动。随后，回击(这是指云内回击)在通道内部再一次产生如图中 d 所示的正电荷，现在的情况又如 a。于是这个过

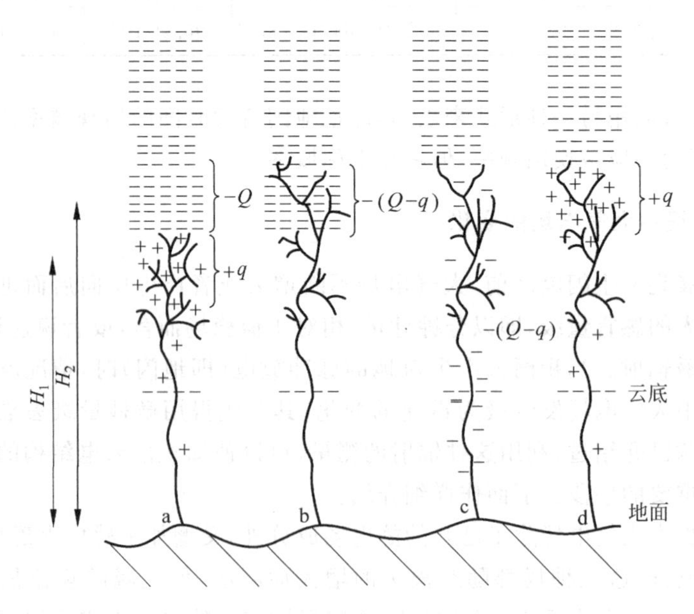


**图 4.34 一次对地闪电的两个相继闪击的间歇内在云中发生的电过程示意图**

程又重复下去，使负电荷柱中位置越来越高处的电荷被吸出，称这一过程为 J 过程。

Malan 和 Schonland(1951)用五种不同方法确定一次闪电的各闪击中蕴藏的电荷的高度。在说明非洲南部的雷暴中，这些方法的结果是一致的。第一次闪击离地的高度平均为 3.7km，以后各次闪击平均每次增高 0.7km，一直达到 9km 的最大高度。他们发现 J 过程的平均持续时间为 30ms。当然，其他地区不一定都完全相似，例如有的闪电只包含一次闪击放电，就没有 J 过程。

Malan 于 1965 年作更深入的探测研究发现，对 25km 外的雷暴，19%的闪击间歇电场变化为正，37%为零，44%为负。这与 Pierce 于 1955 年在英国剑桥的探测研究相似，后者发现，仅有 25%的闪击间歇电场变化为正，其余的变化都检测不出来。于是 Malan 提出：这些远雷暴产生的正电场变化是由于云中将负电荷输送到地面的连续放电造成的。Brook，Kitagawa 和 Workma(1962)通过在美国新墨西哥州的观测发现：约有 25%的闪击间歇里，伴随着持续约 40ms 或更长时间的连续发光，有一连续电流流至地面。Brook 等人将这个伴随着连续发光的缓慢电场变化叫做 C 变化，这个过程称为 C 过程。

### 3. 地闪的电流

这是防雷工程中最为重要的电参量之一。主要包括先导电流、回击电流、连续电流和后续电流等。

梯式先导电流的平均电流强度一般为 $10^2$ A 左右。单个梯式的先导电流可达 $5\times10^2$ A～$2.5\times10^3$ A，箭式先导电流的电流强度一般约 $10^3$ A。这是 1969 年 M. A. Uman 提供的。

回击电流则是幅度很大的脉冲电流，其峰值一般可达 $1\times10^4$ A～$3\times10^4$ A，所以称它为主放电，一般防雷主要是考虑它的作用。

连续电流即是指 C 过程的连续电流，其电流强度一般为 $1.5\times10^2$ A 左右，其变化范围为 $3\times10$A～$1.6\times10^3$ A，持续时间为 50ms～500ms。

后续电流有 J 过程形成的持续电流，还有其他几种过程的电流，它们都相对小一些，这里就不作说明了。现在主要介绍回击电流。

图 4.35 是 K. Berger、R. B. Anderson 和 H. Kröniger 一起于 1975 年发表在《Electra》上的地闪第一回击的电流波形。纵坐标采用电流 $I(t)$ 与电流峰值 $I_{max}$ 之比，也就是规一化的曲线。图(a)是取 10 次观测到的电流波形取平均。作规一化之后，就易于取平均了。图(b)则是 88 次观测的结果取平均，时间范围取得大些，可以看到全貌。

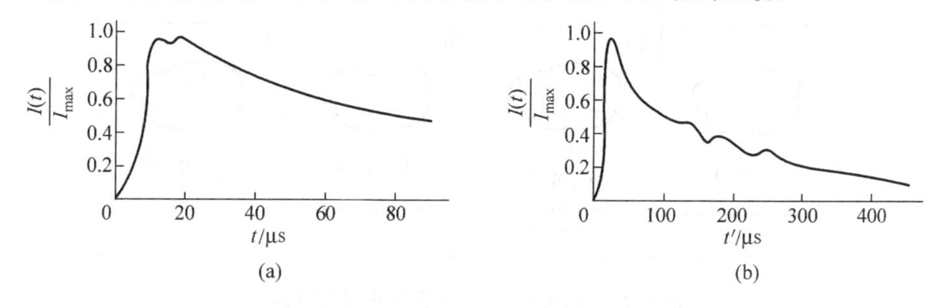


**图 4.35　向下负地闪第一闪击的回击电流波形**

(a)电流波形的初始部分；(b)完整的电流波形

从图4.35可以看到回击电流的几个特征。

(1) 峰值电流。根据两位权威 M. A. Uman(1969 于《Lightning》)和 R. H. Golde (1977 于《Physics of Lightning》)提供的数据，典型值为 $2\times10^4$ A 左右，变化范围为 $2\times10^3$ A～$2\times10^5$ A。

(2) 电流上升率。典型值为 $10^4$ A・$\mu s^{-1}$ 左右，其变化范围为 $10^3$ A・$\mu s^{-1}$～$8\times10^4$ A・$\mu s^{-1}$。

(3) 峰值时间。典型值为 2$\mu$s 左右，其变化范围为 1$\mu$s～30$\mu$s。

(4) 半峰值时间，即指电流随着时间而衰减到峰值的一半的时间，从图4.35(b)可看出为120$\mu$s。大量统计的结果表明，典型值为40$\mu$s左右，其变化范围为10$\mu$s～250$\mu$s。

这几项数字都极为重要。峰值电流反映出闪电灾害中它的能量和机械破坏力的大小。电流上升率反映闪电的脉冲电磁辐射的作用大小，它在当今对雷电灾害的研究上特别重要。考虑微电子设备的防雷及易燃易爆物仓库的防火等，需要特别重视这个参量。半峰值时间反映了雷电作用的持续时间，这种半峰值时间较长的闪电易产生火灾，常称之为热闪电。

上面介绍的种种关于地闪的情况、特征、数值都是关于地闪中最常见的一种，即闪电是自积雨云端往下发展的落地闪，而电流的方向是自地面指向上方的，因为云的放电电荷为负。实际上遇到的云地间闪电有好多种，差异较大。

### 4. 地闪的分类

由于历史上的原因，大家公认的定义是：雷电流的正方向为自云指向地面，闪电电流为正的地闪称为正地闪。反之，闪电电流自地面指向上方的地闪称为负地闪。地闪的开始即先导也有向上方向和向下方向。综合这些差异，地闪可以分成八类，如图4.36所示。

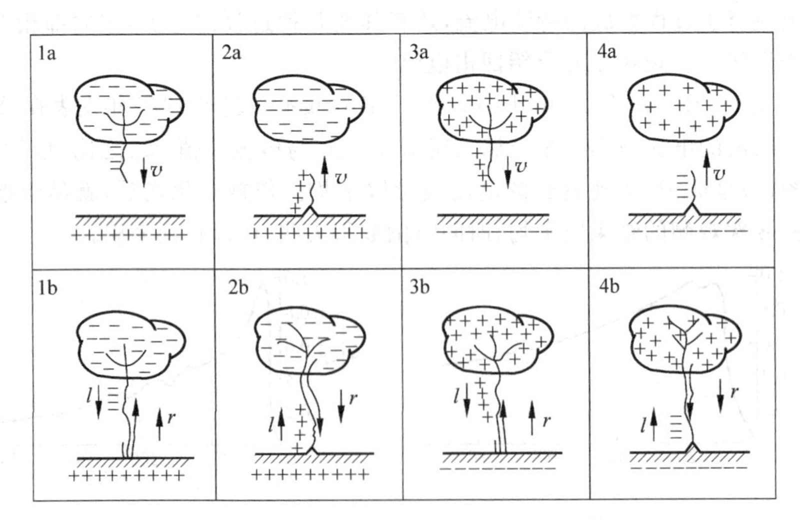


**图4.36 八类闪电(根据先导和回击方向)**

$l$为先导；$r$为回击；$v$为发展方向

在讨论八类地闪之前先要特别说明这里大家已公认的关于方向或一些量的正负的规定。由于闪电起源于云，因此各种规定就取云作为主体来考虑，R. H. Golde 的《Physics of Lightning》就是如此。

云中带有正电也有负电，如果是正电荷放电，就称它为正极性云。正极性云下方的电场的方向规定为正，这就是说从高空指向地面的方向规定为正，它恰与地面的法线方向相反。自然，云中正电荷在电场作用下流动的方向是正，也就是说电流的正方向是自云流向下方大地。向下的先导把正电荷往下输送产生正电流，或者是把负电荷往下输送产生负电流，电荷和电流的极性是一致的。但是从地面发出的向上先导就不然，它向上输送正电荷所产生的应是负电流，而向上输送负电荷时产生的却是正电流。这在防雷工程上考虑问题时不要弄混了。

下面谈谈如何分类和赋予名称，如果只考虑电流的方向和先导的方向，则只有四种差别，即只可分为四类。但是回击是闪电中主要角色。前面说到的闪电，在先导之后必有回击，即主放电，可是实际情况却偶尔遇到没有回击的事实。美国的帝国大厦和瑞士的圣萨尔瓦托山是世界上观测闪电的极重要的地点，曾被观测到无回击的实例。所以必须考虑回击，这样地闪就可分为八类。1975 年 Berger 首先把分类赋予分类标称，把无回击的闪电记作 a，有回击的记作 b，可以作如下八种定义。

(1) 1a 型：这是在没有极高建筑物的开阔地区的主要情况，先导带负电。若先导不落地，就无回击，而成为云内放电。

(2) 1b 型：定名向下负闪电。前面讨论的就是这一类，Schonland 专门对它作研究，称之为下行负雷。常见的下行负雷现象见彩图 2，例如，1990 年美国亚利桑那州出现的夏季雷暴见彩图 5。少见的晴天闪电现象见彩图 4。

(3) 2a 型：放电始于高耸的接地物体，如塔尖、特高楼房或山顶，然后发展为向上先导，先导带正电，塔尖等物成了阳极，学术上定名为向上正先导-连续负放电。

(4) 2b 型：开始阶段与 2a 型相同，而后出现闪击，与 1b 型相同，包括有先导和回击，定名为向上正先导-多闪击负闪电，常称为上行负雷。彩图 3 是北京中央电视台发射塔的闪电情况，即为此型。

(5) 3a 型：相当于 1a 型，由于先导不落地，是一种云内放电。

(6) 3b 型：定名为向下正闪电或称为下行正雷，这类闪电出现在山区，极罕见，在圣萨尔瓦托山连续观测 15 年未曾记录到，而在卢加诺湖岸拍到了一张照片实例。

(7) 4a 型：向上先导始于高耸的接地体，如高层大厦尖顶，成为阴极，先导带负电，流入地的电荷为正，电流也为正，持续时间相当长，为连续电流。1966 年 Berger 首先在圣萨尔瓦托山观测到它，定名为向上负先导-连续正电流闪电(山地型)。

(8) 4b 型：开始阶段与 4a 型同，但在先导后 4ms～25ms，就发生极其强烈的回击。1966 年，Berger 和 Vogelsangar 首先在圣萨尔瓦托山观测到，后来 Berger(1975 年)作了详尽探讨。认为这一向上负先导以极长的连接先导向上伸展，直至与云内闪电会合，引发向上先导，而后才产生非常强烈的放电回击。定名为向上负先导-脉冲正电流闪电，或简称脉冲正电流闪电(山地型)，我国常称之为上行正雷。

从上面描述中可见，真正的地闪只有六种，另两种是云闪。正雷很少见，但是它又是比较强烈，特别是上行正雷是最强烈的。

现给出 M. A. Uman 提供的观测结果(1969)的统计，如图 4.37 所示。图中，纵坐标表示累积概率，其定义是数值小于或等于横坐标所示值的闪击次数与总闪击次数之比，用百分数表示。各组观测到的闪击次数不同，统计表示的曲线就不同，共有五组观测统计数据，画出五条曲线。其中，曲线 2 是 2 721 次闪击的平均结果，代表性较好；曲线 1 仅为 46 次闪击的平均结果。

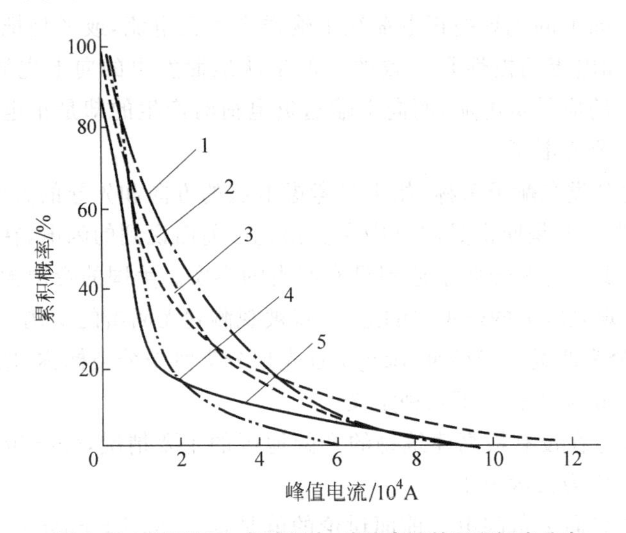


**图 4.37　向下行正、负地闪中，峰值电流的累积概率分布**

图 4.38 是下行负雷的电流上升率的统计情况。图中，曲线 1 是约 30 次最大电流上升率的平均结果；曲线 2 和曲线 3 分别为 71 次和 30 次闪击的平均电流上升率的情况。

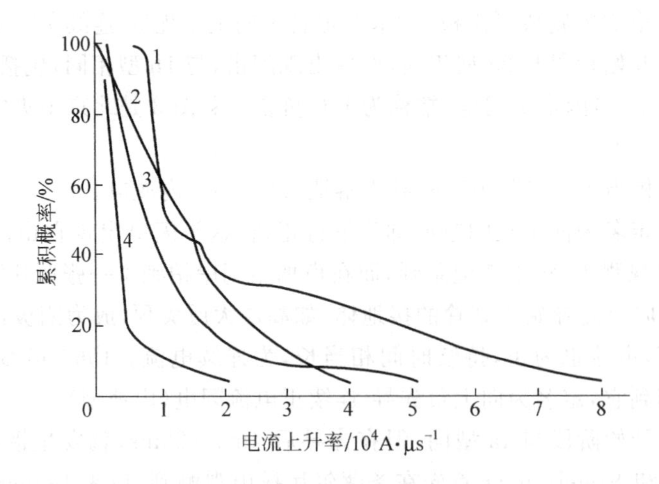


**图 4.38　下行负雷的电流上升率**

图 2.3 是不同研究者所给出的下行负雷的峰值时间累积概率分布的观测结果，是 M. A. Uman综合给出的。其中，曲线 1 和曲线 3 分别是 33 次和 82 次闪击的平均结果。曲线 2 则表示峰值电流小于 $5\times10^3$ A 时峰值时间的累积概率分布，统计到的闪击共计约

20 次。该图表明,峰值时间的中值变动于 1μs～2.5μs。

图 4.39 是不同研究者观测所得的半峰值时间的累积概率分布。图中,曲线 1 表示峰值电流大于 $5\times10^{3}$ A 的半峰值时间的累积概率分布,统计到的闪击共计约 20 次;曲线 2 和曲线 3 分别为 11 次和 82 次闪击的平均结果。此图所表示的半峰值时间的中值变动于 33μs～56μs。

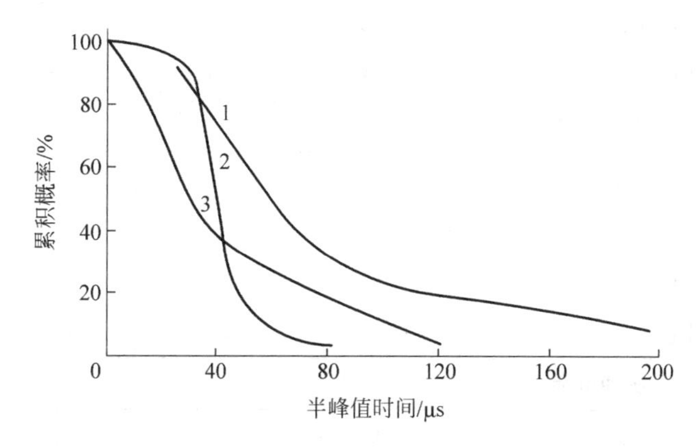


**图 4.39　向下负地闪中,半峰值时间的累积概率分布**

由以上的电学参量可以估算出地闪电荷,它包括:先导输送并储存于先导通道中的电荷、回击电流输送到地面的电荷、连续电流输送到地面的负电荷,以及后续电流输送到地面的电荷等。

整个地闪过程输送到大地的电荷平均为 20C 左右,变化范围为 1C～400C,如图 4.40 所示。图中,曲线 1 为 37 次地闪平均的结果,其中大部分为下行负雷;曲线 2 为 270 次地闪平均的结果。

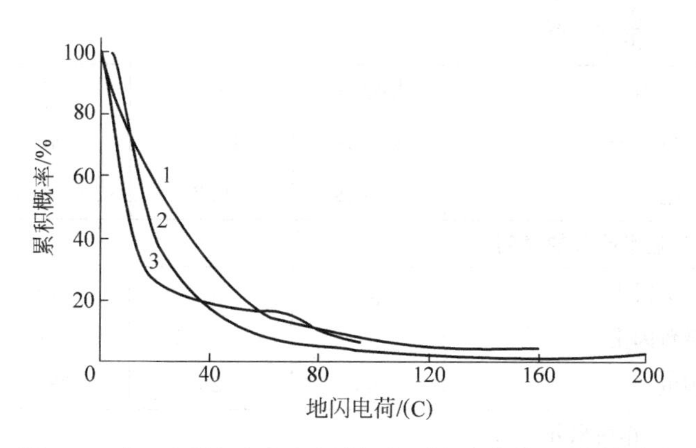


**图 4.40　向下负地闪和向上负地闪中,地闪电荷的累积概率分布**

大量观测表明,闪电的特征与地闪的类型密切相关,正雷的峰值电流、峰值时间和半峰值时间,都大于负雷的相应值,不过电流上升率则相反。

K. Berger、R. B. Anderso 和 H. Kröninger 三人于 1975 年给出一个统计表,见表 4.18,这是他们在瑞士的圣萨尔瓦托山长期观测到的结果。

表 4.18　雷电参量(向下闪电)

| 次数 | 参　量 | 单位 | 大于表中数值所占百分比 | | |
|---|---|---|---|---|---|
| | | | 95% | 50% | 5% |
| | 大于 2kA 的电流幅值(峰值) | | | | |
| 101 | 第一负闪击和负闪电 | kA | 14 | 30 | 80 |
| 135 | 随后负闪击 | kA | 4.6 | 12 | 30 |
| 26 | 正闪电 | kA | 4.6 | 35 | 250 |
| | 电　荷 | | | | |
| 93 | 第一负闪击 | C | 1.1 | 5.2 | 24 |
| 122 | 随后负闪击 | C | 0.2 | 1.4 | 11 |
| 94 | 负闪电 | C | 1.3 | 7.5 | 40 |
| 26 | 正闪电 | C | 20 | 80 | 350 |
| | 脉冲电荷 | | | | |
| 90 | 第一负闪击 | C | 1.1 | 4.5 | 20 |
| 117 | 随后负闪击 | C | 0.22 | 0.95 | 4.0 |
| 25 | 正闪电 | C | 2.0 | 16 | 150 |
| | 到达峰值的时间 | | | | |
| 89 | 第一负闪击 | μs | 1.8 | 5.5 | 18 |
| 118 | 随后负闪击 | μs | 0.22 | 1.1 | 4.5 |
| 19 | 正闪电 | μs | 3.5 | 22 | 200 |
| | $\frac{di}{dt}$最大值 | | | | |
| 92 | 第一负闪击 | kA/μs | 5.5 | 12 | 32 |
| 122 | 随后负闪击 | kA/μs | 12 | 40 | 120 |
| 21 | 正闪电 | kA/μs | 0.2 | 2.4 | 32 |
| | 到达半峰值的时间 | | | | |
| 90 | 第一负闪击 | μs | 30 | 75 | 200 |
| 115 | 随后负闪击 | μs | 6.5 | 32 | 140 |
| 16 | 正闪电 | μs | 25 | 230 | 2 000 |
| | 作用积分 | | | | |
| 91 | 第一负闪击和负闪电 | $A^2\cdot s$ | $6.0\times10^3$ | $5.5\times10^4$ | $5.5\times10^5$ |
| 88 | 随后负闪击 | $A^2\cdot s$ | $5.5\times10^2$ | $6.0\times10^3$ | $5.2\times10^4$ |
| 26 | 正闪电 | $A^2\cdot s$ | $2.5\times10^4$ | $6.5\times10^5$ | $1.5\times10^7$ |

表 4.18 中,峰值电流系指大于 2kA 的观测结果,而正地闪多为单闪击地闪。从表中可看出：峰值电流的中值以下行正雷的数值为最大,为 $3.5\times10^4$ A,积累概率为 5%的峰

值电流，下行正雷的峰值电流高达 $2.5\times10^5$ A。

为便于定量分析，研究者提出了一些经验公式。有用双指数形式的，如 C. E. R. Bruce 和R. H. Golde两人于 1941 年在《J. Inst. Elect. Engrs.》中发表的公式：

$$I(t)=I_0(e^{-\alpha t}-e^{-\beta t}) \tag{4.36}$$

式中，$I(t)$代表 $t$ 时刻的电流强度；$I_0,\alpha,\beta$ 为电流参数，对于不同类型的电流波形采用不同的值。例如，可取 $I_0=2.8\times10^4$ A，$\alpha=4.4\times10^4\text{s}^{-1}$，$\beta=4.6\times10^5\text{s}^{-1}$，对应于峰值电流为 $2\times10^4$ A，峰值时间为 5.6μs，半峰值时间为 24μs 的闪电。若 $I_0=2\times10^4$ A，$\alpha=7\times10^3\text{s}^{-1}$ 和 $\beta=4\times10^{-4}\text{s}^{-1}$，则对应于峰值电流为 $1.1\times10^4$ A，峰值时间为 53μs，半峰值时间为 180μs 的闪电。

取什么形式的经验公式完全是任意的，是一种凑数据的做法，带有主观任意性，只要能凑到与实际测得的众多数据相近就行，越接近的就越会受到大家承认和采用。这种研究工作不神秘，谁都可以做，但工作量很大，很繁重。要对数学函数有广泛的直觉经验，除了双指数形式，E. R. Whitehead 和 W. Darveniza 等人于 1973 年提出用两个电流波形参量组成的经验公式，H. Volland(1982)和 J. S. Barlow 等人(1954)则采用由多个电流波形参量及三个指数项或四个指数项数组的形式。一般说来，使用的参数越多，凑出来的理论曲线越容易接近各实测数据，可是用于分析问题就麻烦得多，如何达到最优是各研究者关心的问题。

最后说一下闪电的能量问题，闪电破坏作用很大，其能量如何呢？这是很令人关心的。如果以 $I_{max}$代表闪电的峰值电流值，$U$ 表征闪电通道上端与大地之间的电位差，则一次闪电的最大功率应为

$$P=I_{max}U \tag{4.37}$$

通常就简称它为闪电功率。而每次闪电所释放的能量应为

$$W=\frac{1}{2}Q_gU \tag{4.38}$$

式中，$Q_g$ 表示地闪电荷。

M. A. Uman 估算过：$U$ 近似为 $10^7\text{V}\sim10^9\text{V}$，若取 $U=10^8$ V，$I_{max}$ 的典型平均值等于 $10^4$ A，代入式(4.37)可得 $P=10^{12}$ W，即 10 亿千瓦，远远超过世界上任何发电厂的输出功率。

但是请注意，它仅是瞬间的峰值而已，这个瞬间时刻的时间太短了，并不产生太大的破坏力。要估量其作用和可利用的价值得看闪电的能量。如取地闪电荷的典型值 $Q_g=20$C，而 $U$ 仍采用 $10^8$ V，代入式(4.38)即得 $W=10^9$ J。这一值相当于 300kWh，也就是只供一个 100W 灯泡照明一百多天而已。1kg 水从 0℃变为蒸汽需 $2.7\times10^6$ J，也就是一次闪电可使 380kg 冰水变为蒸汽。

## 4.8 闪电的形成机制

研究闪电的形成机制主要是在电力系统用于研究绝缘的高电压实验室内进行的。在人工的高电压产生的放电现象中研究其形成机理，从这种模拟的人工雷电的照片中分析闪电的机理，这比观测真正的闪电要容易多了。现在种种书刊上介绍闪电形成机制的

内容实际上是以来自高压实验中对人工雷电的观测为主要依据，人工雷电与大自然界的实际闪电在物理本质上有许多共性，但是也有所差异，主要是尺度的差异、随机因素的差异和放电全电路的差异。

先提出这个问题，是为了使读者对现在流行的学说有一个正确的估计，知道它与许多工程和自然科学中的学说一样，都有其局限性，而且需要不断发展和完善。

在高压实验室的放电是在两个有限距离内进行的，人工闪电也有先导、回击等，但距离太短，随机因素很少，因此显然缺少了对自然界中一些物理因素的作用机制的了解。另一个重要的差异是放电的整个回路情况有很大的不同。高压实验装置的人工闪电的放电回路的两个正负电极是金属导体，可以充分自由的供应电荷，除了空气中放电的这一段外，回路的其余部分是低阻抗的金属导体，它们的阻容参量可以说主要是集中参量。而大自然闪电的正、负电极均非导电良好的金属。大地的电阻主要是流散电阻，是体电阻形式的非线性电阻，而另一电极是积雨云和广大地球外空间，积雨云不是良导体，只有部分电荷在一定条件下可近似看成可以自由移动到放电通道的电荷，其放电回路的阻抗变化范围很大，而且阻容等参量主要是分布参量。所以若把这种大自然的放电的整个回路等同于实验室的电工上用的等效电路，作类比考虑，用决定论的思维，显然这至多是近似的估算。下面所介绍的学说，只能说是被比较多的人认可的相对比较可信的一种看法，并不是已完美的、获得可靠证明的。

### 1. 关于先导的学说的产生与发展

目前采用流注理论可以比较好的定性描述先导的产生与发展。这是从高压实验观测尖端电极的火花放电过程而逐渐发展出来的学说。先导是气体导电的起始。关于气体的导电，物理学家早在19世纪末就已开始研究，由于这一研究导致电子的发现，同时也导致工程技术上的各种真空电子管和离子管器件的发明和发展。最初对电极放电和气体导电理论的研究和发展，要归功于对这种器件的性质的研究。英国J. S. E. Townsend(1868—1957)对这一领域作出了重要贡献，1908年他发现了气体电离的物理机制，即拉索姆-汤森德效应。他根据实验观测提出了比较系统的气体放电理论，对气体的击穿电压和放电电流大小提出了定量计算公式，并在一定范围内与实验数值较好地吻合。他的放电理论主要考虑了三种因素，并引用了三个系数来定量反映它们的作用，即

(1) $\alpha$系数，表示一个电子在走向阳极的单位长度(cm)路程中与气体质点相碰撞所产生的自由电子数(平均值)。

(2) $\beta$系数，表示一个正离子在走向阴极的单位长度(cm)路程中与气体质点相碰撞所产生的自由电子数(平均值)。

(3) 系数$\gamma$，表示一个正离子撞击到阴极表面时从阴极逸出的自由电子数(平均值)。

他的理论充分利用了汤姆逊发现的电子理论，指出电子对分子的碰撞电离是气体导电的重要物理原因，抓住了电子这个主要因素。同时又充分运用19世纪发展得较为完善的分子运动论，抓住分子、电子运动中的碰撞这个重要物理机制。所以他的理论公式中的三个系数与工程学界的经验公式不同，都是从物理上考虑而设置的，有明确的物理意义。

但是把它从电子管内的放电用于大气中的闪电，就显出其不足了。需要补充考虑几个因素：

(1) 电子在从阴极到阳极的路程中，在与气体分子的碰撞时有可能被气体分子俘获而成负离子，这就使电子失去游离活力，且增加离子复合的概率，减弱了气体的导电能力。在电负性气体中，这个作用更为显著。

(2) 应充分考虑离子的复合这一物理机制。

(3) 气体分子受激而处于高能级，回到正常态时要放出光子，正、负离子复合时也会产生光子。而这种光子又会造成电离作用。

后来的学者 L. B. Loeb 和 J. M. Meek(1940)发展了汤森德的理论，充分考虑上述三方面，进而形成流注放电理论。认为电场增大时，电子撞击分子会引起雪崩现象。即电离分子的同时还产生新的电子，这些增多的电子在电场的加速下产生新的离子和电子，就如雪崩一样，称这个大量的电子群为电子崩。在电子崩中还同时有大量光子被分子或离子放射出来，因而出现发光现象。这一现象在高压实验室中，利用放电极作了很多研究，并拍下各种照片，如图 4.41 所示。拍此照片的实验用的是平板电极，可看到发光的导电气体的逐渐扩展，因为是从上方正电极产生的，所以称之为正流注或正流光，其物理结构示意图见图 4.42。图中，弯弯曲曲的线表示光波，它的末端光子与分子相碰撞，产生⊖与⊕，⊖表示光生电子，⊕表示离子。

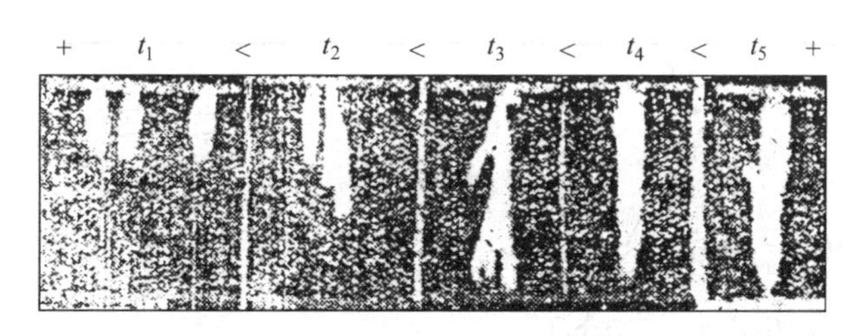


**图 4.41　正流注发展过程的照片**

从阴极发出的负流注的发展情况，如图 4.43 所示。图中，Ⅰ表示从阴极发出的主电子崩，Ⅱ，Ⅲ，Ⅳ，Ⅴ，Ⅵ表示由光电子形成的衍生电子崩。$a_1$，$b_1$，$c_1$ 等点射出的光子在 $a_2$，$b_2$，$c_2$ 等点发生光游离发展成新的电子崩，波形线表示光子的发射。

根据电极间强电场导致的气体导电，推想而移植到积雨云和大地的附近产生的先导上。这一合理性来自高压实验室内把平行板间的放电转变为小面积电极长间隙放电时，看到长间隙放电的火花形状类似闪电，有类似的梯式先导和树枝状的分叉，间隙越拉长，形状越近似于自然界的闪电。

## 2. 积雨云电击穿机制

空气的击穿电场强度大于 $3\times10^4\text{V}\cdot\text{cm}^{-1}$，而云中出现流光产生梯式先导时，云中的电场强度远小于此值。Macky 早在 1931 年就发现：在强电场作用下水滴将沿电场方向伸长，当超过 $E_c=3\,875/\sqrt{R}(\text{V}\cdot\text{cm}^{-1})$时，水滴就变得不稳定，于是开始电晕放电，水滴两端发出流光。此处，$R$ 是以 cm 为单位的水滴半径，在 $R=0.1\text{cm}$ 时，流光将在 $1.2\times10^4\text{V}\cdot\text{cm}^{-1}$ 的电场中发展，当 $R$ 增至 0.2cm 时，临界电场更减小到 $0.87\times10^4\text{V}\cdot\text{cm}^{-1}$。

除上述现象外，实验观测还发现一个现象：梯式先导传播速度至少为 $10^7\text{cm}\cdot\text{s}^{-1}$，

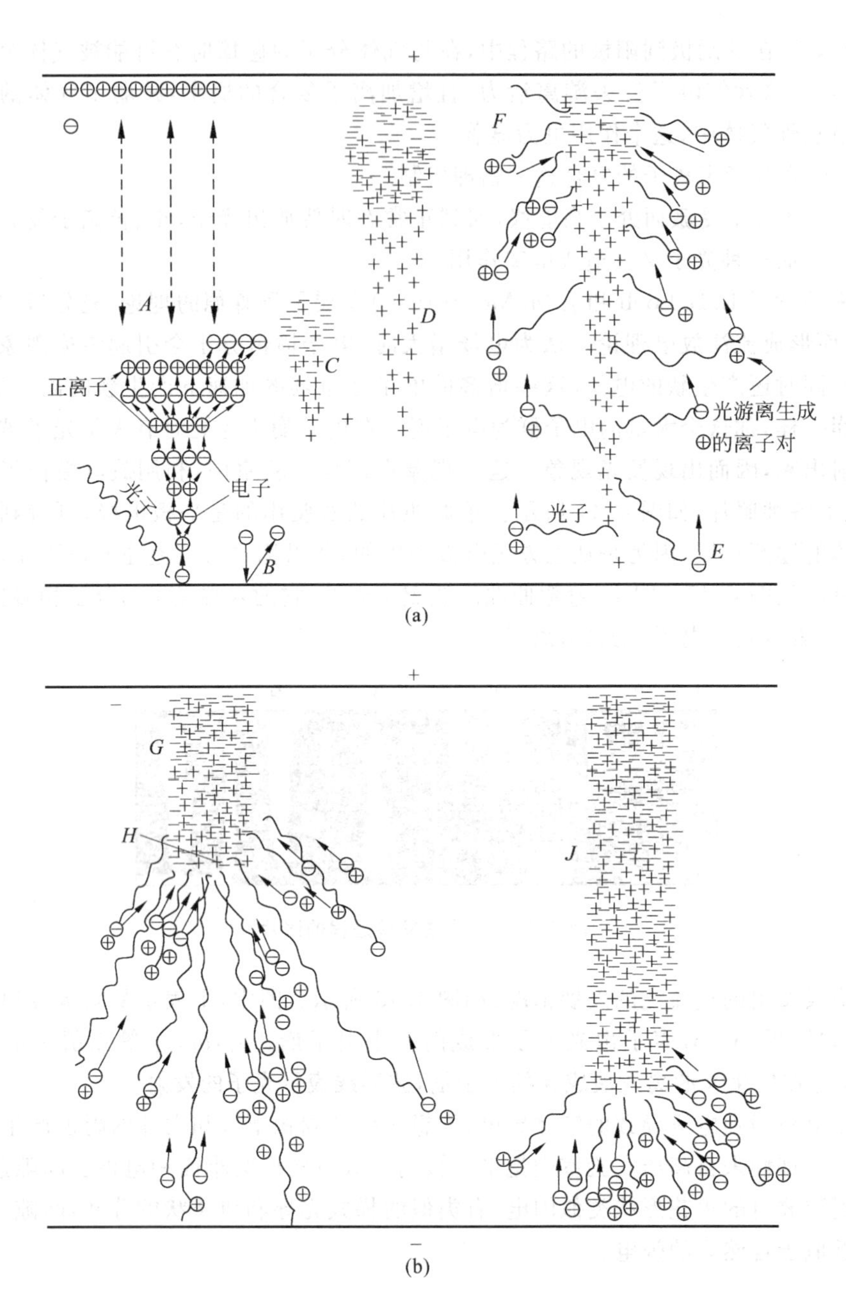


图 4.42　气隙中正流注发展示意图

(a) 初期；(b) 末期

⊖ 表示光生电子，⊕ 表示离子

对于 2km 高的云底，梯式先导只需 20ms 就到达地面，而相应的大气电场变化却常持续 50ms～150ms，并且它是在记录到的辐射脉冲的初始部分。这一现象意味着早在梯式先导被观测到之前已有一个性质不同的初始击穿过程。1951 年，Malan 和 Schonland 证实：大部分 β 先导起源于 0℃高度附近，这个位置在主负电荷柱底与次正电荷之间的强

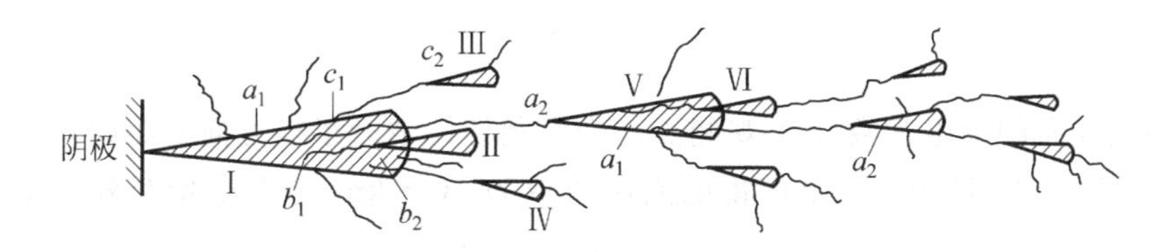


图 4.43　负流注发展示意图

电场区域中，而该次正电荷常位于伴有大雨的云底附近。由于云中水滴在较小的电场中就可以发生流光而形成导电通道，故此在局部的范围出现强电场，水滴发生的流光可以从一滴向另一滴传播开去，所以在云底的次正电荷区与主负电荷柱之间就较易建立起一条传导路径，云下部正电荷逐渐被中和，云中的这个区域的流光通道变得越来越负。这是云下开始出现人们从大地上观测到的梯式先导之前的云内先导的过程，在地上测量脉冲辐射的记录中能分析出这一过程。

其后就在积雨云下端出现负电梯式先导，它是从主负电区出发的负流光，向下推进时前面有一个引路流光作为“开路先锋”。负流光要向下方推进，所需的最小电场强度为 $3\times10^4\,\mathrm{V\cdot cm^{-1}}$，即为空气的击穿所必需的电场强度值，可是积雨云下方大尺度范围的电场值远低于此值，只有 $10^3\,\mathrm{V\cdot cm^{-1}}$ 数量级。为了发展先导过程，需要两个先决条件：第一，需要供应足够的电流，雷云的自然电导不足以供应，因云中的电荷是带在彼此分离并绝缘的水性质点上的，因此在下行先导发展的同时，云中存在气体游离放电过程，使电荷汇集到先导通道。第二，先导通道的下方的附近区域的空气被强电场击穿，产生导电的正、负离子和电子，由于同性电荷相斥，一般情况下，总是在先导的最下方前端形成一个电荷密度很高的尖端，它产生不均匀强电场，在尖端下前方的电场强度大大超过 $3\times10^4\,\mathrm{V\cdot cm^{-1}}$。这就可使引路流光向前推进一个有限的距离。在这种电场强度下，电子的迁移速度是 $10^7\,\mathrm{cm\cdot s^{-1}}$，这正是观测到的梯式先导的传播速度。还应注意到，从主负电荷区至梯式先导顶端为止，这一通道是高度电离的，所以先导下端的电位与云的负电荷处的电位相近。当先导顶端与周围空气重新建立强电场后，引路先导就又伸展一个梯级。

### 3. 闪电通道的发展及其结构

闪电的梯式先导从横剖面看如图 4.44 上部和图 4.45 所示。它可分两部分。一部分是其中央，为先导通道，直径为毫米级，最高电导部分，充满自由电子，沿轴向（即图中 $y$ 轴方向）的电场强度一般不超过 $100\ \mathrm{V\cdot cm^{-1}}$。另一部分为外围的游离区，或称之为电晕套，这是中央高导电通道内的电荷的径向电场在周围产生大气电晕放电的空间。这个范围具有离子导电性质，阻抗较大，而电场强度方向垂直于 $y$ 轴且值很大，可达 $10^4\,\mathrm{V\cdot cm^{-1}}$ 以上，其半径达几米，视闪电电流而定，电流越大，半径越大。可以估算如下。

取一段先导，其中心高电导通道可近似地当作无限长的均匀带电圆柱体，其单位长度带电量为 $\sigma$，则运用静电学原理可以得知，其径向电场为

$$E=\frac{\sigma}{2\pi\varepsilon r} \tag{4.39}$$

式中，$\varepsilon$ 为电介质的介电常数，$r$ 为观测点与带电圆柱体轴沿半径方向的距离。

在一般情况下，即中等以下的雷电流，$\sigma$ 可取为 $1\mathrm{C}\cdot\mathrm{km}^{-1}$，在电晕套外缘上 $E\leqslant 3\times 10^4\mathrm{V}\cdot\mathrm{cm}^{-1}$，将这些值代入式(4.39)，即可得出电晕套外缘半径 $R=\frac{\sigma}{2\pi\varepsilon E_R}\approx 6\mathrm{m}$。

雷电流较大时，电晕套半径可达20m～30m，这一估算的理论值与观测数据(不是精确值，因为测量有困难，随机性太大)是相近的。

在梯式先导向地面发展过程中，云中负电荷就随之向下传播而分布储存到闪电通道各处，如图4.44所示，这一电结构对理解雷击危害及防雷措施至关重要。

由于这一情况，当先导接近地面时，如图4.44所示，它的前端流光中大量电子电荷与大地表面(也可能是大树或楼房、塔尖……)的正电荷之间距离已很近，电场强度剧增，尤其是地面尖端部分，导致强电场击穿，出现迎面先导，即从地面物体向上发出的流光所组成的上行先导。它与下行先导会合，如图4.44下部所示，把高电导的导电通道接通，就发生强烈的回击放电。由于地面是导体，与积雨云不同，地面的正电荷迅速集中流入导电通道，产生强电流，循导电通道直窜积雨云。由于电流强度很大，使通道温度迅速升高到$10^4$℃量级，发出强光，空气骤然膨胀，而产生雷声，这就是人们看到的闪电现象。

这里有两个物理实质需要明确。

第一，闪电放电。对于最常见的下行负雷，也就是上面详细描述的这一种闪电，一般都说成是回击电流迅速向上跑到积雨云，与负电荷中和，这一说法始终未触及物理实质，仅告诉人们一种表观现象。实际上是带负电的电子从云和闪电通道各处自上而下跑到大地，即这一导电过程是电子导电性质，所以传播速度极快。进一步说，这种电流既有一部分是电子的直接运动产生的宏观电流，也有一部分是电子的接力运动所产生的宏观电流，后者的速度基本上接近电磁场的传播速度。而离子在气体介质中的运动所形成的电流则不同，这种电流的传播速度决定于离子的迁移率，速度小得多，与前者差好几个数量级。

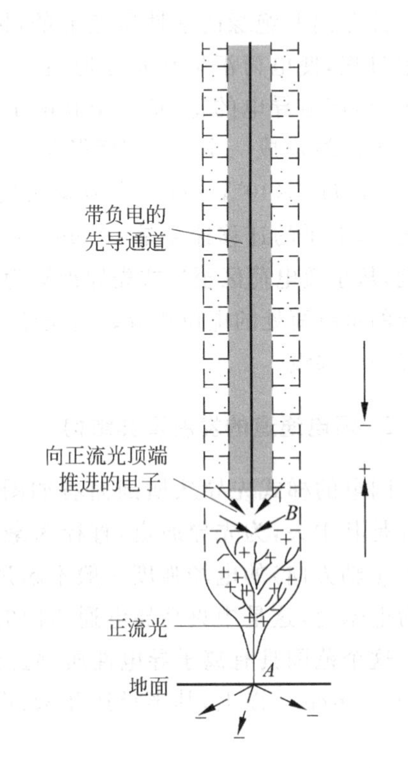

图4.44 梯式先导到达地面时，通道内的电结构

第二，闪电过程中的放电。从宏观上说，电荷也不是从地迁移到积雨云中或者从云迁至地面，负电荷分布在很长的范围，在几公里长的闪电通道(当然包括电晕套和各闪电分枝上)与云的一部分区域，或者说它不是集中分布的，所以与一般电工电路里的电容器放电有相当大差别，

应该用分布参量来描述。

在这一过程中，大气电场相应作迅速变化，图 4.45 描述了回击时先导通道的径向电场的变化情况，电晕套右侧上的水平线组表示这一电场分布，回击时脉冲电场以速度 $v$ 向上传播。

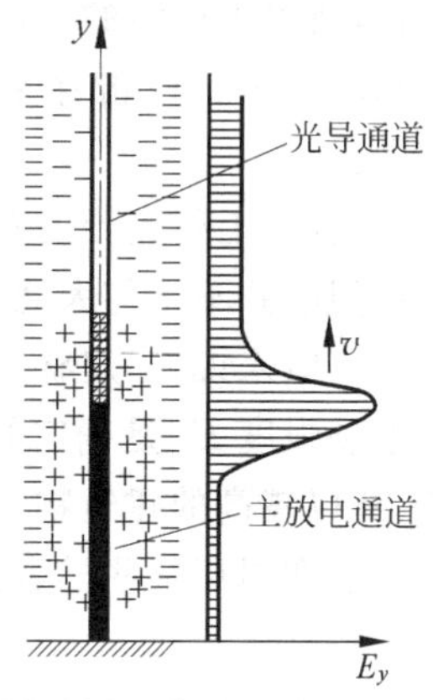


图 4.45　对地负极性雷击通道中电荷和轴向电场分布

4. 闪电的路径

这是雷电科学上极为关注的大问题，它有极大的随机性。是否也有规律可循，精确地说，是否可以找出一种概率较大的机制呢？有。

现在可以提出几点。

第一，梯式先导的始端必是两种情况：或者是局部地区电场强度达到空气击穿场强而导电；或者是局部地区有导电粒子造成空气击穿导电。后者常发生于宇宙射线的高能粒子，或者是人为因素，如火箭喷射的高温气体或工厂喷发的化学物质。至于前一种情况也可以是人为造成的，如飞机、火箭穿入云中。

第二，闪电通道也服从一般的电学原理，即放电路径一定是电阻最小的路径。

第三，闪电的梯式先导在高空区域与地面物的距离较大（千米以上）处，其走向是充分随意的，与地面物毫无关系。只有当它下行到与地面高耸物较近的一定范围内才与地面物有相互关系，而这与大气电场的分布有关。也就是当出现局部强电场足以吸引下行先导前端的流光的运动方向时，才有可能吸引闪电，越是强的雷，这种吸引作用的距离越大。但是这种吸引作用仍可以发生意外，在中途受到其他因素的影响而另觅放电路径，因而出现绕击现象。彩图 6 是肯尼迪航空中心的一次雷击照片，闪电已垂直而下接近避雷针（设置在航天发射场勤务塔顶上）时，突然急转弯而绕开避雷针及航天飞机顶端，然后击到航天飞机下接地良好的地面。

许多推销避雷针和消雷器的商家，提出种种学说，声称他们的产品绝对可靠地吸引雷电，使用决定论的描述语言，这是违反科学的。肯尼迪航天中心的这张照片极有价值，足以证明闪电路径的随机性。但是务必注意，从地面发生的迎面先导在相当大的程度上影响下行先导的发展路线，并决定雷击点的所在，许多防雷工作人员忽视了，导致种种失误，后面还将讨论。

5. 其他地闪的一些特性

以上讨论都是围绕最常见的，也就是 70%～90%以上的闪电的情况（即下行负雷）而讲述的。而今超高建筑物日益增多，高山顶的建筑也日益增多，这是微波通讯和电视事业、航空事业日益发展的必然趋势，上行雷的情况也必须充分重视。读者可以看彩图 3，这是近年发生于北京中央电视发射塔的一次实况，是极为珍贵的实验记录，可从中获得很多宝贵的科学信息。

首先，上行雷也必须先有流光产生空气击穿，出现梯式先导，逐步向上推进，上行先导与下行先导在物理条件上是相同的，上面的讨论都可以适用于它。其差别主要在于发出上行先导的大地的导电性与积雨云不同，它可以提供充分多的自由电荷，而积雨云则不行，所以上行雷的主放电是与上行先导统一的，没有强大的回击。它是通过上行先导前端的许多分枝击穿来中和云中分布的电荷的，所以上行雷的电流波形与下行雷不相同。

其次，上行先导的发展及其特性要受到地面发出先导的尖端物的供电条件的制约，所以闪电并不是与大地状况无关的。

一般来说，一定状况的积雨云在地面处（或者更精确说，在一定的海拔高度上）的大气电场强度 $E_0$ 是确定的，地面上高建筑物顶端处的电场强度 $E_h$ 则是随着高度 $h$ 而递增的，所以越高的建筑物，越可能发生上行雷。

现在引用某些学者估算的可能发生上行雷的条件，见表 4.19。

**表 4.19 可能发生上行雷的条件（估计）**

| 建筑物高 $h$/m | 50 | 100 | 200 | 300 | 500 |
|---|---|---|---|---|---|
| $h=0$ 处电场 $E_0$/V·cm$^{-1}$ | 370 | 220 | 135 | 100 | 70 |

由表 4.19 可见，随着 $h$ 的增大，所需的 $E_0$ 值迅速下降，平原地区超过 200m 建筑物上，就可以观测到相当多的上行雷。

需要强调指出的是上行雷有两种，通常见到的上行负雷是地面放电中和积雨云中部的负电荷区的电荷。但是，当上行先导向云的上方发展时，有可能与积雨云上部的正电荷区接成导电通道，分枝很广的上行先导把广阔范围的正电荷连通在一起，这时就会出现非常强烈的回击。所以前面谈的一般上行雷没有回击放电是指常见的上行负雷而言。

上行正雷就不同了，这是最强烈也最引人注目的闪电，因而被人称为巨型闪电。1973 年 Meister 在瑞士测得闪电的 $\int i^2 \mathrm{d}t$ 值高达 $2.2\times10^7 \mathrm{A}^2\cdot\mathrm{s}$，这个量决定了闪电的热效应和机械效应，其破坏性极其严重，高大的电讯塔、火箭和山顶上的建筑物必须考虑对这类巨型闪电的防护。

### 6. 对于闪电通道直径的认识

上面描述闪电结构时所说的闪电通道，只是一般的说法，究竟如何规定闪电的直径是一个重要的物理问题，大气物理学者与防雷工程界的通常说法不同，提出了三种不同的直径定义，各有其用处：

(1) 根据大气的电离范围定义电晕区的直径，这就是前面已指出过的。

(2) 根据光学测量方法定义可见的回击的测得直径。

(3) 根据电导率和电流密度定义电弧通道直径。

定义(1)的直径难以直接观测。定义(2)是可以直接测得的，但要先获得整个闪电光谱。1974 年 Orville 等对回击作了广泛的光谱分析，揭示了闪电在 1.6ms 内的光学直径为 6.5cm。定义(3)的电弧直径包含了光学直径中所有纵向电流细丝，发现有效直径远小于光学直径，它主要取决于脉冲电流的持续时间。

## 4.9　工程界对闪电的描述

瑞士苏黎世瑞士工业大学教授 K. Berger 在 1977 年写的《地闪》，编入 R. H. Golde 主编的《Physics of Lightning》一书中，是迄今被公认的综述评论地闪的权威之作，许多工程界防雷技术课本引用其内容作为依据。其实它只是一种近似的便于估算的方法，有其局限性，但作为迄今为止的相对性真理，则是颇有价值的，K. Berger 本人的文章写法就显示出这一点。本文介绍他的看法时先作些说明是有必要的。

他所提出的或者引用的学说、见解，大都立足于电工高电压实验室内金属电极间的火花放电研究中得出的一些结果和结论。其中，对火花放电现象中从电晕放电现象转化为电弧放电的特点、特征作了大量研究，而闪电过程混合着两种放电，到回击发生时，就完全转为电弧放电，变为高温大电流了。因此工程界讨论闪电时，就把闪电过程用电工理论上的等效电路来处理，把大气电过程类比为一些电工学上的器件。

闪电从先导而转到回击时，向下先导与向上先导接连导通，电流骤增，于是在第一级近似中，把下行先导看作阻抗为 $Z$ 的无阻导体。若假定整个下行先导两端(即从积雨云负电荷区中心到下行先导下端开路先锋的流光为止)的电压为 $U$，就有 $i=\frac{U}{Z}$。

同时认为上行的连接先导(即迎面先导)可视为电感为 $L$ 的良导体，就有$\frac{\mathrm{d}i}{\mathrm{d}t}=\frac{U}{L}$。

取 $U=5\times10^7\,\mathrm{V}$，$Z=500\Omega$，$L=100\mu\mathrm{H}$(连接高度为 50m 时)，则有 $i=10^5\,\mathrm{A}$，$\frac{\mathrm{d}i}{\mathrm{d}t}=5\times10^5\,\mathrm{A}\cdot\mu\mathrm{s}^{-1}$，这与观测值在数量级上相差不多。

更具体化一些的一级近似法则把第一次回击的闪电通道表示为冲击阻抗为 $Z$ 的金属导线，考虑到大气中瞬变电磁场的传播的分布参数特点，运用波的传播理论来讨论，$Z$ 是由分布参量描述的波阻抗，则 $Z=\sqrt{\frac{L}{C}}$，$i=\frac{U}{Z}$，则波的传播速率是 $v=\frac{1}{\sqrt{LC}}$。各式中的 $L$ 和 $C$ 又借用电工上的概念，把闪电通道视作导体。若 $L_1$ 和 $C_1$ 代表单位长度的圆柱导体的电感和电容，则有

$$L_1=2\times10^{-7}\ln\frac{D}{r} \tag{4.40}$$

$$C_1=\frac{2\pi\varepsilon}{\ln\frac{D}{R}} \tag{4.41}$$

式中，$\varepsilon=8.84\times10^{-2}$；$D$ 为主放电通道的全长，m；$r$ 为高导电通道的半径，m；$R$ 为主放电通道的电晕套外半径，m。作为一级近似而估算时，得出 $L_1$ 的近估算值为 $2\mu\mathrm{H}\cdot\mathrm{m}^{-1}$，$C_1$ 为 $10\mathrm{PF}\cdot\mathrm{m}^{-1}$，$U=5\times10^7\,\mathrm{V}$，从而得出 $Z=450\Omega$，$i=110\mathrm{kA}$，$v=3\times10^8\,\mathrm{m}\cdot\mathrm{s}^{-1}$。

而根据 Wanger(1963 和 1967)的意见，可认为 $r=3\mathrm{cm}$，$D=300\mathrm{m}$，作为二级近似，得出 $L_1=1.84\times10^{-6}\,\mathrm{H}\cdot\mathrm{m}^{-1}$，$C_1=1.21\times10^{-11}\,\mathrm{F}\cdot\mathrm{m}^{-1}$，则有 $Z=300\Omega$，$v=2.12\times10^8\,\mathrm{m}\cdot\mathrm{s}^{-1}$。

同时，Wanger 还提出三级近似，考虑到热能和波阵面的减幅。但是他假设回击前沿

的冲击阻抗为3 000Ω，这一假设受到不少人的反对，包括K. Berger在内。

从波动观点看闪电的过程，认为回击是电流冲击波，以10%～30%的光速沿导电通道向上传播，后者就相当于高频电路的传输线，这个冲击波到达闪电通道上端，就如到达传输线的开口端(类比说，就如在笛中的声波到达笛的开口端)产生反射，当然这是衰减波，因为云和通道有阻尼。由于高导电通道之外有电离的电晕套，所以来回的冲击行波与高频电路的传输线尚有差别，电晕区的电荷还会补充进来，使得冲击电流波的衰减延缓。此外，还应计及电磁辐射。

现在讨论上面的估算中对先导上下两端的电压$U$的估算问题。由于对云中正、负电荷的分布的认识还很不够，所以无法确定积雨云相对于地的电位，即云地间的电位差(电压)。

现在只能近似的估算先导到达地面前一瞬时其上端与地之间的电压$U_L$。它由两部分组成：第一部分是沿先导的电位降$U_l$，第二部分是电晕套的内外两面间的电位降$U_t$。

沿先导的电位梯度就借用高压实验室中测知的电弧放电通道中的电位梯度值60V·cm$^{-1}$，那么，对于5km长的闪电通道则得出$U_l=3\times10^7$(V)。前一节利用式(4.39)曾估算出电晕套的外径为6m(闪电先导电流不大时，即$i=100$A)，而其外表面的电场不会超过空气击穿电场强度$3\times10^4$V·cm$^{-1}$，由此估算出$U_t\leqslant1.8\times10^7$(V)，所以

$$U=3\times10^7+1.8\times10^7=4.8\times10^7(\text{V})$$

若取先导电流为400A，$v=10^7$cm·s$^{-1}$，则电晕套外半径$R=24$m，$U_t=7.2\times10^7$(V)，故

$$U=3\times10^7+7.2\times10^7=1.02\times10^8(\text{V})$$

显然可见，上述这些看法带有主观任意性，不能视作绝对可信的科学真理，需要发展和完善。

近一年来涌现一批防雷杂志以适应防雷市场迅猛发展之需，有好多篇文章讨论云地闪击中地面物时，地面物所受到的雷电压$U$，争论非常激烈，这种争论涉及防雷产品的销售命运，特别是关系到防雷安全技术的改革。多数人的观点认为$U$高达$10^8$V，其主要根据是前面所计算出来的云地间的电压值$10^8$V。这是绝对可靠的，此数据是R. H. Golde主编的权威著作《雷电》提供的(见该书124页)，从20世纪80年代已被采用至今了。他们是怎样推算出地面物受到雷击的电压也是$10^8$V呢？其逻辑推理如下述(可看《防雷世界》2004.9)。

首先必须认定云地间电压为$10^8$V，地面物的电压应等于$10^8$V减去云至地面物顶点的电位降，该文作者认为闪电通道内是电弧放电，其单位电位降应为5.5V·cm$^{-1}$，云地间距为5km，则云至地面物的电位降为$2.75\times10^6$V，所以地面物受到的电压与$10^8$V是同一数量级。

读者若细心追查，可发现此文与原著的计算不一致，原著采用的电弧的单位电位降是60V·cm$^{-1}$，这才得出$U_l=3\times10^7$V，而且还计入了$U_t$，如果把这项也计入，则云与地面物之间的电位降应为$10^8$V，而地面物的电压就接近0了。

如果该作者坚持认为闪电通道内的单位电位降应取5.5V·cm$^{-1}$，那么，他的逻辑推理的前提就必须推翻，即云地间的电压不是$10^8$V而是$2.75\times10^6$V。

其实，这种推理是不科学的，要从实验测量的事实出发，严密地按Maxwell电磁场理论来计算。闪电袭击下，地面物周围的大气电强度是可以用仪器测得的，以这个值乘以地面物的高度，就是该物上下两端的电位差，即电压。不妨举一个实例以判别该文正确与否，

地面物为人遭雷击时，若受到的雷电压为 $10^8$ V，可以估算出通过人身的电流，则任何遭雷击之人均应立刻焚烧成灰！（详见 5.1 节）。

## 4.10　雷电放电的工程计算

防雷工程设计是离不开计算的，所以必须把复杂的闪电过程简化，抓住主要因素，用一种工程上熟悉的模型，以便进行计算。这种简化的近似计算对实际工程工作是有价值的，只是运用时要了解它的适用条件，前面几节已为此作了理论上的准备。

下面分两种情况讨论。

第一种情况是最简单的，即闪电直接落到大地。这里，首先，把大地理想化，简化为无限大理想化良导体，或者说是电阻为 0。其次，把这无限大面积的导体与积雨云之间的电容也理想化。简化为非常大，以至于闪电放电时位移电流所遇到的阻抗为 0。第三，把接近地面的先导通道看作带有线电荷密度 $\sigma$ 的导体，认为积雨云的电荷已分布到其上面。第四，认为放电时 $\sigma$ 以波速 $v$ 运动，产生电流为 $\sigma v$。第五，把回击产生时地面发出的迎面先导与下行先导会合，相当于一个短路开关，把放电电路接通。这样，就可以形象地画出闪电过程的数学模型，如图 4.46 所示。其中，图(a)是下行先导到达地面上未发生回击时的简化模型图；图(b)是发生回击后的简化模型图，这时地面有 $+\sigma$ 沿通道向上运动，与 $-\sigma$ 相中和；图(c)就是等效的电路，闪电通道的电学特性简化为一个阻抗为 $Z_0$ 的元件，连接先导被简化为开关元件，大地与云、地间的电容一起被简化为一段无阻抗的导线，而先导的端电压被简化为电路的电压源，其电动势为 $Z_0$ 上的电位降，即 $\sigma v Z_0$。

第二种情况是闪电袭击到具有分布参数的建筑物、输电线路、线路杆塔或避雷针(塔)上，如图 4.47(a)所示。可以认为电流波在雷击点分正电流($i_Z$ 正波)和负电流($i_Z$ 负波)，它们分别流经阻抗为 $Z_0$ 的闪电通道和阻抗为 $Z$ 的地面物。这两者是串联的，所以其等效电路如图 4.47(b)所示，只是在电路中串联进一个阻抗为 $Z$ 的元件。这个等效电路可以包括第一种情况，只要 $Z$ 趋向 0 就行了。由此可写出，流过地面物的电流应为

$$i_Z=\sigma v\frac{Z_0}{Z_0+Z} \tag{4.42}$$

式中，$Z$ 为被击物体的波阻抗(或用集中参数表示的阻抗)。请注意大地阻抗被忽略，视为 0。精确一点说，$Z$ 内应含有大地的阻抗。

下面引进一个重要规定，这是防雷工程上非常常用的概念：当 $Z=0$ 时，等效电路方程式(4.42)所决定的流过地面物的电流强度值被定义为雷电流，用 $i_L$ 表示之。从式(4.42)就可以得到

$$i_L=\sigma v \tag{4.43}$$

以上只是工程界流行的一种近似的处理闪电的方法，与实际的闪电的规律有较大差别。特别是把闪电过程等效为一种似稳电路，又附加一些波的参量。

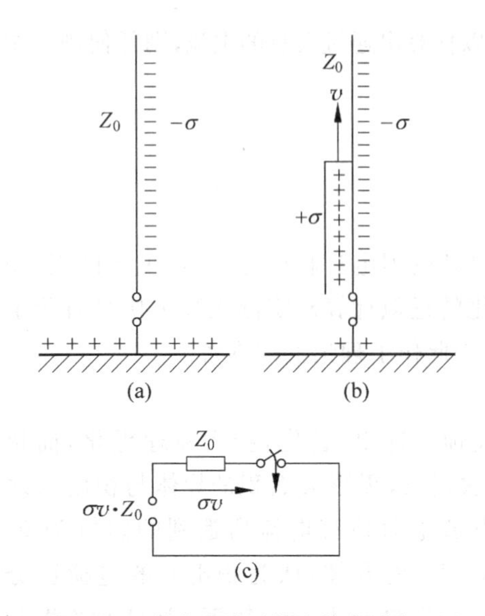


**图 4.46　雷击大地时的主放电过程**

(a) 主放电前；(b) 主放电时；
(c) 计算雷电流的等值电路

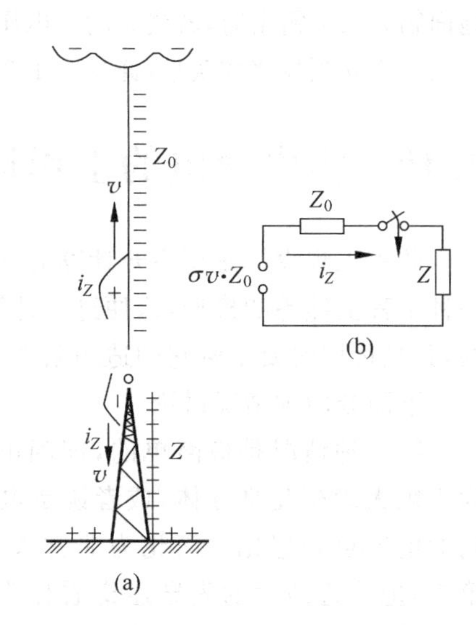


**图 4.47　雷击地面物时电流波的运动**

(a) 电流波的运动；(b) 计算 $i_Z$ 的等值电路

# 4.11　全球电路和地球与雷雨云之间的电荷输送

由上面讨论可以看出，地球可看作一个携带电荷量 $-5\times10^5$C，具有漏电流 1 800A（约 $3\times10^{-12}$A·$m^{-2}$）的球形电容器，该系统的时间常数约为 4min。如果它没有能量补充的话，则地球上的负电荷将会迅速消失。地球电荷明显维持恒定的事实说明存在一个再生机制的作用，这就是作为全球发电机的雷暴。雷暴中的电荷结构能够维持由地球向上进入云底的垂直电流，同时也驱动由云顶流向电离层的电流；在晴天区域，由电离层流向地球的 1 800A 左右的晴天电流又维持了电离层电位的平衡。这就构成了全球电路。雷暴给全球晴天区的总电功率在 $5\times10^8$W 左右，每个雷暴约提供 $2.5\times10^5$W。而在雷暴区下，全球雷暴提供的功率可高达 $2\times10^{11}$W，每个雷暴约提供 $10^8$W。在云内，雷暴提供的功率还要大一些。归根结底，这些能量是太阳的辐射能，通过大气过程，特别是云的过程转变而来的。

全球电路概念是在导电大气的基础上产生的。图 4.48 给出了全球电路的等效示意图。电离层和地面构成一个球形电容器，如假定地面电位为零，则电离层电位平均约为+300kV。全球雷暴活动相当于一个发电机，向上连接电离层，向下连接导电地面，雷暴不断地向电离层充电，从而维持了全球电路的平衡。由于银河宇宙射线对大气的电离作用，而且大气随高度逐渐稀薄，因此低层大气中大气电导率随高度增加而呈指数增大。雷暴产生的放电电流将大部分从云顶流出，向上流入电离层，并在远离雷暴的晴天区域产生一个连续稳态电流，从电离层通过导电大气流入地面，完成全球电流循环。

地球和雷雨云之间的电荷输送由闪电放电、尖端放电以及降水元三者共同来完成。

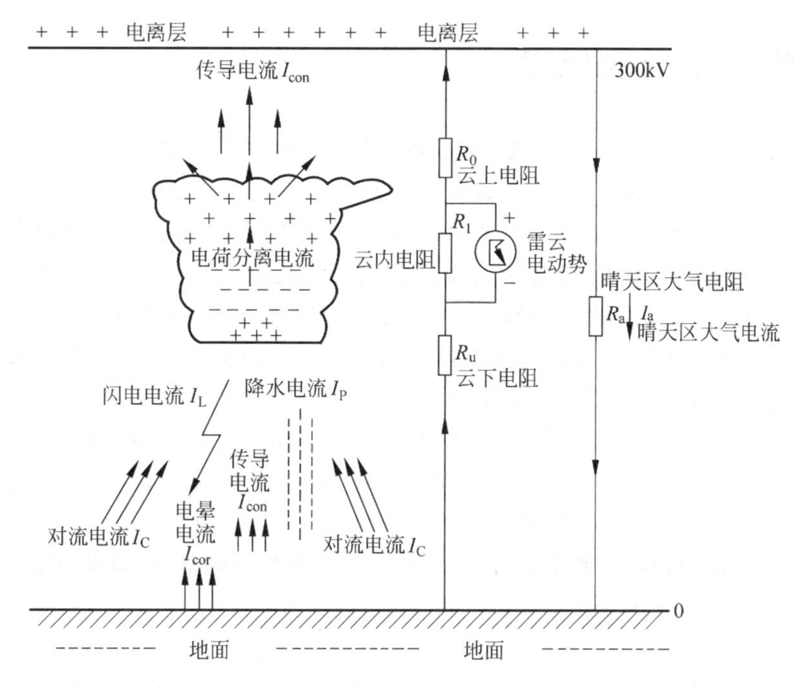


**图 4.48　全球电路的等效示意图**

到达地面的闪电放电，常常将负电荷输送到地球，其电量每次平均值为 20C。Brooks(1925)在总结全球年雷暴发生率的基础上，结合每一个雷暴平均发生的闪电数目，给出了对全球闪电发生频数的最早估计。他认为全球发生的闪电数约为 $100s^{-1}$，这是对全球雷电活动的最早也是在卫星出现之前的惟一定量估计。之后，随着卫星的出现，特别是 20 世纪 90 年代以来，随着星载雷电探测手段的不断发展，对全球雷暴和雷电的估计越来越多。Mackerras 等(1998)得到的数据为 $65s^{-1}$；Ovrille 和 Spencer(1979)得到的数据为 $123s^{-1}$；Turman 和 Edgar(1982)得到的数据为 $80s^{-1}$，而且 Orville 和 Henderson(1986)还发现陆地和海洋发生闪电次数的比值为 7.7。

按照 Brooks(1925)给出的闪电产生率 $100s^{-1}$ 来计算，假定总闪电数中有 30% 为地闪，则总电流相当于 600A，即向地面输送电荷的闪电电流密度为 $1\mu A \cdot km^{-2}$ 左右，是晴天电流的三分之一。在雷暴下方的强电场中，由于地表上凸出物体(如树木、草丛以及其他植物或人工尖端等)的电晕放电提供了丰富的离子源，因此尖端放电是由地球向上垂直输送电荷的主要途径。据估计，在雷暴下方电场最强的区域，由尖端放电向上输送的电流密度最大为 $0.02A \cdot km^{-2}$。

全球电路涉及雷雨云以上的电现象，地面上很难观测，只能从原理上作些猜测。近年来航天飞机经常飞到雷雨云以上的宇宙空间，可以从其上方观测全球的闪电，发现了一些新现象。1989 年首次发现雷雨云向上方电离层方向发射红色闪光，称它为“妖精”。1994 年又发现向外发射环状闪光，命名为“小精灵”。2002 年哥伦比亚航天飞机的宇航员又新发现一系列长达几百英里的狭长红色弧光。

## 4.12 物理学上的思考

从4.1节～4.8节几乎都是用物理实验探测到的有关闪电的描述，可以说，对闪电的物理过程有了比较具体的了解，但是这种了解还是很粗糙，不太准确的。而且它与地区有关，与地理、地貌、大气运行等具体条件有关。20世纪以来，电力部门建立高电压实验室研究气体的击穿放电较多，这与输电需要高电压有关，而高电压输电必涉及电晕损耗和绝缘损坏，为改善输电而进行的研究与闪电的研究比较接近，有共同之处，所以在这些实验室里进行闪电的模拟实验是理所当然。因此，20世纪的防雷专家学者大都是电力领域方面的，他们对防雷科技是很有贡献的。

由此容易理解，对于闪电规律的描述，几乎都是运用高电压实验研究室的成果，并运用电路模型对其进行等效。作为一种近似的简捷方式，这样做是有益的，可是要掌握分寸，一旦超出适用范围，就会导向错误。不妨举些例子。

有些人把闪电落地的过程等同于高压实验室内的长间隙放电，这是欠妥的，这种实验的种种结果只能称之为定性的模拟闪电实验而已，与实际的闪电有很大差异。其原因有以下几方面。

第一，高压实验室的放电是在上、下两个金属电极之间进行的。而大自然的闪电的上电极是云，与金属电极的差别甚大，云中的电荷不能像金属上的电荷那样可以极迅速地自由移动并一刹那间就放电完毕。云中电荷是不能迅速自由移动的，因带电粒子飘浮在绝缘的空气中，只有电场足够强，云内发生击穿导通时，电荷才聚集在一起，向云下空气放电，云内闪是先行的，因此常见的闪电总是包含有多次闪击。人工引雷为什么成功率不太高，原因之一就是云中带电的发展尚未到成熟的地步。

第二，闪电的下电极是大地，大地也不是金属电极，它的电荷聚集、移动也是复杂得很。常可见到闪电往下运动中包含很多小叉，不少分叉在半空中就消失了，到达不了大地。

第三，高压实验放电间隙距离较短，影响放电的中途因素较少，而闪电的放电间距比前者大千百倍，闪电电流在大自然的大气中运行的途中会受到各种因素的作用，甚至大风还可以使闪电的途径发生移动呢。

因此，把闪电等同于电容器在金属导线电路里的放电，是不太准确的。

有人从闪电通路中温度很高、导电的大气已是高温等离子体，联想到实验室内的电弧放电。两者物理上很相似，断言这是恒流电路，不可能靠改变避雷针的阻抗来影响闪电电流的大小。这种类比是欠妥的，因为电弧放电之所以维持大电流不变，是因为产生电弧的电极受到电子和离子的撞击，使电极达到很高的温度而产生热电子发射，电流的大小决定于电极的温度。而闪电电流本身虽达到很高温度，却不是电极的热电子发射所致，因为带电云和大地都不是发射电子的电极！联想一下实验室的电弧放电，只要把放电的电极拉大到一定距离，弧光放电就立刻熄灭了。

总之，不可以用类比方式，把高压实验室的模拟实验得到的一些结论强加给闪电，这是不妥的。必须对闪电在自然界的状态进行实地实时的探测。

# 参考文献

1　孙景群.大气电学基础.北京：气象出版社，1987
2　梅森 B J.云物理学.北京：科学出版社，1978
3　气象与天气基础.北京：水利出版社，1980
4　孙景群.大气电学手册.北京：科学出版社，1995
5　Golde R H.雷雨(上卷).北京：电力工业出版社，1982
6　Golde R H.雷雨(下卷).北京：电力工业出版社，1983
7　Uman M A. Lightning. Mc Graw-Hill Book Comp，1969
8　Uman M A. All About Lightning. Dover PublicationsInc，1986
9　胡腾章，田明远.大气中的电.北京：气象出版社，1983
10　王道洪，郄秀书、郭昌明.雷电与人工引雷.上海：上海交通大学出版社，2000
11　庄洪春.空间电学.北京：科学出版社，1995
12　周秀骥等. 高等大气物理学.北京：气象出版社，1997
13　沈其工.高电压绝缘基础.南京：江苏科学技术出版社，1990
14　卡普卓夫 H A.气体与真空中的电现象.北京：高等教育出版社，1958

# 第 5 章　闪电的各种效应与雷灾实例

## 5.1　闪电对人体的生理效应

最主要的一种雷灾就是对人身的伤害。它何以致人死命？为何有的人被雷击而却无恙？被雷击毙的人能否得救？这是人人都必须弄清的。二百多年来，经过许多科学家的努力，今天这些问题已逐渐有了较好的认识。

1751 年，Watson 曾记述了富兰克林的一次实验：他对一只小鸡的头部施以电击，小鸡出现死亡现象。但是经过不断地向它的肺里吹气，小鸡复活了，这是对触电动物进行人工呼吸有文字记载的最早的一次成就。

人体受电击又会怎么样呢？又是富兰克林开创了这一研究。1941 年 I. B. Cohen 写了一本描述富兰克林作实验研究的历史著作，其中说到富兰克林曾意外地触过电，并写有回忆文章。有两只接近充电完毕的 6 加仑大小的莱顿瓶，他两手分别接触到它们，他的回忆文章说："好像是从头到脚全身挨了一击，跟着身躯很快地猛烈颤动，几秒后这一现象才逐渐消失，过几分钟我才镇定下来，想知道是怎么一回事。因为我没有看到闪光，虽然我的眼正盯着那使我手背受击的电源线。后来我发现手背肿了起来，像打天鹅的子弹的一半大小，或者像手枪子弹那么大的一块。那天晚上，我的两臂和后颈一直觉得有些麻木，我的胸骨疼了一个星期。"富兰克林分析这一事件的原因时注意到电击经过身体的路径问题。他写道："倘若这样一个电击是从头部进去，结果将会是怎样呢？"他有了这次的亲身体验后，有了进一步作实验探索的勇气。1755 年，他写下这样的实验事实："我用两只充电未满的大型莱顿瓶击倒了 6 个人，我把放电棒的一端放在第一个人的头上，这人把他的手放在第二个人的头上，第二个人再把手放在第三个人的头上，这样一直到最后一个人，他手里拿着与瓶外壳相连的电线。将他们安排好之后，我把放电棒的另一端与电源线相接，于是他们一起都跌倒了。当他们起来之后，都异口同声地说没有感觉到什么冲击，而且奇怪自己是怎样跌倒的。……你们可能认为这是一种危险的实验，但是我自己也有过同样的一次经历，一次电击通过我的头部，把我击倒，但并未受伤。"

I. B. Cohen 的书描述到富兰克林的这一实验曾被后人当作晚会上的魔术表演："Nollet 神父充当路易十五的'皇家电工'角色，他布置了一场向 180 名卫兵放电的把戏。所有的卫兵同时跳了起来……。这位神父在巴黎还搞过一次更惊人的表演，他让 700 名修道士站成一行，每人手上拴着一段铁丝，并与他两边的人用电气连接起来，两头的人再通过铁丝分别与电源线和电容器连接成一个回路。在放电的瞬间，700 名修道士像那 180 名卫兵一样，同时向上一跳，动作的准确性远远超过了最优秀的芭蕾舞剧团。这下把国王和随从都逗乐了，当然，那些修道士们是不舒服的。”

这种实验的放电能量是有限的，它使人的神经受到刺激，但不致命。而雷电则不同了。俄罗斯科学家 Richmann 之死是最著名的一例，有较详细的文字记载可供后人了解。当时 Sokolov 正在一旁，看到“一个像拳头大小的蓝色火球从放电棒上跳到 Richmann 的前额，当时他正站着，头伸向他的静电计，离放电棒大约 1 英尺远”。次年(1755 年)Anon 有更详细的记载：“前额上有一红斑，从这块皮肤的毛孔里渗出了几滴血，附近的皮肤并无损伤。左脚上的鞋子裂开了，就在这破绽的地方，发现脚上有一个青印记。由此得出了结论，雷电流是从他的头部进入而通过左脚流出去的。”

从早期的记载已可看出雷击事故中电流所取路径的重要性。20 世纪 30 年代以后，由于工业用电的迅速发展，触电死亡人数迅速增多，研究触电死亡的工作有了较大进展。工程界比较关心人体电阻的情况，医学界则关心电流的生理效应。除了对志愿者作安全限度内的实验测量外，还通过动物试验和人的尸体作测量。

1939 年，Weeks 使用工频交流电对活人体作试验，试验表明：对于较大的电流，人体相当于无定形的胶体，在无损伤的活人体内，电流没有固定的路径。1966 年，Howard 用人工雷电的模拟实验证实了这个结论。

电气工程界几乎都使用工频交流电研究人体电阻，发现人体的电阻是非线性的，随着外加电压的升高而下降，在 100V 以下，这种下降率最大。1934 年，Freiberger 用尸体得出的结果是：使用 380V 电压，从一只手至一只脚的人体平均电阻为 1 500Ω，各人表皮情况不同，有不同的接触电阻，这一阻值在 945Ω～2 100Ω。在 500V 时，电阻在 700Ω～1 900Ω，平均为 1 200Ω。若电流路径是从一只手至两只脚，电阻值下降 25%。这是通电 3s 后测得的值，若立即测量，电阻值要增大一倍。1966 年，Sam 用 220V 重复这种测量，在稳定电流下，从一只手到两只脚的人体电阻为 800Ω 左右。这两人都觉察到：人体电阻较大部分是在四肢部位。1969 年，Carter 和 Morley 用 500V 工频电流通过一条刚截下来的活体大腿进行实验，测得其电阻为 350Ω。

Freiberger(1934 年)和 Kervran(1950 年)测量人体电阻从 200V～500V 电压范围内的变化，都认为电阻与电压的关系几乎不变，所以后来研究人体的雷击事故时，多把人体电阻取为 500Ω～1 000Ω。由于直击雷或旁侧闪络一般都是从头或肩着雷，雷电流从两脚入地，所以取这个电阻值被认为是合理的。当然雷电流是冲击电流，与 50Hz 工频还是有区别的，从其频谱看，有高频成分，会有趋肤效应，电阻会增大些，但是雷电流能量较多地分布在低频部分。

雷击致死的第一个重要生理效应是人的心脏停止供血，人的心脏有两个心室，左心室使血液流经全身，右心室使血液流经肺部，正常人的两个心室的肌肉都是同时收缩和同时舒张以产生规律性的压力造成血液循环。当电流通过心肌时，破坏了这种协调性，各心室独立动作，不作有规律的收缩(即所谓“心脏跳动”)，而是作软弱的不规则颤动，医学上称为纤维性颤动，出现这种生理效应时，血液停止循环，约 4min 即可导致死亡。究竟什么样的闪电作用量可以导致纤维性心脏颤动？1968 年，Dalziel 和在美国曼彻斯特大学任教的中国学者 W. R. 李从许多组研究者的(都是用工频电流)实验报告中归纳出：这决定于电流的能量，即通过心脏的电流强度和电击持续的时间。

1974 年，Stephenson 研究了一些雷击事故，认为雷击不只是产生心室纤维性颤动，而是直接导致心脏停止跳动，Kouwenhoven 从大电流触电中也发现这一现象。总之，心脏停止供血是闪电产生的生理效应的最主要危险。1966 年，Howard 用羊进行了一系列实验，用模拟的闪电冲击放电通过羊脊背到羊脚，发现羊的死亡是由于血液循环停止而并非呼吸停止造成的，并且发现能量小于 1 760J 的电击不会造成死亡。

电击的第二个生理效应是使呼吸停止。造成呼吸停止又可分为两种情况。第一种是电流通过胸部，使肌肉收缩，阻碍了呼吸运动，由于雷电流持续时间不过十分之几毫秒，所以人能很快恢复呼吸，没有生命之危。第二种则是雷电流通过脑下部的呼吸中枢，人就要长期停止呼吸了。不过这种情况，常可以在雷击后进行人工呼吸抢救过来，只要没有停止血液循环或发生其他并发症。1961 年，Ravitch 报道了一例，被雷击者电流从头顶流到左脚后跟而停止了呼吸，人工呼吸进行了两天后，人又苏醒了。

究竟多大电流才导致呼吸停止呢？对人没有作过研究。1959 年，Andreuzzi 用工频电流对兔子作过实验，触电电流从 200mA 增至 500mA，电击持续时间从 5s 增到 30s，兔子不能自动恢复呼吸的比例有所增加。1972 年，日本学者北川也用兔子作实验，冲击电流使呼吸停止而致死亡的能量最少为 14J 或者按体重计约 5.5J · $kg^{-1}$。

这两种最重要的致死效应都是属于功能性的，在组织上无变化可寻踪，所以在雷击致死后难以判断当场雷击的作用。

下面介绍 IEC 的安全界限。

在当今的国际化时代，对触电电流的安全界限因国家而不同是很不合适的。例如，家用电器是日本出口的重要商品，而家用电器的触电防护对策因国家而不同是非常不方便的。所以，在 IEC（国际电气标准会议）协议决定了如图 5.1 所示的标准特性。在 IEC 特性中，把 *I-T* 平面分为五个区域。所谓心室颤动是由电流引起心脏的控制系统混乱而引起心脏痉挛，一旦形成就无法得救。因而，区域④、⑤完全是危险范围。区域③可以看作是安全领域，但是现在为了有一定的裕度而把这里划入了危险区域，把曲线 *b* 作为危险和安全的分界是全世界的趋势。

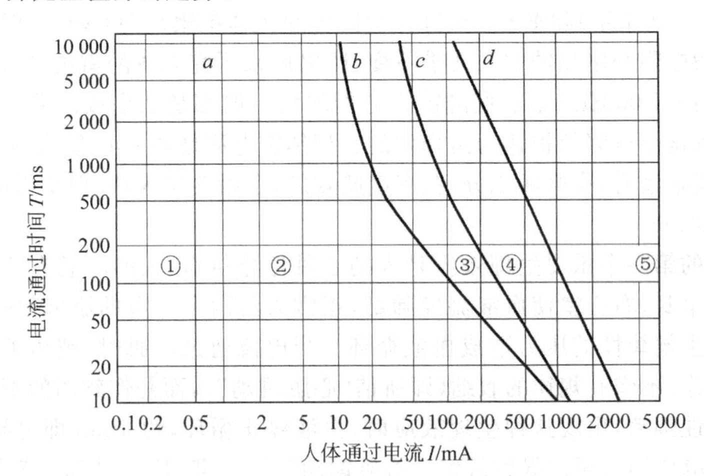


**图 5.1 触电电流的安全界限（IEC）**

①无感觉；②无病理生理学的效应；③无心室颤动的危险；

④有心室颤动的危险；⑤引起心室颤动

雷击对神经系统虽然也有作用,但迄今无实验研究确证,只能从一些事故报道中窥知一点线索。1974 年,Stephenson 曾说到一次室内雷击事故:美国 North Corolina 州一名妇女 Charlotte 被水管引入室内的雷电流击倒在地,结果虽然当时她的其他部位没有受伤,只是眼睛一点也看不见了,但是过了几分钟后就死了。国内近年有报道说:有一老人在雷击后眼睛复明了,而多年以前的失明也恰是雷击所致。至于雷击之后失去知觉或一段时间肢体不能动作失去知觉的情况比较多见,但大都可以复原。Royer 和 Gainet 在 1972 年报告了一件发生在法国教堂的雷击事故:许多人正在作礼拜时,附近地区落雷,站在潮湿地上的人由于跨步电压而跌倒了,几分钟还站不起来,这一雷电流造成地面的跨步电压所产生的电流只流经双腿而未通过心脏,所以只导致肌肉及神经上的失调。Krasnov 于 1967 年描述了另一雷击事故:两名妇女在高大的云杉树下避雨,闪电击中了这棵大树,树干从树顶开始一直到离地约 156cm 高处有一宽约 4cm～6cm 的树皮被烧掉,背靠树站的妇女的头部右边有 4cm×4cm 的头发被烧焦了,头皮有 0.5cm×0.8cm 的面积像擦伤的痕迹,当场身亡。另一妇女用右手扶着树,当时只失去知觉约十几分钟,下肢有三四个小时不会动而且没有知觉,身上和脚上都有烧伤,经过治疗,两天后就康复出院了。

闪电对人体的热效应是常有的,如果没有上述两种生理效应,一般说来还不会致命。R. H. Golde 和 W. R. 李于 1976 年分析了一个雷击情况,对认识人体上的雷击纹痕颇有启发。如果一个人遭到直击雷袭击,有瞬间脉冲电流经过人体,设电流峰值为 1 000A,人体电阻以 1 000Ω 计,则人体从头到脚的电压降可达 $10^3\times10^3=10^6$(V),这样高的电压足以击穿空气,对周围与地面等电位的任何近物发生闪络电弧。若距离为 2m,电弧的电位降一般约 $20\text{V}\cdot\text{cm}^{-1}$,这一瞬间人体的电压就突然降至 4kV 左右,人体通过的电流就降为 4A 左右,闪电的持续时间只有 1ms 以下,闪电电流的能量 $UI\Delta t<4\times10^3\times4\times10^{-3}=16$(J),还不足以产生心脏和肺功能的停止,所以这个雷击只会造成皮肤闪弧处的灼伤,这种烧灼的痕迹就会是树枝状的。这种闪络也可能发生在衣服、鞋内,足以使皮肤上的水分、汗液变为蒸汽,产生的压力足以撕破衣、鞋,闪弧较短,人体的电流就很大,足以致命。所以有许多雷击死者的尸体上出现树枝状烧灼纹,这正是发生过闪络的证据。在 1.1 节里说到中国古代对此误认作雷公的判罪书,是纯属迷信。

## 5.2　闪电的电动力效应

由于雷电流的峰值很大,作用时间短,产生的电动力具有冲力的特性。

首先要考虑二条平行导体流过同方向的闪电电流时相互的电动力问题。在利用钢筋混凝土墙体内的钢筋作引下线,或者一般的引下线与接地体连接就遇到这一情况。其作用力的分布如图 5.2(a)所示,是相互吸引的,所以建筑物施工时,钢筋采用金属绑线扎紧而并非焊接,从力学上看倒是可以允许的。这种绑扎连接有较大的接触电阻,产生局部高温,反而可能被雷电流熔接。但是也可能因表面锈蚀而接触不良产生电火花,对于有易燃物或爆炸危险的建筑物,这是危险的。在这种情况下,就应采取焊接施工法，把钢筋全部焊接。对于引下线的断接卡处，有类似情况，引下线在此处用螺栓压接，机械强度上是没有问题的，但要保证压接面的光洁无锈，压接后确保不产生电火花。

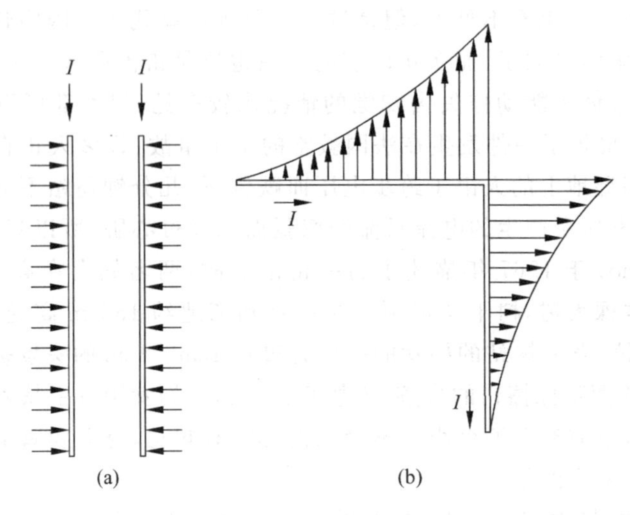


**图 5.2 导线中电动力的分布**

(a) 平行导体间；(b) 弯曲导体中

另一种情况是避雷针引下线、避雷线、避雷带或建筑物高楼顶上各种金属物之间作等电位联结的导体弯曲部分的电动力分布。若弯成直角，如图 5.2(b)所示，其成角处的受力最大，应力集中，电动冲力可以使该顶点折断。所以凡是闪电电流有可能流过的导体必须避免弯成直角或锐角，在弯曲处要用较牢固的机械固定法。

## 5.3 闪电的光辐射效应

闪电的强大电流使得闪电通道内的气体分子和原子被激发到高能级，从而产生光辐射。对这种光辐射可进行照相观测，从而获得地闪结构的丰富信息。可以对光辐射进行光谱观测，鉴别光谱的谱线，从而获知闪电通道中各种发光粒子的成分。对光谱谱线的强度和线宽作定量分析，就能进一步获知闪电通道的平均温度、平均电子密度、平均气压和平均气体密度等闪电通道物理参量。下面介绍一些实验观测的结果。

1968 年，R. E. Orville 观测了 10 次地闪回击的闪电光谱，其中，8 次闪电光谱的分辨时间为 5$\mu$s，2 次闪电光谱的分辨时间为 2$\mu$s。分析光谱获知，闪电通道的平均温度峰值变动于 $2.0\times10^4$K～$3.6\times10^4$K，观测误差为 10%～25%。图 5.3 表示闪电通道平均温度 $T(t)$随时间而变化的情况，在 50$\mu$s 时，其峰值已递减至 $8\times10^3$K。

他还从光谱的定量分析中获知，闪电回击通道沿截面的平均气压随时间的变化。开始时气压估计值高达 $8\times10^3\times10^2$Pa，到 20$\mu$s 时已降到环境大气压值 1 013$\times10^2$Pa(见图 5.4)。

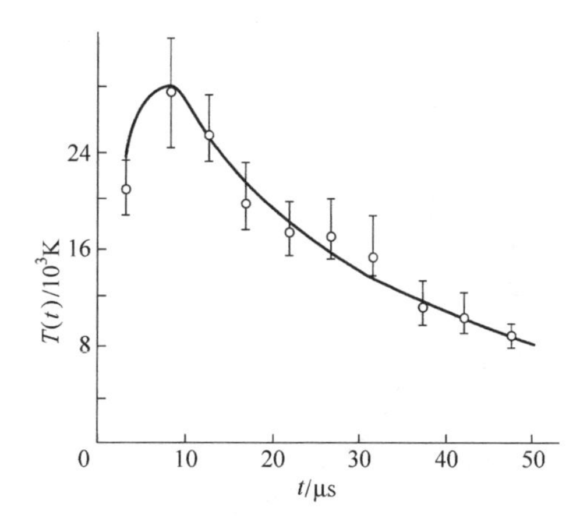


**图 5.3　地闪回击通道沿截面的平均温度 $T(t)$ 随时间 $t$ 的变化**

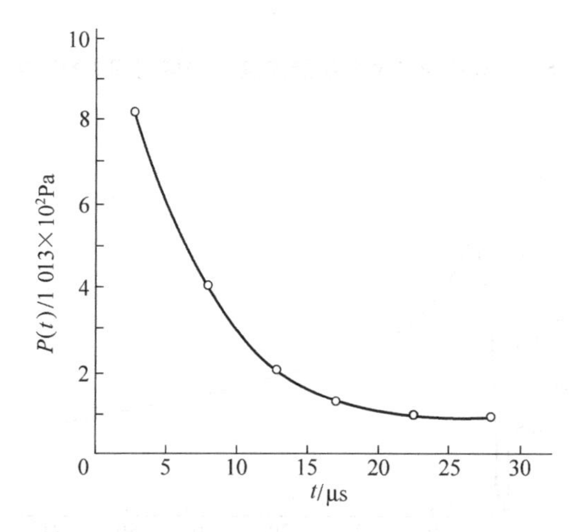


**图 5.4　地闪回击通道沿截面的平均气压 $P(t)$ 随时间 $t$ 的变化**

# 5.4　闪电的冲击波效应

从上节已知，闪电回击通道的初始平均温度和气压均很高，它的巨大的瞬时功率很高，所以产生爆炸式的冲击波。用实验方法直接观测冲击波的波阵面的扩展速度很困难，所以研究者采用实验室内模拟雷电的观测，测得火花通道径向扩展速度 $v_r(t)$ 的结果如图 5.5 所示。运用理论也可以估算出 $v_r(t)$，我国中国科学院的孙景群于 1979 年得出的结果如图 5.6 所示。闪电通道径向扩展速度最大可达 $1.6\text{km}\cdot\text{s}^{-1}$ 左右，远大于大气中的声速，但是很快就衰减，冲击波转变为声波，就听到雷的隆隆声。冲击波的强度与闪电电流的大小密切相关，它的破坏程度与冲击波波阵面的超压（$P_s-P_0$）有关。其中，$P_s$ 是冲击波波阵面的气压，$P_0$ 为环境大气的气压。当 $P_s-P_0=7\times10^3$ Pa 时，只造成玻璃震碎等轻微破坏；当 $P_s-P_0=38\times10^3$ Pa 时，可使厚约 20cm 的墙遭到破坏。在强闪电时，在闪电回击通道附近几厘米至几米的范围，初始时 $P_s-P_0$ 可达到 $10^6$ Pa 数量级。

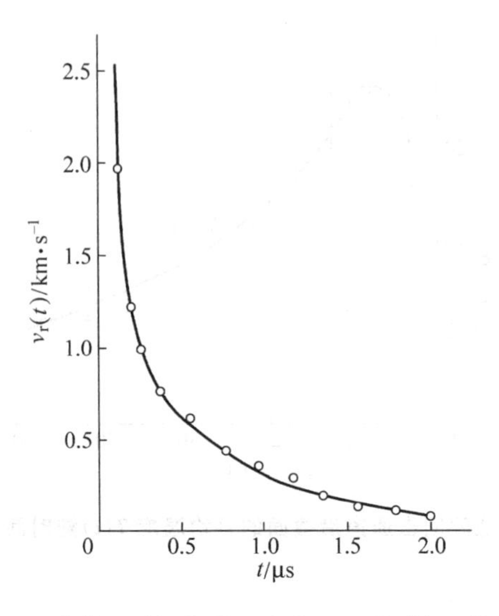


图 5.5 火花通道径向扩展速度$v_r(t)$随时间 $t$ 的变化

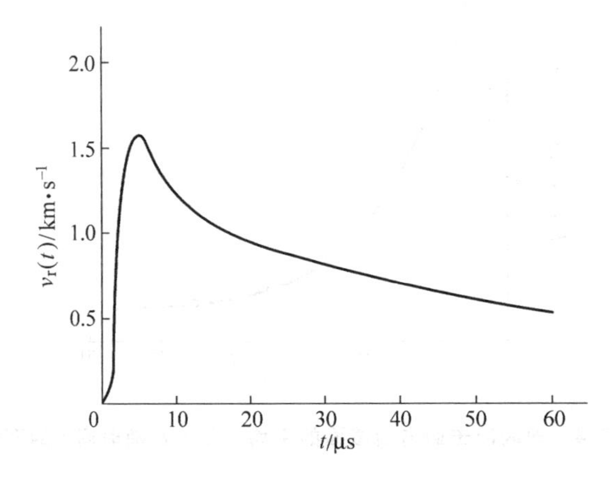


图 5.6 闪电通道径向扩展速度 $v_r(t)$随时间 $t$ 的变化

## 5.5 闪电的热效应和机械效应

闪电击中地面物体，闪电电流产生焦耳-楞次热效应。虽然电流峰值很高，但作用时间很短，只能产生局部瞬时高温，可以使较小体积的金属熔化，对于大面积的金属，则其破坏作用就有限了。如金属屋顶、金属烟囱、金属的油罐等大型物体，都可以作接闪器，只要钢板厚度不小于 4mm，就不会被闪电电流所熔穿。直径不小于 16mm 的钢筋也不至于熔化，除非局部接触点有较大接触电阻，这些地点才会被熔断。

有些闪电的半峰值时间较大，则容易造成树林或木结构物的高温燃烧起火。

另一种情况是闪电流过击中物的途径中，物体的焦耳-楞次热效应导致物体内的水分剧烈蒸发、产生气体，气体膨胀的机械作用可使树木劈裂、房屋破坏、器物爆裂爆炸等。

在 20 世纪以前，雷灾主要都是闪电的这两种物理效应所致。20 世纪 80 年代以后，逐渐发现闪电的其他物理效应造成的祸害增多，但是闪电的热效应和机械效应造成的灾祸仍非常严重，不容轻视，许多新技术设备受损，特别是微电子技术的产品，如大规模和超大规模集成电路接口和模块的损坏，归根到底，仍是闪电电流的热效应所致。

## 5.6　闪电产生的高电压

在富兰克林发明避雷针以前，房屋建设的损坏主要是起因于闪电的热效应和机械效应。至于欧洲教堂里的炸药的大爆炸，其起源也是直击雷的热效应所致，富兰克林发明的避雷针把闪电吸引到较粗的金属导体后，闪电电流的热效应和机械效应就难以成祸了，因为它产生的瞬时高温的热量不足以损毁避雷针及金属引下线，也保证建筑物内的固态炸药不致引爆。

但是闪电电流在避雷针的引下线中除了焦耳-楞次热之外，还有高电压出现，在 20 世纪以前，这一物理效应产生的灾祸很不引人注意，因为成灾的概率较小。

20 世纪之后由于电力和电信事业的迅猛发展，架空导线的大范围布设，闪电电流产生的高压的成灾概率极大地增长，它直接导致电气设备的损坏、人身事故。而且这种高压产生的电火花造成可燃性气体的爆炸起火，其灾祸面迅速扩大，有些还是避雷针的设置不妥造成的。因此闪电的这一物理效应已成为现代防雷工作特别重视的对象了，不容许对它有丝毫的疏忽大意。下面介绍几种具体情况。

首先说说接触电压和跨步电压。闪电沿大树或金属架空物或避雷针引下线入地时，都会使流经的途径产生电位降。因此这些物体的各部位相对于大地均有瞬时的高电压，其值决定于闪电电流和这些部位与大地之间的电阻。当人的手或身体任何部位与它们接触时，身体的接触点与站在地面上的双脚之间就有高电压，这个电压就称为接触电压。在 5.1 节中提到两位妇女的雷击，就是接触电压所致。另有一名叫 Charlotte 的妇女在拧开水龙头放水时，恰好落地雷击中自来水管，她的手与脚之间的接触电压使她毙命。这种情况在我国华南地区室内也常遇到。打电话的人握着电话时正好遇到落地雷，握着电话的人毙命。

在闪电已流入地下时，闪电在地表之下流动，大地的电阻同样要产生电位降，闪电入地点的电位最高(如果雷电流是正的)，远处雷电流几乎为 0 的地方电位最低，即工程上所谓的零电位。处于闪地点附近的人的两腿分开站着，两脚之间就有电压，称为跨步电压，这种电压也可以致命。5.1 节中介绍的法国教堂中做礼拜的人受到的雷击，就是跨步电压所致。

在闪电沿避雷针的引下线入地处，接触电压和跨步电压都足以致命，所以布设引下线和接地极时必须考虑行人的安全问题。

在电力部门，除了防雷接地外还有电力设备的其他接地，如保护接地、工作接地等，常因各种事故而有大电流从接地装置入地，对工作人员造成危险，为了制定安全规范，而对一些名词作了规定。所谓的跨步电压是指地面相距 0.8m 两点间的电压。对这个电压的允许值作了限制，超过这个值，行人经过时会发生触电事故。对于接触电压也作类似规定：如地面有个接地的金属装置，它的外壳与大地等电位，但它的接地线是接到接地电极上，准确地说，它的外壳是与接地电极等电位，人的脚站在离它 0.8m 处用手触到金属外壳时人的手与脚的电压就是接触电压。这种规定的具体意义，可参见图 5.7。这里认定地面下的土壤电阻率处处均匀，所以电位降曲线是对称的光滑曲线。如果人直接与接地体上的引下线相碰，则接触电压的规定是：1.8m 高处的引下线与地面之间的电压。

由于闪电电流持续时间很短，因此其跨步电压的允许值比工频电流的跨步电压允许值要大得多。另外对人和对牲畜的允许值也有很大差异，因为人的两脚着地，电流通过人体下部，不经过心脏要害部分，而牲口则不然，电流经过心脏，而且牛、羊等大牲口的前后腿之间的距离大，所以跨步电压使牲口毙命的概率要大很多，野外落地雷使羊群毙命的事常有所闻。

在这里要澄清一个物理概念，以上是简单地把电工电路的概念借用到分析大自然复杂的闪电现象中产生的高压，便于简捷地说明这种高压的灾祸成因，并没有细致地涉及闪电现象的实际物理机制。此处认为闪电循引下线而入地，引下线上各点对大地的电压可以用 $U=IR$ 来估算。有人会深究一步，提出这样一个简单明了的看法：如果把引下线从接地极断开，闪电电流中断了，引下线各点对地的高电压就无从产生，岂不可以防止了这种高压的危险。

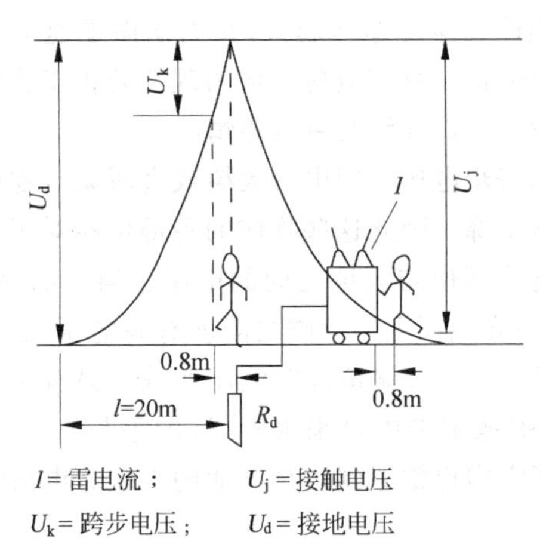


**图 5.7　接地体附近地面电位分布曲线图**

上述看法是极端危险的，引下线的断开将产生大祸，这是避雷装置失效造成雷灾事故的重要原因之一。为什么呢？就是把简单的电路概念借用到雷电现象分析时，忘了这种借用的前提了。实际上闪电电流并不是如简单化的电路那样流动，我们在第 4 章用了很大篇幅详细描述各类地闪的物理过程，就是为了让人们弄清楚借用简单的电路概念来分析实际复杂的情况，只是为了分析的简便而已。实际上，闪电击中避雷针时的主要物理机制是：地面的大量电荷在电场的作用下向上方闪电通道产生强烈的回击运动，引下线的断开丝毫中断不了闪电电流，向上方回击的电荷将击穿断口冲向积雨云，在中断处产生电火花或电弧，引下线各点对地产生的高电压是由于脉冲大气电磁场所致！因此，是场的存在产生电流，并决定电压的大小。

澄清了这个概念之后就要谈谈闪电电流产生的极高电位对建筑物或仪器设备的反

击现象，这是非常重要的问题。闪电电流（严格地说，是闪电的脉冲电磁场）在引下线、接地体或建筑物的金属管道等导体上产生非常高的电压，而没有闪电电流流过的建筑物、室内的管道、线路、设备或人体仍保持与大地等电位，即使是一些电力系统的供电线路，也只有几百伏数量级的电压，这与闪电通过的导线或防雷地线上呈现的几千、几万甚至几十万伏的高电压相比，都是微不足道的。因此，两者之间就有可能发生闪络放电。如果两者的间距不够大的话。

由于各种电器都要接安全地线，电子仪器、计算机均要接信号地线，这些地线与防雷地线常靠近埋设，因此闪电电流在防雷地线上的高压就可能对其他地线反击而导通，于是这些设备的地线反而成为电压很高的高压端，它与电源线之间的电位相对关系反转，两者间的高电压足以击穿各种电子元器件。这种反击，不仅损坏电器和电子设备，也会使各种室内金属管线带上高电压而造成人身事故。此外它产生的闪络、电火花或电弧还会导致火灾！

## 5.7　闪电的静电感应效应

古代建筑物除去为了装饰而在屋顶部分的边沿角落使用金属物外，很少用大面积的金属。现代建筑的情况有了变化，如清华大学著名的大礼堂，整个大圆顶就是铜壳，庐山许多别墅的屋顶是用铁皮制的。此外，还有各种储气罐、储油罐是采用很大面积的金属板壳制成的。雷雨临空，它们由于静电感应而带上与积雨云下端电荷异号的电荷，这时屋顶金属面与积雨云间可组成一个电容器，电力线从云中电荷指向金属屋面，或者相反。这个电场对电容器外的地面物可以说作用很微弱，金属屋面所带的电荷是被束缚住的。但是积雨云一旦放电，对附近地区落雷，积雨云下端的电荷消失，这时金属屋顶面的电荷就可以自由移动，它的电力线就从金属屋面指向四周地面物，它与地面物之间的电场就可以产生对地面物很高的电位差（即高电压），就可能产生闪络，这被称为二次雷效应。这种形式的雷击起因于静电感应，而被称为感应雷击。要减少这种雷害，就得迅速减少金属屋面的感应电荷，为此必须架设几条够粗的金属导体，把它与金属屋面焊接之后良好地接地，以泄放电荷。

更为重要的一种静电感应现象则是发生在密布城乡的架空输电网和电信电缆等金属长导体上，其形成机理见图 5.8。当积雨云的梯式先导向大地方向伸展时，先导的通道里随之带上大量电荷，详见 4.8 节。与先导通道下端靠近的长导体受到很强的电场力作用，积聚起大量的异号电荷，这些异号电荷与先导通道内的电荷之间有电力线相连，是被束缚住的。当下行的梯式先导接近地面时，产生回击放电，主放电通道的电荷迅速消失。这时长导线上积聚的电荷就可以自由运动，其产生的高电压沿导线以光速向导线两端传播，常称它为感应过电压波，它具有一种脉冲波形式。这个过电压波的波峰值 $U_E$ 与先导通道里电荷的线密度 $\sigma$ 及导线的平均悬挂高度 $h_{cp}$ 成正比，而与雷击点到导线的最短距离 $b$ 成反比（见图 5.9），即

$$U_E = k_E \frac{h_{cp}}{b} I \tag{5.1}$$

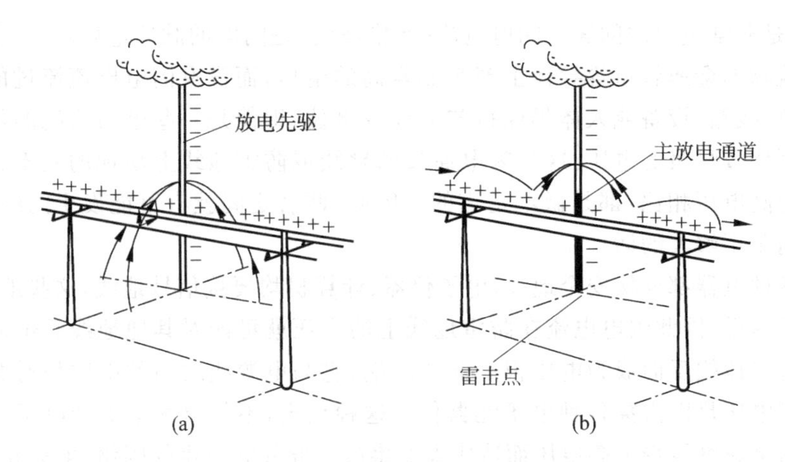


图 5.8 输电线上的感应过电压

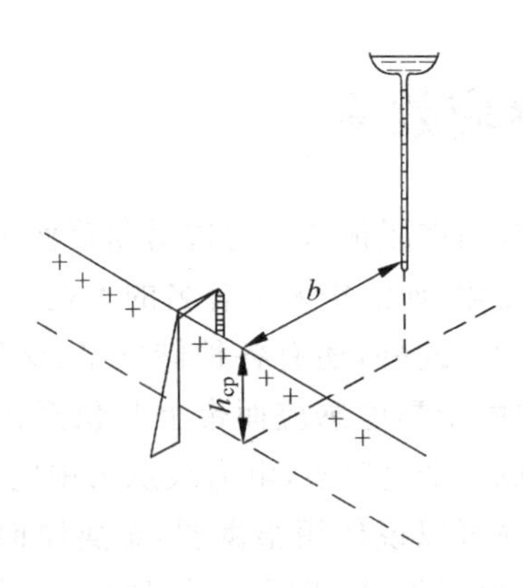


图 5.9 感应过电压的估算

式中，$I$ 是闪电电流；$k_E$ 是比例系数，具有电阻的量纲，它随着主放电速率的增大而减少，因为导线上的感应电荷量的大小是与放电通道内的电荷作用有关，所以放电越快感应电荷越少。但是实际上，还不能忽视主放电时闪电电流产生的磁力线与架空导线的交链作用。因为不论是输电线或电话线都会在端点有接地处，大地也是一个回路，所以闪电电流的磁力线会穿过"架线的杆塔、绝缘子串、导线及大地"这个回路而产生磁的感应电压。它的峰值 $U_M$ 要小得多，一般估算，可认为约为 $U_E$ 的 1/5 左右，即

$$U_M = k_M \frac{h_{cp}}{b} I \tag{5.2}$$

式中，$k_M$ 为比例系数，根据法拉第电磁感应定律可以看到它随着主放电速率的增大而增大。所以，严格地说，闪电放电在导线上所产生的感应过电压波是由静电感应和电磁感应两种原因造成的，这个脉冲电压波的峰值应为

$$U = U_E + U_M = (k_E + k_M) \frac{h_{cp}}{b} I \tag{5.3}$$

式中，系数 $k_E$ 和 $k_M$ 与闪电的放电速率的关系恰好相反，两者之和近似不变，根据大量观测统计，可以近似地认为等于 30Ω。根据 1994 年水利电力出版社出版的苏联学者 B. П.

拉里昂诺夫著《高电压技》一书，有

$$U \approx 30\,\frac{h_{cp}}{b}I \tag{5.4}$$

这只是一个经验估计公式，但可以大概估计闪电电流对架空长导线上产生的感应过电压的强度的情况。

此外，该书还提供了如图 5.10 所示的概率曲线，可以估算闪电产生的感应过电压波出现的次数。图 5.10 是对 $h_{cp}=10\text{m}$ 的情况而统计的经验曲线，例如 35kV 输电线路的绝缘强度应取为 $U_{50\%}=350\text{kV}$，从图 5.10 的曲线查出 $N\approx 2$，即感应电压超过该输电线路允许值的闪电每年少于 2 次。对于 110kV 的输电线路来说，其冲击绝缘强度为 $U_{50\%}\approx 700\text{kV}$，从图 5.10 的曲线查出 $N\approx 0.2$，就是说这种感应过电压每 5 年才出现 1 次。由此可见，闪电产生的感应过电压波主要危害的是城市内的普通工业用电和民用电的普通输电网络。

感应过电压波沿输电线或电话线传播至工厂或住宅内，就会击穿绝缘，损坏配电系统，损害电器设备及电子设备，或者产生电弧、电火花引起火灾，1957 年北京中山公园音乐堂的大火就起因于此。

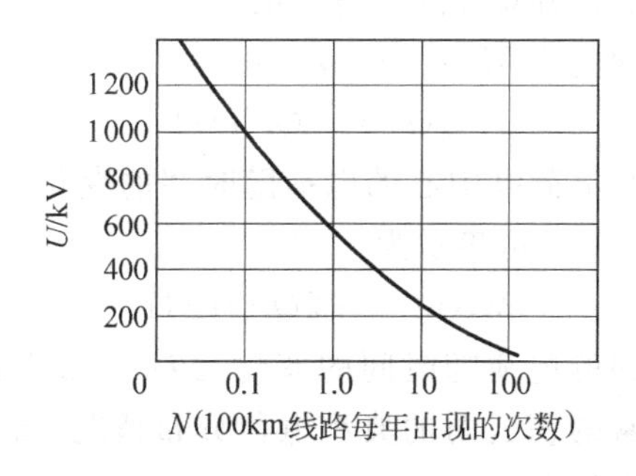


**图 5.10 雷击大地时在线路上的感应过电压幅值的累计曲线**

## 5.8 闪电的电磁场效应

强大的闪电产生静电场变化、磁场变化和电磁辐射，严重干扰无线电通信和各种设备的正常工作，是无线电噪声的重要来源，在一定范围内造成许多微电子设备的损坏、引起火灾，已是 20 世纪 80 年代之后雷电灾害的极重要的原因。但是另一方面，闪电产生的电磁场效应又是进行雷电探测的重要信息，由此可获知闪电电流、闪电电荷、闪电电矩以及云中电荷分布等各种闪电电学参量。此外，根据远距离闪电辐射的电场、磁场波形的观测，还可进行实用价值较大的雷电定位、监测和预警工作。

### 1. 闪电的电磁场变化

当测站离闪电的距离远大于积雨云中荷电中心的高度，而电离层对闪电电磁辐射传播的影响又可忽略的情况下，复杂的大气电场的数学分析可以简化处理，地闪和云闪所引起的地面垂直方向的大气电场 $E(t)$（随时间 $t$ 的变化）可以近似地表示为三项之和，即

$$E(t) = E_s(t) + E_i(t) + E_r(t) \tag{5.5}$$

式中，$E_s(t)$为静电场分量，$E_i(t)$为感应场分量，$E_r(t)$为辐射场分量。在高斯单位制中，它们可分别表示成

$$E_s(t)=\frac{1}{R^3}M\left(t-\frac{R}{c}\right) \tag{5.6}$$

$$E_i(t)=\frac{1}{cR^2}\frac{\mathrm{d}M\left(t-\frac{R}{c}\right)}{\mathrm{d}t} \tag{5.7}$$

$$E_r(t)=\frac{1}{c^2R}\frac{\mathrm{d}^2M\left(t-\frac{R}{c}\right)}{\mathrm{d}t^2} \tag{5.8}$$

式中，$c$ 为光速，$R$ 为测站离闪电的距离，$M\left(t-\frac{R}{c}\right)$为闪电电矩随时间的变化量。因为从闪电所在处传至测站有一段时间延滞$\frac{R}{c}$，故闪电电矩取$\left(t-\frac{R}{c}\right)$时刻的值。严格地说以上四式的适用范围为30km～100km，超出此范围，它们的可靠性将下降。但是它们所给予的物理概念对了解闪电的种种现象还是有用的。

地闪闪电电矩随时间的变化$M_g(t)$可表示为

$$M_g(t) = 2Q_g(t)H \tag{5.9}$$

式中，$Q_g(t)$为地闪所中和的负荷电中心的电荷随时间的变化，$H$ 为负荷电中心的高度。云闪闪电电矩随时间变化$M_c(t)$可表示为

$$M_c(t) =- 2Q_c(t)\Delta H \tag{5.10}$$

式中，$Q_c(t)$为云闪中所中和的电荷随时间的变化，$\Delta H$ 为云中正、负荷电中心的垂直距离。以上的讨论都是指正常的积云雨的典型电荷分布情况，云中上方为正荷电中心，下方为负荷电中心的垂直分布情况。

比较式(5.6)、式(5.7)和式(5.8)可以看出，三种场的分量随距离而衰减的规律有显著差别，分别与距离的三次方、二次方和一次方有关，静电场分量随距离的增大而衰减最快，但远距离处，辐射场因衰减缓慢而起主要作用。

**表 5.1 离闪电不同距离处地面垂直大气电场变化的典型值**

| 离闪电距离/km | 地面垂直大气电场变化/V·m$^{-1}$ |
|---|---|
| <6 | >5 000 |
| 6～12 | 5 000～500 |
| 12～20 | 500～100 |
| 20～50 | 100～10 |
| 50～100 | 10～1 |
| 100～200 | 1～0.1 |
| >200 | <0.1 |

表5.1是英国剑桥20年间观测到的典型情况，载于S. L. Valley(1966)著的《Hand-book of Geophysics and Space Environments》。该书还给出了如图5.11所示的闪电所引起的地面

垂直方向大气电场变化与闪电距离之间关系的观测结果。在闪电距离为 4km～20km 时，电场变化近似地随距离的三次方成反比关系，这说明大气电场变化以静电场分量为主。在闪电距离大于 30km 时，大气电场变化近似随闪电距离一次方成反比关系递减，这说明大气电场变化以辐射场分量为主。在距离小于 4km 时，大气电场变化随闪电距离的变化较缓慢，此时式(5.6)、式(5.7)和式(5.8)已失效、不正确了。

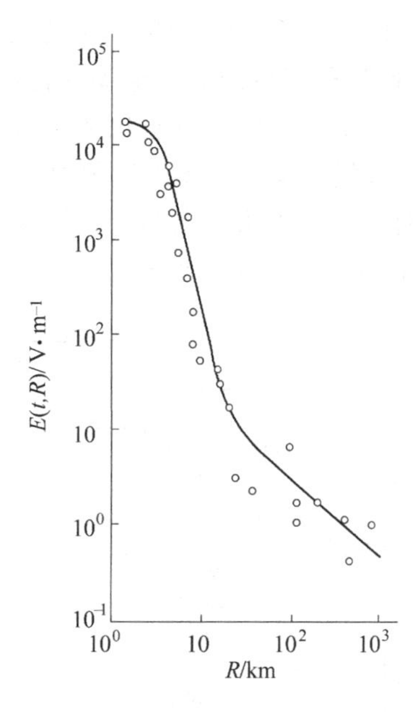


**图 5.11　闪电所引起的地面垂直方向大气电场变化 $E(t,R)$ 与闪电距离 $R$ 的关系**

闪电也产生磁场，大气磁场方向垂直于大气电场的方向，因此恒为水平方向，地闪引起的地面水平大气磁场随时间的变化 $H(t)$ 可表示为

$$H(t) = H_i(t) + H_r(t) \tag{5.11}$$

式中，$H_i(t)$ 为感应场分量，$H_r(t)$ 为辐射场分量。在高斯单位制中，它们分别可表示成

$$H_i(t) = \frac{1}{R^2}\frac{\mathrm{d}M\left(t-\frac{R}{c}\right)}{\mathrm{d}t} \tag{5.12}$$

$$H_r(t) = \frac{1}{cR}\frac{\mathrm{d}^2 M\left(t-\frac{R}{c}\right)}{\mathrm{d}t^2} \tag{5.13}$$

### 2. 从天电测量看闪电的特性

凡自然起源的电磁干扰信号统称天电。实际上，雷暴产生的天电干扰是主要的、决定性的，沙暴、雪暴产生的天电极少见，而电机转动、汽车运行、日光灯等人为的电磁辐射能量很小，只能作用于邻近小范围。无线电收音机听到的干扰噪音几乎都是雷暴所产生的。

无线电接受到的天电的频率几乎覆盖了无线电波的整个波段，但 30MHz 以上的很弱，是来自宇宙的银河噪音。天电的频谱分布决定于天电源(也可以说是闪电)的频谱特性和电波传播的频率特性，研究它有助于雷电的探测定位和防雷技术的改进。

天电的频谱特性取决于闪电类型和闪电结构。对于频率范围为1kHz～10kHz的天电，主要是地闪回击、地闪K过程及云闪K过程产生的大气电场变化，而地闪产生的强度比云闪要大1个数量级。对于1MHz以上的天电，地闪回击的K过程和云闪K过程的贡献减小，而其他地闪和云闪的放电的贡献逐渐升为主要的了。

图5.12(a)表明：频率为1Hz～1kHz时，地闪产生的大气电场变化以静电场分量和感应场分量为主，其中回击和K过程产生的大气电场变化均具有明显的阶跃特征，而其他放电过程产生的大气电场变化则具有缓慢变化的特征。图5.12(b)表明：频率为1kHz～100kHz时，地闪产生的大气电场变化逐渐以辐射场分量为主。图5.12(c)表明：频率为1MHz～100MHz时，地闪产生的大气电场变化基本上以辐射场分量为主，其特征也大不相同，多由持续时间较长的振荡波序列组成。

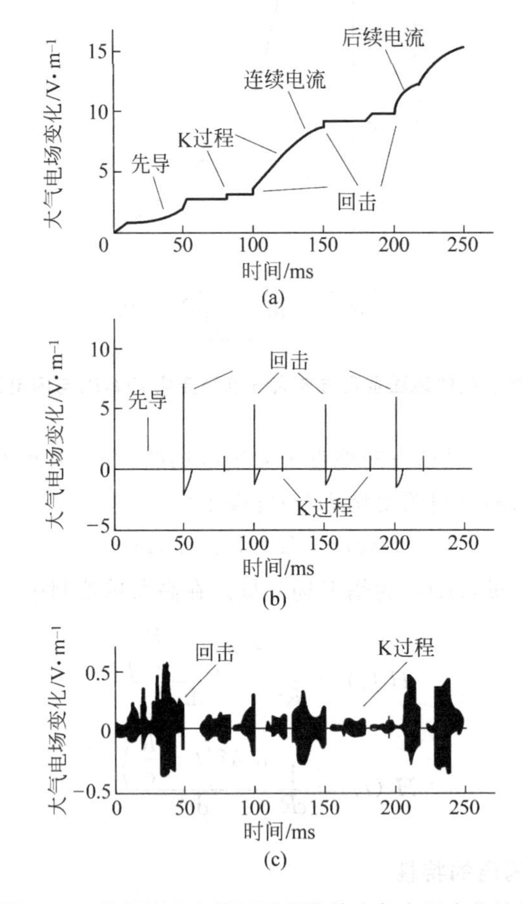


**图5.12 地闪所产生的不同频段的大气电场变化特征**

(a) 频率为1kHz～1 000Hz；(b) 频率为1kHz～100kHz；

(c) 频率为1MHz～100MHz

地闪因有强回击过程，使其产生的天电主要能量集中在其低频波段。云闪因无回击过程，所以它产生的天电的低频部分很弱，由此可以判断接受到的天电是不是落地闪所发出的。而能量分布的频率特点，有助于避雷器的设计研制。

### 3. 关于雷电电磁脉冲的成灾

以上所介绍的主要是考虑地面上空闪电放电产生的变化电磁场在远距离、大范围空间的一些特点，着重点在探测信息。下面讨论的是从工程防雷的角度来考察闪电的空间祸害。

前面几节介绍的闪电祸害，基本上是局限于闪电沿通道上的各种效应，防雷也就沿着闪电电流或者过电压波传输的一维通道来考虑。但是，20 世纪 80 年代以后，闪电在一维通道四周的三维空间产生祸害，因此防雷工程必须从整个三维空间来设防，这是一种全新的思维。过去，一个落地雷被避雷针引入地下，就认为是达到了防雷的需要，不会出现雷灾，可是现在却不然，几公里空间范围内将会出现雷灾，甚至损失严重。例如，1994 年 5 月 23 日北京初夏一次很普通的雷雨，按惯例，城市里不应该出现什么雷灾，可是却出乎人们的意料，在天安门这个重要地区，竟同时有分散的四个重要单位发生了雷灾，重要的新技术设备被损坏，对工作产生的影响不小，其损失远远超过设备本身的经济价值。

众所周知，无论是闪电在空间的先导通道或回击通道中产生的迅变电磁场，还是闪电进入地上建筑物的避雷针系统以后所产生的迅变电磁场，都会在空间一定范围内产生电磁作用。它可以是法拉第电磁感应定律所决定的电磁感应作用，也可以是脉冲电磁辐射。它在三维空间范围内对一切电子设备发生作用，可以对闭合的金属回路产生感应电流，也可以在不闭合的导体回路产生感应电动势，由于其迅变时间极短，所以感应的电压可以很高，以致产生电火花。在闪电通过的避雷针附近，这种空间的迅变脉冲电磁场的作用当然比较强烈些。从富兰克林发明避雷针以来，闪电的这种空间的雷电电磁脉冲(LEMP)一直是存在的，只是未被人们所觉察和注意。其原因是它成灾的概率极小，因为当时社会的科技水平尚不能感受到 LEMP 的作用。

20 世纪 80 年代以后，科学技术的迅猛发展使人类社会的发展出现重大变化，从生产到生活都与一些新科技发生联系。微电子技术的重大进展，超大规模集成电路(VLSI)诞生，数十万元件集成在一个小小的芯片上，使微处理器的成本大大降低，应用领域极大地拓宽。微电子技术渗透到如现代通信、计算机技术、医疗卫生、环境工程、能源、交通、自动化生产、旅游、办公室、居民生活等许多领域，它的能耗极小、灵敏度极高、体积很小，使得 LEMP 足以对它发生作用，甚至毁掉它。

前面已经介绍过，闪电在广大空间产生大气磁场 $H(t)$，当这种闪电磁场脉冲超过 0.07Gs 时就会引起微机失效。现代银行普遍采用微机，货币存取是用微机自动进行的，0.07Gs 的磁脉冲就会扰乱它的工作。美国在火箭发射过程中，曾多次因这种干扰而导致火箭自行升空而去。

当闪电发生的磁脉冲超过 2.4Gs 时，集成电路将发生永久性损坏，对于 VLSI 来讲就更不用说了。早在 20 世纪 70 年代末期中国引进国外的大型计算机时，就已发现闪电的这种祸害作用。目前，微机已进入千家万户，LEMP 成灾的概率将极大地增加。关于这个问题将在防雷技术的讨论中再详细介绍说明。

# 5.9 雷灾实例及分析

## 5.9.1 雷灾概况

在地球上平均每秒钟有100次闪电，每个闪电的强度可以高达10亿伏。一个中等尺度的雷暴的功率有$10^8$W，相当一个小型核电站的输出功率。据不完全统计，全球平均每年因雷电灾害造成的直接损失就超过10亿美元，死亡人数在3 000人以上。美国有精确统计，见表5.2，平均每年有100多人死于雷击，250人受伤。根据1970—1983年美国对本土的统计，有1 154人死于雷击，同期死于龙卷风和飓风灾害的人数则为1 341人，可见这两种灾害对人的伤害是差不多的。

表5.2 1950—1969年期间美国48个州雷击伤亡人数统计表

| 总人数/人 | | 户外娱乐活动人数/人 | | 户外工作农民人数/人 | | 户外杂散人员人数/人 | | 户外其他活动人数/人 | |
|---|---|---|---|---|---|---|---|---|---|
| 死 | 伤 | 死 | 伤 | 死 | 伤 | 死 | 伤 | 死 | 伤 |
| 2 054 | 4 156 | 494 | 941 | 587 | 714 | 628 | 1 268 | 345 | 1 233 |

20世纪80年代我国气象部门和劳动部估算，每年雷击伤亡人数超过一万多，其中死亡三千多人。山东省临沂地区作过统计，1950—1972年，雷击伤亡人数为900多人。这与端士的统计是相近的，该国每百万人口每年平均约有10人遭雷击伤亡。

雷击着火是森林业最重要的灾害之一。全球每天发生云地闪平均约800万次，若按雷电均匀分布估算，世界上410万公顷森林，每天要遭50万次雷击，每年平均火灾达5万次。在美国，每年约有10 000次森林和野地起火是闪电造成的。美国西部针叶林地区的森林火灾中60%是雷击引起的。1992年美国西部一次雷击造成的森林大火，持续10天左右，6个州共烧毁27万6千英亩树木。加拿大的不列颠哥伦比亚省的森林火灾有40%是雷击造成的。我国的统计表明：兴安岭地区森林火灾的30%起因于雷击，而鄂伦春大兴安岭地区在1956—1962年期间雷击火灾面积高达总火灾面积的70%。在1975—1979年期间伊春林区共发生雷击火灾22起，烧毁森林813.7亩，草场12 533亩。

雷电不仅烧毁森林，而且还会破坏森林中的生态过程，如1972年8月美国佛罗里达州的一片橘林遭雷，52公顷土地上的3 255棵树受损害，6个月后，其中2 327棵死亡或濒于死亡，只好全部拔掉，据研究，认为是雷电损害了树群的根系。此外，树皮被雷劈掉，从而引起树林的虫害是常有的事。

自从富兰克林发明避雷针后，建筑物似乎不该有雷灾了，事实上这方面的灾害仍不容低估。仅美国农村，每年平均约有2 000家以上农户住房遭雷击损坏或起火。近年来，由于收音机和电视机普及到广大农村，自装天线、乱拉电源线，致使建筑物受雷击成灾的情况更有增长。如1986年4月23日湖南省某地一个落地雷，殃及了3个乡6个村庄，死7人伤10人，其中5人是在自装的电灯和开关下被雷击死的。

现在建筑物的受雷击大都有一个新特点，就是与科学技术的大发展有关联。一种是由于高的建筑和构筑物的兴起，如微波站天线塔、BP 机发射与接受天线塔、高大的消雷器铁塔等都会吸引落雷而使本身所在建筑及附近建筑遭到祸害。另一种是增设的种种架空长导线引雷入室使避雷装置失去作用。而灾害的对象也发生转移，主要不是建筑物本身的损失，而是室内的电器、电子设备被毁，甚至祸及人身。目前中国农村由于改革开放而出现大批富裕农民，自建二、三层钢筋混凝土楼房，使用现代技术设备，因而常常装避雷针，但是其后果却是增大了雷击概率和出现带有新特点的雷灾，这是一种正在发展的值得注意的雷灾新情况。

中世纪因雷击造成火药大爆炸，曾酿成几起极大的灾祸和惨案。富兰克林发明避雷针后，二百多年来已很少听这到这种大祸了。可是近几十年来，类似的大惨案再度频频出现。如 1977 年 7 月德国柏林弹药库受雷击，炮弹横飞几小时之久，死亡达 340 人。1926 年美国的新泽西州皮卡提尼(Picattinny)武器库也发生过感应雷引起的大爆炸事件。1967 年美国 EI Segundo 标准石油公司油罐雷击着火是另一件著名事件，他们都设置了避雷针。1978 年 5 月美国密西西比一石油公司 5.8 万 $m^3$ 钢油罐雷击起火。1989 年我国青岛市装有八支铁塔式避雷针的黄岛油库于 8 月 12 日雷击着火，烧了 104 小时才被扑灭，救火人员死 19 人，伤 78 人，烧掉 3.6 万吨原油，许多座油罐烧毁成一片废墟。1992 年澳大利亚墨尔本市的一家化工厂因雷击而爆炸，导致毒气泄漏。1994 年 11 月闪电击中埃及南部某镇的一个军用燃料仓库，由 8 个燃料箱组成的复合仓库爆炸燃烧，万余吨油燃烧着流进城镇，造成至少 430 人死亡。

大半个世纪以来，雷击事故一直是电力供应部门最重要的灾害之一。它主要危害供电线路、变电供电设备等，不仅造成电力部门设备上的直接损失，更严重的是影响工矿生产和城市生活。如从 1953 年到 1956 年期间，由于雷击造成的供电事故约占总事故的 16%。1984 年北京市因雷电造成的供电损失约 77.6 万度。1988 年北京共发生 11 起雷击事故，击坏大量输电线路元件，击断高压线两条。我国大庆油田每年因雷击停电而减产的石油量约相当于同一时期一个玉门油田的年产油量。

1977 年 7 月 13 日美国纽约市 5 条电缆被闪电切断，全市一片漆黑，停电达 26 小时。埃及阿斯旺坝水库是世界闻名的大水电站，1990 年 4 月 24 日晚 8 时 20 分，其输电干线遭雷击，使埃及全国停电 2 小时～5 小时。1994 年我国浙江省电力工业局的文件称："据近十多年来我省线路跳闸事故分析统计，因雷害引起的线路故障次数占线路总故障次数的 70%～80%，特别是 1993 年度，全省发生的 96 次线路故障，其中因雷害引起的线路故障达 78 次，占 82.3%。"1990 年 9 月 20 日，广东电网珠江三角洲地区雷暴中 220kV 劳顺线受雷击，导致 11 个 220kV 变电站全停，损失负荷 80 万 kW，占当时全省负荷的 1/4，造成广州、佛山、肇庆、韶关等市大面积停电。

这些情况说明，虽然电力系统有了几十年的防雷经验，在防雷技术上已比较成熟，但仍难以避免重大的雷电灾害。20 世纪 80 年代以后又出现了一个新的技术难题，出现新的雷灾。电力系统为了满足现代市场经济的迅猛发展对电力供应的巨大需求，采用了现代的高科技，即采用了微波通信网络和自动化系统，把微电子技术广泛运用到各部门，随之防雷对象由强电转移到弱电，雷电灾害中 LEMP 上升为重要角色。例如，1989 年夏，武(汉)、长(沙)、衡(阳)微波干线共15个微波站,有12个站遭受雷击而使设备损坏,电路中断26小时,损坏的微波设备送日本修理很长时间。1990年7月30日,郑(州)、三(门峡)微波干线大沟口微波站因雷击而损坏38块盘,损失十分严重。1990年9月27日黑龙江省电力局调度大楼遇雷击,使调度自动化的计算机系统和程控交换机设备损坏而停止运行。当时电力系统在全国共有605个微波站,1.8万km长微波电路,到1990年底发展到700个微波站和2万km长微波电路。仅从这一年的发展速度即可看出电力系统现代技术的趋势,因而也可看出,雷灾对电力事业发展的威胁日益增大。

早在20世纪80年代末,在一些发达国家中,计算机系统进行信息服务所产生的价值已占国民生产总值的10%;发展中国家正在跟上这一趋势,如电信使肯尼亚旅游业增加的收入是电信业投入的119倍。在我国,在电信方面每投入1元,给其他行业带来的经济效益为18元。由此可以看到,我国程控电话、微波通信、计算机等近年来特别迅速的发展,广泛普及到各行各业,遍布城市、乡镇,新的微电子技术则是这些设备的核心。微电子技术的进展和LEMP的无孔不入,使一些很少出现或者从来不出现雷灾的行业或地区也频繁遭遇雷灾。

邮电部门是较早频繁遇到这类事故的,例如京汉广中同轴电缆在佛山、韶关两地区的无人增音机近年遇雷击的统计情况,见表5.3。

**表5.3 佛山、韶关近年雷击统计**

| 地区 | 雷击数与所占事故的百分比 | 年份 | | | | | | | |
|---|---|---|---|---|---|---|---|---|---|
| | | 1985 | 1986 | 1987 | 1988 | 1989 | 1990 | 1991 | 1992 |
| 佛山 | 雷击数/次 | 1 | 2 | 8 | 7 | 3 | 1 | 2 | 2 |
| | 百分比/% | 3.85 | 7.67 | 30.77 | 26.92 | 11.54 | 3.85 | 7.67 | 7.67 |
| 韶关 | 雷击数/次 | 1 | 1 | 9 | 9 | 3 | 2 | 3 | 5 |
| | 百分比/% | 3.03 | 3.03 | 27.27 | 27.27 | 9.09 | 6.06 | 9.09 | 15.15 |

广东省地区江门东炮台交换局邮电大楼是广东省四大枢纽之一,它连遭雷击,一次雷击后中断全局通信达数十小时。深圳宝安区新安装交换局遭雷击,也造成全局通信中断数十小时。邮电部214微波干线所属安徽省蚌埠地区炮台山站和淮南站,于1993年3月7日和3月10日先后三站次遭严重雷害,不仅击坏了大量交直流电源设备,而且中断了干线电路4个多小时。1991年5月邮电部北京地区微波通信网因雷击则停止通信达十余小时。

另一个受雷击较严重的部门则是气象系统。最著名的是1992年6月20日20时05分中国气象局气象中心大楼落雷,避雷装置和建筑物完好,但大型计算机和小型机网络中断,6条北京同步线路和1条国际同步线路被击断,计算机系统工作中断46小时,经济损失数十万元,次日中央电视台气象预报成为空白,其影响很大。1993年7月5日和8月13日北京气象台两次遭雷击,情况严重。1994年5月广州区域气象中心业务系统被雷击,同年7月5日和17日两天四川省气象局业务系统连遭雷击,他们的计算机网络、气象雷达、卫星接受系统等电子设备损毁。这些核心部件都是受到LEMP的作用所致,它们本身固然价值昂贵，但更严重的后果是势必使气象工作陷于中断，对许多需要气象信息的部门的工作产生困惑和造成大灾祸，如1995年黄石市洪水成灾就是一例。

许多行业部门近年遇到的雷灾几乎相同，可以再举出一些例子。

1992年4月27日南昌江西医科大学160门程控电话因感应雷被击毁120门，而同一时刻江西财经干部管理学院的200门程控电话全部毁于感应雷。同年5月1日长沙的湖南广播电视大学200门程控电话、6台大型计算机、多部彩电毁于感应雷，损失一百多万元。同样，在这一年8月23日江西赣州，60%有线电视、50%闭路电视、91台电视机毁于感应雷。在这之前，湖南省某科研单位，有十几台计算机毁于接地线的反击。北京国际关系学院新装电教中心全套电视摄录设备，后来加装卫星接受天线时，尚未及安装避雷装置就遇上雷雨，室外天线的馈线受雷击，导致室内电视摄录设备毁坏。据安徽省统计，全省一年内通信设备里的50台计算机有10台毁于雷击。1993年春金华市一天内就发生13起雷击电子设备之事故。1994年7月7日下午3时57分湖南省沅陵县麻溪铺镇政府办公大楼顶的卫星接收天线受雷击，与之联网的246台电视机无一幸免，直接经济损失达30万元。

民间电子设备也有同样的灾祸，1993年的一次雷雨，北京酒仙桥有200多户的电视机被毁，其中20台完全报废了。1992年北京市加入保险的居民家用电器被雷击毁的有109起，估计此数只是全市实际受灾户数的1/10。1994年北京市保险公司统计，7月仅郊区大兴县就有11户的电器毁于雷击。

银行业以往几乎未闻受到雷灾的，1994年夏，湖南省人民银行的微机毁于雷而不得不停业，由此而产生的间接经济损失很惊人，促使中国银行系统急于寻求防雷之术。

下面讨论航天、航空和火箭发射系统的雷灾，因为这一系统的设备非常昂贵，它对一个国家的影响至关重要。

最早引起人们注意的是1961年在意大利发生的“丘比特”导弹武器系统的一系列雷击事故，这引起了军事部门的深切关注。此前连科技人员也从未想到火箭与导弹的工作需要考虑防雷。美国所修建的肯尼迪航天中心(KSC)的发射场坐落在佛罗里达州，这里是公认的闪电活动比较强烈和频繁的地区，其中部年平均雷电日(IKL值)是美国最高的，而KSC所在的东部地区卡纳维拉尔角的IKL值为75，居第二位。就是因为压根儿没有想到这个问题，以致后来雷击事故频繁。日本的航天中心设在种子岛，也恰好是日本闪电最严重的地区。我国西昌发射中心处在中国西部地区，比起终年有雷雨的、IKL值特别高的华南地区来要好得多，冬季基本上无雷雨，可是西昌的IKL值却高达74.1，与KSC几乎相同，大大高于北京的36.8、上海的32.3，而与广州的83.4有些接近了。各国意识到高科技领域需要重视防雷，还是在20世纪70年代以后。1969年11月美国在KSC发射“土星V-阿波罗12”时遇到雷击，才促使航天部门开始研究雷电的机理。同年11月14日上午11点22分，这一宇宙飞船发射升空，起飞后第36s和第52s两次诱发闪电，造成主电源失效，制导系统暂时失灵，以后启用了备用设备，才避免了一场灾祸。阿波罗系列登月火箭的发射，前后共发生过7次雷害事故。1987年3月26日下午4月22分，美国国家航天局(NASA)的大力神/半人马座火箭从卡纳维拉尔角基地升空，约1分钟便突然失控，随即中断了同地面的正常通信联系，由于当时火箭距地面仅 4 700m，地面指挥部不得不用无线电指令引爆。这一火箭是 NASA 仅存的两枚火箭之一，被认为是最可靠的运载火箭，火箭及所载人造卫星被毁，损失高达 1.7 亿美元。事后从收集到的火箭残骸考察，发现火箭的前锥部玻璃纤维板上有明显的烧焦痕迹，并发现其中有一个针眼大小的穿孔，证实是雷电火花击穿所致。在这一事件后两个多月，6 月 9 日 KSC 发射场上三枚小型火箭正待发射，突然雷雨来临，一声雷响之后，这三枚火箭突然自行点火，升空而去。

日本警视厅人员于 1984 年 6 月上旬在香川县善通寺演习场进行“马特”反坦克导弹的实弹射击，这是一种日本生产的有线制导的反坦克导弹，1967 年开始装备部队，射程 1.5km，重 15.7kg。当天下着小雨，云层较低，有一枚导弹在接近 1.5km 处靶板前进入了云层，出现一道闪光和轰鸣，导弹随即落地坠毁，隐蔽在地下室的 5 名操作手受到强烈的电击，立时全都手脚麻木倒地，受到不同程度的烧伤。图 5.13 为“马特”导弹遭雷击示意图。

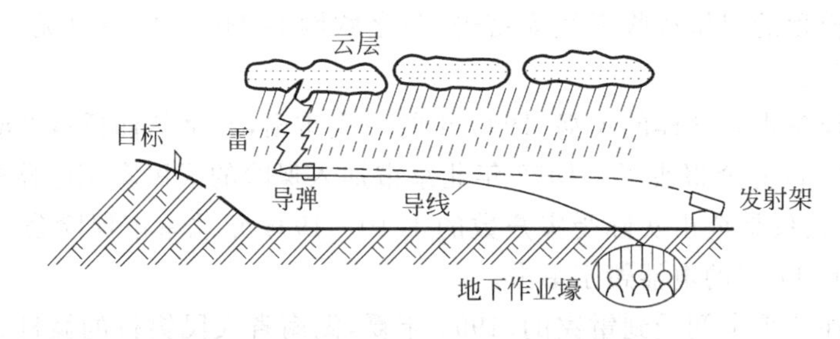


图 5.13 “马特”导弹遭雷击示意图

飞机遭雷击的事故也是常见的，据美国联邦航空局（FAA）调查：喷气式民航机每 5 000小时～10 000 小时的飞行平均遭一次雷击。仅 1965—1966 年的两年时间，该局就收到约 1 000 份飞机被雷击的报告。1964 年，一架波音 727 型飞机在芝加哥机场上空进行着陆盘旋时，在 5 分钟内被雷击中 5 次。1987 年 1 月当时美国的国防部长温伯格的座机飞到华盛顿附近的空军基地上空时，闪电击中了它，十几公斤的天线罩被击掉。闪电的最大威胁是它的 LEMP 造成飞机的电子设备损坏或失控，或者是点燃了飞机的燃料系统，造成爆炸起火。我国也发生过飞机遭雷击而机毁人亡的事故。

闪电对飞机场微电子设备的灾害，其影响就更大了，可以导致航空港的瘫痪。如 1992 年 9 月 16 日深圳的国际机场 25 套通信、雷达、导航设备中有 5 套因感应雷击被损坏，几乎使机场停业。2001 年 5 月 3 日，首都机场停机坪遭雷击，7 名检修人员受伤，飞机受损。

最后要说一点曾使工程人员在一段时期猜测不到的神秘爆炸事故。第二次世界大战结束后，十几年里法国、意大利、瑞士和奥地利等欧洲国家纷纷在山区建水电站和铁路，有大量开凿隧道的施工作业，为此要布设导线埋入火药进行引爆，在阴雨天停止作业时，却常发生神秘的爆炸事故，一些人在事故中丧生。后来进行较长时间的调查研究才弄清楚，原来是闪电击中山头后，雷电流总是集中在电阻最小的地方流通，隧道作业铺设的铁轨、供水管道、照明电路都成为引导雷电流到埋设雷管地带的通道，引爆了雷管，酿成事故。

## 5.9.2　人身雷击事故实例及分析

报刊经常有关于雷击人身事故的报道，有的是很引人关注的。如 1970 年 7 月 27 日午后 1 点，一个闪电击到北京天安门广场，击倒 10 名游客，2 人当场死亡，当年正是十年动乱最严重时期，于是引发了种种迷信传说，报刊有所忌讳，未作详细的现场描述，难以作寻踪分析以找出落雷伤人的规律性的知识。

自有记载以来，单雷击致人死亡的情况最多的是 1975 年 12 月 23 日非洲南部高原的津巴布韦的一次雷灾，在乌姆塔利市郊作野外活动的 21 个农民，为躲雷雨而挤入一座茅棚，闪电击中茅棚，引起大火，草棚化为灰烬，21 人全被烧焦。这一惨案之所以如此之惊人是由于两个原因：首先是野外茅棚高于四周，容易引雷。挤在一起的人群，同时都会受到雷电流的作用而麻木失去知觉，本来这么多的人分担电流，不一定毙命，至多个别人被闪电流击毙而已。大惨案之所以出现，是因为还有第二个原因，即茅草易燃，就是大火燃烧使全体失去知觉的农民丧生。所以这一事例很值得注意。

我国发生过比这大得多的人身雷击事件，但灾害却轻得多。据 1994 年 4 月 11 日新华社讯，4 月 11 日上午 10 时 40 分左右，位于大别山腹地的河南省商城县长竹园乡的黄柏山小学上空突降大雨(一个多月气温偏高，从未下雨)，闪电击穿房顶，8 间教室房上瓦被击碎，教室内共有 125 名师生被雷所伤，其中有 8 人重伤，3 名教师和 22 名学生当场被击伤休克，幸无 1 人丧生。从地势、气象和落雷击碎瓦的面积看，这种雷有可能是如 4.7 节所说的巨型雷，能量较大，由于乡村小学没有什么金属物，雷电流入大地的通道分散，所以被击的人数虽多，但各人身体通过的电流均不至于造成心脏停跳，不致丧生。这所学校用的是砖瓦结构，而不是茅草屋顶，不致起火。

1994 年湖北省也发生过一次超过津巴布韦的雷击事件。7 月 9 日下午 4 时左右南漳县双坪乡石家坪村突降暴雨，正在这里参加小农闲开发的两千多农民工分别躲进民房和工棚内避雨，其中有 66 名挤入工地指挥部工棚，闪电袭击这一工棚，工棚被掀翻，有 1 人被抛出 7m 多远，5 人被抛到了 3m 以外的荆棘中，其中重伤 14 人，轻伤 52 人，被抢救后，无人死亡。这则报道，记者没有描述工棚的状况，中雷者的状况难以分析。但是有两点可以肯定：它没有引起火灾，这是大幸，显然这不是一种“热雷”，工棚不是易燃物，也没有易燃易爆物放在棚内。第二点是此雷产生了较猛烈的气流冲击，雷的能量相当大，以至于可以把这么多人抛移相当大的距离，使 66 人同时受伤。

这样巨大能量的雷，在同一年的暑期还在另一地出现过。那是 1994 年 6 月 18 日下午 3 点多钟，在吉林省罗通山脚下柳河县圣水镇小白蒿沟村发生的，15 户农民受灾，死 1 人，重伤 2 人，轻伤 5 人。这个巨雷是在一阵冰雹之后发生的，这是一种“热雷”，它先击中村民陈敏房前 40m 处的一棵 20m 高的杨树，劈断烧成焦炭，在树旁击出一个 1m 深的大坑，由此可以看出这一闪电产生的冲击波的能量相当大，可以与湖北省石家坪村的雷击相比。据同年 7 月 7 日《中国气象报》的采访看，闪电电流强度相当大，烧裂地面出现两条深沟裂缝，1 条长达 40 多米，到达陈敏家，烧死他家儿媳 1 人，把他炕上的儿子烧成重伤，把室外的两个孙子烧成轻伤，来串门的邻居及怀中的孩子烧成轻伤；另 1 条到达其邻居张振安家猪圈，一头大母猪被击毙，仓库物资全部烧焦。

这种烧裂地面出现深沟裂纹的现象，在国外也曾见到过，作者摄制的电教片《雷电及其防护》中有一个镜头，就是现场拍下的照片，其尺度与吉林省小白蒿沟村的情况相近。

从这几个实例，可以得出一个结论：这种特别大的巨雷是并不罕见的，在高原、山地似乎出现的概率更大些，这种地区不易见诸报刊报道，通常防雷规范里的公式、数据是没有计及这种特殊情况的。不过人们头脑中应该有所防备，譬如在野外避雨时就要有所留意，双脚不能分开，这种巨雷产生的跨步电压就不同寻常，要考虑避雨处的火灾问题等。

下面介绍大树引雷造成的人身雷击事故。

1994 年 7 月 24 日下午 3 点，云南省师宗县瓦葵村下雷雨时，3 个挖秧田的村民跑到一棵大树下躲雨，闪电袭击大树，2 人当场死亡，1 人重伤。同年同月 25 日下午 2 点，乌云密布，普兰店市沙包镇奎兴村的村民 4 人正坐在大树下打扑克，突然响雷，4 人当即昏迷，后来 3 人苏醒，1 人死亡。

在大树下避雨遭雷击的事例非常多，即使不在树下，只是骑自行车经过，也有受到雷击的。1960 年在荷兰，一名士兵骑车经过树旁，只看到一道火光从树向他射过来，自行车把带了电，他感到像挨了一拳狠击，失去知觉 15 分钟后就苏醒了，皮肤完好无损。1961 年在美国，一个十岁男孩骑车经过树下，人们发现他靠在树上，失去了知觉，头上有一块地方被烧伤，左脚后跟起了一个泡，经抢救，活了过来。

综观上述情况，都是一种旁侧闪络所致，因为雷击电流通过树时，树干各处电压骤然升高，人站在地上，与大地等电位，所以树干对人身产生电弧放电，电流经过人体的部位不同，产生的伤害就不同，流经心脏的，大都必死，否则就不一定致命。十岁男孩显然是闪电流经过心脏的，电流从头顶进入，从脚流出，为何能救活呢？就因为他骑车而过，离树较远，而身子又较矮，这样飞弧的距离较长，电压降大部发生在电弧区域，男孩头与脚间的电压就小多了，而闪电电流持续时间很短，闪电的能量较小，不足以使心脏停跳。至于那个士兵，则闪电主要从自行车入地了，只是部分电流从车把流入人体，接触面积大，不足以灼伤皮肤。

旁侧闪络击人，不一定来自大树，在帐篷或金属棚下都可能发生。1944 年 Paterson 和 Turner 报道，有两个士兵在钟形帐篷里躲雨，闪电击中帐篷，一个士兵立刻死了，左肩、臀部和大腿部均有烧伤，另一个仅几分钟失去知觉，不需急救，他只是左大腿有一处烧伤。显然柱顶是闪电入击之点，柱身就是闪电通道，这与大树相似，旁侧闪络从士兵的腿部进入，不经过心脏，就安然无事，所以在帐篷或工棚中避雨，要远离支柱是很重要的。如 1973 年 Hanson 和 Mellwraith 介绍过一个事例：有 7 个儿童在帐篷里避雨时，闪电击中帐篷的柱子，2 个儿童死亡，左脸和脚趾均有烧痕，而另 5 个安然无恙，无任何受伤处。

在金属顶棚下避雨特别危险，即使闪电没有击它，也会出现旁侧闪络。1965 年 Rees 介绍了一个事例：有一家的男主人站在一块锌板下避雨，脚穿一双底下有平头钉的鞋，踩在潮湿的地上，20 码远处的落叶松遭雷击，并烧着了树旁的干草堆，他的后背和右腿也有大面积的烧伤，上衣、衬衫和左脚上的鞋都烧坏了。他的儿子和儿媳在近处另一块锌板下避雨，儿媳的脖子还碰到了锌板，闪电击中松树时，这两人都感到电击而被抛出 8 英尺远，儿子曾在很短时间内失去了知觉，但没有受什么伤，儿媳觉得脖子后面好像挨了一下打，右肩和后颈都有表皮烧伤，臀部有电流流过的烧痕。这其实是一种感应雷的旁侧闪络，当闪电先导接近松树时，锌板感应出电荷，松树发生回击时，这些感应电荷发生的静电高压就通过人体对大地放电了。

再举一个感应雷击人的例子，对我国城镇居民很有参考价值。1992年6月21日下午5点半，北京突然出现雷雨，正在街上玩的10岁小姑娘左婷浑身被雨淋湿，急忙往家跑，当她推自家铁门时，一下子昏倒在地，家人及时为她做人工呼吸，紧接着，急救车把她送到北京同仁医院。医生检查，左婷心跳每分钟仅30次，手腕部、大腿内侧有明显电击烧痕，由于心跳慢和呼吸严重阻碍造成脑缺氧，引起脑水肿，经全力抢救，6小时后她终于清醒了。现在城镇居民楼流行装防盗铁门，雷雨时期，这种门就会因静电感应而带上电，一旦附近有落地雷发生，触门者就因接触电压而受雷击。所以雷灾常会随着建筑情况和科技的发展而出现新情况，这必须引起人们的注意。

下面只举三件报载的事例。

1994年8月9日晚，辽宁省新民市周坨子乡王甸子村村民王某等4名妇女围在屋内炕上看电视，9点左右，外面正下着雷雨，忽见电视机内冒烟，声像消失，4人也同时失去知觉，1人倒在炕上，其他3人被抛到地上。约10分钟后，4人相继苏醒，都说不清10分钟前发生的事，王某感到脖子有轻微灼痛感，大家定睛一看，发现她脖颈上留下一道清晰的项链痕迹，项链本身尚未损坏。显然这是闪电的脉冲电磁场在金属闭合圈中产生感应电流的热效应所致，估计这还不是闪电直接击中电视室外天线，而是感应的二次雷循天线馈线进入室内，所以4人的伤势不重，否则王某脖子上的项链也就熔化了。现在城乡电视天线密布，常有发生电视机被雷击毁之事，人身事故也就难免。在广州等地，感应过电压波沿电话线入室的颇多，手握电话机而死者累有所闻。这是富兰克林避雷针不能保护现代城镇居民在室内安全的重要原因。

下面再介绍两件雷击死人的事例。

1967年6月24日北京和平里南大街百林寺一个民房院内(见图5.14)，一棵高约15m的大树被雷击，雷电流闪络到距树干1m的晒衣铁丝上，该铁丝钉于院内前后房的墙上，其钉的墙另一侧室内又钉有一小段挂手巾的铁丝，长约50cm，墙内外的两钉并不相通，墙为24cm的厚砖墙。挂手巾的铁丝上挂了个钢盒尺，下方恰好坐着一个11岁女孩，钢尺下端距女孩头顶尚有约20cm～30cm的距离，雷响时女孩当即倒地死去。同时北屋顶棚南半部正中明配电灯线的上部崩坏2m长一段墙皮，墙内栓苇箔的铁丝熔化，南屋靠西墙的顶棚也崩坏2m长一段墙皮，墙内栓苇箔的铁丝也熔化，这类栓苇箔的铁丝都是20号的，足见雷电流的瞬变电磁场产生的电磁感应电流的能量之大。

1957年6月23日北京海淀区温泉乡白疃村一民房的收音机天线遭雷击，一妇女毙命。如图5.15所示，该天线栓于西房后和北房后的两棵18m～20m高的大树顶部，横过院内，引到东房室内收音机上，地线埋于室外，院内东西房之间距地1.6m处，栓有一根晒衣铁丝，此铁丝与天线有一段距离，互不相通，铁丝下当时正有一位妇女在洗衣服。当日刚下雨就有闪电击中天线，天线当即熔断，雷电流已窜到室内击碎收音机，并有闪电流分窜，把东屋西立面南窗上的过梁击裂，东西屋钉晒衣铁丝的顶梁木柱均被击裂，雷电流还沿东屋顶梁柱入地，把柱旁的水缸击穿一个洞，水漏满地。闪电电流在此处还分窜到钉在梁上的晒衣铁丝，经铁丝下的洗衣妇女放电入地，击毙了这名妇女。

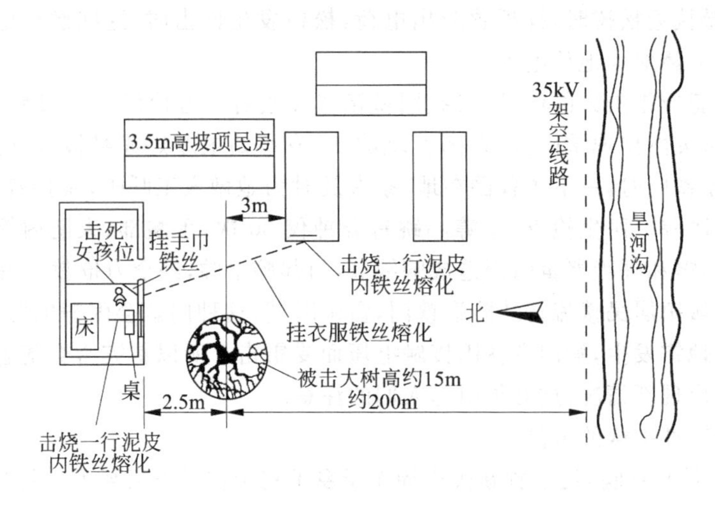


图 5.14 北京和平里百林寺一个民房院内平面图

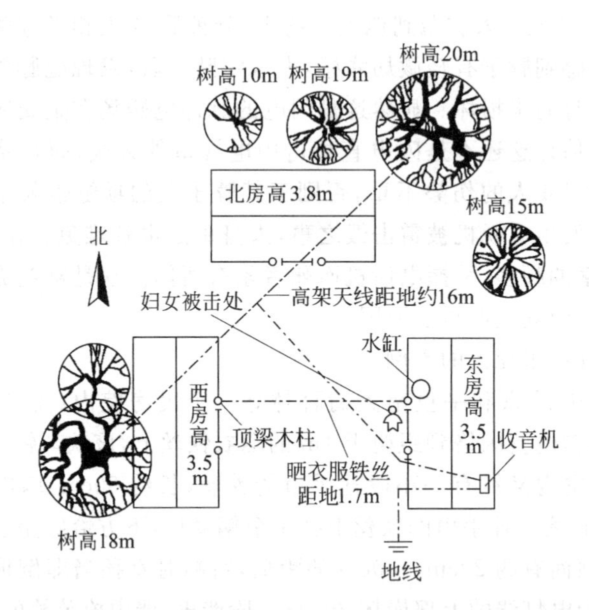


图 5.15 北京海淀区温泉乡白家疃村民房院内示意图

现在我们来分析这两个事例。首先可以看到大树引雷是比较普遍的现象，不仅大树下避雨有危险，而且也对高树旁的建筑物增加落雷的概率，特别是农村不高的平房、楼房，在图 5.14 中还可以注意到河沟和 35kV 的高压线线路也增加了大树的落雷概率。其次应注意到闪电的路径总是选取低电阻的通道，因此空中乱拉金属线常是雷击的一个重要祸首。闪电的电压高，它可以隔开一段距离闪络到金属线上，从而使导线附近的人成为雷击受害者。对于现代楼房，自来水管、暖气管和煤气管道也同样会成为闪电分窜的通道。

这一情况对于雷雨时人们在室内外的活动，要特别留意。例如，1956 年 Arden 曾描述了发生在跑马场的雷击事故，闪电击在跑马场的围栏上，许多倚栏的观众都摔倒在地，想移动两腿可就是站不起来，51 人被送进医院，其中 20 人需住院，所有人都诉说腿痛。不过这类受雷击的，包括跨步电压击倒的人，大都无生命之忧，因为闪电是经过下部，不经过心脏。即使如此，也不可大意，因为遇到多雷时节，因跨步电压而倒地不起之后，再有落地雷，则此时跨步电压产生的电流就会流经心脏了。所以在有可能遇到跨步电压的地方，要注意双脚的站法和选择地面的情况。

5.1 节曾提到法国教堂的一次雷击事故，只说到站在潮湿地面的作礼拜的信徒被跨步电压击倒在地的情况。当时还有一批信徒却安然无恙，他们是站在干的橡木地板上的唱诗班席上，闪电没有流经这块高电阻的地区，因此也就没有跨步电压了。

从大量人身遭雷击事故的统计中，还可以看到落雷地点的规律性，据轻工业部 1966 年向国家经委和劳动部提出的报告记载：1951—1964 年我国各处盐场共有176 次雷击事故，死亡 39 人，伤 34 人。

美国在 1950—1969 年调查统计了全国 48 个州的雷击人身事故，户外娱乐活动者被雷击死 494 人，伤 941 人。其中，在水中游泳、划船或在岸边钓鱼等情况的死伤人数所占比例最高，远远超过其他地方，死亡 200 人，伤 177 人。

从这些情况可看出落雷点集中于地面电阻最低的区域。理由很清楚，这里地面对雷雨云感应的电荷多，自然地面的电场强度比其他地方高，闪电的下行先导容易趋向这里，从而吸引落地雷的概率较大。而且这种场所，人常常是地面上较高的突出物，成为尖端放电的对象，吸引闪电先导，因此人身雷击事故特别多。

### 5.9.3　建筑的雷击事故

同一地区，为什么只是某个建筑物落雷？同一个建筑，为什么不同时期落雷概率有明显的变化？这里有什么规律？这只有通过大量雷击事例的统计和分析，才能看出来。5.9.2 节介绍的事例是以人为对象的，但有许多事例与人所在的建筑有关，从这里已大致看出一些规律了。下面再补充一些事例，从而更全面而确切地掌握雷击的规律。

#### 1. 落雷建筑的环境

5.9.2 节的雷击事故中大多数都涉及大树的引雷作用。建筑物许多遭雷击的，特别是不高的楼和平房，大都与其邻近的高大物体有关，多半是树木，也可能是高大的金属构筑物，或者特高层建筑物。还有一些球雷事故，也与大树、高大金属构筑物如输电线杆、塔等有关。下面列举一些事例。

1993 年 6 月 16 日《北京日报》载：6 月 5 日下午西城区宝产胡同内福绥境派出所遭到雷击，据该所人介绍，当天下午 5 点 15 分，雷响之后，只见一火球从天而降，落在后院西屋墙上 2m 高处用薄铁皮制作的电表箱上，当即箱门玻璃被震碎，里面 380V 电表被击穿，220V 电表却无恙。火球燃着电线，旁边屋内正在使用的彩电、电台、电话机、对讲机一同遭难。派出所门口一株 10m 高的大槐树同时遭雷击。

在见报后北京市避雷装置安全检测中心立刻去人考察访问，见该所系平房砖瓦结构，屋脊最高还不超过6m，本不易遭雷害的，可是周围环境不佳。该所院内有一台采暖锅灶，铁烟囱高近20m，西邻尚有一高16.7m的铁烟囱，还有一邻屋，顶上自架电台天线。这些高大金属物都是吸引雷电的东西，球雷常是在这种高大金属构筑物引雷之后出现并下降到地面。当时派出所人员见到球雷落入院内时，凡手接触金属物(如铁床架)的人均有触电感，一个手执卡拉OK机话筒的人被击得扔掉了话筒，一副队长正在打电话，被击得半身麻木。

在国外有一个著名的例子，莫斯科市537m高的电视塔是世界上著名的特高建筑物，建成以后，雷击频繁，不仅闪电袭击最高顶，也曾绕击顶下200m和300m处，离塔水平距离150m的地面也遭到雷击。在其周围1.5km内的地面落雷率比莫斯科市平均落雷率高2.5～4倍，这就使原先这个地区的房屋受闪电袭击的危险程度增加了。

### 2. 建筑物的高度与落雷的概率

一般的估计认为，对于中等雷暴地区，在平原开阔地带上的建筑物，高90m的，平均大约每年遭1次雷击；高180m的，每年平均约遭3次雷击；高240m的，约为5次；高300m的约为10次；高360m的，约为20次；而15m高的楼房，则大概4～6年才可能遭一次雷击，这当然是普通的建筑的一种概率估算而已，可以给人们一个具体概念。

下面不妨看几个大有名气的超高建筑物，对它们均作过长期的雷击观测。美国纽约市的帝国大厦有102层，楼高381m，1931年建成以来成为最早的观测研究闪电的对象，每年平均遭23次雷击，几乎都是上行雷。上面提到的莫斯科电视塔，其高度是537m，在4年半的雷雨季节里共遭到143次雷击，平均每年32次，大部分雷击在塔顶下方20m～36m的塔体，有两次分别击在塔顶下方200m和300m处。加拿大多伦多市的C.N通讯塔高出地面553.34m，在20世纪80年代中期是世界上最高的独立构筑物(后来华沙的电视铁塔总高645.33m，洛杉矶的和平之塔高610m，芝加哥的市场大厦有210层760m高，均超过了它)，顶端设1个旋转餐厅、3个瞭望台、5个电视发射台和5个广播电台。在塔上安装了两套电流测量系统，见图5.16，成为研究闪电的重要地方，为全世界雷电科学工作者提供了不少有价值的闪电观测数据。在1978年和1979年两年的观测中发现，每年大约要受到35次雷击，若在同一位置有一90m的塔，据当年雷电研究者估计则每年平均只遭一次雷击。在其中的31次闪电袭击中，有28次击在塔顶，3次击在下部，闪击点分别在塔顶下8m、10m和33m处。中央电视台发射塔是北京1994年新建的最高建筑，落成不久就拍摄到一张极不易获得的闪电击中它的照片，见彩图3。

图5.17是把四处不同高处观测到的雷电参数的情况作一比较。其中，圣萨尔瓦多是指Berger在瑞士的圣萨尔瓦多山上的观测站所取得的数据，这是个世界著名的雷电观测研究中心之一，观测站的最高点海拔914m，高出山旁的湖面640m。站设在塔上，1943年是60m高木塔，在顶上置一根10m长钢导体，1958年改用瑞士邮电局的60m高的发射塔，上有一根高出地面70m的避雷针。

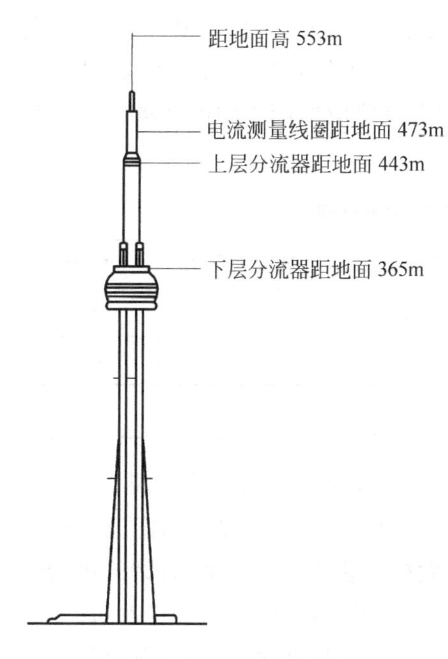

**图 5.16 多伦多 C.N 通讯塔**

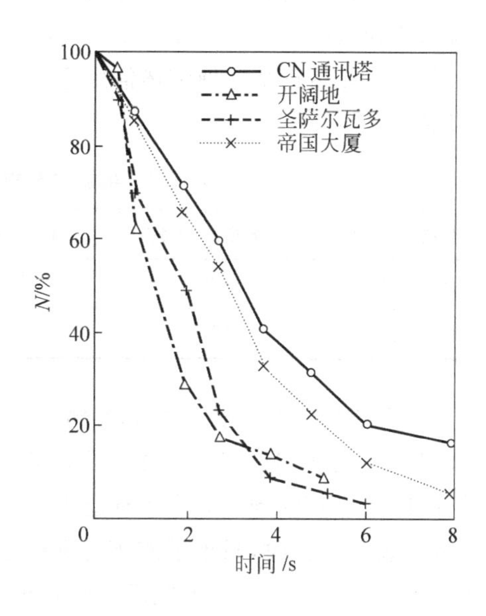


**图 5.17 持续时间大于或等于横坐标数值的电闪次数 N**

一般的建筑物中，在古建筑中，以皇宫、教堂的建筑为最高，从历史记载中也可发现它们受雷击的情况最为严重。如意大利威尼斯著名的圣马可教堂的钟楼，在 400 年内，遭到 12 次雷击，累次损坏严重。据史书统计，33 年内有 386 座教堂钟楼被雷击，103 名敲钟者丧生。我国《光绪政要》载，天坛院内遭过 5 次雷击，光绪 15 年(1889)9 月 24 日寅刻雷击祈年殿，未刻殿内火起，致使整个祈年殿焚为灰烬。又如故宫，仅 1952—1978 年的记载统计就有 10 次雷击事故。在 20 世纪 60 年代以前，北京鼓楼地区以鼓楼为最高建筑物，高约 40m，仅从 1956 年 6 月至 1957 年 8 月就遭 3 次雷击。

### 3. 建筑物遭雷击的部位

北京地区 1954—1984 年统计的雷击建筑物情况，见表 5.4，可以看出闪电袭击的倾向。上面提到的故宫，1954 年 7 月慈宁门西北角垂兽被雷击，将琉璃瓦击掉，重约 5kg；1973 年 8 月雷击崇华宫厨房檐头。在鼓楼的 3 次雷击中，东部屋顶的兽头被击坏。1961 年北京颐和园文昌阁遭雷击，将兽头横脊击掉 3 处。1957 年 7 月 6 日北京十三陵的棱恩殿遭雷击，西兽头被直击雷劈掉 1/2，将横脊击裂 40cm～50cm。这些表明建筑物的屋脊、檐角，特别是屋顶上的饰物等尖端物表面的电场最强，较易吸引下行雷的先导，从这些地方产生回击放电。我国这类建筑物很多，特别是开展旅游业以来，许多名胜古迹修建或恢复了中国传统的老式宫殿建筑，在房顶上建有各种兽头、人物等饰物，甚至添上照明灯，在防雷方面就要重视防护这些部位。但也遇到一个极罕见的事例，1984 年 6 月 2 日北京故宫承乾殿受雷击，不击在房角高处或兽头上这些尖端部位，而击在较低的正脊当中部位。经查勘，原来正脊当中部位的下面藏有一个扁的宝盒，长 30cm，宽 25cm，厚3cm，是锡铅合金制的金属盒，内藏5个同样大小的小元宝，分别为金、银、铜、铁、锡制成，长4.6cm，宽2.6cm，还装有24个直径2.7cm的带孔金大钱，约重5钱，上写有“天下太平”四字。显然正是这种带迷信用意的金属导体的静电感应所产生的电荷吸引了下行雷的先导。

**表5.4 根据建筑物被击部位分析雷击规律**

| 被击建筑物部位 | 房角或兽头 | 房　脊 | 房檐或女儿墙 | 坡顶或平顶 | 总计 |
|---|---|---|---|---|---|
| 受雷击次数 | 20 | 12 | 9 | 3 | 44 |
| 事故比例/% | 45.5 | 27 | 20.5 | 7 | 100 |

另一个值得注意的易引雷击的部位，就是高耸的烟囱和房顶上竖起的各种金属物。如，1994年5月16日下午，福建省云霄县城关砖厂高达45m的主烟囱被雷击裂30多米，碎砖片砸烂厂房200m²，虽然装有避雷针，但年久失修。1957年8月北京朝阳门外东郊门诊部安装避雷针时，只做了避雷针和引下线，尚未做接地装置时雷雨来临，20m高的烟囱被直击雷损坏。至于房上竖起的收音机、电视天线易遭雷击，在前文已有提及，这在近年来是一个极为普遍必须引起重视的问题。1993年6月21日《北京日报》的调查报告就指出：“6月以来本市发生近百起计算机、电视机、电冰箱被雷击的事件，比去年同期有较大幅度增加。”

### 4. 其他与建筑物雷击有关的因素

有这样一个事例与上述几条似乎不合，北京北郊的水果冷库，有新建的高大水果仓库，建成后未受到雷击。其邻近的老建筑水果土仓库，只有4.5m高，却在1965年和1967年两次遭雷击，雷击部位是库房的天窗。经考察，库房原址为低洼坟地，地下水位高，库房室内存冰，长年积水潮湿。这一事例联系第4章关于闪电的物理分析就容易看出其规律性了。地面及室内物电阻率小，它就容易集中感应电荷，与雷雨云下端形成较强的大气电场，促使下行雷的先导朝这些地点的方向伸展。如果工厂内有大量金属，当然也容易吸引落地雷。表5.5是北京市在1954—1984年的30年内统计的雷击建筑物事故的分类情况，占第一位的就是地面和建筑物内部电阻率低的地区。

**表5.5 根据地区地性质和被击物体的特征分析雷击事故**

| 序　号 | 雷击地区、部位及被击物体 | 受雷击次数 | 事故比例/% |
|---|---|---|---|
| 1 | 靠近河湖池沼及内部潮湿的建筑物 | 27 | 23.5 |
| 2 | 烟囱及雨落管 | 11 | 10 |
| 3 | 金属屋顶及屋顶上的金属物体 | 4 | 3.5 |
| 4 | 大树、旗杆、杉槁 | 17 | 15 |
| 5 | 收音机天线及电视天线 | 11 | 10 |
| 6 | 广场及地面 | 3 | 2.5 |
| 7 | 棉花垛、草垛、皮革垛 | 4 | 3.5 |
| 8 | 球雷及侧击地区 | 9 | 8 |

续表

| 序　号 | 雷击地区、部位及被击物体 | 受雷击次数 | 事故比例/% |
|---|---|---|---|
| 9 | 有避雷针的建筑物 | 6 | 5 |
| 10 | 与空旷、大田地区交界的建筑物 | 12 | 10 |
| 11 | 雷电感应地区(不包括电力线路) | 6 | 5 |
| 12 | 其　他 | 5 | 4 |
| | 总　　计 | 115 | 100 |

普遍的调查表明建筑物所在处地质情况与落雷概率的关系密切，雷击经常发生在河湖岸旁、地下水出口处、有金属矿床地带、山坡与稻田接壤地带和土壤电阻率有突变的界线地段，这都与雷雨云感应地面电荷的情况密切相关。在高压实验室进行模拟实验，可以清楚地证明：火花放电有类似的规律。

另一个值得注意的是地理位置，这与雷雨云的形成及移动有密切关系。如对于某些山区，山的南坡落雷多于北坡，傍海的一面山坡落雷多于背海的另一面山坡；雷暴走廊与风向一致的地方，在风口和顺风的河谷等处落雷均多于其他地方。上述两种因素在我们建房选址和建成的房屋的防雷设计时都需要特别重视。

就大范围来看，多雷区与锋面雷暴的运动有关，第 4 章已稍作介绍，锋面雷暴以冷锋雷暴为最强烈。我国多发生在夏季，地理分布上南方多于北方，山地多于平原，内陆多于沿海。我国青藏高原，由于热致对流强烈，而且西藏地区因印度洋暖流沿雅鲁藏布江峡谷，自西而东移，使得西藏东南、四川西部和云南北部三省交界地区山谷地带的年平均雷电日明显高于周围地区，西昌火箭发射中心恰在这一多雷区。在有些年份，由于大气环流的变化，年雷暴日的不同地点会有显著偏离年平均雷电日(IKL 值)的情况，这是防雷工作应当注意的。例如，青海高原的玉树 IKL＝66.4，西藏的昌都 IKL＝57.4，可是 1957 年这两地及附近一带的年雷暴日超过 100 天。

## 5.9.4　1989 年的黄岛特大火灾事件

在黄岛油库的这场大火中，死伤人员之多和直接经济损失之大，可说是 20 世纪雷击事故中极为罕见的。正是这一事故促使政府部门和全国人民警觉到雷灾危害的严重性，开始重视防雷安全工作。

### 1. 雷灾实况

据中央电视台和各报刊报道：1989 年 8 月 12 日 9 时 55 分，青岛市海港旁黄岛地区中国石油天然气总公司管道局胜利输油公司所属东(营)黄(岛)输油管线末站，一座 2.3 万 $m^3$ 的半地下式非金属油罐(5 号罐)在雷雨中一声雷响后起火，引爆了旁边的 4 号非金属油罐，接着 1 万立方米的金属油罐(1 号)也爆炸着火，不久，2 号、3 号金属油罐也爆裂起火，有 600 吨原油泄流入海港水面上。管道局和青岛市的救火车无力应付，山东省消防大军远途赶来参加青岛港的灭火大战。13 日上午 10 点钟国务院总理乘军用飞机亲临现场指挥灭火。大火足足烧了 104 小时，仍难以济事，因为风向不利，从海岸方向吹向大陆，救火车无法接近，幸亏后来风向转变，灭火大军得以接近火场，奋力把大火扑灭，否则整个海港不堪设想，这时已是8月16日18点钟了。14名消防官兵和5名油库职工共19人献出了生命，66名消防队员和12名油库职工共78人受伤，大火烧掉3.6万吨原油，油库区沦为一片废墟。直接和间接损失达7 000万元。

在这一火灾中，几个很重要的问题需要弄清楚：(1)这场大火的主要原因究竟是什么？(2)装设避雷针就一定能避免遭受雷击吗？(3)富兰克林避雷针是不是在20世纪90年代以后应该停用？(4)用现代的消雷器取代避雷针就能确保20世纪90年代以后的防雷安全吗？下面逐个来探讨。

**2. 雷灾原因**

黄岛油库大火的原因是什么？为此必须仔细弄清形成火灾的实际情况，最有发言权的是长期负责该地消防并参加灭火战斗的人员。1990年第2期《中国消防》上发表了青岛市消防支队张秀卿的文章《黄岛油库大火中值得反思的几个问题》，其中谈到："5号罐是1974年建的半地下式非金属储油罐，东西长72m，南北宽48m(分四跨)，高9m，石砌，预制钢筋砼拱梁，铺钢筋砼拱板，上覆0.15m～1.6m的土，罐内钢筋和金属构件互不连接，日久钢筋外露，故有容易因雷电感应产生火花的先天性缺陷。4、5号罐原设计没有避雷装置，忽视了罐顶金属件的良好接地。1985年7月15日因雷电感应，4号罐金属呼吸弯管与泡沫管间产生火花而起火。虽然在两罐四周加装8支避雷针，罐顶铺设防感应雷的均压屏蔽网，但网的结点与接地角钢未焊，只用螺丝压紧。经测量，锈蚀的压接屏蔽网结点的电阻为1.56Ω，网与接地角钢的连接点的电阻为0.116Ω，大大超过0.03Ω。解放军总后勤部1985年1月制定的《油库管理规则》规定，雷雨时，禁止进行甲、乙类油品的装罐、清洗、通风作业。石油部1988年7月规定，为防止雷击事故，雷雨天尽可能避免使用非金属油罐。而当时雷电当空，却仍一直给5号罐输油，值班消防人员在打扑克、看电视。"

从这里已清楚看出：这场大火并不是不能避免的，在防雷技术措施上已有了合理的布设，也有合理的规定。可是管理人员、维护人员违反防雷规定的渎职行为却为大火创造了条件，这对于主管防雷行政工作和技术工作的人员是特别值得注意的。

再来分析成灾的物理原因。最有发言权的应是"黄岛油库特大火灾事故专家分析会"所邀请的调查组专家们。这些专家用16天时间六下(有的九下)黄岛，进行数百人次的现场勘察、查询取证，终于对事故原因和性质等问题取得了一致结论，通过了《关于黄岛油库特大火灾事故的调查报告》。关于此文的内容在《雷电与静电》杂志1991年第4期及1992年各期的许多篇论文中都有详细介绍，读者可以参阅。下面把这个调查组的意见综述如下。

察看和了解到的5号储油罐的情况与上面摘录的张秀卿的文章一致。罐壁、罐柱和罐顶的钢筋存在大量间隙和钢筋开口环，在直接雷或感应雷的电压作用下都会在间隙处产生电火花，导致爆炸起火。但也可能有其他的几种可能性，为了确切弄清原因，应把所有的可能原因都列出来，逐个论证。他们一共罗列出六种原因，如图5.18所示。图中，八支避雷针的位置用△表示，①～⑥表示六种原因。

第1种可能的原因是球雷，只有青岛港务局民警队长一人说看到"从西北方向下来一个火球，很低，落在本站5号罐上面，然后爆炸，烟火冲天"。而青岛市气象台的情报是：9时

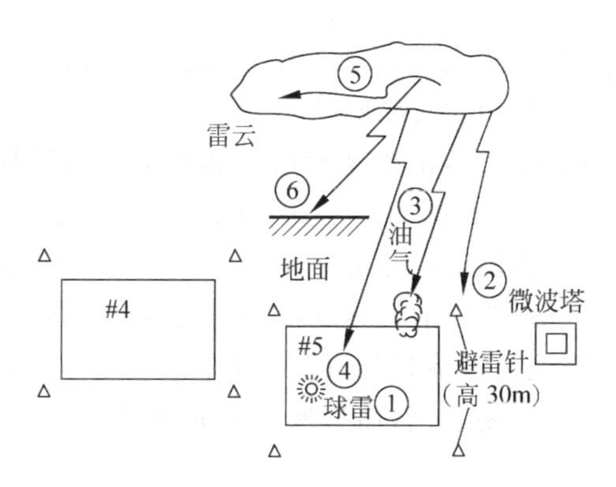


**图 5.18　雷电引起 5 号原油罐爆炸的几种可能途径**

20 分至 11 时，先是南风偏西，后是南风偏东，风速在 $3m \cdot s^{-1} \sim 4m \cdot s^{-1}$。球雷是随风飘动的，不可能逆风而进，另外与 5 号罐相距 372m 远有一高炮连的阵地，有 4 名战士说他们看到高炮阵地里曾出现 4 个球雷。但是球雷飘的速率只有 $1m \cdot s^{-1} \sim 2m \cdot s^{-1}$，所以这些球雷既不能迅速移到 5 号罐去引爆储油罐，也不可能是从 5 号油罐立刻飘到高炮阵地，所以即使确实证明高炮阵地有过球雷，它也与 5 号罐无任何关系，所以球雷致爆说不成立。

第 2 种是直击雷击中避雷针后造成 5 号罐内感应出电火花而引爆。专家们把 4、5 两个油罐的八支避雷针尖锯下来作了检查，其中确实有 4 根尖端有雷击痕迹，但从其锈蚀状态可以作出判断，它至少是半年以前的雷击所致，因此排除了避雷针这次受过直击雷的可能性。

第 3 种原因可能是雷击油罐的呼吸管溢出的油气所致。可是专家根据溢出油气的速率、地面的风速等数据进行核算，认为油气弥漫区域在 4 支避雷针的保护范围内，雷电极少可能直击点燃呼吸管溢出的油气，所以这一可能性也被排除。

第 4 种是闪电绕击，击中油罐的钢筋等物产生电火花或者击中呼吸管，造成爆炸起火。这种可能性存在，但是可能性非常小。因为避雷针的绕击概率与其高度成比例，而且弱雷的绕击概率大。而这里的避雷针高 30m，属低针，而测到的雷不是弱雷，所以概率很小，特别是经过发掘和清查现场和罐体，未找到雷击痕迹，因此这一原因也被排除。

第 5 种是云闪在油罐中感应出电火花引起油气爆炸燃烧。但是云闪与地闪不同，没有强烈的回击，回击是强烈的电磁感应的主要来源。而且当时云与地间的距离至少百米以上，云闪的强度和距离要感应出电火花的可能性非常小，无法与落地闪相比。而调查已证实有强大的地闪，因此这一起因也被排除。

第 6 种起因就是击中地面的落地闪所产生的电磁感应和静电感应是大火的惟一真实的原因。已有 6 个证人(薛家岛的薛机、14 号渔船上的薛洪道、雷达站胡善强、港务局谭杰等)亲眼见 5 号罐起火前有过落地雷，最确切的证据是中科院空间中心的雷电组的遥测记录。当时这个科研组正运用他们新研制的雷电遥测定位仪观测山东地区的闪电发展情况，他们从荧屏上看到一个一个落雷地点从山东省中部移向青岛市区，并在记录纸上都标出落雷地点及时间，他们亲眼看到 8 月 12 日 9 时 55 分在黄岛这个地点有雷击二三次，最大的强度为 104kA，不久他们就得知黄岛油库发生大火。这个组的负责人高潮与刘继一起参加了这次专家调查组。录像片《雷电及其防护》中有这个科研组工作的镜头和当时荧屏上落雷点及移动的实况记录。

根据计算，这样强大的落地雷，击中地面后的脉冲电流的感应电磁场足可使五六十米外的开口环 100mm～200mm 长的间隙击穿放电。而 5 号罐由于年久，金属间隙大量存在，间隙之短，几万伏电压就足以使之击穿发生电火花，而且油罐区工作人员又违反操作规程，没有停止往罐中进油，造成油气弥漫，小火花就足以引爆而发生大火。

根据这些调研分析，结论是很清楚的：闪电的脉冲电磁场在油罐的金属间隙产生电火花是 5 号油罐爆炸起火的主要原因，而这次大火则并非避雷针引雷所致，归咎于它是不符合实际的。

此时尚有其他几条结论，在此加以补充。

第一，非金属油罐存在先天性的难以避免雷雨中发生火灾的根本缺陷。这种结构出现金属间隙的概率太大，很难从技术上消除，而闪电电磁脉冲又无孔不入，不设避雷针，则呼吸管的油气很易被雷击起火，装了避雷针，则增加了引雷入地的机会，也就增加了感应雷击产生电火花的可能性。所以世界各国均不用这种结构，而采用全金属的封闭式油罐，隔断了雷电电磁场脉冲的侵入和消灭了火花隙。

第二，这一感应雷起火并不必然引发特大火灾，而造成特大火灾的原因则还有管理人员的渎职，否则这场特大火灾是完全可能避免的。这种结构的油罐受雷击起火，常常发生。早在 1985 年这里的 4 号油罐就曾遭雷击起火，并未导致大火灾。再如，1976 年 7 月 31 日南方某石油公司两个油罐雷击起火，而且油中轻组分高达 55%，油罐又不密封，火势较大，但扑救及时，40 分钟就扑灭了。

### 3. 避雷针与消雷器

现在探讨另一个重要的学术问题，就是富兰克林避雷针是不是今后应予废除？这一否定富兰克林避雷针的论断是否正确，只能依靠实践效果来判断。对于一般建筑物，凡是遵守富兰克林所提出的原则(也就是一般防雷规范的规定)的避雷针，都是能保护建筑物免遭雷击损坏的。它起引雷作用，正是靠这个作用产生保护建筑物的效果。

对于特殊的建筑或构筑物，只要有其他合理的配合措施，富兰克林避雷针仍是一种防雷手段。例如全金属油罐的呼吸管尚需要有避雷针来起保护作用。甚至防雷要求最严格的地区，如航天火箭发射场，依然装有避雷针系统，美国的 KSC 和我国的西昌发射中心都装有避雷针，KSC 的避雷针是竖起在勤务塔的顶上。至于避雷针系统的接闪器是否必须作成针杆状，那要视具体情况而定，需要考虑保护的范围和经济的原则。

正确地说，避雷针是引雷入地的，依靠这一作用以避免建筑物受雷击而损坏。但是它不能防止闪电的脉冲电磁场的危害，应该看到它的局限性和消极的作用而要配套其他防雷措施。

关于各种消雷器。现在中国市场上的消雷器花样繁多，远远超过国外，不管它取什么称、是什么样子，实质上都只是富兰克林发明的避雷针的变种。避雷针英文原名是 Lightning rod 或 Lightning conductor，直译的话，应称为闪电棒或闪电导体，所以不论发明什么样的几何形状、用什么材料，都逃不脱 Lightning conductor。二百多年前，几乎与富兰克林的避雷针同时发明的那个消雷器的始祖是多针板形式，20 世纪中期美国消雷器公司(LEA)推销的新发明也是多针板，为什么 1754 年的那个消雷器与富兰克林的避雷针竞争之后退出历史舞台了呢？第一，它消灭不了闪电，反而被闪电袭击，名不符实。第二，它当避雷针用倒是可以的，但是它的造价贵多了，所以在竞争中就从市场上消失了。

现在中国市场上的各种自称为获奖的新发明消雷器，只不过是接闪器作了变化的避雷针而已，可是价格却贵几十倍，甚至几千倍。有的还强调它的高度必须非常大，于是建造一个这种消雷器得花几十万元，甚至上百万元，仅钢铁的消耗量就惊人，这样推广对中国的经济发展状况合宜吗？因此关于消雷器是否适合当今我国的防雷需要，引起防雷工程界和学术界的异常重视，不仅涉及科学理论问题，还有经济性问题。

历史的重复常常不是完全按照原样重复，多是有某些新的变化，美国在 20 世纪中期之后又一度兴起消雷器，那是由于迎合了科技的发展遇到的新情况。军用和航天部门很贵重的设备对雷电特别敏感易损，消雷器引起这些部门的试用兴趣，美国空军基地、Rosman 航空及宇航局、KSC 等均安装试用。LEA 售出上万座昂贵的消雷器，一时颇引人注意，学术界也对此作了研究探讨。Golde 于 1977 年编著的两卷雷电方面的巨著对此作出讨论，尚没有下明确的结论，不过倾向性很清楚，持否定态度，因为已发现不少消雷器被雷击。如佛罗里达州埃格林空军基地 1 200 英尺高的用消雷器保护的塔，在 3 个月内受到 11 次雷击，其中 5 次雷击被拍下了照片，有 1 次把塔上的设备损坏。美国于 20 世纪 70 年代组织了一次为期两年的调查，并发表了一份十分详尽的调查报告《消散阵列的消雷和减少雷击性能的调查》，对消雷器完全否定。报告结论中讲到：本调查包括有关防雷和消雷的消散阵列原理的历史、理论和实验方面的情况。压倒性的证据显示，消散阵列的防雷性能并不比惯用的避雷针好，该阵列不能消雷。调查的主要结果有：

(1) 历史的数据表明，单针的电晕电流超过多针的电晕电流。

(2) 历史的数据表明，架设在离地面 100 英尺的阵列发出的最大电流仅数十微安。

(3) 雷云底下的电晕放电对雷云的电荷没有影响。

(4) 在强烈雷暴下，从一个大型的多针阵列记录到的最大电流在 $40\mu A$ 以下。

(5) 从一个 50 英尺高的单针测到的电晕电流总是超过相同高度的消散阵列的电晕电流。

(6) 自然来源(如几棵树)的电晕电流常常超过消散阵列的电晕电流。

……

此后这些重要基地的消雷器被撤除了。可是 LEA 这类公司仍生意兴隆，因为 LEA 采取了防雷保险业务，凡安装消雷器而遭到损失的，公司负责全部赔偿，可是雷击是一种小概率事件，而且它当避雷针使用，其高售价所获得的利润远远大于赔偿的支付，吃亏的还是用户。

国际上权威学术机构和工程界从来不承认消雷器的所谓消雷的性能。国际大电网会议(CIGRE)、国际高电压会议(ISH)、国际气体放电及应用会议、美国 IEEE 的刊物从未刊登有关消雷器的论文。

我国的情况相当类似，只是在时间上落后一段而已。20 世纪 60 年代，开始发射人造卫星的工程时，由于国际上的封锁，国外的科技信息几乎完全隔绝了，全靠自力更生、独立研究。对于航天发射也考虑到雷电的威胁，钱学森曾建议工程防雷界的个别权威学者研究这个重要问题，于是有了国内完全独立的消雷器的研究。这完全是一种适应当时我国情况的一个科研任务，是有价值的、有贡献的，即使证明这个研究的结果被否定了，在科学上讲仍是一种重要的贡献。正如永动机被否定了，诞生了热力学第一定律，大批研究永动机的人们应该得到尊重，他们为科学作出了贡献。有的科学上的失败，为后人或者科学家本人的成功开辟了道路。20 世纪 70 年代初期，华裔学者任之恭率领一批著名华裔科学家代表访华，得到祖国的热烈欢迎，从此打开了中国与国际科技信息的交往渠道。自此，对国外的消雷器也有所了解，我国还派了代表团去 KSC 参观，了解美国的防雷技术，翻译了一些外国研究防雷的材料。可是为了获得中国自己的科学观测数据，西昌"长征 3 号"火箭发射基地在已使用三根独立的避雷针多年(见彩图 7)，证明它们确实有效时，仍在附近的山上安装了我国某专家研制的中国自己的最早的一种型号的消雷器。实践表明它没有起到消灭闪电的作用，曾记录到几次雷击消雷器的事件，与几年前美国的科学观测相似，所以这些对雷敏感的高科技部门就停止采用消雷器。

抛开经济问题不讨论，只就科学理论问题探讨一下。第一，消雷器能否消灭落地雷。开始时，发明者强调他们采用多针，是为了加大电荷的泄放，从而中和了雷雨云中的异号电荷。许多实验已证明了多针不可能加大泄放电流，可是有的广告说明宣称他的型号与众不同，测出了很大的泄放电流。这里除了他们本身的实验测量值需要经过检验之外，还有两个科学概念需要澄清：(1)实测的电流应是在消雷器上方空间的离子电流，而不是位移电流。(2)这种电流应该是长期的稳定电流值，而不是瞬间脉冲电流的峰值。

1996 年起《电网技术》杂志展开消雷器专题学术大争鸣，一直到 1998 年初才结束，吸引了全国各地各方面与防雷有关的专家的关注并发表论文。1997 年 5 月 21 日《中国科学报》还以显著位置刊登 22 位防雷专家联名的呼吁信，报刊的大标题是"立即停用'消雷器'"。这样一场规模和影响很大的学术争论已过去多年了，很值得回顾、反思、总结。这是一次难得有的比较好地贯彻了百家争鸣精神的学术争论，有助于学术发展与学术界的团结。这次学术争论揭露、批评了过去流行的以行政权力干预科技一类的错误。但此次学术争论也有欠缺，由于雷电科学尚处于很不成熟阶段，实验工作和理论思维都没有较好基础，所以这场学术争论不可能取得一致认识，不少基本学术观点并未弄清。但是这一全国范围的学术争鸣的效果是好的，许多地方、许多行业停止花大量经费安装消雷器，挽回的经济浪费以亿元计。令人遗憾的是，近一二年内有个别部门又兴起消雷器安装热，因为从事防雷工作的人员是新手，不知道防雷的基础科学知识，也不知道以往的这一场学术大争论。由此看来，雷电科学的普及教育必须加强。

### 5.9.5 21 世纪建筑物雷灾新情况

5.3 节介绍的建筑物雷灾主要是根据王时煦等防雷专家于 20 世纪 80 年代以前考察到的建筑物的雷灾实况。而从那时起，由于改革开放的大好形势和信息科技的大发展，建筑物有了许多变化。最主要的是建筑物内增添了众多信息技术设备、微电子控制的电器，智能大厦成为当今新建筑物的主体，雷灾主要发生在室内微电子设备上。关于微电子设备的受灾，本节不作过多介绍，只就建筑物本身和外部受灾的新情况谈一下。

第一种是大楼顶部增添了各种各样的设备，如移动通讯的发射铁塔、金属广告牌、卫星接收天线（俗称“大锅”）等，这些楼顶高大金属物成了闪电接闪器，引雷入室。

另外，在广东沿海一带新建了众多公寓式大楼，在楼顶上布设屋顶花园，种了花草树木，有些树很高大，经常成为雷击对象，它们也需要保护。

第二种则是各种农业用的温室大棚之类简易建筑物。绍兴市鳖场一次雷灾损失就超 500 百万元，很有典型意义。

附录 4 转录了《防雷世界》2003 年第 7 期上的气象局干部谢征写的一篇论文《浙江省绍兴绿神特种水产品有限公司鳖场“8.6”重大雷击火灾事故分析》。

关于雷灾现场实况调查、分析的论文非常有学术价值，又有实用价值，它可以比较可靠地指导人们以后的防雷技术工作。但是有一个起码的要求，必须实话实说，而且描述必须详尽无疏漏，不可把主观猜测当作事实描述。

附录 4 的论文在主要物理状态描述上有重大疏漏，与黄岛油库大火的调查报告相比，差异较大，这样描述雷灾，就缺乏科学性。例如，闪电击中塑料顶时，是正在下大雨，还是干打雷没有雨？若正在下雨，雨量多大，有几级风……这是气象局最起码必须报告的气象参数！又如说到十几辆消防车参加救火，是起火后多久到达的？洒水的状态如何，水流量多大？为何水扑灭不了塑料顶盖的火？因为这种火与黄岛油库的火不同，石油燃烧的火，一般流量的水是扑灭不了的，而塑料这类材料一旦被淋湿就燃烧不起来，不至于蔓延开来扑灭不了！又如养鳖的室内湿度多大？池水面离燃烧的挂满水珠的顶棚有多少距离，顶棚在上方着火，又有消防车的水降温，何以水池里的鳖会全部烤死？

总之，这场雷击引起的火灾，从传热学和能量视角看，问题没有弄清楚。这样就很难总结出规律性的知识来指导以后的防避雷击火灾。

另一方面的疑问，是关于这类建筑防雷的措施该是什么样？该文反复强调说此类建筑遭雷击是由于没有按国家标准建筑物防雷设计规范《GB 50057—94》来执行。可是，需要明确指出：温室大棚除围墙外全由钢架搭结而成，由于地处潮湿开阔地带，整个钢结构接地良好，温室大棚的钢架客观上起到了接闪器（引雷针）的作用。这就是说，这个 21 600$m^2$ 建筑实际上完全做到了 GB 50057—94 的要求。为何还发生雷击引发的大火？

### 5.9.6　信息技术设备雷灾

中国气象局郑国光副局长在全国第一次防雷减灾工作现场经验交流会上作报告时，介绍美国的雷灾情况时谈到：“每年因雷击造成的损失约 50 亿～80 亿美元。……由于过电压造成物理装置损失的约 80%，仅 1998 年雷电灾害就使 10 多万台计算机受损。”

南京解放军理工大学周碧华教授在最近出版的一本防雷专著中指出：“随着信息时代的到来，微电子化、高度集成化的电子设备广泛使用，并未直接遭受雷击而只因受到 LEMP 的作用而蒙受损失的事件越来越多，以致新闻媒体惊呼：‘去年（2000 年）98%的雷击事故都发生在弱电设备上，而且损失金额越来越大……’。”

这两篇文章均指出：信息技术设备的雷灾已上升为雷灾的绝对主角。中国气象局防雷办印了一本《2001 全国雷电灾害典型实例汇编》把全国各省和直辖市的大小雷灾的具体损失都列出来了，足以证明 21 世纪雷灾的主要特点。

例如北京市 2001 年共发生 30 起雷击事故，26 起是感应雷击和雷电波侵入造成，损失物是：电话系统、通信系统、接收天线和高频头、电话线路板、银行的 ATM 机主板、电话交换机 CPU 主板、计算机网络系统、电话报警系统、电视线路放大器，损坏数量最大的是电视机，仅高碑店村一次雷击就击坏 50 台～60 台。

又如广州市 2001 年发生雷击事故 38 起，绝大部分是微电子器件，其中程控电话交换机数量多达 14 台。

2002 年 9 月，在广州举行的一次防雷学术大会上，某特大沿海城市防雷中心的负责人作学术论文报告说，该市发生了一起著名雷击事故，使该市公安局的网络中心遭雷击、网络系统瘫痪。该处的防雷工程是由他们承包的，工程结束之后，又是他们防雷中心负责检测，认定是合格的。雷击之后他们赶到现场考察事故的原因，发现计算机网络某几处芯片端口被过电压击毁了。所装的进口高级浪涌保护器(SPD)竟未起保护作用，似乎有两条接线有问题……。湖南电信公司一位懂高频电子学的防雷专家、高级工程师当场质问他："是什么样的器件？什么样的端口？什么样的损坏法？"防雷中心负责人竟回答不出来。显然计算机网络技术发展极快，高频线路元件日新月异，只有专门从事网络通信技术的专家才熟悉，而从气象局转业改行到防雷中心去工作的人，不可能在短期内就熟练掌握高频电子学和网络通信一大套技术业务，怎么能观测分析闪电在这里发生的物理现象，找出其成灾的真实原因呢！

# 参考文献


1 Golde R H. 雷电(上、下卷). 北京：电力工业出版社，1982

2 Uman M A. All About Lightning. New York：Dover Publications，Inc.，1986

3 赖祖武．电磁干扰防护与电磁兼容．北京：原子能出版社，1993

4 刘鹏程，邱扬．电磁兼容原理及技术．北京：高等教育出版社，1993

5 拉里昂诺夫 BП. 高电压技术．北京：水利电力出版社，1994

6 虞昊，臧庚媛，罗福山．电、静电、雷电防护．北京：中国计量出版社，1993

7 陈祖嘉．电力安全技术．北京：水利电力出版社，1980

8 杨有启．用电安全技术．北京：化工出版社，1980

9 王时煦，马宏达，陈首燊. 建筑物防雷设计(第 2 版). 北京：中国建筑工业出版社，1985

10 关象石，王凤山等. 国内外雷电灾害事故案例精选. 北京：气象出版社，1997

11 中国气象局雷电防护管理办公室. 2001 年全国雷电灾害典型实例汇编(内部资料)，2001 年 6 月

12 王道洪，郄秀书，郭昌明. 雷电与人工引雷. 上海：上海交通大学出版社，2000

# 第 6 章　　雷电探测与防雷检测

## 6.1 雷电探测与预警

### 6.1.1 概述

实验测量是自然科学的基础，对于工程技术更是重要。

本节主要介绍当今世界上最先进的防雷科学技术——美国的 NASA/KSC 的技术与设备状况。

雷电探测与预警包括两方面的任务。第一是为了寻求雷电的规律和防雷的措施，着眼于未来。第二是为了“躲”开雷害，没有科学的准确的探测技术，就很难做到，对于航天发射工作，这是极为重要的措施。预警则是与雷电探测的第二个任务紧密联系的。

雷电探测与预警虽然起源于航天事业，但是近年来这一技术的发展已应用到其他国民经济部门，特别是气象、林业、电力、交通等，因此普及这方面的知识非常必要。现在各地成立了避雷装置安全检测中心，他们的主要任务是用实验仪器测量有关防雷的设施，所用到的基础知识与上述的雷电探测有关，但具体任务有差异。

### 6.1.2 美国 KSC 的闪电测量系统

这种测量系统主要测量闪电放电参数及闪电电磁脉冲所产生的各种电磁量，通过这些测量到的数据，既可以了解雷电现象，又可以检验所采用的防雷技术及设备的性能和使用效果。主要内容有下列几种。

(1) 闪电电流

常用的有三种方法。第一种是通过测量精密分流电阻的电压降，推算出闪电电流的大小。第二种是利用感应线圈上的电压 $U=M\frac{\mathrm{d}i}{\mathrm{d}t}$ 测出 $U$，再对时间积分，可求得闪电电流。第三种是采用存储数字示波器，自动记录闪电电流的波形。

(2) 电场测量

常用的有三种方法。最简单的是电晕法，但灵敏度低。第二种是放射性电场仪，比较可靠，但反应较慢。最广泛使用的是旋转式电场仪，又称为场磨仪，灵敏度高，响应快，动态范围大，并可以同时测量静电场、变化电场和麦克斯韦电流，它也可以放在飞机、火箭和气球上，到高空测量。KSC 主要使用这种电场仪，我国火箭发射基地使用的也是这种仪器。其中，中科院空间中心研制并批量生产的电场仪（由研究员罗福山等人研制）性能最好，不但为国内所有发射基地首选使用，并被美国作为科研仪器。

在火箭发射场区，一般使用多台场磨仪组成网络，通过数据处理将场磨仪的模拟信号数字化，然后将多台场磨仪的数值信息传送至中央处理机综合处理，画出场区等值线图形，各等值线的中心就是云团电荷中心的位置。

这种仪器之所以被称为场磨(Wind Mill)是由于仪器的主要测量部件是一个旋转检测板，类似风扇叶子。它共有两个相似的金属扇叶，一个可以旋转，称为转子，并与接地的屏蔽外壳相连；另一个在转子下方，固定不动，称为定子，它在大气电场中产生的感应电荷量与大气电场的强度成正比。转子旋转时，周期性地屏蔽了定子的大气电场，使定子周期性地放电，产生低频交流电流，把这电流信号输送到电子线路放大，再经过处理，就指示出任何瞬间的实时电场强度值。教学录像片《大气电场》有详细描叙，本文从略。

场磨仪的测量范围为 $0kV\cdot m^{-1}\sim30kV\cdot m^{-1}$，也有 $0kV\cdot m^{-1}\sim45kV\cdot m^{-1}$ 和 $-15kV\cdot m^{-1}\sim+15kV\cdot m^{-1}$ 等类型，误差在10%左右，场强分辨力为 $30V\cdot m^{-1}$。一般每周要校准一次，有专门与之配套的校准仪器。

近年又出现一种很有发展前途的新式电场仪，应用了光学上的新成就，被称为光纤电光晶体电场传感器，它把晶体的泡克耳斯效应与光纤技术结合起来。在光的双折射现象中有这样一种物理效应：把电场沿某个适当的方向加到某种电光晶体上，双折射现象就发生变化，变化的大小与外加电场的强度成正比，这种现象称为泡克耳斯效应，也称一阶电光效应。如果把电光晶体放在光学上的起偏器和检偏器中，这套设备的光线的强度与大气电场的强度成线性相关关系，用光敏器件检测光强，经过数据处理，就可直接读出大气电场的值了。《电、静电、雷电防护》一书有稍详细介绍。

(3) 场强变化

最简单的办法是采用场强变化仪，它利用高阻抗晶体管放大器，测量一块对地绝缘的平板上的电位，由此得出场强变化的数值，其原理如下。

一块面积为 $A$ 的金属板，在垂直于板的大气电场 $E_1$ 的作用下所感应的电荷为

$$q_1=\varepsilon_0 E_1 A \tag{6.1}$$

在大气电场 $E_2$ 的作用下，感应出的电荷为

$$q_2=\varepsilon_0 E_2 A \tag{6.2}$$

则大气电场的场强变化量为

$$\Delta E=E_2-E_1=\frac{q_2-q_1}{\varepsilon_0 A} \tag{6.3}$$

如果场强为 $E_1$ 时，平板的电位为0，则场强为 $E_2$ 时，电位为 $V$，且

$$V=\frac{(q_2-q_1)}{C} \tag{6.4}$$

故有

$$\Delta E=\frac{CV}{\varepsilon_0 A} \tag{6.5}$$

如果用一个高欧姆值的电阻 $R$ 与此板相连，作为对地的泄漏电阻，平板与地之间的电容为 $C$，其时间常数 $\tau=RC$，常选取 $\tau=10s$，则可用一般的记录设备来测量场强变化。闪电先导过程和多次闪击中的每个单闪都可用它测量，分辨力较好。采用多台联合测量，能

指示单次闪击的电荷中心位置。与示波器等高速记录装置相配合,能准确记录静电场变化,由此导出梯式先导内的电荷分布形式以及回击的放电过程。

(4) 峰值电流

电力系统几十年来一直采用磁钢棒法测量,20 世纪 70 年代 KSC 也沿用此法。磁钢棒本身是一个小圆柱体,直径约 0.95cm,长 3.8cm,中间有一叠绝缘的钴合金钢片或铁氧体片。每个磁钢棒离电缆或电线有一定距离,安装在不同形式的托架上,并和电缆或电线在同一平面内,闪电电流经电缆或电线,其磁场使磁钢棒磁化到某一值,此剩磁值与闪电电流的最大峰值相关(因为每次闪电有多次闪击)。在 KSC 的 39 号阵地上的航天飞机发射塔架上,由避雷针顶端向下拉伸的不锈钢缆引下线的下部,就安装了两个磁钢棒。

但是磁钢棒法有一个极大的缺陷,遇到闪电有两次极性相反的闪击时,它们对磁钢的作用互相抵消,所以磁钢棒的剩磁并不能表示出两次闪击中任何一次的闪电电流峰值。1978 年,美国 NASA 提出了一个简便而又准确的新方法,即利用盒式录音磁带来记录闪电的峰值电流。先在声频磁带上录入连续波电压基准信号,而后放在承载闪电电流的导体旁,沿导体的径向放置,闪电电流 $i$ 产生的磁场强度为

$$H=i/2\pi r \tag{6.6}$$

式中,$r$ 为径向距离。则磁带上基准信号被抹磁的长度与 $H$ 也就是与 $i$ 成正比,此后即使再有相反极性的磁场,也不能改变抹磁的长度,所以它能较好地记录闪电的峰值电流。

(5) 闪击计数

采用专门设计的放电次数计数器测量。它是一种永久性装置,有一个非线性电阻,当电阻中出现大于 100A 的脉冲电流时,即产生能触动计数器的电压,计数器就显示出闪电电流通过的次数。计数器也可用电容触动方式。

由于闪电有时并不击中避雷针而有绕击,所以,在发射装置的底座上要设置一套二次闪电测量系统,测量闪击次数、峰值电流和电流波形等。

(6) 空间电位

这是为了测量闪电放电时避雷针的保护效果,主要采用场磨仪。在避雷针的保护范围内、外架设支撑杆,放置场磨仪来测各处空间电位。

(7) 地面电位

这是为了测量闪电放电时对地面电缆的影响。在发射场区内电缆的平行方向上埋置接地极,接地电极间的距离为 5m,埋地深度为 1.2m,埋置测量电缆的深度为 0.3m,利用峰值电压表测量两点间的电位差,由此估算土壤对闪电电磁场的衰减效果。

(8) 地面电流

主要是测量发射场区各高大建筑物或电子仪表工作间遭雷击时,接地系统流入地里的电流,包括测量峰值电流、电流波形等。

(9) 磁场

用典型的正交环天线和水平放置的平板天线测量闪电所辐射的磁场分量,并用示波器和照相机系统记录磁场变化量。

(10) 气象

气象系统测量项目有风速、风向、气温、湿度、降水量及气压等,这些量与雷电规律的

研究有关。

此外还有一些其他的测量,例如对一些重要设备、航天器内部的闪电作用的测量,这对准确了解防雷设施的实效极为重要。发射场还有一整套场地摄影系统,可以自动及时拍摄云团内外的闪道的几何形状,利用多台照相机和三角形定位法又可以估测雷击地点。用拍摄法可以将90%的云地放电拍摄记录下来。

彩图6是一张闪电绕击航天飞机的照片,极为珍贵,就是发射场摄影系统拍到的,这对科学地研究雷击规律非常有价值。

我国有较好的天然条件,如雷州半岛、云南西双版纳州和海南岛的部分地区,IKL值高达130以上,远比KSC的75高得多。我国应该建立类似的这种雷电实验测量基地,很多防雷技术商品应该先集中放到这里的检测基地,在相同的雷击条件下作比较鉴别,从而把我国的防雷工程建设放在科学测量的基础上。

## 6.1.3 美国KSC的防雷减灾措施

21世纪航天发射事业越来越重要,航天发射的费用很高,一出大事故,损失很大。对于航天发射的最大威胁之一就是闪电,不仅是雷暴对航天发射场的袭击,而且在没有雷暴的平常时节,火箭飞行器穿过云层时引发的闪电,也是极为常见的危险现象。

每次的发射工作,要经历火箭及航天器的搬运、组装、检测和燃料灌装等一系列工作过程,要花费好几天时间,这个时期遇上雷暴就麻烦了。所以如何预测,“躲”开雷击,是一个非常困难而又非常有重要价值的防雷工作。

KSC为了防止56m高的航天飞机、发射塔、工作设备和工作人员受到雷害,建立了一整套的雷电探测、预警监视和保护设施,制定了严密的管理条例。这是近二十多年来美国许多重要部门联合调查、研究的产物,十多年来的实践证明它是比较可靠有效的。

### 1. 闪电监测的第一道防线

美国空军气象组作为闪电监测的第一道防线,准确地预报雷暴将要发生的时间和地点,提供KSC/CCAFS① 地区的所有气象资料,包括航天飞机运行期间每天极其重要的雷电报告以及发射场当天的气象数据。

### 2. 闪电监测定位和防护系统

闪电监测定位和防护系统,简称为LLP(Lightning Location and Protection)。最早对闪电的回击产生的电场的研究,始于M. A. Uman和R. J. Fisher在美国宾夕法尼亚州匹兹堡城的“西屋研究实验室”的工作,六年后Uman和E. P. Krider组织LLP公司研制闪电定位系统。20世纪70年代中期,KSC已有了一个闪电探测和测距系统(LDAR),它是由一个中心站和六个遥控站组成,其基本定位原理是双曲线定位原理。根据到两个固定点的距离差为常数的动点的轨迹必是以这两个固定点为焦点的一条双曲线,如果在平面上利用两条双曲线相交,就能确定该动点的位置。在LDAR中待定点(即动点)是闪电

① CCAFS是美国卡纳维拉尔空军基地的简称。

的活动中心，固定点是中心站和一个遥测站，每两个站组成测量站对，每个站对可以测定一条双曲线。

要精确测定雷雨云中电荷的位置分布及其运动情况，只有一个地面站是不行的，必须多站联网同时测量，把全部数据集中到中心站的计算机中心，用最小二乘法和迭代法进行分析处理。在 KSC 就设置了 34 台场磨仪，均匀分布在整个防区范围，由中心站来处理数据，因而能较准确地定出雷暴中电荷的数量、分布、运动情况以及可能发生闪电的位置、时间及强度。这一系统在 KSC 预报当地的雷电活动中起到了重要作用。

美国大气研究系统公司，针对各种被防护设备对雷电或静电的敏感程度的不同，设置了不同的报警门限。在发射场区，当上述测量系统的测得值达到报警门限时，就通过预警系统向全场发出警报，火箭立刻停止发射准备工作，并作好防雷措施，所有在场工作人员躲入防雷掩蔽所。

在前文曾指出，闪电辐射的电磁场可以大致区分为三种。第一种是似稳静电场，它随着距离的增大而迅速减小，与距离的三次方成反比，所以上述的场磨仪只能测量 20km 内的雷电情况，作出预警。第二种是似稳磁场和感应场，它与距离的二次方成反比地减少。第三种是电磁波辐射，它与距离的一次方成反比，所以传播得最远，现代的闪电监测定位系统就利用闪电辐射的电磁波的磁场成分。闪电定位仪的接收部分是两个互相正交的闭合环形导体做成的磁场接收线圈，一个取南北向，另一个取东西向。闪电的磁场可分为南北向分量和东西向分量，从两个接收天线测出磁场的感应电压值 $U_x$ 和 $U_y$，就可以确定电磁波传播的方向与 $y$ 轴(即南北方向)的夹角

$$\theta=\operatorname{arccot}(U_x/U_y) \tag{6.7}$$

这种接收器里还有电子放大线路。

要精确定位需要在三个地点放置这种仪器同时工作，每台仪器只能确定闪电来源的方向，第二台仪器所定出的方向线的交点就是闪电落地点，第三台仪器的数据可以使这一交点位置定得更精确。三个测量点的相互距离愈大，地闪位置就定得愈准确。一般三个测量站选在近似为等边三角形的三个顶点上，三角形的边长为 100km 数量级，测得的数据同时发送到中心站的计算机处理。

KSC 的监测定位系统有三个接收器，分别设在佛罗里达州的墨尔本、奥兰多和 KSC 北部，用于该地区 100km 范围内云地负闪电的检测定位和特性记录。

KSC 指挥部当收到空军气象工作人员的报告，得知 KSC 地区 8km 范围内有可能发生雷电时，公共广播网立即发布雷电警报，禁止室外活动和危险的操作(如火箭燃料的加注)，某些设备应搬入室内等。

### 3. 周密的防雷设施

发射场有一套考虑很周到的防雷设施。如在发射塔的固定检修架顶上装一根 24m 高的玻璃纤维杆，杆顶有一根 1.2m 高的避雷针，用以保护发射塔本身、航天飞机及附近的设备，避雷针的引下线是两条直径为 2cm 的不锈钢电缆，各长 300m，拉向 200m 以外的接地装置上固定。这样，闪电的入地点远离发射塔，不致造成地电位升高而引起反击。

在 39 号发射区还有一接地系统，叫地网。它为一埋入地下互相连接的金属杆网，分

布在发射塔及其周围的固定架的地下，该地区的所有建筑物，包括飞行器总装大楼在内，都妥善接地。

为保护工作人员在应急时能及时逃离危险雷击区，在检修架上固接了出口滑线，在发射塔上还另装一条接地过顶屏蔽电缆，形成上空避雷网，使工作人员在其下行走时免遭雷击。

KSC精心设计的雷电监测和防护系统的价值，在实践中显示出来，航天飞机在发射场曾受到5次以上的雷击，还多次因天气情况而推迟发射，却从未再发生雷击破坏设备和人身伤亡事故。

#### 4. 修改了发射规范

KSC修改了发射规范，列举如下。

(1) 在发射前30min内，在发射场地或计划飞行航线的18.5km范围内检测到任何类型的闪电(云闪或地闪)，不准发射，除非产生闪电的雷雨云已移出了以上所规定的区域。

(2) 计划飞行航线属于下列情况之一者，不准发射。①航线通过云顶高于+5℃等温线高度的积云。②航线通过或在9.3km范围内存在云顶高于－10℃等温线高度的积云。③航线通过或在18.5km范围内出现云顶高于－20℃等温线高度的积云。图6.1及图6.2给出了形象化的表示。④航线通过或在离积雨云、雷雨云(包括钻状云)的最近边缘18.5km范围内，如图6.3所示。

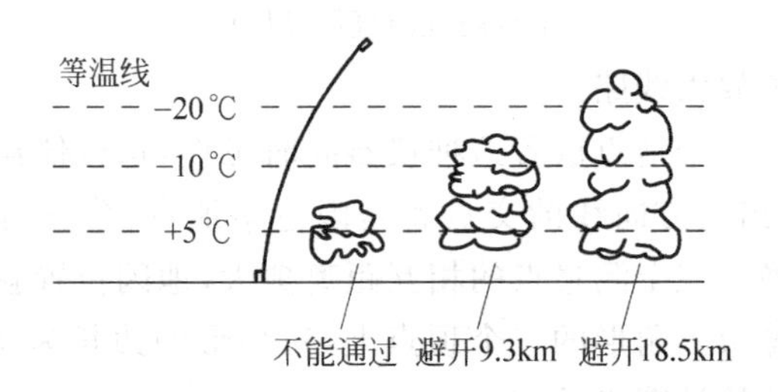


**图6.1　航线通过云顶高于－20℃等温线高度的积云**

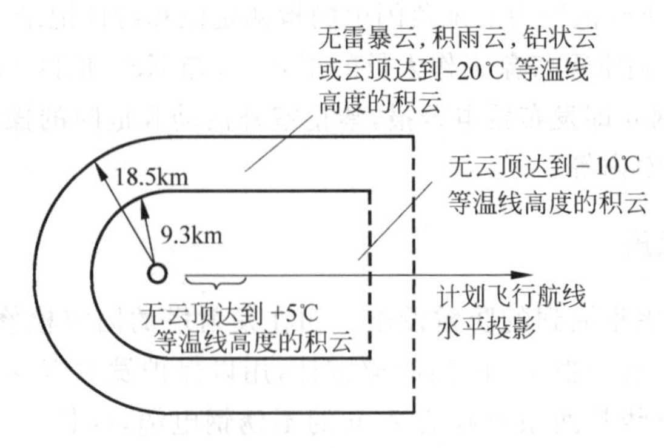


**图6.2　在航行18.5km范围内出现云顶高于－20℃等温线高度的积云**

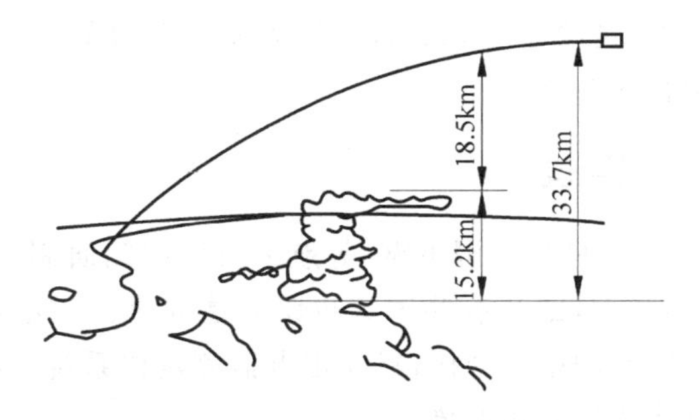


**图 6.3　航线通过或在离积雨云、雷雨云的最近边缘 18.5km 范围内**

(3) 对于布设有场磨仪的发射场地，如果在发射前 15min 内的任一时刻，在发射场地 9.3km 范围内检测到地面上电场强度的绝对值的 1min 平均值超过 $10^3 V \cdot m^{-1}$，则不准发射，除非发射场地 18.5km 范围内确实没有云或不正常读数很明显地是由烟或地面雾引起的。

(4) 如果计划飞行航线通过一垂直连续分布的云层，各层的云体的厚度大于 1 372m，且有部分或全部位于 0℃～20℃等温线高度之间，如图 6.4 所示，则不准发射。

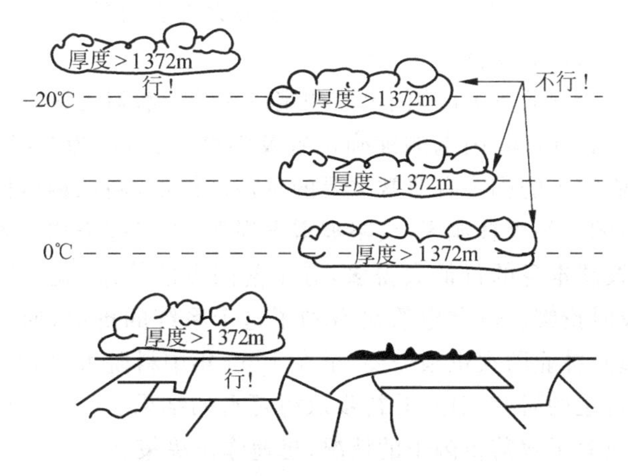


**图 6.4　航线通过垂直连续分布的云层**

(5) 如果计划飞行航线通过已扩展到 0℃等温线高度以上的任何种类的云，且计划飞行航线 9.3km 范围内存在降雨带，则不准发射。

(6) 如果计划飞行航线通过雷暴碎积云或将要在没有被场磨仪网络监测到的雷暴碎积云9.3km范围内飞行，或存在能产生大于或等于 10dB 雷达回波的云层，则不准发射。

上述这几条规范是美国在 20 世纪 70 年代和 80 年代航天发射累次引发闪电、造成上亿美金损失的惨痛教训的科学总结的产物。近年严格执行这个规范以后，美国就不再出现这种雷害事故。

在前面介绍的 KSC 的探测定位与预警设施中，磁场分量接收器系统只是起到测知落地闪的时间与位置从而预知地闪的发展趋势，地面场磨仪系统则是判断发射场区的大气电场是否达到危险程度，这两者均无法告知航天发射穿过的云层会否引发闪电，所以必须有升空探测系统填补这个空缺。

### 6.1.4 雷电探测与定位

雷电监测定位系统原先只是美国 KSC 等航天发射部门研制，用来保证航天发射的安全，后来发展到在全国联网，欧洲有些国家也跟着建立全国雷电监测定位网。我国只有局部地区与中国科学院空间中心合作，建立雷电监测定位系统，今后应该向全国发展，才能适应国民经济向现代化发展的形势。

以往人类对于自然灾害只能听天由命，近年来国际上提出减灾的设想，许多方面已有所进展。人们最熟悉的事例就是气象预报，准确的全球短期预报，几乎每天受到所有人的关注。现在的气象预报只提供风、雨信息，如能增加雷暴的信息，就可以为很多国民经济部门提供"躲"雷的信息，就如 KSC 发射场的防雷减灾一样。录像片《雷电及其防护》中有一组镜头，显示中国科学院空间中心研制的闪电监测和定位系统的计算机终端荧光屏显示的情况，从落点的时间和变动情况可以清楚地看到雷暴的趋势。防雷的部门可以预先作好准备，"躲"开雷害。例如，易因雷击起火的非金属油库的进油操作应该在雷暴到来前提前停止，这个问题在 1989 年黄岛雷击大火之后早就有人指出过。旅游、交通、航海、隧道施工等都是需要预知这个信息。

中科院空间中心研制的 SD-1 型闪电监测定位系统能够对方圆几十万平方公里内的云地闪定位，给出成闪的时间、闪电的准确位置及强度，它不仅为"躲"雷提供条件，而且对某些部门及时消除雷击的祸害有非常重要的价值。例如，高压输电网的很多线路是在荒无人烟、交通不便的山谷森林地区，线路被雷击损坏，查找起来比较困难、费时，停电所引起的经济损失比线路本身的价值大得多，有了落闪点的信息，就可以迅速确定被雷击线路的地点，派人及时抢修。华北电管局看到了这个系统的价值，向中科院购置了闪电监测定位系统。同理，林业防火也很需要，早在 1965 年中科院大气物理所就在大兴安岭林区开展雷电三站定位的研究工作，并初步取得可喜的结果。一些大的油田管理局和类似的单位同样需要及时了解落雷闪击的情况，迅速作出决策。

进入 21 世纪后，我国各地区各部门开始重视雷电探测，刊物发表文章较多，大多数与商品介绍混在一起。2001 年中国科学院空间科学与应用研究中心马启明在北戴河召开的"第三届全国雷电物理、监测和防护科学讨论会"上发表的论文《从地面到卫星的雷电探测方法评述》比较全面扼要地介绍了雷电遥测技术，值得推荐给读者，见附录 5。

下面介绍我国雷电定位工作的进展。

早在 20 世纪 70 年代中科院空间中心就开始了这方面的研制工作，被列入国家"七・五"攻关项目，引进了美国当时最先进的 ALDF 闪电探测仪，并成功地研制成与之性能相同的国产品，于 1990 年通过国家鉴定验收，并在电力、气象、军队等系统应用。例如，1988—1989 年在华北电管局建立雷电监测定位网时，曾记录下 1989 年 8 月 12 日 9 时 55 分在青岛市黄岛油库地点的落地雷，为这场雷击大火灾的科学追踪作出贡献。录像片《雷电及其防护》有详细介绍说明，1991 年 12 月，产品 SDJD-1 型闪电监测定位系统投产。

值得一提的是，1993 年山东省电力局建立雷电监测定位网后，注意观测闪电的各种特性数据，从 1993—1996 年一共测到 13 万余次闪电。统计研究这些数据，对于准确了解山东地区的闪电规律有很重要科学价值，对于制定防雷规范有决定性意义。

1992 年起，中科院空间中心开始了立足于 GPS 的新时差系统的研究。1996 年，在总结国内各雷电监测定位网（时差和测向系统）的优缺点的基础上，吸取了国外（美、法、英、日）一些最新雷电定位网的优点，结合我国布网站点的实际，研制了“ADTD 雷电监测定位系统”。其技术特点是采用 IMPACT 系统和 WIN NT＋MapInfo，并于 1997 年 7 月在山东省正式布网运行。1998 年 12 月 28 日，在济南市通过了由中科院刘振兴院士主持召开的国家鉴定验收。

2000 年起，中科院空间中心由马启明负责的这个“ADTD 雷电定位系统”先后在深圳市、福建省、江西省、湖南省和青海省等地做小规模应用试验（共计 35 个探测站），并均取得了完满成功。其间，空间中心多次向气象局及国家有关部门建议组建国家闪电监测定位网，得到国家气象局领导高度重视。2004 年 2 月 28 日，在中国气象局召开的“ADTD 雷电定位系统定型会”获得 14 位与会专家一致通过。笔者参加了这一会议，并由于从 1992 年起就常参观并了解这项工作，因此对它的进展有较多的了解，在此提出一些看法供今后从事防雷工作的读者思考。

(1) 雷电监测定位最初是为航天的安全服务，但是发展到今天，其重要价值远不止此，必须作为主管防雷的气象部门的最重要的工作来抓。迄今为止，所有防雷规范都把年平均雷电日作为一个地区防雷风险的依据，由此确定建筑的防雷等级，这是很不科学的，会浪费极大而还不能保障防雷安全。实际上任何建筑的落雷概率与凭少数人耳闻所确定的年平均雷电日这个量毫无确切关系。有了可靠的科学设备——雷电监测定位系统，就可以准确地测知落雷地点，利用累积统计的十几年以至几十年的落雷点记录，就可以绘制出全国的落雷密度分布图，这才能比较可靠地反映出任何地点、任何位置的建筑的实际落雷概率。而且还可以估计相应的闪电的强度，由此可以确定采用什么样的防雷措施和技术要求，做到量体裁衣。

(2) 任何科技的使用中，其实效如何不仅是一个技术问题，而且是人文问题，涉及使用科技的人员和主管干部的品德和思维。大多数人都着眼于如何通过发布雷电信息而获利，把个人和某些部门的经济利益摆在首位，看不到国家安全和全社会利益之所在。设想一下，如果发布气象预报也采用这个态度，那会是什么后果?! 录像片《大气电场》末尾就提出：希望在全国性的气象预报中能加入雷电预报，把发布雷电信息摆到与发布风雨气温信息同等的地位。

现在国家气象局已重视建设全国雷电监测定位网，但是在工作中如果不解决工作人员的着眼点问题，对前面所提出的首要任务——绘制全国落雷密度图，就绝不可能在短期内完成。因为从事这样的基础性科学工作是不获利的。

(3) 建立统一的全国雷电信息网是必需的，理应由中国气象局独家掌握。这里必须强调国家利益的至高无上，须知气象信息是与国防安全紧密相连的。新中国成立之初，气象局是直属于军委的，直到 1953 年 8 月才把建制从军委转入政府系统。

20世纪90年代，有些部门从局部利益出发，从外国购进雷电监测定位设备并布设网站，外企曾企图插手进来，这是非常危险的，是触犯我国国防安全的。中科院空间中心多次向中国气象局和有关国家部门建议用国产设备组建国家闪电监测定位网，正是有上述考虑。

可是十余年来不同部门购置不同的设备各自布站设网，不仅有许多重复建设，并且也形成"诸侯割据"之势，如何统一起来组成一个统一的雷电信息网，已迫在眉睫！

(4) 在2004年2月28日的定型会上马启明说了一个他的思想。若从空间中心的局部利益看，销售ADTD雷电定位系统越多越好，但是从全国统一网站考虑，按最佳方案计算，数量是有限的，并不需要很多。他这十多年来努力奋斗的目标是竭力促成气象局建立统一的全国网。笔者认为，科学工作者这种把国家利益摆在局部单位的经济效益之上的品德是应该提倡的。

## 6.1.5 简介几种新的探测仪

### 1. 双球式电场仪

气球载电场仪分探针式、气球式和双球式三种，而以双球式为最好。中科院空间中心研制的电场探空系统的升空部分就包括有双球式电场仪，如图6.5所示，整个系统则如图6.6所示。

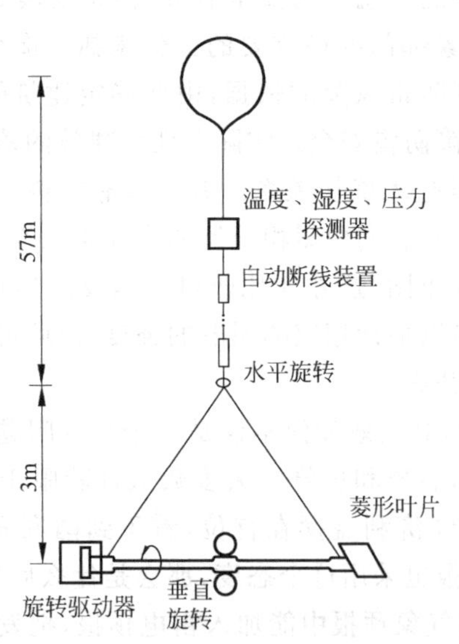


图6.5 双球式电场仪原理

双球式电场仪由两个导电球传感器、水平传动轴、垂直向和水平向旋转驱动装置及电子线路构成。两个导电球直径均为150mm，彼此绝缘，分别沿水平轴和垂直轴匀速旋转，分别接到电荷放大器的同相及反相输入端。当两个球旋转时，周围的电场在两个球上感应出大小相等、符号相反的电荷，每个球上感生的电荷 $Q$ 与外界电场 $E$ 成正比。电子放大器输出的准正弦信号的幅度为感生电荷 $Q$ 和旋转角速度 $\omega$ 的函数，经运算处理

图 6.6 电场探空系统原理

后，即可获得垂直电场分量和水平电场分量。

### 2. 电场探空系统

电场探空系统原理如图 6.6 所示，它分为空中探测仪器和地面设备两大部分。空中部分包括双球式电场仪和气象电子探空仪两部分。电场仪把采集到的数据用 403MHz 的调频信号发送至地面。气象电子探空仪主要测量大气温度、湿度和压强，以 1 680MHz 调频信号把数据发送给地面的气象台。

地面设备包括无线电经纬仪、403MHz 接收机、2～3 台场磨电场仪、中心处理机及其外围设备，整个系统是全自动的，以数字和图形方式提供该系统作用区域内的雷雨云的电结构、电荷中心的位置、电场强度、云层的高度和厚度等参数。

### 3. 辐射场到达时间系统

前面介绍了雷电定位的 SDJD-1 型闪电监测定位系统，这是根据磁场方位来测定落雷地点及时间的，美国 LLP 公司大量销售的也是这种类型的仪器，我国也有部门向该公司去订购的。近年又发展另一种类型的雷电定位系统，其精度更高，这就是辐射场到达时间系统，又称雷电跟踪定位系统。特别是海湾战争之后，美国利用导航卫星来定位的军事技术设备转为民用，又进一步促进了这一雷电定位系统的发展。它是以接收导航卫星的时间标准作为基准，将各检测站收到闪电的辐射场的时间与前者作比较，由此定出落地闪的位置。各分站的接收机有两根小辫状天线，一根用于接收导航卫星的时钟信号，作为各分站的时间基准；另一根接收闪电信号，经预处理后送到中心站视频信息处理系统，经处理后，在各终端的荧屏上显示出闪电的位置、强度等信息，同时打印机把各闪电的位置、强度、时间等打印出来。当各分站与中心站的距离在 140km～550km 时，闪电定位的距离误差相应地为 97m～2 300m，角度误差在 1°左右。

4. 舒曼共振监测雷电系统

这是一种巧妙利用物理学原理的测雷电的新方法，是物理学上的共振在工程技术上的应用。地球表面和高空的电离层之间的空间对于闪电辐射的电磁波而言，也是一个谐振腔，它的共振频率是7.5Hz，凡是7.5Hz的谐波也能发生共振，称这一现象为舒曼共振。用电磁波接收机收到的各种电磁波中，若有这种频率成分的，则它一定是闪电产生的，利用这一自然现象就可以进行全球雷暴监测。这个方法的优点是成本低、重复性好，只要少数几个站就可以监测全球范围的雷暴。美国加州大学洛杉矶分校研制的一套测量舒曼共振的系统，如图6.7所示，它是由电场和磁场传感器、信号处理装置及计算机等构成。

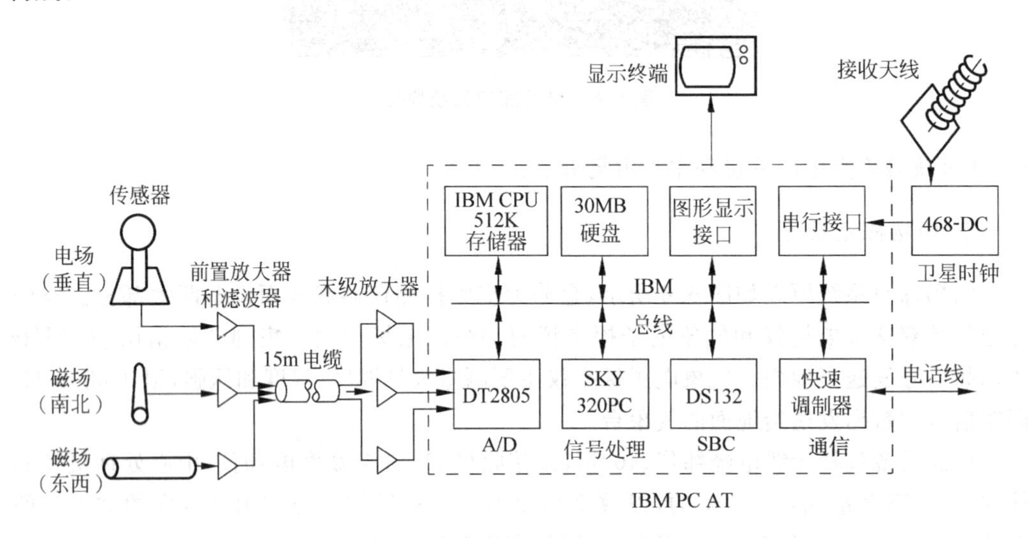


图6.7 舒曼共振测雷电系统原理

图6.7中，测电场的传感器是由一个直径为0.33m的不锈钢球与嵌放在地平面上的$2m^2$的导电板组成，通过测量两者间的电位差而获知电场。磁场传感器是一根长1.83m、截面积为$8.9cm^2$的高导磁率的铁芯，绕有3万圈导线，两个磁场传感器彼此正交，放置在地表面下20cm深处，其灵敏度非常高，可以检测出略大于脑神经产生的磁场。

5. 微火箭电场探测系统

微火箭电场探测系统中的微火箭电场仪(见图6.8)是利用廉价的农用消雹小火箭改制而成。电场传感器及有关电子线路、电池、发射机和天线等全部安装在直径为55mm、高为170mm的锥体内。当火箭自旋上升时，如有垂直于火箭轴向的电场存在，在电场传感器上感应出电荷。此时仪器的输出电压为

$$V_0 = 4\varepsilon E a h \omega R \sin\theta \tag{6.8}$$

式中，$\varepsilon$为空气的介电常数，$E$为周围的环境电场，$a$为圆柱电场传感器的半径，$h$为圆柱

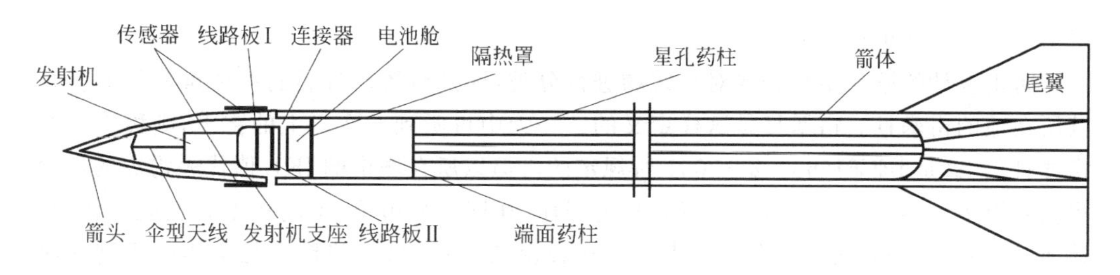


**图 6.8　微火箭电场探测系统原理**

电场传感器的高度，$\omega$ 为火箭的旋转角频率，$\theta$ 为圆柱电场传感器与垂直电场的夹角。从上式可知，仪器的输出电压与外界电场成正比。本仪器是中科院空间中心罗福山研究员及其领导的研究组于 1998 年研制并得到实践检验的，成功后进行了小批量生产，以满足用户的需要。其特点是结构简单、低功耗、低成本、机动、灵活、受风影响小和不受放飞场地限制。

最后要指出一点，在防雷领域，中国人不可自卑，就以航天发射场的防雷科技来看，罗福山等人就有不少创新发明，并不比外国差。例如，1994 年 9 月 8 日《空间中心简报》介绍，当时在西昌卫星发射基地发射"亚太"和"澳星"，天气情况恶劣，上空有 2km 厚的层积云，罗福山研制的探空系统提供的云层数据表明，云层只带微量电，于是决定冒雨发射卫星穿越层积云，果然安全发射成功。面临深厚云层冒雨发射卫星，这在我国尚属首次，当时这种电场探空系统，美国也还处于试验之中。

# 6.2　防雷检测

## 6.2.1　雷电防护标准化技术工作

《中华人民共和国气象法》第 5 章专讲气象灾害防御，共有 5 条法规，第 5 条(即全书第 31 条)专谈防雷，指出："各级气象主管机构应当加强对雷灾工作的组织管理，并会同有关部门指导对可能遭受雷击的建筑物、构筑物和其他设施安装的雷电灾害防护装置的检测工作。安装的雷电灾害防护装置应当符合国务院气象主管机构规定的使用要求。"

《气象法》是中华人民共和国主席于 1999 年 10 月 31 日发表命令予以公布的，并规定于 2000 年 1 月 1 日起施行。2000 年 11 月 14 日国家质量技术监督局发公文批准成立"全国雷电防护标准化技术委员会"(以下简称标委会)，公布了 55 个组成单位和 60 名委员的名单，并于 2001 年 2 月 12 日—14 日组织成立"全国雷电防护标准化技术委员会"，参加的单位有公安部、铁道部、交通部、信息产业部、建设部、国家质量技术监督局、中国电力联合会、中国气象局……还有一些高校及企业。

2001 年 6 月 26 日—28 日，在四川成都召开了《信息系统雷电防护术语》、《雷电电磁脉冲防护第一部分总则》、《信息系统雷电防护产品通用技术要求和测试方法》和《雷电防护水平和风险评估》四项国家标准起草工作会议。2002 年 8 月 19 日—22 日在广州召开了上述四项国标审查会。

防雷设计的第一步是先要对建筑物进行分类，区别对待。分类的一个重要依据就是其所在地的雷暴日。雷暴日是这样定义的："一天中可听到一次以上的雷声，则称为一个雷暴日"。这是IEC61663—2—2001所规定的。但以所在城市的IKL值代表雷灾的危险程度是极不科学的。由于落雷点有其特定规律，在同一城市里，不同地点大气运行状况、地质、地势……差异极大。有些地点一天可以落雷多次，另一些地点几十年遇不到一次落地雷。不能都以同一个IKL值表示。

国际上已有一些发达国家采用云对地闪电密度这个物理量，它的测定不是靠人的主观感觉，而是靠闪电监测定位系统，它能自动在全国地图上记录云对地闪密度。1997年《科学》杂志第11期就有一张美国1989—1993年的平均云对地闪密度地图。

科学探测闪电是制定科学的、可靠的防雷规范的基础，这一步先做好了，防雷安全才会最终水到渠成。有了这个多年测得的落雷密度，某些对闪电特别敏感的建筑就可避开多雷击地区，用不着花很多经费到防雷工程上。

### 6.2.2 我国防雷检测工作的一些状况

我国的气象人员基本上是气象学院或大学里的气象系或地球物理系培养的。都是着重于了解或研究大气环流，风、雨、雹之类，只有流体力学、热力学等专业知识是必修的，几乎不触及大气电学和电磁学领域的知识。对于闪电规律，在世界各国也是处于不完全了解的状况，就举美国为例。美国把宇航中心和发射场建在雷电最多的地点——佛罗里达州的卡纳维拉尔角，以后由于火箭发射累出大事故，损失几亿美金以上。这才有所醒悟，联合许多部门及几所大学，不惜投入巨资研究雷电，才找到一些具体措施，但对闪电规律并未完全清楚，基本上采取"躲"的策略。美国曾与我国合作，在我国西昌卫星发射中心发射美国制造的人造卫星，派来的专家护送卫星到西昌后，在发射之前不准中国专家接近这颗卫星，一切发射前的检查工作都是他们关着门进行的，惟恐中国人了解其技术秘密。有一次天空出现乌云，这些美国专家立刻逃离现场，躲到远处有良好避雷措施的大楼内去了，置美国卫星于不顾，可见其心态。

在现在的教育状态下，从事防雷工作的人对闪电规律及其防护方法不太清楚，惟一认准的防雷有效措施就是富兰克林避雷针。因此，防雷中心设立以后，他们所能进行的避雷装置检测工作，就是围绕富兰克林避雷针的三大部分是否按富兰克林的思维安装妥了。

但是GB 50057—94的广泛发行，并有"中华人民共和国国家标准"这个头衔的威力，势必使各地防雷中心按其条文履行《气象法》所赋予的防雷检测责任，工作内容很具体，就是按《气象法》第4章的条文规定进行检测。这一章的标题就是"防雷装置"。可是这一章只是具体地规定一些建筑措施，实际上能进行检测的方法却散布在第3章、第5章和附录中。最便于进行的有两项。

第一项是用滚球法算出应装的避雷针的数量和尺寸。例如，过去电力部门是按折线法来布设避雷针的，现在防雷中心主管各地防雷，改用滚球法重新计算，认为过去电力部门设置的避雷针不合国标，可以有权勒令停业整顿，应添装避雷针。

第二项是按《气象法》第 3 章的规定测接地电阻。若测出的阻值超标，就要勒令停业整顿，重新搞接地工程。现在举一个常遇的具体问题来分析：北京市一家很大的化工厂以往每年用摇表式测接地电阻仪测接地电阻总是低于规定的限值，被认定接地工程合格。1994 年按市防雷中心推荐的某厂生产的一种冲击接地电阻仪测量，所得出的冲击接地电阻值大大超标，按规定应停业整顿，则每天损失逾百万元，这该怎么办？按理冲击接地电阻值应小于工频电阻值，是这测量仪器有问题还是该大厂的接地工程有问题？据生产厂家解释，这是引进日本技术的新产品，有国家计量局的合格鉴定证明。所以当年防雷中心(包括气象局和劳动部负责防雷的)向大家推荐使用这种仪器作为惟一可信赖的测接地电阻仪，价格高达几万元一台。

作者从这一事件中看到了测接地电阻这项工作存在的严重问题，因为它关系到一家企业巨大的经济利益，一说其防雷不合格就得勒令停业整顿，几千职工每天的产值达百万元，重新施工搞接地，比新建楼房的施工要困难得多，这项支出又需以百万元计，所以防雷中心下一个“停业整顿，重修接地”很轻便，而这家企业就损失以千万元计。至于重修接地工程以后是否能达到合格标准了，谁也说不准！

这类接地电阻测量仪器引起的检测不合格带有普遍性，其造成的经济损失绝非小事。研究发现，它之所以被称为冲击接地电阻测试仪，是因为仪器的电源不是一种工频小发电机，而是用几节小电池驱动一个脉冲电流发生器，供应的电流波形近似于所谓的雷击电流标准波形，于是被冠以冲击接地电阻测试仪之名。可是仅由几节小电池供应的电流太微弱了，把它通入大地岂能产生闪电的火花效应。并且这种脉冲电流包含有各种高频电流成分，测量的长导线有很大的阻抗，它本身的电位降也反映到测量电表中去，读出来的数值要比常用的摇表式测接地电阻仪的读数高得多。那么为什么国家计量局却发给合格证呢？这就涉及仪器的检测方法了。仪表计量机构是用国家级的标准电阻来评判被检验的仪表的读数，作为计量标准的电阻是无感电阻。被检验的仪表以极短的接线与标准电阻相接，只要仪表读数与标准电阻值相合，此仪表就是合格了。因此这种仪表放在实验室里测量小的电阻元件是可行的，而推广用到测大地则是荒唐的。这给我国各地各行各业造成极大的损失。各防雷中心应停用这种仪表。

### 6.2.3　防雷接地检测工作的困惑

在防雷检测中，关于接地电阻的检测被列为最重要最易落实的一环。现在第一个困惑是防雷接地的重要性如何？有什么根据？怎么科学验证？这就不得不考虑经济效益这个头等重要原则，须知每幢大楼都花大量资金到接地工程上，一个城市总加起来就是非常大的经济支出，与减少雷灾损失的经济收益比一比，是否合算？

日本曾对 419 个微波中继站三年的雷电损害作了调查统计，发现损害仅与雷暴日数及海拔高度呈正相关关系，而与站的接地电阻几乎无关，见图 6.9，图中每长方块顶上数字为站数。

如 1.1 节提到的山西古迹之一应县木塔，近千年屹立在地面上未遭雷击，其地基绝缘良好，也就是接地电阻非常大。这从物理上很易理解。因为绝缘物不会对雷雨云产生静电感应，地面没有与闪电先导的电荷异号的感应电荷吸引闪电先导，而其他地表面则

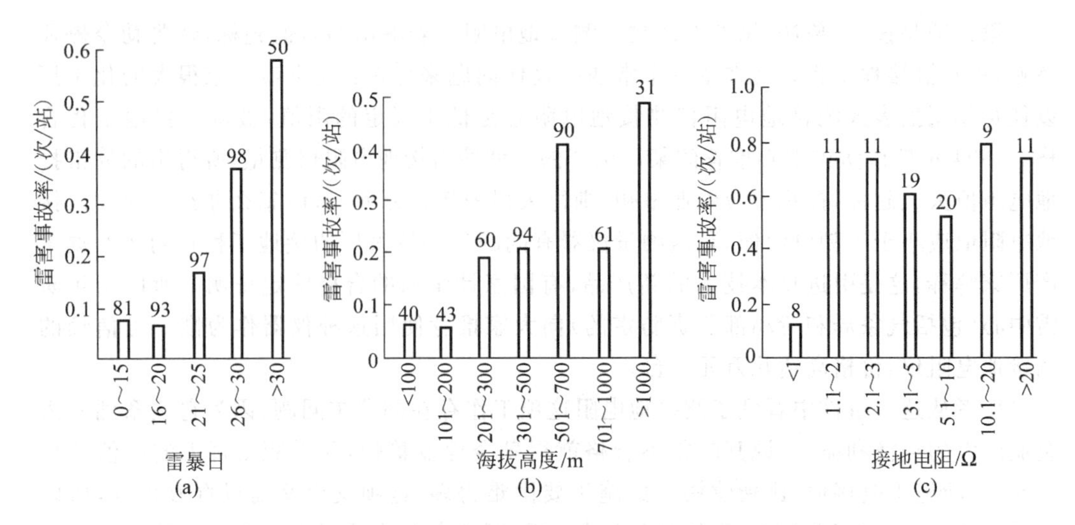


**图 6.9 日本对 419 个微波中继站三年的雷电损害统计**

有大量异号感应电荷,闪电当然趋向其他地点了。

从这个非常简单的物理原因,可以推测到一个结果,那就是楼房的接地金属网做得越大,电阻越低,必对闪电先导有更大的吸引力,因为接地金属网感应的异号电荷多。这样的避雷针引雷效率高,则楼内的电子、电气设备就更易遭殃。

接地电阻如何准确测量?从计量学基础就知,这个问题是不可能有答案的,首先要建立一个标准样品。从接地电阻的定义就可知道这个物理量不可能有标准。前文已作了详细说明,这样接地电阻的检测工作就失去了科学基础。

### 6.2.4 展望

本章提出的许多疑问都亟须解决,只有从科学上解决这些问题之后,才能制定出一套科学的防雷国标,才能做好检测工作。

上面提出的困惑基本上都是围绕闪电规律本身,特别是直击雷方面的。至于针对信息技术设备受到避雷针的二次雷击效应或感应雷击产生的浪涌电压、电流的防护技术,则困惑和困难就少得多,制定防雷规范和防雷检测要容易一些,有可能较快得到解决。

为什么这样估计呢?第一,这方面的科学技术问题可以在实验室内进行研究,通过室内实验能得出可信的科学结论。第二,这方面的理论与实验研究可以充分利用信息技术已有的成果,因为高频电子学科学技术已有半个多世纪的发展历史,比较成熟,近十年内我国在防雷技术上在该领域已取得较好成就。

## 参考文献

1 罗福山摘译. 肯尼迪航天中心的雷电防护系统. 世界导弹与航天,1991

2 李仲篪. 发射场及火箭航天器的闪电保护(内部发行). 国防科工委工程设计研究所. 1984

3　闪电保护译文集(内部发行). 国防科工委工程设计研究所 . 1984
4　虞昊,臧庚媛,罗福山 . 电、静电、雷电防护. 北京：中国计量出版社,1993
5　中华人民共和国气象法 . 北京：气象出版社,1999
6　曹康泰,温克刚 . 中华人民共和国气象法释义 . 北京：气象出版社,2000
7　中华人民共和国机械工业部 . 建筑物防雷设计规范 GB 50057—94. 北京：中国计划出版社,1994
8　虞昊,臧庚媛 . 避雷装置安全检测(电视录像片). 北京：清华大学音像出版社,1994
9　虞昊,应洪正. 对《建筑物防雷设计规范》GB 50057—94(2000 年版)的修改建议. 防雷世界,2004. 4

# 第7章 防雷工程技术概述

## 7.1 人身防雷

### 7.1.1 行政措施

人身防雷是个人的事，但又是社会问题。所以要有行政部门主管，以一系列行政措施来做好人身防雷工作。以往主要是劳动、建设和公安部主管，但随着科技的进步及雷灾的新情况，国家教委、国家气象局、国家旅游局、国家技术监督局等似应参与这方面的工作，包括宣传、教育、制定法规等。

现代防雷工程技术的保护对象有三方面。

首先是保护人。建设部批准发布的国家标准建筑物防雷设计规范中，许多条款是为了确保居民和工作人员的人身安全的。但是规范和技术设备是“死”的，人是活的，活动着的人如果没有现代科学素质，则规范与技术设备就难以奏效。所以在高科技迅猛发展的时代，雷害跟随着高科技的普及而与愈来愈广泛的个人发生关系，中小学课本里很少的一点点关于富兰克林避雷针原理的介绍完全不能适应国民的需要。

其次，制定法规同样很重要。无线电管理委员会有一项规定：凡装共用天线，必须同时装好避雷装置。这个规定是非常必要和及时的。北京西郊某学院的电教中心在安装新购置的昂贵的电教设备时遭雷击，起因就是屋顶架设卫星接收天线时，没有先作好避雷措施，卫星天线尚未装完，就已引雷入室。仅北京一地，这类因电视天线引雷入室而造成雷害的就不胜数，当然人身安全也成了问题。这类法规是否还可以再发展一步呢？例如出售这类容易引雷的东西，必须同时购置避雷器，并指导安装等。

再次是要增设一些防雷的公共设施。一种是在一些容易引雷入地的场所挂出警告指示牌。另一种是容易落雷的旅游景点的建筑物要切实装好避雷装置，添设防雷的公共避雨建筑。一些旅游车辆要作好防雷设施，例如车辆的金属外壳应装上可临时接地的东西，以泄放直击雷的能量。

### 7.1.2 雷电造成人身事故的规律

雷电造成人身事故大致可分三类。第一种是直接受到雷击，包括直击雷和感应雷。第二种是本人未受雷击，而是雷击间接产生的灾祸，例如雷电火灾、雷击造成的交通事故、设备事故导致人身伤亡。第三种则介乎前两者之间，例如津巴布韦的 21 个农民的死亡事件，受到雷击的人本来不一定伤亡，而茅草的大火使之全部烧死；又如新民市 4 名围坐炕上看电视的妇女被电昏倒地，起因于电视机遭雷击。

如果从这一角度考察雷电造成的人身事故的话，人身防雷不是个人之事，而是一个社会问题。第二种和第三种人身事故的波及面常是很惊人的，如雷击弹药而造成的人身伤亡，一次常达几百甚至几千人。雷击墨尔本市化工厂造成有毒气体的泄漏，黄岛油库雷击大火造成救火人员死伤近百人，都是著名的事例。从近年来世界各国对因雷击而伤亡的人口的统计数字，可看到一个明显的趋势——它是逐年上升的，与旅游业的发展同步。这又是一个社会问题。

再从另一个角度观察人身雷击事故的规律。以往雷击大多数在室外发生，而近年来室内人身事故激增。这与现代化的电气设备的普及有关，引雷入室，雷击人身不分室内室外。从这一情况看，人身防雷工作就不仅仅是个人如何躲避雷击的行为，更积极的措施则是要加强现代住房的防雷措施。南方多雷区握着电话机而丧生的事件常有所闻，只从个人来防御是不够的。

最后从个人行动的角度考察雷击人身事故则可发现，凡是受到雷击伤害的人都离不开这几种原因：接触电压，跨步电压，旁侧闪击和直接雷击。直接雷击概率与人所处的野外环境关系很大。受旁侧闪击的情况与站位有很大关系。

### 7.1.3 个人防雷常识

首先从室内说起。如果没有确切知道所在的建筑物是采取了全套防雷措施，则在雷暴当空时，就不要接触金属管道、导线(例如打电话、触摸从室外引进的电视天线馈线、电灯线等)，特别是不要紧邻一些常落雷的高大金属构筑物(如接近微波天线塔、BP 机信号收发铁塔等)。因为闪电击中高金属构筑物时造成地电位升高，产生反击，使邻近的金属管道、接地的导线都带上高电压，最好人与它们离开一段距离。

在南方多雷区，农村平原地带孤单的民房里，如果附近有高大的易引雷的树或构筑物，则在雷暴当空时，要离开电线、晾衣铁丝等金属物一段距离。在山区的旅游建筑物内遇上雷暴，除了注意这一点外，还应离开柱子，因为有时雷击中建筑物后闪电沿梁柱入地，产生旁侧闪络。

在室外遇到雷暴，有几种情况。在城镇里行走，要离开大树、高的构筑物(如电线杆、铁塔、金属煤气罐、烟筒等)，以防旁侧闪击和跨步电压。从雷雨中进入房屋时，如大门是金属的，则有可能受到感应雷击。上下长途汽车时也有可能受到感应雷击，或者发生跨步电压。

若在野外，看到雷暴来临，如在金属的大轮船内，则不必忧虑；如在小木船上，则应弃船上岸，尽快离开岸边，因为这种大地的电阻突变处是易落雷点。

在旷野开阔地带行走，如周围没有树木等物，人就成为大地的尖端 ，易成为雷击对象，若举着雨伞或肩扛长的带金属物，就更危险。最好是找一个低洼处，双脚并拢蹲下来，尽可能降低高度，既可以免受雷击又可以避免跨步电压。如附近有树，则应蹲在离树几米远处，较为安全。如果附近有可以躲雨的亭、棚之类，要视情况作出选择。茅棚是绝对不行的，金属棚不会着火，但有直击雷和感应雷的可能，应蹲下来，双脚并拢，离金属面及柱子距离一二米以上，危险就较少。亭子有落雷的危险，一般说躲雨会增大雷击的危险。若亭子较宽，人站中央离柱子可有一二米之距，并拢双脚，则还是可以的，凡是有金属栏杆或铁轨之处,应离开一二米距离,它们容易传导直击雷,或者发生感应雷。

在山区遇雷雨,树亭之类的情况与平原相似,最好是入山洞避雨,但勿触及洞壁,还要并拢双脚,这都是为了避免接触电压和跨步电压之害。如果有旅游车在附近,躲入车内最为安全,金属外壳不怕雷击,它是一个极好的法拉第笼。但是应注意:走进车厢时,在车外人的身体切勿触碰金属部分,车身的轮胎与大地是绝缘的,因此车厢的电位很可能与大地不同,会发生跨步电压,若能双脚同时离地跳上车,则是最佳方法。上述的应变策略说的很零散,因为人的境遇千变万化,难以系统分类。归纳起来,只要记住几条原则就可以遇事不慌,随机应变了。那就是要记住闪电容易落地的路径,离它远一些,避免旁侧闪络和跨步电压的发生。

### 7.1.4 雷击后的救护

5.1 节已指出,雷击而死的人常可以救活,所以雷击事故之后必须充分重视急救工作。

雷电流峰值很大,瞬间电压可达很高值,看来似乎很可怕,但是它的持续时间很短,而且流经心脏的概率不高,所以雷击致死的概率低于致伤的概率。1962 年匈牙利 Iranyl 和 1971 年奥地利 Von Karobath 等人的统计数字表明,致伤的人数与致死的人数之比大于 2。美国在 1950—1969 年的 20 年期间所统计到的全国雷击人身事故是:死 2 054 人,伤 4 156 人,恰恰如此。在 5.1 节已说明,只有两种情况比较危险,容易致死。一种是闪电电流经过脑下部的呼吸中枢,死者停止呼吸,这种概率较小,若闪电并没有经过这一部位,只是使人昏迷,一般都可以自己复苏。另一种是闪电流过心脏,时间稍久,使心室产生纤维性颤动,或停止跳动,血液循环停止,这种致死是最严重的。

对于停止呼吸的人,要及早进行人工呼吸抢救工作,要有耐心,坚持一二天都有可能救活。人工呼吸愈早愈好,因为人脑缺氧时间超过十几分钟就有致命危险。

对于血液停止循环,可以用体外心脏按摩法,这是美国约翰·霍普金斯大学电气工程系主任 Kouwenhoven 等人在研究大电流触电事故时于 1960 年首先提出来的,此后不少人试行,确实有效。1976 年 Golde 和 W. R. 李发表的论文"雷击致死"写道:"我们对于雷击的生理效应认识尚不充分,对于可能引起死亡的机理已有相当的了解,因而合理的采用人工呼吸和体外心脏按摩方法,将是比较成功的。"

从这论文发表之后,心脏医学有了长足进步,人工心脏、电击起搏器等医疗器械的发明和使用,对于恢复人体血液循环更有保证,所以雷击的死者应该尽快送医院抢救。

### 7.1.5 谈一点野外作业的防雷

1995 年笔者应劳动部之邀,到海边盐场去考察那里工人生产中遇到的雷击问题,这是一个很棘手的人身防雷难题。从地质情况看,盐场是易落雷区,雷雨时人应躲开。可是生产上恰恰需要工人在这个时间去那里工作,"躲"的措施无法采用。

在此提出一个建议,供有类似情况的部门的有关防雷安全工作的干部们考虑。可否在工人必须进行生产操作的行走路径上方布设避雷线,这是借鉴了 KSC 局部地区的防雷设置。另外,可否特制一种专用雨披工作服,衣料是用导电布制作的,并有导电带拖在地上,类似新式小卧车车尾的泄静电带一样,即使闪电击中人体,闪电电流不致流经人身的最危险部分入地，可以参阅教学录像片《雷电灾害与安全防雷》(清华大学音像出版社)。

2003 年 7 月笔者在《CHINA 防雷》杂志介绍了“绝缘防雷”观点后，引起一些学者的兴趣。10 月在亚洲雷电防护标准论坛会议期间，空军航空气象研究所防雷中心主任江明礼提出。可以把绝缘防雷应用到个人防雷服装上，并在 2003 年 11 月《防雷世界》杂志上发表文章，提出：“采用高绝缘的防雷鞋、防雷衣、防雷伞，能否大大减少人体雷击概率？例如盐场工人雷雨天要作业，如果有防雷鞋、防雷衣，必然会大大减少伤亡。”这一想法是可以通过实验和实践来达到检验的，因为在当今防雷工作中，非常有价值，引起广泛注意，又引起一些防雷专家的争论，需要在这里仔细分析。

不论雷雨多大，空气总是绝缘的，所以在大气电场强度没有达到空气的击穿强度时，不可能落地雷。许多学者公认，闪电下行先导接近地面时，必有一处或多处地面物先发出向上的迎面先导，下行先导与其中之一会合，形成导电通道。发出迎面先导的地面物的上方空气必是发生空气击穿导电之处。为何必是地面物某些点先发生空气击穿呢？因为导电的地面有大量感应电荷，它可以自由集中到尖端物表面，所以这些地点的上方空气层的电场强度最大。在讨论落地雷任何问题时，必须牢记这一条，是思考问题的物理基础。若人站在地面上遭雷击，必是人体把地面上各处的感应电荷集中到人身上，人身上最尖处首先发出迎面先导。若手执金属柄雨伞，则伞尖先发出迎面先导。如果人的双脚穿了绝缘良好的鞋，与导电的地表面是被绝缘物隔离的，则人体的任何部位的电荷面密度均大大降低了！绝不可能从人体发出迎面先导。最近空军气象研究中心已研制出耐高电压又绝缘电阻非常高的鞋，可以进行实验和实践的检验了。

持反对意见的人说，闪电的下行先导的电压高达 $10^7$V～$10^8$V，地面电压为 0，绝缘鞋不可能耐 $10^7$V～$10^8$V 高压。这种说法违反了电磁场的基础原理。任何地区，电压(即电位差)都是由电场强度 $E$ 决定的，$\Delta V=\int E\cdot \mathrm{d}l$（见 3.3 节公式(3.17)），在下行先导与大地之间未发生空气击穿时，大气电场强度恒低于 $3\times10^4\mathrm{V\cdot cm^{-1}}$，人的身高不大于 2m，则人身受到的电压不可能超过 $6\times10^6$V(若认为大气电场是均匀场)。实际上，下行先导是个点电荷，其电场强度与距离 $r$ 的三次方成反比，所以人在遭雷击中时电压并不高，尸体灼烧的痕迹就足以证明。所以不到 1cm 厚的绝缘鞋所受到的电压就更低了。

闪电击到何处？其最基本的物理原理并不复杂，完全可以用实验加以检验。山西省应县木塔已在雷雨中屹立近千年，就是好的例证，但是对于雨中工作的盐场工人，如何隔绝导电的地面的电荷比木塔要困难得多，需要克服很多技术难题。

## 7.2　建筑防雷概述

### 7.2.1　雷击建筑物的规律

第一个应重视的雷击规律是建筑物的地质环境与落雷的关系。6.3 节介绍的若干事例和调查统计表明，地基及附近一带的电阻率较小，地下水位高或有金属矿，雷击概率就较高。因此在基建规划选址时应考虑“躲”的策略，若建筑物已完工，则应考虑到落雷概率较大而要加强防雷措施。

第二个是闪电袭击建筑物的规律，这个问题非常重要。现在有一个模糊的看法，认为装了避雷针会吸引闪电，不如拆除为好，这与富兰克林年代一些反对避雷针的人们的思想相似。其实拆除避雷针后的建筑物的顶端照样吸引闪电，比建筑物顶端仅高出几米的普通避雷针所增大的落雷概率是不大的，它只是与建筑物的顶端相比更易把闪电拉到自身而已。

要弄清这个道理，可以先看看图7.1，它给出了最常见的下行负极性雷发展并击中建筑物的示意图。

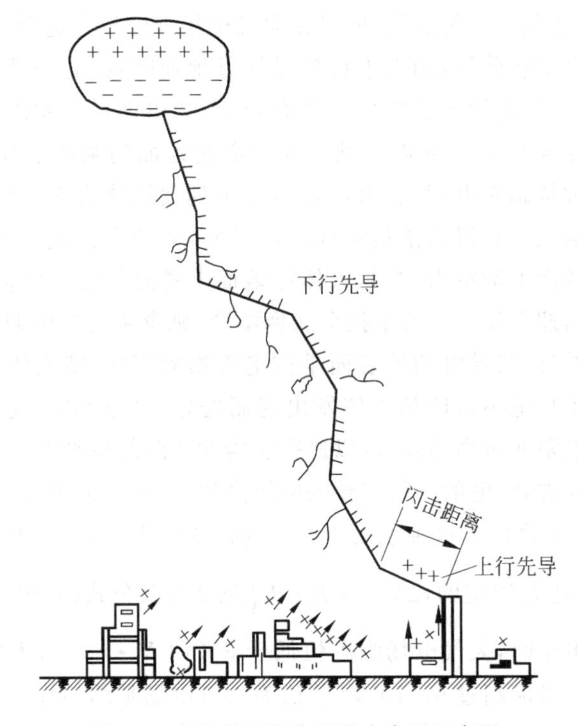


图7.1 负极性下行先导雷击发展示意图

早在20世纪40年代，Malan用旋转照相机拍到一张落地闪在接近地面时的照片。可看到在非洲开旷的草原上，闪电梯式先导接近地面时的最后三个梯级，最后一个梯级到达距地面50m高度处，下方地面向上发出三支流光，其中央一支与下行先导会合。受到这一现象的启发，Golde于1945年首先提出闪击距离(或叫雷击距离)的概念，认为下行先导进展到倒数第二级时尚不受地面物的影响，最后一级的跳跃才受到地面物的影响，与地面物发出的向上迎面先导会合，并称最后一次跳跃的距离为闪击距离。以后观测到的一些闪电照片都证实了这一见解。如赫尔辛基大学Vesantera摄到的照片显示：一个闪电击中一个低建筑物的烟囱，可见到在烟囱上空高9m处，闪电通道至少分叉成三支。Orville在1968年拍到一张欧洲桉树受雷击的照片，桉树高7m，在树顶上空12m处，向下的小分叉与向上的小分叉之一会合。观测表明，闪击距离与负雷电流的幅值有关。图 7.2 就是好几位学者实验观测的结果。图中，曲线 1 为 Golde 于 1945 年测得；曲线 2 为 Wagner 于 1963 年获得；曲线 3 为 Love 于 1973 年测得；曲线 4 为 Rühling 于 1972 年得出；两个×则是 Davis 于 1962 年得出的。

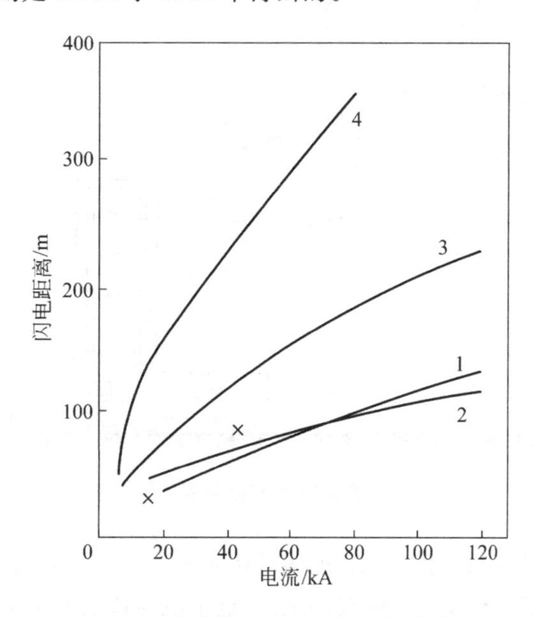


**图 7.2　闪击距离与负雷电流幅值的关系**

Wagner 从曲线 2 得出一个计算闪击距离的经验公式

$$r = 2 \times 10^2 \frac{v}{1 - 2.2v^2} \tag{7.1}$$

式中，$r$ 为以米计的闪击距离；$v$ 为以光速的百分数表示的回击速度，它与回击电流幅值有关。1967 年他求出：对于 10kA 电流，$r=40$m，对于 50kA 电流，$r=100$m。

这一学说表明，建筑物顶端或比顶端高的避雷针只能对闪击距离内的下行负雷的最后一级先导发生吸引作用，改变它的袭击路径，而对闪击距离以外的闪电先导毫无作用。

弄清这个规律，就可以了解到闪电袭击建筑物时的一些“反常”现象，请看图 7.3。有一高层建筑，对于一个 60kA 的强雷电，其闪击距离达 120m，大于楼高度(100m)，则凡是闪电先导袭击该楼，必被接闪器吸引。但若闪电较弱，例如只有 10kA，闪击距离就只有 40m，如果闪电与楼的距离为 50m，接闪器就不能吸引它，它的先导向下发展时，就可能进入高楼旁侧某个部位的闪击距离之内，该处大气电场强度剧增而引发流光，形成迎面先导，与闪电的下行先导会合，就产生回击，闪电就击中这个旁侧部位了。也有可能附近的低层建筑顶端发出流光，产生迎面先导，而使闪电击中低层建筑。通常人们总认为闪电必袭击最高端的避雷针，把这种绕过避雷针而袭击低处的现象视作“反常”。而从物理实质和概率分析上看，这种现象恰恰是正常的一种有规律的现象。在第 5 章中已介绍过一些世界著名超高建筑的这种“反常”现象，现在就清楚了，这种现象是有规律的，设计建筑物避雷装置时，必须考虑它。十年前修订的建筑防雷规范，对避雷针的保护范围的计算作了重大修改，就是考虑到了这一个重要规律。

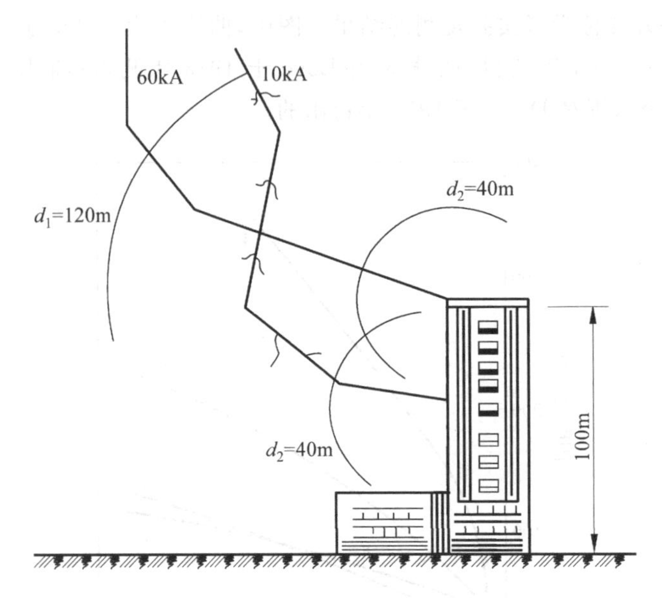


图 7.3 建筑物侧面遭受弱的雷击图

这一防雷规范里采用当今世界流行的滚球法来确定避雷针的保护范围,最重要的一个参数是滚球半径的选定。根据闪击距离的规律,这个值与选取的雷电流值有关。闪击距离(也称雷击距离)与雷电流幅值的关系,如图 7.4 所示,这是 Golde 根据他的理论得出来的。地面发出迎面先导所需的临界击穿电场强度 $E_c$不同,雷击距离的曲线也不同,正极性雷击,$E_c=3\times10^5\,V\cdot m^{-1}$,相应的雷击距离为曲线 1;负级性雷击,$E_c=5\times10^5\,V\cdot m^{-1}$,相应的为曲线 3,曲线 2 相应于$E_c=10\times10^5\,V\cdot m^{-1}$。

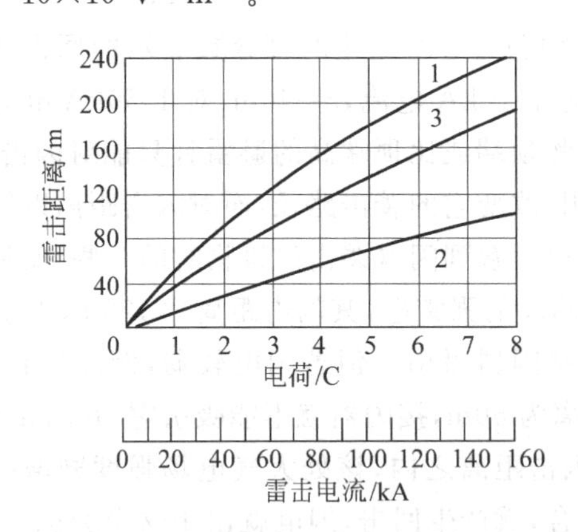


图 7.4 雷击距离与雷电流幅值的关系

第三个规律是关于超高建筑物的雷击现象。前面讨论的现象是关于下行负雷的情况,梯式先导是从上空的积雨云产生,向下方发展的,所以有所谓"引雷"问题。

但是当建筑物的高度增加时,上行雷的概率增大。事物的规律总是以一定的条件为转移的,当上行雷出现时,雷击的规律就变了。在第 4 章详细说明过,先导始于流光,流光决定于大气电场强度。随着建筑物的高度增加,即与积雨云下端的距离接近,大气电场强度就增大，如果建筑物顶端有尖状物，则电场在尖端附近的值就比周围的平均大气电场大得多，以致发生局部的空气击穿而产生向上发展的流光，终至出现上行先导。这一现象在许多著名特高建筑物上被经常观察到，彩图3显示的北京的中央电视台发射塔顶端的闪电就是一例，请注意它是向上分叉的，证明这是上行先导产生的地闪。

对于这种地闪就谈不上什么避雷针的引雷问题，上行雷的特点在第4章已有详细说明。鉴于我国正在开始兴建超高建筑，这里就多介绍一些国外观测到的情况。在帝国大厦测得的135次闪电中，约有50%无大电流，只有连续放电，没有出现脉冲大电流；开始时的连续电流整个为负的占86%，最大值约为1 450A；大多数都小于400A，这说明上行先导没有导致回击。Hagenguth和Anderson于1952年报道，他们记录到84次脉冲电流，超过10kA的约占50%，这里包括向上先导引发的闪击和向下先导引发的闪击。Berger于1967年报道了圣萨尔瓦托山上的塔的向上放电，开始时为100A，持续达零点几秒。他用9年时间，共记录了243次向上正先导引发的负闪电，其中有157次先导，随后没有大电流脉冲，连续电流放电具有不规则特性，与美国的帝国大厦观测结果相似，一般情况，电流幅值只几百安，持续几百毫秒。（详见Golde编《雷电》249页～262页）

向上先导绝大多数携带正电荷，Berger和Vogelsanger于1966年却发现有5次向上放电起始于带负电的塔体，先导之后紧接着是强大的正闪电，放电电流为22kA～106kA，这类先导只限于山区或极高的接地体，形成所谓正极性巨闪，圣萨尔瓦托山记录到最大电流达270kA(Berger于1972年)。需要指出，本书所举的一些闪电特性，数值都是国内、外防雷界常引用的，它只能代表Berger等人长期观察到的局部地点的常见情况，并不适用于全世界各地。闪电与各地的气流、地势、地质、工业生产等因素均有关系，必须积极进行各地区的雷电探测，长期积累数据，才能科学地作出防雷决策。

关于高层建筑的雷击频率，《高层建筑电气设计手册》提供了一个估算的经验公式。它根据美国、波兰、瑞典、日本对特高层和高层建筑的观察记录，并假定了雷击频率与年平均雷电日IKL成比例，把各地的IKL全换算成10日，画出一条统计分布曲线，得出的经验公式为

$$N = (2.46 \times 10^{-5}) H^{1.974} \tag{7.2}$$

为了估算简单，可以用近似值表示为

$$N \approx 3 \times 10^{-5} H^2 \tag{7.3}$$

式中，$H$的单位是m，适用于IKL=10。由此式可以估算出，在IKL=30的地区(天津、上海接近此数)，100m高的建筑，每年大约要遭到1次雷击。这个估算公式不太准确，只可以揭示一个规律性，即高层建筑雷击频率与其高度的平方成正比。

美国肯尼迪中心从它的发射场上高层建筑物受雷击的情况得出的经验公式是

$$N = 0.015(\text{IKL}) \times 10^{-4} K_1 K_2 H^2 \tag{7.4}$$

式中，$K_1$是落雷不均系数，对发电厂、变电所$K_1=8\sim12$，一般对易受雷击的建筑物$K_1=1.5\sim2.0$；$K_2$是建筑材料影响系数，金属材料$K_2=1.5$，非金属材料$K_2=0.15$。在肯尼迪航天中心地区IKL=75，用此公式计算出：它的90m高塔的$N=2.3$；而它的34号发射阵地的勤务塔高93m，每年受雷击次数统计为2.4次；它的150m高的建筑$N=4.4$；而39号发射阵地的垂直装配大楼高157.5m，每年约遭雷击4.3次。由上可见，雷击频率与

当地的IKL值成正比，与高度$H$的平方成正比的这一结论是近似可靠的。不妨再看一个数据，俄罗斯的莫斯科电视塔高537m，Gorin等人于1972年统计，它在4年半时间里遭到143次雷击，则$N=32$，从全球的雷暴日分布图可知其雷暴日IKL大约在20～30范围，与式(7.3)或式(7.4)的估算有点相近。

雷电现象与地区特点关系较大，我国正在开始建造超高层建筑，希望有关方面能开展我国的超高建筑的雷电观察，掌握我国雷电现象的规律。

第四个值得注意的规律是关于建筑物易遭雷击的部位，表5.4已揭示了这个规律，王时煦和马宏达等学者在1958年设计人大会堂等重要工程的防雷设计时，进行了模拟实验，科学地总结出建筑物顶部受雷击的规律，确定了重点保护的部位及相应的防护方式，这些已列入国家标准建筑物防雷设计规范GB 50057—94中，本节从略。

## 7.2.2 关于避雷装置

最早的避雷装置就是富兰克林设计的避雷针，如图7.5所示。它可以分为三部分：接闪器、引下线和接地体。

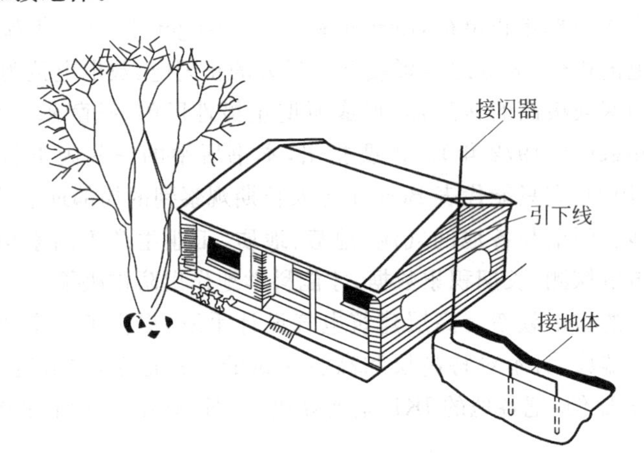


图7.5 建筑物的防雷装置

接闪器最初的形式是富兰克林所设计的磨尖的铁棒。20世纪初，在电力系统应用到输电线路上时创造了避雷线，即是一根或两根架设在输电线上方的钢线，称之为避雷线。由于它简单有效，所以在房屋建筑上也推广了这种形式的接闪器。它可以是建筑物顶上四周的金属杆，也可以是扁平的金属带，它既可以在房檐上方四周，也可以布设在易受雷击的屋脊、屋角上，还可以布设在需要重点保护的屋顶上的陶瓷或琉璃的龙、兽上方，如图7.6所示，称它为避雷带。

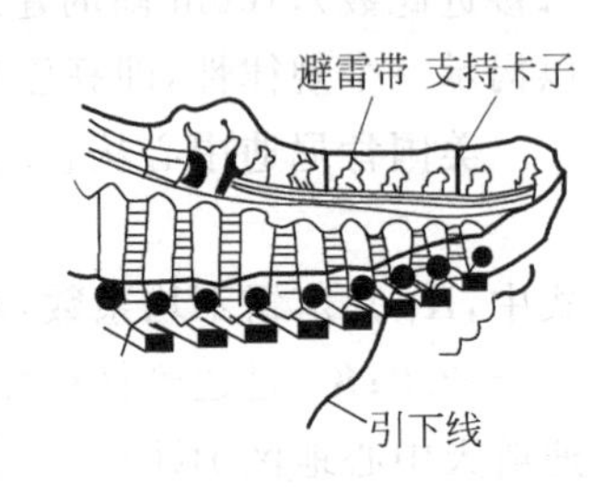


图7.6 古建筑物檐角及檐边避雷带做法

在城市的高大楼房上避雷带比避雷针有较多优点，它可以与楼房顶的装饰结合起来，可以与房屋的外形较好地配合，既美观防雷效果又好，特别是对于大面积的建筑，它的保护范围大而有效，这是避雷针所无法比的。

1958年后我国开始采用避雷网作接闪器，这是最好的防雷措施，几乎国内外新建的大楼都采用这个措施。可以在被保护的建筑物上方单独制作金属网架设，也可以利用建筑物本身屋顶上的混凝土楼板构件内的钢筋网，如图7.7所示。这种设计的最大优点是充分利用现代大楼建筑物本身的结构，把避雷装置与建筑物本身完美地结合为一个整体，实现了麦克斯韦所倡议的法拉第笼防雷理想，既有最佳的防雷效果，又经济、牢固、持久、美观，常称这一整体避雷装置为笼式避雷网。

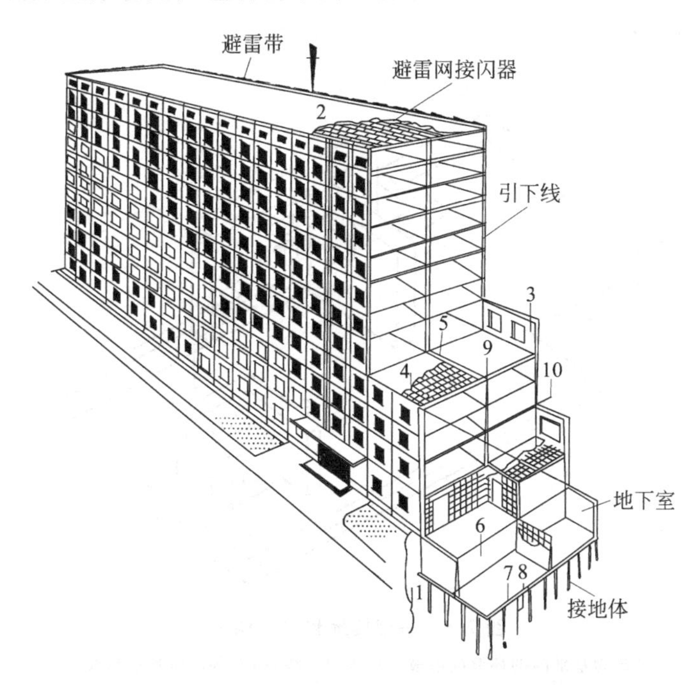


图7.7 利用大模板及装配式墙板结构的笼式避雷网示意

笼式避雷网利用四周墙面内的钢筋作引下线，利用地下的钢筋混凝土基础作为接地体。在大楼设计和施工时就要考虑到作为网状接闪器、引下线和接地体的钢筋网络之间的电气连接。由于现代大楼顶上常要架设各种天线(包括电视共用天线、BP机天线、微波天线等)、广告牌、航标灯等金属构件，这些都是引雷目标，所以大都在楼顶四周设置避雷带，它与建筑物内的钢筋引下线焊接好，成为笼式避雷网的一部分。各种楼顶上的金属物都用粗导体与避雷带牢固焊接起来。

这种笼式避雷网的防雷优点主要有：

(1) 在引雷保护方面避免了绕击的危险，不怕闪电侧击建筑物，而避雷针、消雷器则不能。

(2) 它可以起法拉第笼的屏蔽作用，虽则不能完全阻隔闪电的脉冲电磁场的入侵，但已大大削弱了它，对于弱雷及远处的落地雷的电磁场具有较好的屏蔽效果。

(3) 均压作用。它在不同高度处都配设均压环，把各层楼的金属管线等导体与均压环作电气连接，保持电位均衡，近似处处电位相等，人和设备不论在哪一楼层，都不会遇到反击或者旁侧闪击的危险。

(4) 削弱直击雷的雷电电磁脉冲的祸害。前面多处提到直击雷沿引下线入地时，闪电电流在四周产生很强的脉冲电磁场，这是避雷针的一个很大的缺点。笼式避雷网的引下线是为数极多的墙面构件内的钢筋，每条钢筋分配到的闪电电流就比较少，大楼的面积又大，所以室内电子设备所受到的脉冲电磁场就大大减弱了。

(5) 接地体是分布在地下四周的混凝土基础，可以形成均匀分布的均压网，与大地的接触面广，降低了接地电阻，而且钢筋得到混凝土的保护，受到的侵蚀作用减少，接地电阻比较稳定持久。在建筑施工时，应注意把出入大楼的金属管线与接地体妥善地作好电气连接，如图 7.8 所示。

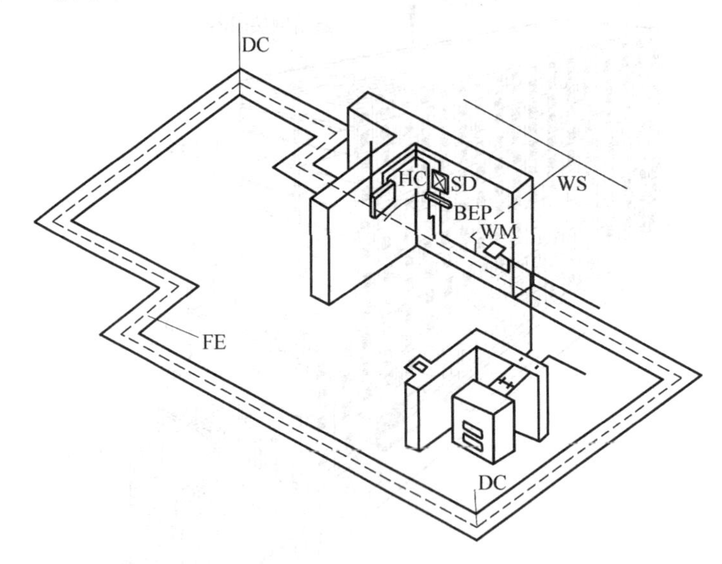


**图 7.8 基础接地和电位均衡**

FE 为基础内的环形接地极；DC 为引下线；BEP 为电位均衡母线；

WS 为自来水管；WM 为水表；HC 为进户线；SD 为避雷器

这种形式的避雷装置还是有其用处的，尤其是在一些孤独的面积不大的建筑物上，如烟囱、水塔、高的路灯架、油罐、微波站、变电所、火箭发射场等。避雷针的装设形式多种多样，有的是直接装在被保护的物体、构件、房屋上端；也有如肯尼迪航天发射场的变通的方式。后者是在发射架上 8m 高的环氧树脂玻璃钢柱子上设置避雷针，再用几根粗的金属拉线固定它，拉线的另一端非常远，它既起固定作用，又起引下线作用，使闪电电流入地点远离发射架，以防止反击。避雷针与发射架绝缘之后，发射架就不致受到闪电的作用，发射架很高(大都在百米以上)，空中的拉线不会对下方的人和设备产生闪击，这种装置费用较大。我国西昌火箭发射场没有这么做，而是采用三个独立的钢塔式避雷针保护发射架(见彩图 7)，避雷针塔的高度要高出发射架，这种独立于被保护对象的钢塔式避雷针应用较广。

这种避雷针能保护多大范围？这是设计和安装这种避雷装置首先要考虑的。估算避雷针保护范围的主要依据是看被保护的建筑物哪一部分先吸引闪电。显然，避雷针必须高于被保护的建筑物的最高点，高多少合适呢？是不是越高越好？这里不只是有经济上的考虑，还有实际效果问题。以往一般采用这样的见解，认为在针尖为顶以针杆为轴的 45°角的锥体内是避雷针的安全保护区。后来发现这样的锥体范围太大了，保护范围应缩小，于是有所谓折线法。最近又修正为用滚球法取代折线法，把保护范围再一次缩小。

这里要澄清一种常见的误解。认为避雷针越高，保护范围越大，特别是推销消雷器的企业，要求用户建非常高的钢塔来装消雷器，这是违反科学规律的。美国 G. Sharick 写了一本关于防雷的专著指出：Pierce 曾专门研究过高建筑物（包括建筑物顶上的避雷针）吸引雷电的半径 $r_a$ 及相关的面积 $A_a=\pi r_a^2$ 与建筑物高度的关系，于 1974 年提出表 7.1，并指出在 $h>150$m 时，$r_a$ 与 $h$ 无关。

**表 7.1　建筑物高度 $h$ 与吸引半径 $r_a$ 的关系**

| 高度 $h$/m | 吸引半径 $r_a$/m |
|---|---|
| 25 | 约 150 |
| 50 | 约 250 |
| 100 | 约 350 |
| 150 | 约 400 |
| >150 | 约 400 |

另外，根据实验测量与观测的结果，统计得出如图 7.9 所示的几条曲线，曲线上的数字表示避雷针的高度。可见，避雷针愈高其保护效果愈差，长针的保护率不如短针的保护率大，所以在大范围防雷的情况下常用多针保护方式，或者就改用避雷带更为妥当。

这里特别要说明，对于易燃易爆物库场，企图用一个高塔避雷针保护整个库场区是不可行的。弱雷易绕击低层建筑，增加了场区的落雷概率，普通建筑对弱雷有一定抵御能力，而易燃易爆物则不然，很弱的雷也足以引爆它们，所以在这种单位用很高的避雷针是非常不合适的。

除了避雷针的保护范围这个重要问题外，还要仔细考虑引下线的设置和接地问题。引下线上很大的雷电流会对附近接地的设备、金属管道、电源线等产生反击或旁侧闪击。如图 7.10 所示，图中如仅有一根引下线，闪电击中避雷针，其电流幅值为 $i$，电流变化率为 $\frac{di}{dt}$，则引下线各处相对于大地远处的电位升为

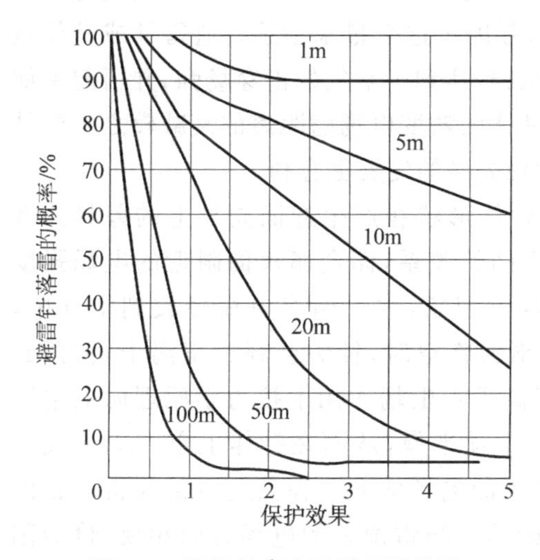


图 7.9　避雷针高度及其保护效果

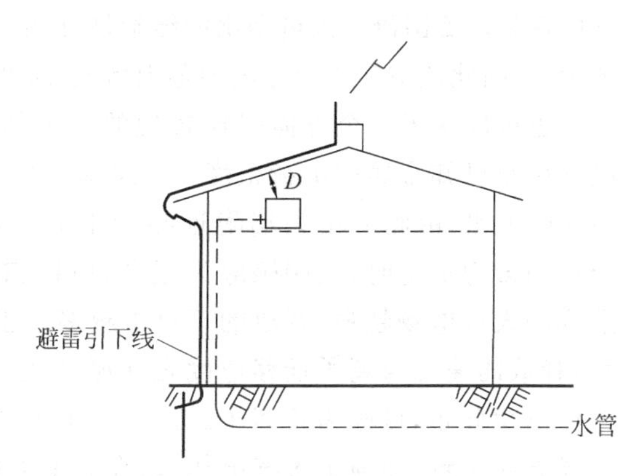


图 7.10　对房屋和地下水管系统的侧击

$$U = iR + L \cdot \frac{\mathrm{d}i}{\mathrm{d}t} \tag{7.5}$$

如果接地电阻为$R_0$，引下线单位长度的电阻为$R_1$、自感为$L_1$，则$h$高处的引下线上的电位升为

$$U(h) = i(R_0 + hR_1) + hL_1 \cdot \frac{\mathrm{d}i}{\mathrm{d}t} \tag{7.6}$$

通常粗细的单根引下线的$L_1$在$1\mu\mathrm{H}$的量级，$R_0$为$10\Omega$量级，比$hR_1$要大得多，在计算时可略去。中等雷的情况，可取$I=100\mathrm{kA}$，$\frac{\mathrm{d}i}{\mathrm{d}t}=50\mathrm{kA}\cdot\mathrm{ms}^{-1}$，若$L_1=1.5\mu\mathrm{H}\cdot\mathrm{m}^{-1}$，那么10m高处的电位升为

$$U = 17.5 \times 10^2\,\mathrm{kV}$$

对于尖脉冲，空气的击穿强度约为$9\times10^2\,\mathrm{kV}\cdot\mathrm{m}^{-1}$，在图7.10中，若水管与引下线间距为1m，则两者间的电场强度就达$17.5\times10^2\,\mathrm{kV}\cdot\mathrm{m}^{-1}$，足够产生火花放电。若人在室内离水管半米，引下线与人之间也足够产生火花放电。可见，单根引下线的做法是很有害的，远不如利用建筑物墙的钢筋作引下线。如果迷信外国的避雷针，在良好的笼式避雷网型的大楼顶上加装一支洋避雷针，另搞一套引下线与接地装置，则不仅是画蛇添足，而且是增加了雷灾概率。

避雷针的接闪器能否改进是当今非常热门的研究课题，学术争论非常大，介绍如下。

关于针的形状问题在富兰克林时期就有过激烈争论。富兰克林从尖端放电现象出发，认为尖形最好，但有人认为球形为好，但实践证明，是富兰克林的主张取胜。此后的二百多年来，无人再提出改进。

20世纪初，原子物理学取得巨大成就，使人类对闪电的了解大大深化，认识到大气离子的产生及其运动规律决定了闪电的种种特性及其发生、发展。避雷针之所以能接闪造成落地雷，与针端周围的电场分布和迎面先导的形成分不开，现代的电磁学理论已能较好地计算金属的表面形状与周围电场分布的关系。可以把尖端金属表面用各种长短轴比的椭球面来表征，以曲率半径大小表示尖端的尖与钝。由于避雷针的引入使电力线分布畸变，而大大增强了电场强度，又引入电场增强因子这个量来描述。避雷针或其他地面尖端发出迎面先导，是由于尖端附近的电场增强，达到了空气的击穿场强，并引起雪崩导电现象。美国研究人员得出的结论是：钝的针体的畸变电场随距离的衰减较之尖的针体为弱，因此使空气雪崩导电的范围增大，对迎面先导的发展更有利。

也可以从另一个方面来比较尖的与钝的针体形状在产生迎面先导上的差异。静电学中早已知金属面电荷密度$\sigma$与曲率半径之间的关系，而金属表面附近的电场强度与$\sigma$成正比，由此可见尖端附近必产生尖端放电现象，并不断有电荷释放到空气中。当雷雨云为负电时，尖端感应为正电，所以雷雨云临空时，针尖会释放正离子，雷雨云造成的大气电场越强，释放的正离子越多。正离子在电场作用下按力学原理向上空迁移，释放的速度与离子迁移速度之间必达到一个动平衡，从而在针体上空四周形成一层体电荷分布，可称为正离子云。正离子云产生的电场的方向在其上方是与雷雨云的电场方向一致，加强了大气电场，而在其下方则是恰与雷雨云的电场方向相反，恰恰削弱了原先的大气电场。防雷界称之为尖端放电产生的静电屏蔽效应。正是这种效应

使得地面尖端物的尖端放电电流达到确定的饱和值，这是自然界中的一种自动反馈现象。这抑制了尖端放电，尖端越尖，释放速度越大，则正离子云的体电荷密度越大，其屏蔽效应越强。以上是一种准静电状况，因为雷雨云的电场变化比较缓慢。

在闪电出现时，准静电条件不存在了，闪电的下行先导以接近光速的速度向地面运动，是气体离子迁移速度的 $10^5$ 倍以上，屏蔽电场尚来不及变化，而闪电先导的强大电场强度已作用到避雷针周围，针体对电场的增强作用导致雪崩导电，出现了迎面先导，也就是避雷针发生了引雷入地。比较尖与钝两种针体，由于钝形针的屏蔽电场作用较弱，因而引雷作用略强。

究竟这种理论学说对不对，就要靠科学实验来判断。美国从 1994 年起至 2000 年，连续 7 年进行野外现场对比实验，作对比实验的避雷针有三种：富兰克林避雷针、钝形避雷针和流光早期发射型 ESE 避雷针，观测到 12 次落地雷，每次雷均击到钝形针上，而富兰克林型和 ESE 型避雷针一次都没有引到雷。这表明富兰克林避雷针是可以改进的。

避雷针顶端规一化电场强度值见表 7.2，此表的来源是《地球物理学报》第 45 卷增刊(2002)庄洪春等人写的"大气等离子体避雷"一文中关于电场强度与避雷针尖曲率变化的数量关系的图表。

今有一针形导体棒垂直于地平面竖立，高为 $c$，地面大气电场强度原为 $E_0$。在针竖立后，针表面出现感应电荷，针尖的电荷面密度为 $\sigma$，其上方附近所产生的电场强度必为 $2\pi\sigma$，它叠加在 $E_0$ 上，而使上方的电场增大为 $E$。其中，$\sigma$ 的大小与针尖的曲率紧急相关。可以近似地把针的形状看成是一个旋转椭球，它是纵长轴为 $c$、横短轴为 $a$ 的椭圆旋转而成，$c/a$ 就可表征针的钝与锐的程度。今以这种近似的数学模型计算出距针尖端高度为 $h_1$ 和 $h_2$ 处的场强 $E(h)$ 与 $E_0$ 的比值，如表 7.2 所示。表中，$h_1$ 和 $h_2$ 分别表示 $E(h)/E_0=3$ 和 10 时距离顶端的高度，$E/E_0$ 单位量纲为 1。

**表 7.2　避雷针顶端规一化电场强度值**

| $c/a$ | $E(0cm)/E_0$ | $E(3cm)/E_0$ | $E(10cm)/E_0$ | $h_1$/cm | $h_2$/cm |
|---|---|---|---|---|---|
| 1 | 3.0 | 2.91 | 2.73 | 0 | — |
| 3 | 5.0 | 4.54 | 3.81 | 22.1 | — |
| 6.5 | 7.6 | 6.34 | 4.61 | 24.5 | — |
| 10 | 9.8 | 7.55 | 4.94 | 24.2 | 0 |
| 30 | 20.3 | 10.72 | 5.20 | 21.3 | 3.45 |
| 80 | 42 | 12.30 | 4.86 | 18.4 | 4.00 |
| 100 | 49 | 12.41 | 4.74 | 17.8 | 3.98 |
| 300 | 117 | 11.92 | 4.17 | 15.0 | 3.66 |
| 1 000 | 317 | 10.55 | 3.63 | 12.7 | 3.18 |
| 3 000 | 811 | 9.32 | 3.26 | 11.1 | 2.78 |
| 10 000 | 2 330 | 8.22 | 2.95 | 9.8 | 2.43 |
| 30 000 | 6 190 | 7.41 | 2.73 | 8.8 | 2.17 |
| 100 000 | 18 350 | 6.71 | 2.54 | 7.9 | 1.94 |

从表 7.2 可看到，$c/a=10^5$ 这样很尖的针，在紧邻针尖处，大气电场比原大气电场增大 1 800 多倍，可是在距针尖 10cm 高处，场强却只增大 2 倍多了。可是，$c/a=30$ 这样钝

的针，在距针尖10cm高处，场强却比$E_0$增大5倍多。图7.11显示了表7.2反映的规律。由此可以看到什么样的形状更易发生迎面先导，可以通过实验选出最易引雷的避雷针的外形。

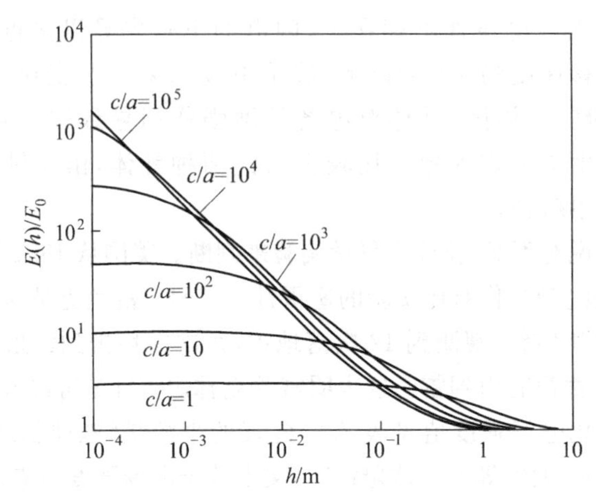


图7.11 表7.2数据的图示

早在美国研究钝形避雷针之前，国内就有一些人大力推销一种外国的ESE(early-streamer-emitting)避雷针，宣称是一种高科技发明，它的针尖装有一种机构。据宣传广告说，这种机构能提前发出流光，吸引闪电的下行先导，因此可以降低避雷针高度，大大提高了引雷效果，扩大了避雷保护范围。这种宣传迷惑了很多人，尽管它销售价很高，在世界各国销量极少，生产国几十年才销出12套，而在中国却销量很大。究竟真实情况如何？1998年，著名人工引雷专家郭昌明在《工科物理》副刊《现代防雷专辑(一)》发表论文"关于ESE避雷针的初步分析"，对此作了理论剖析，批评了广告宣传的谬误。最有说服力的是，在美国进行的野外现场实验中，这种ESE型避雷针和富兰克林型针一样都没有引雷！(详见中科院研究员刘欣生发表在《CHINA防雷》杂志2002年9月刊上的文章"传统避雷针的改进试验")。

20世纪70年代兴起的多针式避雷针，起初在美国和英国得到应用，不久中国也流行起来，而且命名为消雷器。其实这根本不是什么创新发明，早在1774年捷克Prokop Divisch就已制作了这种东西，针数多达216个，以为尖端比富兰克林型避雷针多可以释放更多电荷以中和雷雨云中的电荷，达到消雷。实践证明，它在与富兰克林型避雷针的竞争中被淘汰。二百多年后某些企业家利用人们对历史的无知，把这种东西以高科技新发明的外衣包装起来，但是实践终究会让人们醒悟的。西昌卫星发射中心曾把这种装置装在发射场附近，与三座铁塔式避雷针并列，进行长期的观测和仪器测量，证明它与普通避雷针一样，起了引雷入地的作用。

为何针多了，不能以尖端放电中和雷雨云电荷达到"消雷"呢？这在前面已指出：尖端放电有自动反馈机制存在，使多针与单针一样，不可能出现很大的放电电流，而且放电产生的电荷要经过很长时间才能到达云端，那时雷暴早已终止了。何况非常少的电量岂能中和雷雨云中大量的电荷。

另外还有匈牙利 L. Szillard 发明的在避雷针上加装放射源的装置,中国也曾有人引进过。它与多针式避雷针一样,放射源并不能加大尖端放电电流。相反,这种避雷针对居民有安全隐患,不允许使用。

对接闪器还有另一种思维。最初的避雷针接闪器只注重它的引雷效果。20 世纪 80 年代,信息技术的崛起和由此引发的雷灾使人们的防雷意识发生变化。引雷入地原是为了消散其能量,以免建筑物遭破坏,但是室内有了信息技术设备后,引雷过程导致雷电的脉冲电磁场进入室内,增大了这些室内设备的灾祸。只有减弱闪电的脉冲电磁场,才能保护室内的这些敏感设备。从电路的角度考虑,就必然会想到加大接闪器的电阻,从而减小闪电的电流强度,这就是半导体消雷器(简称 SLE)发明者的新思维。这里必须考虑几个无法回避的问题。首先,能量守恒原理是不可逃避的,从电路角度出发,SLE 要承受闪电能量的大部分,此能量在电阻上转化为焦耳热,SLE 能承受得了吗?岳健民高工曾作过令人信服的实验,证明半导体针不足以承受闪电的焦耳热。其次是 SLE 不可避免的出现沿面闪络,因为针的电阻与闪电电流的乘积就等于针体两端的电压,若它超过空气的击穿电压,闪电就从针体外的空气中放电,形成闪络,这种闪络的 $\frac{di}{dt}$ 很大,更易导致信息设备的雷灾。至于把闪电当作恒压电路考虑是否可信,究竟 SLE 能否削弱雷电流的强度等问题,无论从理论上还是从实验上,均无法给出结论。

另有一种观点,则是运用场的观念。室内信息技术设备受到雷击的作用是通过雷电流产生的脉冲电磁场,这种作用与两个物理量有关:脉冲电流的峰值 $I_m$ 和电流波的陡度 $\frac{di}{dt}$。这两个量的大小与电流波的波形有关,波形越平坦,则闪电的电磁场作用越弱,尽管两种电流波的总能量相同。因此,可以把接闪器作成一种弥散作用很强的传输线来改变闪电电流的波形,这样就可以设计实验来检验接闪器。而且它还有一个优点,闪电能量不消耗在接闪器中,而是仍让闪电入地去耗散它的能量。已有两个国家级大型实验室检验了这种具有弥散效应的接闪器确能显著改变脉冲大电流的波形,使其 $I_m$ 和 $\frac{di}{dt}$ 均显著减少。请参阅《清华大学学报》(自然科学版)2001 年 06 期第 7 页~10 页。

### 7.2.3　关于防雷接地

闪电能量具有很大破坏作用,让它耗散于大地中确是上策,但是它会引起地电位反击和跨步电压,因此必须降低引雷入地点接地电阻,这是建筑防雷和信息技术防雷所必须考虑的。如何做?许多工程书有详细介绍。

本书只简单论述两点。

#### 1. 接地极的材料

如今建筑常利用建筑物的基础和埋在地下的金属管道等兼作接地电极之用,称之为自然接地极。这样可以大大节省费用,效果也好。近年来已研制出导电水泥,若使用这种材料则更佳,可解除接地金属材料的腐蚀难题。另外我国的防雷企业还研制出非金属接地模块，以它取代金属作接地极，效果较好。

### 2. 化学制品降阻剂的采用

为了降低接地电阻而采用化学制品降阻剂已成为流行的方法。下面是董振亚在《电力系统的过电压保护》一书中的论述。

在高土壤电阻率地区，如用常规的接地装置仍难以满足接地电阻值的要求时，可在接地体的周围均匀地埋入长效化学降阻剂，也能使接地电阻值有明显的下降，但长效化学降阻剂必须满足以下几点基本要求：

(1) 导电性能好，降阻值稳定，不会因温度变化而变化；

(2) 不会腐蚀金属接地体，长效化学降阻剂的 pH 值应为 7～9；

(3) 无毒，不污染环境(包括地下水)，且便于施工，要求降阻剂不含危害人体健康的化学成分，可以任意调节凝固时间，强度要大，耐久性强，渗透性好。

在接地体周围埋设化学降阻剂的情况如图 7.12 所示。

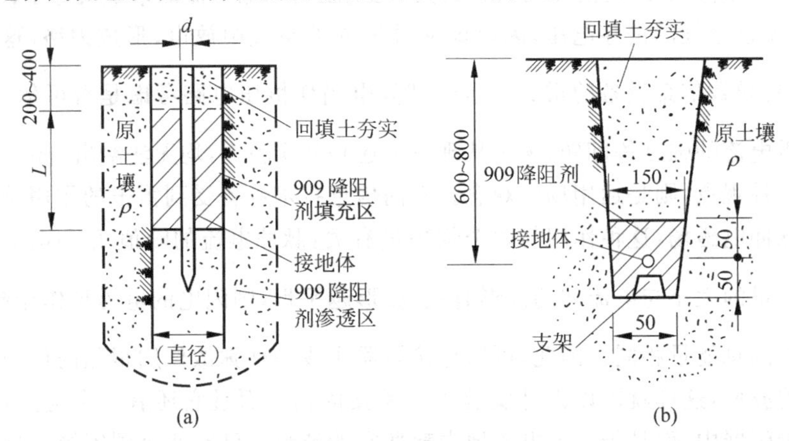


**图 7.12　将化学降阻剂均匀地埋在接地体周围的示意图(未注明单位为 mm)**

(a) 垂直接地体；(b) 水平接地体

国内外各种降阻剂的主要技术性能如表 7.3 所示，可以参考采用。国内降阻剂的种类颇多，但应采用经过正式鉴定合格且经实际应用证明有效的降阻剂，才能真正达到预期的效果。

**表 7.3　各种降阻剂性能比较表**

| 降阻剂名称 | 配　方 | 外形 | pH 值 | 每一接地单元用量/kg | 每米水平接地体用量/kg | 降阻率/% | 腐蚀性/污染性 | 毒性/稳定性 | 渗透性/耐冲击能力 |
|---|---|---|---|---|---|---|---|---|---|
| 富兰克林-民生 | Mg Al Zn Mn $R_1$ Ca Si C K R E | 固体粉末 | 7～9 | 8～12 | 4～6 | 50～80 | —/— | 无/好 | 强/强 |
| 石膏类 | 半水石膏、聚乙烯醇、高岭土硫酸钠二水石膏 | 固体 | 4～6 | 80～150 | 60～80 | 30～50 | +/+ | 微/较好 | 弱/较强 |

续表

| 降阻剂名称 | 配　方 | 外形 | pH 值 | 每一接地单元用量/kg | 每米水平接地体用量/kg | 降阻率/% | 腐蚀性/污染性 | 毒性/稳定性 | 渗透性/耐冲击能力 |
|---|---|---|---|---|---|---|---|---|---|
| 碳素粉 | 碳素粉、生石灰水、食盐 | 固体 | 7～9 | 40～100 | 30～40 | 30～50 | +/− | 无/较好 | 弱/较强 |
| 日本氧化铝—膨润土 | 氧化铝、土 | 固体 | 7～8 | 300～2 000 | 40～100 | 35～55 | −/− | 无/较好 | 弱/较强 |
| 广西 WJ-Ⅲ型磷石膏 | 石膏、硅酸钠、石灰 | 固体 | 7～9 | 25～30 | 3～10 | 35～50 | +/− | 无/较好 | 弱/较强 |

## 7.2.4 展望

建筑防雷经费中最主要的是接地，特别是室内有了信息技术设备，接地的困难就更大了。而且按照信息工程的要求，常需要在高山上建微波站、电视转播站等，山顶雷多，而岩石的电阻率极高，接地工程是大难题，这就使人们不得不寻求防雷新思维。

先来看一个雷灾实例。1988 年 7 月 23 日河北某县微波站周围发生雷灾，微波站、变电所和电力局调度室等多处通信和电气设备损坏，中断通信约 1 小时。该站布局如图 7.13 所示。

微波天线铁塔最高，当然是引雷的最主要对象，受到闪电袭击，机房离它不到 5m，机房内安装的是日本 NEC 公司生产的通信机，通信机房下为电源室，全站各设备共用同一接地装置，接地电阻 0.33Ω(事故后复测为 0.27Ω)。

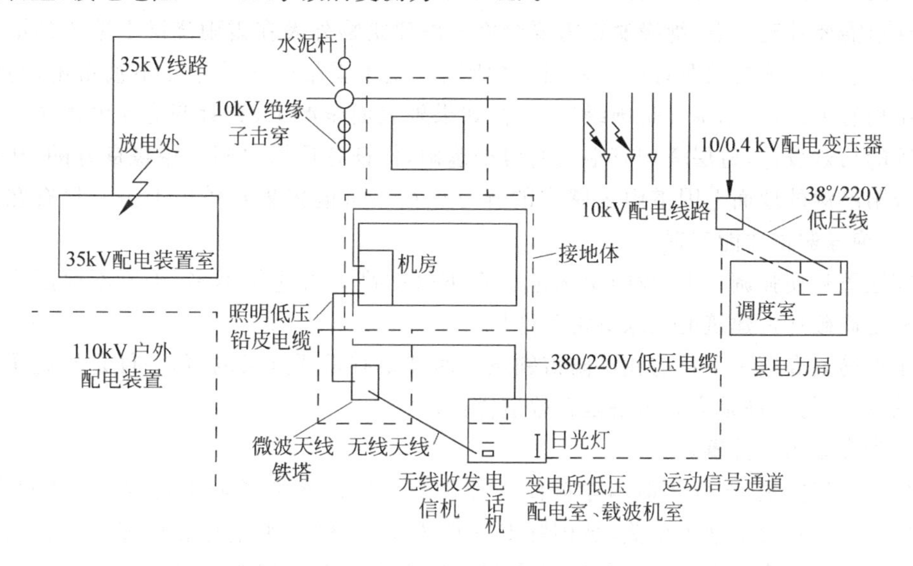


图 7.13　河北某县微波站布局

从图 7.13 可看出，县电力局调度室与落雷点——天线塔相距较远，可是落雷瞬间调度室内 Super 微型计算机、SIF-Ⅱ电力调度远动装置、来自变电所的载波电话机及 FM251GH 天线收发信机等设备同时损坏。这个实例可充分地说明现代雷灾的特点，这显然是感应过电压沿导线传播造成的。雷击由微波天线铁塔而入地，使地电位升高，对各接地的设备产生反击。因为它们都是共地的，各设备的接地点同时电位升至很高值，而各设备的各元器件与电源连接端的电位未变，此电位原先相对于接地端是高电位，而现在与接地端相比，则远比低得多，两者间巨大的电位差足以损坏这些元器件。

另外，闪电先导同时对 10kV 和 35kV 架空电网产生的感应过电压，还有空间的 LEMP 等，这些造成这个地区大范围的雷电灾害。只要接地、均压、屏蔽分流等防雷技术措施有一点考虑不周，就会出事故。

事故后，中国电力科学院防雷专家杜澍春调查研究之后，提出："从理论上看，如能将机房形成一理想的法拉第笼则无论是外部电磁场或电位升高，对笼内设备将不再发生任何电磁干扰。"这正是近年国际、国内的新思路，有很重要的实际价值。高山站大都是岩石地质，大地散流电阻很大，一般的设计、施工中接地电阻值都不免较高。雷击电流入地，法拉第笼的整体电位会骤然升得很高，为什么没有灾祸呢？在《电、静电、雷电防护》一书中举了一个例子说明。这就好像一只站在高压输电线的一条线上的鸟，电压不论多高，也不会触电死亡，因为它全身与高压线等电位，身体各部分与高压线之间没有电位差。早在 1876 年，麦克斯韦就倡议使用法拉第笼原理来取代避雷针，他还注意到法拉第笼不需接地这一事实。今天全天候飞机就是不接地的法拉第笼。

还有更好的建筑防雷观点，那就是绝缘避雷。既然高山顶上岩石绝缘较好，就可以因地制宜采用绝缘避雷方法，不但大大节省费用，而且效果更好。因为闪电不落到这里，室内的大量贵重的信息技术设备受到的闪电的脉冲电磁场就弱多了，当然云闪离得较近，电磁脉冲的防护仍是需要的，只不过其性能规格的要求就低了！

这里需要补充一点，绝缘避雷需要全面考虑建筑物外表在雷雨浇淋下造成的沿面导电危险。前文描述的山西省应县木塔，之所以屹立于雷暴中历千年而不被雷击，与它的建筑结构有关系，干木本身是绝缘良好的，如果外表面全湿了，它就变为导电体了。由于建筑师的巧妙设计，每层塔均有很宽的房檐遮雨，保证各层塔之间是绝缘良好的，从而使周围被雨淋湿的地面上因雷雨云感应的异号电荷不可能聚集到塔顶上去。只有在这个条件下，绝缘避雷才能实现。

在这里顺便强调一下，我国幸运地保存下来的高大古建筑不多，千万不要因为热衷于搞旅游而破坏古建筑的绝缘避雷条件！

下面简要介绍一下目前我国防雷领域的两件很有重要意义的事，一件是等离子避雷技术的发明，另一件是应县木塔是否曾遭雷击。

首先介绍第一件事。

中科院研究员、国际宇航科学院院士庄洪春发明的等离子避雷技术，于 2002 年 12 月国际发明博览会上获得金奖，被国际专家评委认定是"人类生存和保障的最佳发明"，这是中国参展代表团惟一获得的特等金奖。这个项目在我国雷电最多发的地区云南省的西双版纳选定 10 个单位，建立现场雷击考验点，一年后于 2003 年 12 月 13 日举行"等离子避雷球试用鉴定验收会,”经专家组鉴定通过,云南省气象局随即颁发许可证。防直击雷是一项极有价值的创新和突破,不仅取代了富兰克林的建筑防雷体系,而且对信息技术设备的防雷大有益处。

这项防直击雷新技术的基本原理,说穿了并不神秘复杂,与我国古代留传下来的绝缘防雷非常相似。第4章关于闪电的现象和物理过程的描述是非常重要的基础知识,是研究防直击雷者必须牢牢把握的。庄洪春思考的科学出发点就建立在这个基础上,这是富兰克林时代的人以及迷信富兰克林防雷思维的人所不具有的！无论云间闪或地闪,它的形成都离不开一个物理条件：空气中必须有一条畅通的导电通道。空气本身是绝缘的,大量自由电荷不能穿行,除非空气被电场力的作用而击穿,出现雪崩电离状态。

从各种闪电的照片可看到,许多闪电常是止于半空中的分叉,这是因为梯级先导运行到中途,其携带的电荷不足,不能再击穿前方空气,通道就此中断了。因此,地闪的形成必须有两个条件：第一是下行梯级先导携有足够多的电荷,以维持它向地面接近;第二是当下行先导接近地面时,地面物感应电荷分布足以使某一点地面物表面电场达到使空气击穿而发出上行先导,并能不断向上发展而与下行先导会合,形成一条导电通道,与雷雨云的荷电区接通。

如果地面物是绝缘体,雷雨云的电场以及它的下行先导的电场不能使之产生感应电荷,它的任何部位都不可能使空气击穿而发出上行的迎面先导,则绝不可能出现落地雷,直击雷就必落到其他能导电的地面物上,这就是绝缘避雷的基本原理。庄洪春的创新思维就是立足于此,他曾长期在美国研究空间科学,了解美国航天飞行器遇到过的技术难题及其解决的办法。20世纪80年代回国,在中科院空间中心工作,在研究我国卫星发射基地的防雷难题中,联想到美国运用等离子技术防止卫星外表面两部分之间的放电击穿这种措施,因而设想到一种从未有过的防直击雷的方法。这种方法就是:用等离子气体覆盖在被保护的地面物上,只要这层气体的导电率超过一定的值,被保护的物体表面的电场强度就被限制到确定的值,使得空气不被击穿,产生不了迎面先导,就不可能受到直击雷的袭击。然后他结合闪电过程的物理特性,运用数理方法,计算出达到防止雷击所必需的等离子体的离子浓度值,再设计出检验这一理论思维所必须进行的物理实验模型,而后在空间中心实验室进行实验。2000年1月他邀请各方专家来考察他的实验:两个全同的建筑物模型并置在人工闪电的几十万伏的高电压、电场中95%以上的高压放电击在没有等离子体覆盖的建筑模型上,表明庄洪春发明的防直击雷技术的理论是可靠的,能受得起科学实验的检验。在场专家对这一点是有一致认同的,但又一致认为这一设想的技术尚不能推荐到防雷工程中去应用,主要理由是实际使用时存在一个无法解决的技术难题——实际上的被保护物的表面积很大,当今尚无任何技术能产生大量等离子体保证覆盖所保护物的全部表面积。

为了解决这个难题,庄洪春等通过进行理论计算和实验技术研究,终于突破了上述难题,这里只介绍两点。第一是解决了等离子体的制作技术;第二是理论思维上的转变,从抓电导率消除闪电转到抓被保护物表面的感应电荷的消除,从而研制了一种电荷放大器,它能充分供给所必需的异号电荷以中和被保护物表面的感应电荷。前文已指出,落地雷击建筑物有确定的规律,王时煦和马宏达有过长期的考察、统计,闪电袭击的部分必是屋顶脊、屋顶角等尖端,也就是感应电荷面密度最大处。因此建筑防雷设计规范作出规定，应在这些部位上方布设避雷带接闪。庄洪春注意到这个规律，并且比王、马所进行过的调研工作更前进一步，他和他的博士生们运用数理方法计算出不同部位的电荷面密度的分布值，因而可定量地确定这些部位感应电荷的总数，由此定出电荷放大器的设计参数。对于已装有避雷带的建筑就好办多了，可以用金属条壳覆盖在避雷带上方，互相绝缘，当然也对地绝缘，电荷放大器供应的异号电荷与避雷带上的感应电荷的电场相互抵消，就使这些地方不可能发生空气击穿，也就不可能发出迎面先导了。由于覆盖壳与地绝缘，所需的电荷量有限，所以这一套避雷设备耗能不太大。

还需指出很重要的两个方面。

第一，从这套防雷技术设备的工作原理看，它绝对不需要接地。显然，建筑物表面受雷电云电场作用所产生的感应电荷的数量与接地有关，接地工程越庞大、良好，则感应电荷越多。还应看到，有许多重要的需要防雷的建筑，如微波接力站、电视转播站、雷达站，它们绝大多数建在绝缘良好的山顶上，采用等离子避雷技术非常合适，不必搞什么工程量极大、费用极高的接地工程。此外有许多军用设备需要防雷，它们是必须装在移动的车上，车轮是绝缘的，无法做什么防雷接地，等离子避雷技术正好合用。

第二，这套避雷技术与雷电场探测和自动控制技术紧密结合在一起。由于这套设备耗电量稍大，而一年中雷暴来临的时间并不多，为省电，全套设备只在被保护物处在闪电先导接近时才自动接通电源开始工作。为此这套设备配置了精密监测大气电场的仪器，当它测到被保护物上空的电场强度接近警戒值时，就自动打开等离子体发生器的电荷发生器。一旦大气电场值低于警戒值，整套设备就自动停止工作。

这一设备的上述两种功能对于防雷事业有极高价值。不妨举众多消雷器的争议为例。推销者总是声称：安装了它已若干长久时间了，没有出现雷击事故，由此证明是它的存在而消除了雷击。其实，直击雷的出现本来就是小概率事件，影响闪电的行径的因素很多，根本不可能从这里找出证明和反证的科学依据。而等离子避雷技术则不同，它自备了自我考察鉴定仪器，当探测到的大气电场强度达到警戒值时，表明闪电的下行先导已接近被保护物，接近雷击距离，很快就要发生落地雷，而云南省西双版纳州的10个试验点却始终没有遭到雷击，证明了这10套仪器设备起到了拒雷作用，这样的事实才可称为科学检验。

另外，这套自动探测大气电场和自动控制电路还可以应用到许多防雷场合，有许多无人看守的信息技术站，特别是军事部门，设置在高山顶或深藏在地下洞穴，感应雷电流沿着电力线或信号线进入到这些微电子设备，就会出现雷灾。如果在这里装上这套设备，它就能在雷暴降临瞬间自动断开线路，切断感应雷电流的通路，在一个短瞬间之后又自动恢复接通状态，正常工作。

第二件事给防雷界带来反面教训也与“绝缘防雷”紧密关联。

2003年11月《第二届中国防雷论坛论文摘编》第59页刊出一文“从应县木塔遭受雷击谈‘绝缘防雷’”，斩钉截铁地认定应县木塔遭了雷击，认为绝缘避雷是错的。其理由是：“2002年9月7日夜，有目击者见到应县木塔塔顶发生火光，当时县气象站有雷电发生的记录。9月15日，发现木塔内五层辅柱被雷击，木质撕裂，长约1m，宽0.1m，深0.05m，雷击破的木片将几米外的泥塑神像击损。”然后根据上述描绘的事实，该文作者作出分析:“应县木塔位于山西省朔州市,属于干旱少雷……。20 世纪 50 年代在距塔约 100m 处发生过两次直击雷的记录,……不能说在此之前塔未遭过雷击。……可以把对地绝缘极好的古木塔比作一棵大树,在雷云电场作用下根梢很少能感应出异性电荷,……但在雷电下行先导的击距内时,雷击仍会造成大树折断或燃烧。应县木塔的绝缘只能减少雷击次数,而无法避免不遭雷击。”最后该文做出结论:“A. 应县木塔确实遭受了雷击。B. 即便是木塔的确在过去 964 年中未遭受过雷击,仅仅凭这一个个例便要否认富兰克林的外部防雷系统是否有‘一叶障目’或‘攻其一点,不计其余’之嫌呢? C. 有关部门已决定从塔顶铁刹引下两条引下线,并在塔底做环型接地装置。”

下面对此进行分析。

首先必须鉴别事实的真伪、凭证的真伪,这是理论分析、判断的基础,在概念上绝不可含糊。先看此文认定“木塔遭雷击”这一事实是否确切无误。

(1) 有人看到“塔顶发生火光”,这绝对不是闪电击中木塔,本书第 1 章早已说明,古代中国和西方人均看到雷雨之前,高耸的金属杆尖端出现火光,是一种常见的电晕放电而发光现象,与闪电的火花放电有很大区别。

(2) “县气象站当时有雷电发生的记录”这句话并不是“木塔遭闪电袭击”的合理证明,气象人员听到雷声就可以记录下来,作为一个雷电日的依据,但无法证明何处遭了直击雷,除非该气象人员出示闪电照片,且有相机拍照显示的日期。

(3) “柱被雷击,木质……”这段话用词不当,而且事实描述有重要疏漏。柱子开裂的原因未查明,岂能先咬定是雷击,类似于法律上看到一个尸体不可以说这是被杀者的尸体,因为尚未查明死因。这里有一个起码的常识问题,闪电流过任何物体,必会出现焦耳热效应,木材或砖瓦被劈裂,主要是热膨胀所致的力学作用。而木塔内的任何木料都是非常干的,当然也就是电阻率较大的,电流通过时必有较大的热效应,所以它首先必因过热而燃烧,然后才有炸裂现象,这就是为什么森林雷击之后必发生大火灾,而木房遭雷则必烧毁,无一幸免!该文作者在分析中就说到它,为何此处一点也不说及木柱及木片的烧焦着火的现象?若没有热现象怎么可以断言木柱被雷击?!凡是稍有用火常识的人均知道,竖直的筒状物的“拨火”作用是非常显著的(凡电梯间着火是最危险的),这种自然的“拨火”作用能迅速把它烧光。而木塔正是这种构造,塔内任何小小的火星就会形成强大的上升气流,立刻发展为无法扑灭的大火把塔烧光,怎么可能会木塔被闪电击中,木柱开裂,碎木片横飞,却不见大火燃烧的结果?

(4) 文章说“木塔所在地干旱少雷”,却又说“20 世纪 50 年代在距塔约 100m 处发生过两次直击雷的记录……”是自相矛盾的。更重要的是该文由两次直击雷的记录作出结论“不能说在此之前塔未遭过雷击”,明明两次直击雷打在塔外约 100m 处,此处并不属于塔身,怎么可以作为塔身遭雷击的证据?!

不管闪电现象如何复杂,它必服从两条最基本的物理原理。一条是异号电荷相吸,也就是电荷必受电场力的作用而运动;另一条是只有导体才会形成电流,也就是空气只有在电场作用下击穿导电之后,才能形成闪电。

由上述基本原理可以很明确地推断出:大范围的良好导电状态的接地工程会增加该地区的落雷概率!彩图 6 是一张肯尼迪航天中心发射场的照片,很清楚地说明了这一道理。闪电不打到避雷针上,却是绕过它和巨大的火箭打到火箭底下的地基上,因为地基是由导电非常良好的接地网组成,这个导电良好的地面聚集了大量的异号感应电荷,对闪电下行先导端部的电荷有强大的吸引力。由此可以联想到北京首都机场的情况,18 套避雷针必将配备相应的庞大接地装置,18 个接地装置连接起来的机场地面会是多么巨大的良导体,对闪电的下行先导必将有巨大的吸引力,大大增加了首都机场的落雷概率。这是典型的"花大钱买雷灾"。

由此可看到,防避这种直击雷灾的好办法就是"躲"。美国和我国的航天发射场就都是这么做的。

## 7.3 雷电电磁脉冲防护

### 7.3.1 概述

雷电电磁脉冲简记为 LEMP,即 Lightning Electromagnetic Pulse。雷电电磁脉冲防护(Lightning Electromagnetic Pulse Protection)的概念包含很广,可以说除直击雷以外的所有各种雷击灾害的防护都包括进去了。或者说,富兰克林发明的避雷针只能防护雷电直击建筑物的灾害,此外的一切防雷技术措施都归属于 LEMP 防护,它是现代防雷技术的主要部分。以往常把直击雷灾害之外的雷灾称之为雷电的二次效应,并沿用很久,这一习惯说法不够确切,近年国际上逐渐改用 LEMP 取代之。

任何一个现代防雷工程所考虑到的防护对象有三方面:建筑、人和设备。它所对付的自然祸害分两方面,即闪电直击建筑物和闪电的电磁脉冲对建筑物、人和设备的袭击。第一方面主要靠建筑物的避雷装置,而第二方面涉及的防雷范围、措施要广泛、复杂得多,两个方面有联系,考虑的角度和方法也不同。

现代防雷是一种系统工程,因为闪电是发生在整个空间范围的,从对流层以下的大气范围直至地表之下,全方位地危及人类的生产和生活,上自航天飞行器,下至深埋地下的油、气管道及电缆、隧道工程,无不受到其侵袭之祸,所以防护工程也要在这样广阔的范围内考虑。把防雷保护划分几个区,层层设防,分别考虑,就可以比较安全,又可以经济有效。

(1) 凡是闪电直击地区都属于 0 区,具体说,凡是设置避雷装置的建筑物之外的空间,架空输电网的避雷线以上的空间,地下电缆金属屏蔽套或铁管以外的区域,都属于 0 区。这个区域的闪电危害最严重,除强大的直击雷的高电压、大电流外,还有闪电袭击架空金属线或地下金属管道等产生的过电压波、感应雷过电压波、脉冲电磁场等。

在 0 区防雷的措施有四种。第一种是主动出击,把雷电能量消耗掉,如用飞机撒播金属箔条于雷雨云,或者发射拖有金属线的小火箭引发闪电。第二种是被动地引雷入地,把雷电的能量泄放入地,那就是避雷针、避雷线、避雷网等避雷装置。第三种是把沿金属管线传播的过电压波拦截并泄放入地。这些设备都应有相当大的容量,能传送足够大的峰值电流入地而自身不致毁坏。第四种是各种屏蔽设备,如建筑楼房的笼式避雷网,用金属箔或网蒙在局部的实验室或大型设备外,也可以是仓库设备的金属外壳,或者是电缆的金属外套或套在导线外的金属管等。

(2) 在上述0区之内的空间被称为1区。在1区,不存在直击雷和强大的过电压波的侵入,闪电的脉冲电磁场也得到一定程度的削弱。通常在室内的人和仪器设备就是处在1区内。但是LEMP仍可以对它发生雷害,特别是微电子设备。

这时的防雷措施只有两种。一种是加屏蔽,例如把特别敏感的仪器放入特别建造的屏蔽室内工作。另一种是在仪器设备的输入线路或输出线路端和电源线路加装各种规格的避雷器。当然进入屏蔽室的所有线路也必须装设避雷器。在1区内的避雷器的电压和功率容量都比0区的大大降低了。

(3) 在上述这种特殊的屏蔽室内或者装有避雷器的仪器金属壳内则是2区。在2区内LEMP再度削弱,但某些非常灵敏的仪器仪表仍会受到LEMP的作用而产生误动作,所以还需要在仪器线路中插入避雷器,当然这只需要比较低的工作电压和容量的元件,组成第三、四级防护。

可以这么说,除了建筑物和室外的人身防雷之外,其他的种种防雷都属于LEMP防护。20世纪初以来,电力系统、邮电系统的防雷工作其实大部分是属于LEMP防护,是0区范围的强电磁脉冲的防护。20世纪中叶以后,石油、化工行业的雷灾相当多是属于0区范围的LEMP。70年代—80年代以后,航天航空受到的雷灾有所不同了,除了0区外,1区的LEMP成为很重要的部分,这是与微电子技术的迅速发展和应用分不开的。而邮电、电力部门的状况也随之发生类似的变化,因为微波通信、数字通信设备和计算机的大量应用,1区甚至2区的LEMP上升为很重要的部分。近年来,银行系统、行政办公系统也频繁出现雷灾,这就都是1区、2区的LEMP了。凡是1区、2区的防雷基本上都属于弱电系统的防雷。

下面介绍常用的避雷器。

(1) 火花隙,或称保护间隙。这是简单而原始的避雷器。它最原始的形式就是两个金属尖端,一个接地,另一个接在被保护的线路上,两尖端的间距由被保护电气设备的额定电压值确定。过电压波到达火花间隙连接点时,电压上升到空气的击穿电压值,空气被击穿,就发生火花放电,甚至产生电弧,这时雷电流就在此处分流入地。击穿后,火花隙两端仍有电压,其值是由电弧的特性所决定,称此电压为避雷器的残压。它应比被保护的设备的安全允许电压低,调节火花隙距离,可以达到这个要求。在电力设备中,为了使通流的容量加大,火花隙作成角形。角形保护间隙如图7.14所示。

由于火花隙的一端是被保护的设备的工作线路,火花隙放电时,空气电离成为导体,雷电的过电压消失后,工作电压仍可以使气体继续导电,形成电流,称之为续流。过电压波产生的电弧温度很高,所以空气隙的阻抗很低,工作电压的续流可以很大,相当于使工作电压短路,将引起电力系统的断路器跳闸。

(2) 管型避雷器。常用GB表示,构造如图7.15所示,它是一种改进以后放在管状外壳内的火花隙。在雷电流经火花隙放电入地时,管内装置因高温而产生气流,它能把续流电弧吹熄。多用于电力输配网的线路保护上,与火花隙一样,有不少缺点。

(3) 气体放电管。这是用于弱电设备防雷上的避雷器。与以上用于强电系统的避雷器有所不同,其差别在于工作电压。前面说的管型避雷器大都用在变电所等的进线处,工作电压是工频高压，续流很大，而气体放电管从物理上看，也是放在管内的火花隙，但体积小，接在电子设备的线路上，工作电压低。早期是用玻璃管，现在改用陶瓷管壳且密封。气体放电管可分为二极管、三极管、五极管等。常用的放电管的冲击击穿电压在1kV左右，其突出优点是耐流能力较大(可达20kA)，极间电容较小且稳定，较适用于高频多路通信设备，作第一级或第二级保护元件。

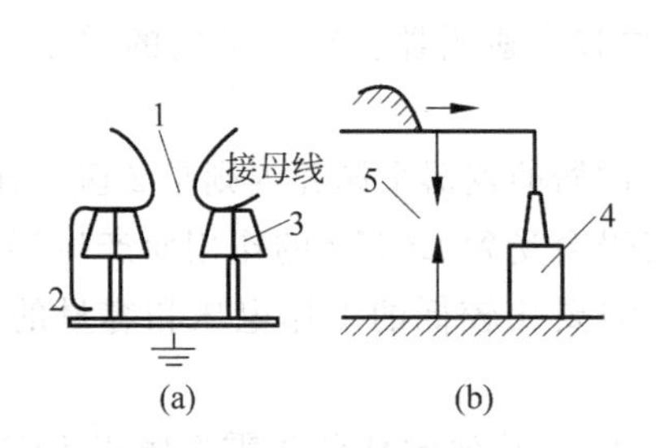


**图7.14 角形保护间隙及其与被保护设备的连接**

(a) 结构；(b) 与被保护设备的接接

1—主间隙；2—辅助间隙(为防止主间隙被外界物体短路而装设)；3—瓷瓶；4—被保护设备；5—保护间隙

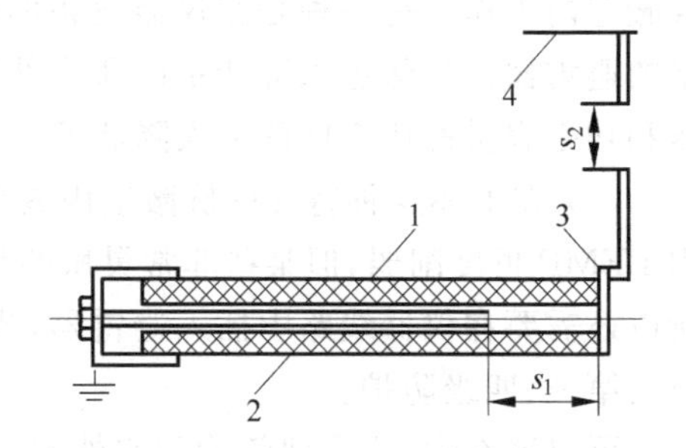


**图7.15 管型避雷器**

1—产气管；2—棒形电极；3—环形电极；4—工作母线；$s_1$—内间隙；$s_2$—外间隙

这里要提到一个重要的参数，就是时间响应，从过电压波到达避雷器的瞬间到它的击穿放电导通的瞬间，有一个时间延迟。若在到达放电瞬间之前，过电压并未降至残压，这时过电压已到达被保护的设备，则这个避雷器就失去意义了。所以在弱电防雷工作中，特别要重视这个参数。气体放电管的时间响应要大于半导体型避雷器。

(4) 阀型避雷器。它是由非线性电阻元件(又称阀片)串联而成。阀型避雷器有多个型号以适应不同的保护对象。在强电系统用的避雷器，均串联有火花隙，根据火花隙的灭弧方式而分为两种。一种是非磁吹火花隙的普通型，是由若干个间距约0.5mm～1.0mm的单个间隙串联而成，单个间隙的短弧能自然熄弧。这种自然熄弧型避雷器分两种型号：FS型系列适用于配电系统，FZ型适用于变电所。另一种是磁吹火花间隙，也是由若干单个火花隙串联而成，利用磁场使电弧受力运动而提高灭弧能力。磁吹火花间隙避雷器也有两种型号：FCD型适用于保护旋转电机；FCZ型适用于电站。

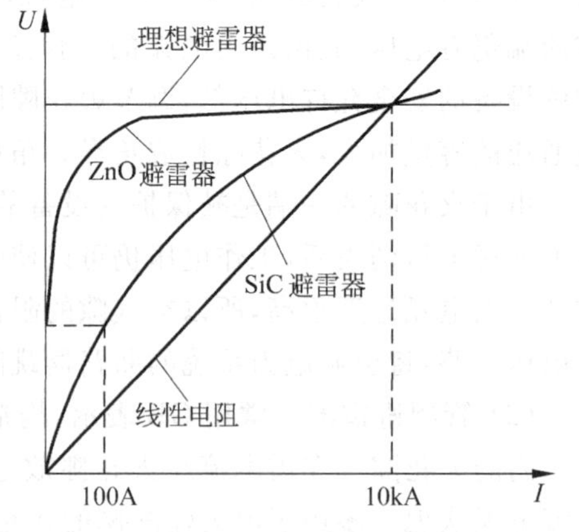


**图7.16 ZnO避雷器、SiC避雷器和理想避雷器伏安特性的比较**

在20世纪80年代以前，阀型避雷器的阀片材料都是用SiC，现在则逐渐被ZnO取代了，它们都是半导体材料，其伏安特性如图7.16所示，都是不遵守欧姆定律的非线性电阻。SiC的价格贵，而性能却比ZnO差多了。从图7.5可看出，如果在10kA电流下两者的残压相同，那么在额定电压(或灭弧电压)下ZnO曲线所对应的电流

(即续流)在 $10^{-5}$A 以下,可以近似地认为续流为零,而 SiC 曲线所对应的续流却是 100A 左右,所以 SiC 避雷器日趋淘汰。

由于 ZnO 材料的伏安特性曲线很接近理想曲线,所以,几乎成为当今最重要的新型避雷器材料,被广泛使用。除了用于超高压电力网络以外,ZnO 避雷器已不再串联火花隙,其主要优点有:

① 由于不串联火花隙,因而消除了所有带火花隙所产生的问题。首先是大大缩短了响应时间;其次是不受到污染,也没有因大气变化带来的不稳定性。

② 无续流。

③ 降低了过电压。

④ 通流容量大。

⑤ 体积小,重量轻,结构简单,运行方便,寿命长。

这里介绍一个衡量避雷器性能的参数——残压比,简称压比,它是指避雷器通过 10kA 的冲击电流时的残压与通过 1mA 直流时的电位降的比值,此值愈小,意味着通过大电流时的残压愈低,表明 ZnO 避雷器的保护性能愈好。目前 ZnO 避雷器的压比约为 1.6～2.0。

但是,还会有一些问题需要注意。因为 ZnO 避雷器的阻值并非无限大,并联在工作电压下,必会长时间的流过微弱的工作电流,会有些温升,因而造成老化而缩短寿命、性能变坏。特别是多次受雷击之后,有可能失效或发生爆炸。因此,需要在经过雷电季节之后检查和换新。尤其应注意,它是氧化物材料烧结而成,产品性能与原材料成分、配比及烧结工艺有关,各生产厂的产品甚至同一工厂的每批产品,因材料不尽相同性能优劣会有差异,购买使用都应检验测量。

(5) 压敏电阻。其实就是 ZnO 材料制成的电阻元件,与 ZnO 阀型无间隙避雷器本质上相同,只是体积小,适用的场合不同而已。它是近年新出现的电子元件,广泛用于电子电路中,也可以用于弱电系统的防雷中作为避雷器。当使用在这些场合时,其工作电压低,寿命就长多了,性能更稳定可靠。它的响应速度可达毫微秒级,冲击容量可达 10kA(8/20$\mu$s)。在恒定电压的地方,有一定的漏电流,如产品质量不好,则漏电流会逐渐增大,不仅会造成其本身损坏,而且随着漏电流的增大,残压也会增高。

(6) 半导体二极管。包括齐纳二极管、开关二极管和瞬态二极管。它们的性能大致相同,在限幅电压等级和耐冲击能力上稍有差异。最大优点是响应速度快(毫微秒级)、限幅电压低,最适于放在末几级保护电路,其致命的弱点是耐流能力低。近年正在发展的瞬态二极管克服了这一弱点,耐流能力大大提高,可以用到第二级甚至第一级保护上。

(7) 正温度系数热敏电阻(PTC)。它主要用在限制电流的剧增上,串联在被保护的器件的电路中,与上述几种避雷器组合起来使用。

(8) 高压电容器。它并联在过电压波通过的线路与大地之间,也可以把闪电的脉冲电流分流入地,有时它与电抗线圈配合,构成防雷滤波器。在电力系统常把它与各种避雷器组合,来保护重要的发电机,图 7.17 就是一个典型例子。

(9) 波导分流型避雷器。这是 1989 年 9 月 21 日《人民日报》要闻版介绍的一种新型避雷器,由我国四川中光高技术研究所于该年研制成功,且迅速投放市场,多年来在各地微波通信系统高科技设备的防雷实践中已取得成功,受到广泛的欢迎和采用,解决了前面八种避雷器所无法解决的高科技设备的防雷难题。

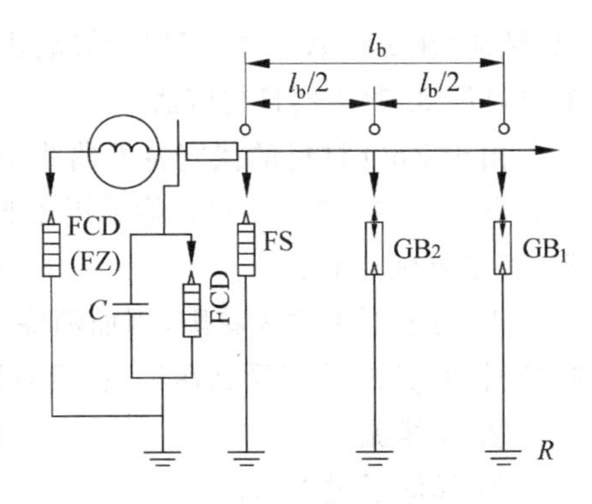


**图 7.17　1 500kW～6 000kW 以下直配电机和小雷区 60 000kW 以下直配电机的保护线路**

ZnO 压敏电阻避雷器是 20 世纪 80 年代后世界上最为广泛采用的防雷产品，并与放电管并联或串联组成复合避雷器，有很多优点，多用于电源线路避雷，而在信号线路上就显出诸多不足。在高频应用下，为防止并联的避雷器对信号的严重衰减，要求电容很小，这就要求避雷器的体积缩小，这一来它就难以承受雷电的能量，这一矛盾是难以解决的。在强电系统防雷中不会出现这种矛盾，而在弱电系统则必须保证防雷器件的插入不能影响高科技设备的工作性能。这是以往防雷工程中没有遇到的新问题。

波导分流型避雷器的理论立足于分析雷电现象的实验探测结果的基础上，这是符合科学方法论的正确途径。该研究所的研究员原是从事雷达研究的，把雷达技术移植到防雷技术上来，他们从闪电的频谱分析中，注意到闪电脉冲电流的能量分布主要集中在从直流到交流 140kHz 频率范围，于是采用大面积无源波导作成波导分流网络，使雷电过电压波的主要能量循低频通道分流入地。而微波通讯信号的频率很高，避雷器的低频波导通道对它讲却是高阻抗的，很少分流入地，几乎无衰减地进入仪器的输入端。这样就较好地解决了防雷和高频电路输入不受影响的矛盾，实现了高科技设备防雷技术的要求：雷电容量大、承受功率高（这两项是防雷的技术要求），工作频率高、工作频带宽、插入损耗小、驻波系统小和响应快（后五项是被保护的高科技设备的正常工作的技术要求）。这类避雷器常称为电子避雷器。

不同的保护对象要选用不同的避雷器，图 7.18 是弱电系统防雷线路的一个实例。

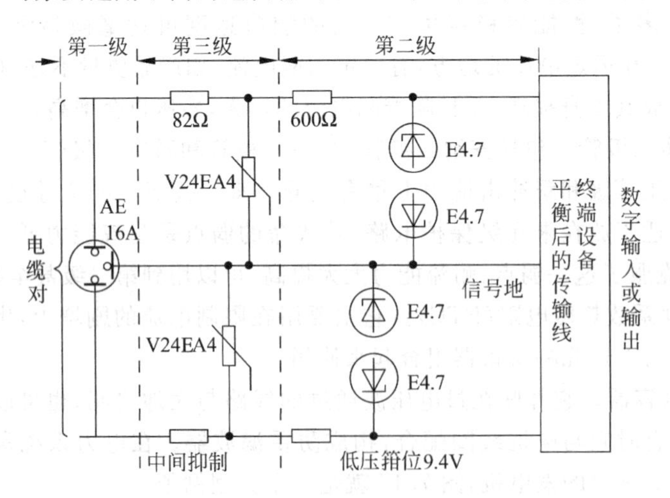


**图 7.18　P 美国陆军电子司令部的双扭电缆终端的四级保护**

注：可能要求单级或每级保护

下面要强调一些必须注意的问题。

(1) 选择防雷器件、设备时应从实际出发，考虑其经济效益。雷击是小概率事件，防雷设备的投资应与被保护设备相匹配。另外，也不能盲目信任进口防雷设备。

(2) 对于 LEMP 的防护必须时刻不离场的观念，LEMP 主要以场的形式侵害电子、电气设备，所以仅靠购置合格的各种避雷器，并不能达到防雷的效果。若布线不合理、避雷器的位置不妥，LEMP 仍可侵入到被保护的设备内造成雷灾。因此，施工安装技术是关键，必须懂得高频电子学理论和实际知识才能确保 LEMP 的防护。

(3) 各种避雷器的设计制造工艺不断改进，再加上新材料的出现，因此避雷器的性能日新月异。从事具体防雷工作，要不断了解防雷市场的新工艺、新材料。

不妨举一个例子，以往的防雷器件均是安装在被保护设备之外，从外部进行防雷，因此总要用一定长度的导线把防雷器件连接到被保护的仪器设备，导致了雷电电磁脉冲场有隙可乘。另外这段导线的分布电容、电感也会影响被保护仪器的输入阻抗等特性或避雷器的性能，这种问题在高频电子学中是非常值得重视的。

2002 年在北京中国科技会堂举办的“防雷元件在信息产品及整机中的应用技术研讨会”上公布的几种新产品受到国内、外防雷界的欢迎，介绍如下。

一种是贴片式过压保护器，尺寸非常小，可装入被保护的电子信息产品内部，与其内部的微带电路、印刷电路等电路结构最好的匹配。生产电子信息产品的企业自己在制造过程中就可作到使该产品具有防雷性能，从而大大降低了费用。

另一种是防雷连接器，它可以把避雷器与被保护的设备的输入接口直接拧接在一起，使得雷电的脉冲电磁场无隙可钻，又大大减少了杂散的分布电感、电容的影响。

再有一种则是具有上述连接器接口的避雷器，可以直接拧接到需要防雷保护的设备上。

## 7.3.2 架空导体的防护

现代工业生产和城乡居民生活中遇到的雷灾大部分来自于大量的形形色色的架空导体。以往雷灾都是来自电力输送线网上的过电压波，进入了信息时代，传输信息的架空导线网就更是多得惊人。漫步北京居民楼旁大道上，可以看到密如蛛网般的“飞线”分布在大道旁的上空、穿入大楼，它们大都是电话线。近年光纤通信发展非常迅速，光纤是非金属材料，本不怕雷电，但是为了防止外界的腐蚀作用和增强架空拉设的强度，光纤电缆内加有抗拉的钢芯，外加上金属护套，这就产生了雷害隐患。

架空导线很长，又穿越旷野，很易遭直击雷，闪电的高电压沿这些架导线传送到各地，造成设备损坏或起火。在其上方布设接地的避雷线，可以比较有效的防护直击雷。但是一般还可能有 1/10 左右的绕击概率。

但是对于现代电子设备，更为严重的是感应产生的过电压波，它的概率远比直击雷大得多，云中的闪电、远处的落雷都足以在这些架空导线上产生感应电压。5.7 节已介绍了估算这种感应电压的公式，感应电压与线的高度成正比，与闪电通道至架空线的垂直距离成反比。若在 1km 远处发生闪电，50kA 的闪电电流就可以在 8m 高的架空导线上产生 10kV 的感应过电压。C. F. Boyce 曾估算过，雷云在起电和移动过程中就能在绝缘良好的架空短线上产生 10kV～20kV 的高压，可见 LEMP 的作用范围之大。他还估算出，3km 远处的落地雷，可以在一般的架空通信线上产生 1kV 以上的过电压。这样的过电压，沿导线传送到一般建筑物内时，可能损坏以往尚不致损坏居民楼的电气绝缘，造成设备损坏和起火，因为它是持续时间很短的脉冲电压，何况沿线尚有衰减。但是对于当今的微电子设备就严重了，足以损坏它们，或者造成故障。

本节所说的架空导体当然不只是指上述几种导线，还应考虑到民用建筑物上的电视天线、共用天线、无线寻呼台收发天线及它们的馈线，还有微波天线、卫星接收天线、军用或民用的短波天线阵、电视台和广播电台的发射天线、雷达天线及它们的各种馈线等，这些导体既易吸引直击雷，又易产生感应雷，很多雷击事故与它们紧密相关。

由于它们都是在 0 区，所以既要用避雷装置来防护直击雷，又要用各种避雷器来分流闪电入地。下面举些实例。

图 7.19 是常见的民用大楼电视共用天线的防雷办法。应该设置一个避雷针高于共用天线，使得后者位于其保护锥体之内，避雷针与天线支杆相连，并与楼顶的避雷带焊接。共用天线的两条馈线在进入楼内处要接避雷器，后者的接地端应与大楼的笼式避雷网的接地系统牢固焊接在一起。

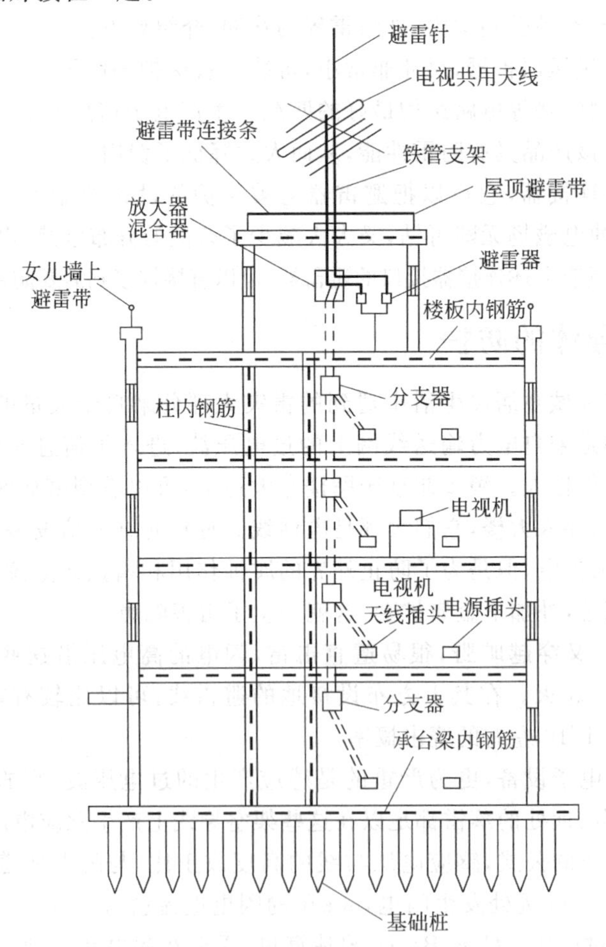


图 7.19 天线防雷（共用天线做法示意）

图 7.20 是一般居民的电视天线的防雷办法。图中，借用电视天线的铁支杆当作接闪器，在其下端焊上粗导体作成引下线，后者又焊在自来水管上，利用水管作自然接地体。它必须加装避雷器，借助于保护电容器 PC 把天线馈线的两端与工频电源共用一个避雷器 SD。

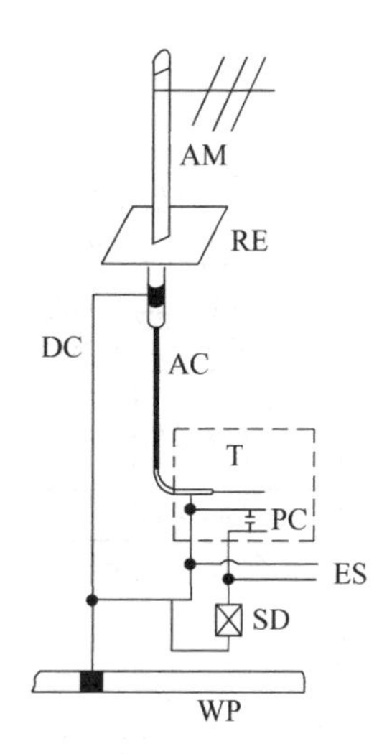


**图 7.20　电视天线杆的接地方式**

AM—天线杆；RE—屋面入口；DC—引下线；AC—天线电缆；T—电视机；
ES—电源；SD—避雷器；PC—保护电容器；WP—水管式接地装置

在大型天线，如卫星接收天线，则在抛物面反射器上直接安装一支或几支避雷针接闪，不论天线如何转变位置，抛物面反射器和馈电喇叭等均可在其 60°保护角内（美国军用标准的规定）。避雷针下部连接的所有引下线均采用绞合铜电缆，方位齿轮及方位轴承要用绞合铜电缆进行电位均衡连接，而又要不妨碍天线的方位转动。天线的所有金属构件，包括支座、连接件、混合接头、数据盒、驱动电机、驱动器等都必须进行低阻抗的电位均衡连接，最后和接地系统连接。从天线引下的馈线应该穿入接地的金属管内，而且天馈线进室处必须装天馈避雷器，以防止雷电的过电压波由此进入室内设备。

现在许多电视转播台在山顶，它们的雷害事故多，修复时间长。微波通信站与它很类似。有些接收台和发射台是分离的，相互间用传输线连接，把接收台天线的信号通过传输线送到发射台，再从发射天线辐射出去。天馈信号线、传输线和电源线这三种线路都会把雷电产生的过电压波传进昂贵的电子设备，所以均需穿入接地的金属管内进入机房，在入户处装上相应的避雷器。从高压输电网来的电源线路引雷入机房的概率大，强度也大，除了在接到供电变压器前要接高压避雷器外（这是属于 0 区的防雷），最好低压电源线进入机房后再经过防雷变压器供电，防雷变压器实际上是由普通的隔离变压器与避雷器组成，这就较好地阻断了雷电的入侵（这是属于 1 区的防雷）。

至于收、发台之间的传输电路，近年已采用光纤传输电路。接收台把收到的电信号变成 16.5MHz～22.5MHz 的中频信号，再经电光转换后变成光信号，用光纤传输到发射台，再转成电信号，从而有效地防止雷害。这种新的方法，在计算机的终端网络也被采用。

图 7.21 是微波站的进出电缆示意图。从图 7.21 可以看出，一个现代化的通信机构有多种多样的引雷入室的通道，对于属 0 区与 1 区之间的 LEMP，只要有一条通道被疏漏，就会出现雷灾。通入微波站的线路既有架空的，也有从地下来的，这两种情况有些差异，在下一节中介绍。

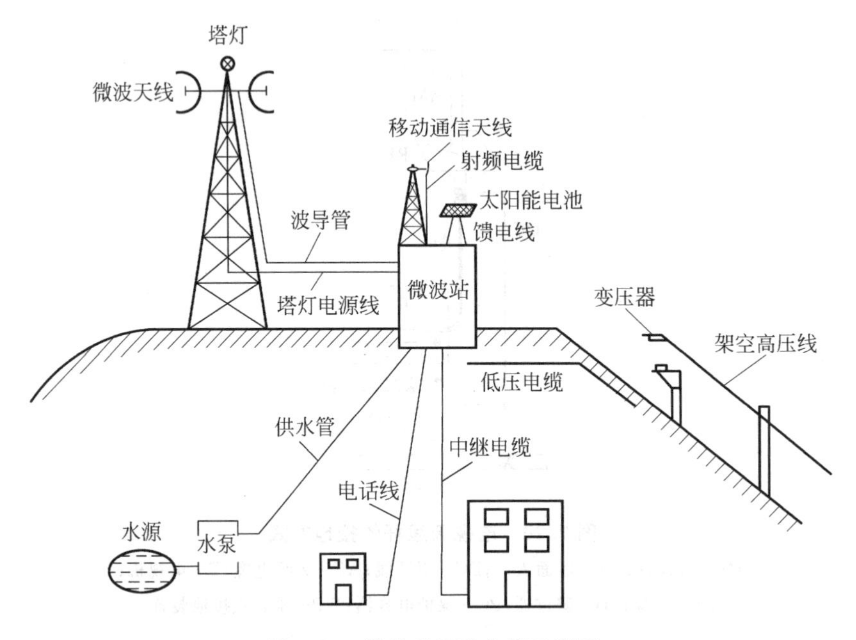


图 7.21 微波站进出电缆示意图

最后应强调指出：各种从 0 区进入 1 区的线路都要装避雷器分流雷电过电压波，其容量必须够大，不致本身被雷电所毁。但是天馈线及信号线的避雷器与电源线上用的避雷器又有差异。前者不仅要求能分流雷电流而且不允许影响信号传输工作，所以其性能参数有特殊要求，选购时要注意容量、规格、性能。到目前为止，四川中光高技术研究所研制的波导分流型电子避雷器比较适合用在信号线避雷方面，已得到实践检验，并得到国家科委有关方面的认可和推荐，其避雷器产品的品种、规格比较全，受到各方面用户的欢迎。

设计、安装防雷设备，必须先弄清 LEMP 的防护原理，做到有的放矢地选购，还要把住质量关。

## 7.3.3 埋入地下设施的防护

通常，总认为闪电是在上空作祟，导引入地之后就无祸害了。但是 20 世纪 50 年代前后，欧洲大陆特别是法国、奥地利、意大利和瑞典等国在隧道作业中累累出现事故，经过详细考察研究，终于明白了，这些事故都是闪电进入大地之后产生的。

近年我国石油部门已开始注意和研究埋于地下的输油管道的防雷保护问题，至于地下通信、电力电缆的雷害问题则在几十年前就已受到专家们的关注，并作了考察研究，图 7.22和图 7.23 就是 1974 年 ITU 出版物上公布的调研统计结果。

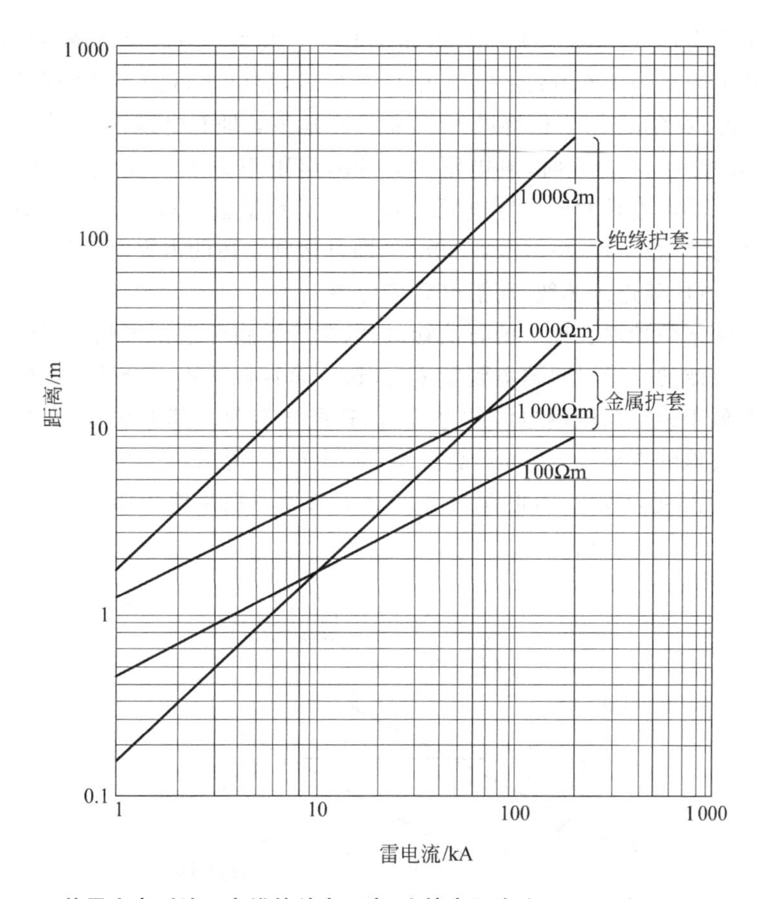


**图 7.22　从雷击点到地下电缆的放电距离，土壤电阻率为 100Ωm 和 1 000Ωm 两种，金属护套与土壤接触（绝缘护套的电介质抗电强度为 100kV）**

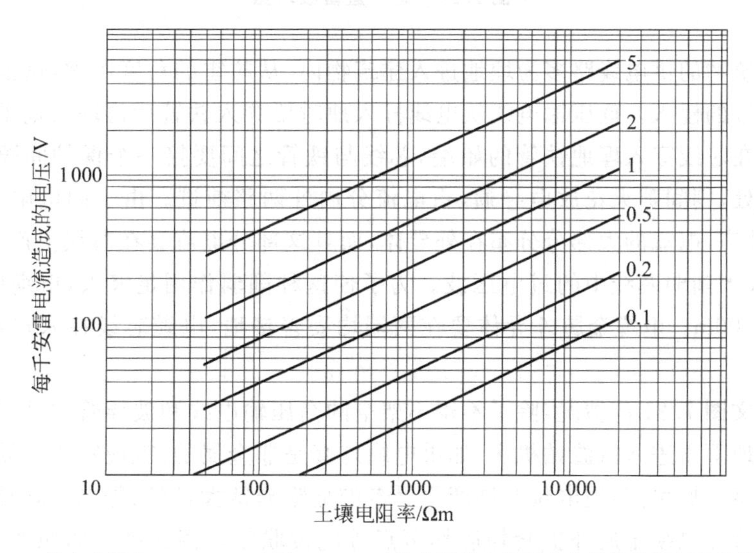


**图 7.23　护套电阻为 0.1Ω·km$^{-1}$ 到 5Ω·km$^{-1}$ 的电缆的金属护套与芯线终端间的峰值电压**

闪电落地点会形成半球形的导电域(如果土壤电阻率均匀),导电域内出现陡峭的电位降。当土壤电阻率为100Ωm、雷电流为100kA时,导电半球的半径的典型值为2m～3m;当电阻率为$10^4$Ωm时,半径将增大10倍。在地下若埋有电缆,则雷击点会对电缆放电,在土壤电阻率为100Ωm时,放电距离为6m;电阻率为$10^3$Ωm时,放电距离增大至12m以上。聚乙烯电缆护套的击穿电压约为100kV数量级。对于50kA峰值的雷电流,当土壤电阻率为$10^3$Ωm时,距雷击点80m处即可达到上述的击穿电压值,足以破坏绝缘护套,雷电的高电压就进入芯线,而沿电缆芯传播。

用什么办法来防护埋在地下的石油管道、电缆等设施免遭雷害呢?石油部门曾希望寻找一种经济有效的绝缘材料覆盖到管道上,这一途径似乎不太合适。美国广播通信部门采用一种类似于架空高压输电线的办法,比较经济有效。其方法是:在被保护设施的上方布设两根接地的裸铜线,相当于避雷线,如图7.24所示,若被保护的电缆的深度为$d$,则避雷线埋的深度为$d/2$,两根铜线每隔十几米焊一根接地短棒,地下的雷电流被它所吸引,而保护了下方的设施。

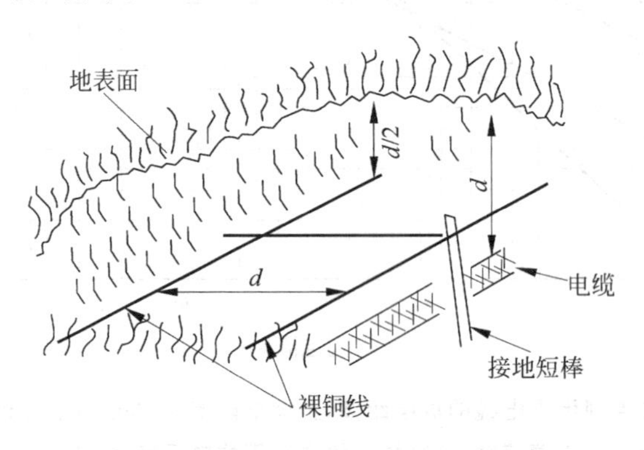


图7.24 地下避雷线示意

现在建筑物的供电线路多为埋地进入建筑物内,从防雷的角度考虑,这是良策,可以限制过电压波的侵入。低压输电线从电线杆入地时要穿入铁管后再埋入地下,常称之为铠装电缆。在芯线穿入埋地铁管的始端,芯线与铁管之间要接一个保护间隙,若有过电压波传到此处,则间隙火花放电导通,雷电流分内外两路前进。由于闪电电流是高频电流,有趋肤效应,电流的大部分分布在外导体,而且这部分电流会在芯线上产生感应反电动势,从而大大削弱芯线中的过电压波。为了使这种削弱作用足够大,电缆的埋地长度应为50m～100m。电缆金属外导体要在两端均妥善接地,电缆芯线在入户端还应接避雷器。

对于上文图7.21的情况,除了不得不架空的高压输电线和波导管之外,其他各种管线均应埋入地下再进入微波站机房,如果电缆外套是非金属的,就应穿入金属管内,由于微波天线塔落雷概率高,地电位升高产生反击的危险非常大,所以等电位联结极为重要,所有金属套管和电缆金属外护套均应作多点等电位联结。例如塔上的照明灯的电源线应穿入金属管,在若干不同高度处金属管要与铁塔作等电位联结。各芯线进户处均要与接地均压环间装上避雷器。

### 7.3.4　计算机和其他微电子设备防护

1987 年 6 月 9 日，美国肯尼迪航天中心的火箭发射场上有三枚小型火箭，在雷雨来临一声雷响之后，自行点火升空而去。类似的异常现象，在机器人中也屡有发生，在日本不止一次地出现机器人“发疯”而杀人之事。在苏联，国际象棋大师尼古拉·古德柯夫曾与机器人对弈，机器人连输三盘之后突然对金属棋盘放电，把国际象棋大师尼古拉·古德柯夫电击倒地。其实这些机器人和小型火箭出现反常现象都是由于其内部极为灵敏的计算机受到外来干扰信号的作用而产生误动作所致。

对于计算机这类高科技仪器设备的雷灾要有新的概念，雷灾的损失主要不在雷电的直接损失，而由闪电的脉冲电磁场的作用而造成的故障，常可以导致巨大的灾害损失。例如，前面曾提到的银行系统，当他们应用计算机来代替手工抄写存款账目时，计算机的误动作故障的严重性远远超过它的器件的损毁。导致误动作所需的脉冲电压仅 1V～2V。特别是现在的计算机的芯片是超大规模集成电路，空间的不太强的电磁场就可以使之感应出几伏的电压，所以严密的屏蔽是非常必要的。屏蔽电场比较容易，而对磁场的屏蔽比较困难。

由于上述原因，闪电对计算机的影响用两种概率描述。第一种是计算机的失效概率 $P_M$，它指计算机暂时失去正常功能或导致算题或数据处理差错时的概率。现在一般公认为，电磁场脉冲超过 0.07Gs 时就将引起计算机失效。第二种是计算机元件损坏概率 $P_D$，现在一般公认为，磁场脉冲超过 2.4Gs 时，晶体管、集成电路等将遭受永久性损坏。据估计，闪电造成的 $P_M$ 要比 $P_D$ 高三个数量级。

以上这两个数据的来源是美国通用研究公司（General Research Corporation）的 R. D. 希尔建立的精确的类闪电（Like Lightning）模型，并于 1971 年用仿真实验确立。类闪电和自然界闪电并不严格等效，而且模型未考虑磁场随时间的变化率及磁场脉冲的形状，所以这两个数值只是作为一种估算的参考，在数量级上则是完全可信的。几十年来，集成电路已从 LSI 发展为 VLSI，所以对磁场的敏感程度又有了提高。

在这里要指出几个计算机防雷工作中需要注意的问题，这些问题对其他用 VLSI 组装而成的仪器设备也同样适用。

(1) 一定要运用 LEMP 防护的基本原则。应该把它放在 1 区或 2 区作好 LEMP 防护措施，切不可轻信各种推销消雷器或类似的防雷产品的宣传。

(2) 要特别重视 $P_M$，要立足于这个参数来考虑屏蔽和避雷器的选用。例如计算机专用避雷器，只强调 $P_D$，若专为 $P_D$ 而研制的避雷器，就难以避免计算机的误动作。

(3) 用于计算机防雷的避雷器必须考虑两种效果。一是确保 $P_M$ 和 $P_D$，另一是它的接入不影响仪器设备的工作性能。后一问题常常被生产防雷产品的公司和购买的用户所忽视，以致购用以后发现工作失常，不得不拆除。由于计算机等仪器设备的输入电路对电学参数要求很严，避雷器的电学参数很难达到要求，无论是国产的还是进口的计算机用避雷器还不够理想，目前只能择优使用。

(4) 要考虑避雷器的响应时间的快慢。

(5) 必须用场的观念思考防雷，如仪器的外壳屏蔽不完善、电源线和信号输入线的屏蔽不完善、避雷器与仪器的连接有空隙未被屏蔽，均可以使 LEMP 的场有隙可进入仪器内部。此外，仪器放置的位置、各种导线的布设均会影响到 LEMP 的防护效果。一般说雷电击中大楼，闪电电流沿外墙钢筋而流时，离外墙越远，受到的 LEMP 的作用越弱，就可以减少受雷击的概率。

## 7.4 现代防雷的策略

### 7.4.1 按地区规划统一防雷

雷暴现象的出现总是大范围的，就如台风的运行一样，是可以预测预知的，但是成灾的范围却不同，是无法预测预知的。20 世纪之前，雷灾只是发生在落雷点，是局部小范围的，所以防雷就只能"各人自扫门前雪"。但是 21 世纪就不同了，个别地点落雷的雷灾范围却是大面积的，这是信息社会的必然现象。因此防雷的对策必须作相对的调整，气象部门完全有科技力量对雷击进行预报预警，并且对整个城市地区的防雷采取统一规划。

首先，应该运用雷电遥测定位技术编制出全国的落雷密度图，使全国各单位和居民群众能清楚我国各地落雷的规律，在建筑选址时可以躲开易落雷区，特别是那些对闪电敏感的部门，例如政府要害部门、卫星地面站、飞机场、电视发射台等。

其次，可以根据一个城市地区的地势、地质和大气运行等特点，适当布设统一的防直击雷设施，例如人工引雷(包括火箭引雷、激光引雷、高压水流引雷等)，把闪电引向无人区；建消雷塔以削弱入境雷雨云的带电量等。这些引雷、消雷措施尚不成熟，需要国家投资进行研究、试点，但这种集中全地区力量进行的区域防雷措施是完全可能成功的，只是需要投入时间和力量。

很显然，过去是家家户户都既要防直击雷又要防感应雷，投资大，困难多。由全地区统一防直击雷、经费省得多，一般建筑物就只需考虑防感应雷，这是可以实现的。

防雷工作兼有自然科学和人文科学两方面。闪电规律的研究纯属自然科学范畴，闪电的规律不会随人类社会的发展而变的。至于雷灾则是另一回事，它与人类社会状况紧密相关，必然随人类历史的发展而变，不同的历史阶段，防雷的策略思想必须不同，也可以说，防雷应寻求人与自然的协调，要有长远的策略。

对人类而言，闪电有其有害的一面，也有其有利的一面。生命的起源有可能与闪电产生的高温高压有关，闪电的高温高压可使氮与氧合成氨肥。北京延庆地区是进行人工引雷的试验场所，庄稼生长特别好，因为闪电使雨水中溶有氨肥成分。太阳能加热地面与大气，使大气的剧烈运动转化为电能，这个巨大的能量为什么不可以利用起来为人类服务呢？所以人类防雷应该有长远打算的策略，应变害为利，这可能是一种大有希望的科学课题。

### 7.4.2 躲、引、拒三种策略的运用

人们有句俗话："惹不起，躲得起"。这与孙子兵法的"36 计走为上"是相似的。古人对待雷击的有效办法就是"躲"，只是没有可靠的理论指导。近代人遇上雷击，在没有较好措施的情况下，也采用"躲"的策略。最明显的就是火箭发射场的防雷，若遇雷暴来临，

就停止工作，躲起来。雷电的检测预警就是为了躲得及时。1989 年黄岛油库酿成大火，主要原因之一，就是忘掉了“躲”，不该在雷暴天气中往油罐输入油。在人们日常生活中也是如此，闪电临空时，把电视机等电子设备的插头（包括信号输入端的插头）全拔掉，就可保证不被雷击。

上述这种“躲”的策略，大多数人都是清楚的，但是在实践工作中却忘掉了。如美国的肯尼迪航天中心、日本的种子岛航天中心、中国的西昌航天中心都把火箭发射场建在雷电多发地区，这是最严重的失策。主要原因是当年没有预料到闪电对火箭发射有如此严重的祸害。

今天人们应该看到闪电袭击的严重性，在选择基建地址时，必须把“躲”的策略摆在首位。这样做之所以可能，是因为气象观测的长期统计结果显示雷击是有确定规律的，受到不可知的随机因素的影响不大。只要坚持长时间的对落地雷的监测定位工作，就可以画出雷击平均密度图，确定各地区的易落雷地带，就有较大的把握躲开直接雷击。这样就可以把每个城市或地区的最易落雷的地点空出来，变为无人区，用人工引雷技术把闪电引到这种地点释放能量，犹如防洪水的蓄洪地区，并且可以利用闪电的能量。

有意思的是闪电与大雷雨常是相伴的，而地面潮湿地带日晒之下有较多的水蒸气，与热空气一起上升，水汽颗粒的电荷分离常是雷雨云带电的主要原因，所以这些地区的上空易形成局域雷雨云，选择这种地点人工引雷的成功率高。在这种无人地区把引雷和蓄水结合起来，似乎有较大可能性。

不过人工引雷的“引”与富兰克林避雷针的“引”有同又有异，相同点是均为把空中的闪电能量引导入地，不让它随机落地。只是两者引导入地的地点有极大差别，后者是在建筑物所在地，会对周围造成危害，包括电磁场能量引发石油等易燃物的燃烧，特别是对电子、电气设备的损坏等。而人工引雷则是把闪电引至无人区，远离对 LEMP 敏感的设备，所以它与“躲”是互相呼应的。

与“躲”的策略相呼应的另一策略是“拒”，就是不让闪电落到指定的建筑，而这种策略若与人工引雷的“引”结合使用，就可以使“拒”的策略更得到保证。庄洪春于 2002 年获国际发明博展会金奖的等离子避雷装置就是用“拒”的策略为思想。

### 7.4.3　综合防雷的思考

对雷灾的防避要综合考虑，这是一种战略思想，也可以是一种战术思想。以上两节介绍的主要是战略思考。先有了战略上的综合考虑之后，才可以进行战术上的综合考虑。因为落地雷一旦出现后，灾害的实际情况和对生活的影响是综合性的，牵涉到方方面面，所以防避策略也必须是综合的。例如，1977 年美国纽约五条电缆被闪电切断，全市停电 26 小时，盗贼乘黑暗之机，大肆盗窃，社会治安大乱，居民损失惨重。而 2003 年 8 月 14 日雷击中美国尼亚加拉地区发电站，造成美国东北部纽约等大城市和加拿大部分地区停电，地上、地下交通全面瘫痪，许多人在高楼电梯里出不来，一时社会有些混乱。但是人心稳定，大批警察出动，帮助那些陷入困境的人跑出来，没有再发生 26 年前纽约那种抢劫灾祸。

从这一例子可以看出：自然灾祸与社会的状况紧密相关，不仅与社会的科技状况而且与人文状况也有很大关系。对于防雷避灾，不能单纯从技术上考虑，要有综合防避的战略思想，2000年颁布实施的《气象法》寄希望于气象部门独自负责防雷减灾是欠妥的。反不如20世纪90年代初国务院提出的由公安、劳动和气象部门联合共同负责的做法。因为从1989年黄岛大火事件已可看出，雷击引发的大火是靠公安消防人员来解决的。另外灾祸临头，国民的人文素质直接关系到灾祸的扩大抑或减少，而这又与教育、宣传部门紧密相关。

总之，雷灾的起源是闪电，但引发的灾祸则是多方面的，涉及社会上的方方面面，都需要综合考虑，不是气象这一个部门所能解决的，要依赖各有关方面同心协力综合防治。

综合防避雷灾最关键的一环是有科学的方法。因此科学探测全国各地的落雷密度分布，包括闪电的种种特性的探测，应该摆在最急迫、最重要的位置。弄清楚落雷规律，就能最准确地躲开雷灾。

各地防雷中心与其分散力量挨家挨户检测各种建筑的防雷设施是否合格，不如集中力量绘制出当地的落雷密度分布图，确定一些易落雷的地区，指导和安排这些地区的人们迁离到少雷地带去。特别要确定本地区的某些特别忌讳直击雷的单位，如公安系统的网络中心、卫星地面站、通信部门的发射台、转播台等，把它们安排到最少落雷的地带。另一项工作，则是气象预报工作中应列入雷电的预报和预警这个内容。

综合防避思维必须考虑经济效益。对于任何单位、任何建筑，需不需要采取防雷措施？采用何种防雷措施？都要以经济效益作为最重要依据。不算经济账是行不通的。

有些宣传、报道，把雷灾的严重性讲得过分，是不恰当的，不但无助于防雷减灾，而且给国家和人民造成巨大经济损失。

就从北京市来看，1988年—1998年，经代理商而安装的法国爱丽达避雷针达90支，每支售价8万元，为此北京市支付720万元。再看看这种防直击雷的防雷减灾的经济效益。北京气象局对2001年作过全市雷灾的精确统计报道：全市一年内发生30起雷击事故，其中4起为直击雷。其中一次是首都机场的飞机接闪，7名维修人员受伤，可是该机场装有18支爱丽达避雷针却未接闪，没有发挥任何作用。统计全市一年内30起雷灾的损失，有估计的经济损失总共仅19.2万元，另外没有估计的损失包括79台电视机、电话机和电脑，几十只电视高频头等设备。

其他城市的情况大致差不多，直击雷造成的直接损失很小，因为它是小概率事件。而真正受损的绝大多数是电子仪器设备，遭到的是感应雷和雷电波的入侵。为此需要用浪涌保护器，由于雷电波入侵的电流大多数是感应产生，又沿线衰减较大，因此并不需要用外国的昂贵产品，国产的一般等级的产品就足够了。实践证明，它们确实起了可靠的防避作用。现在电视机、电脑等价格下降很多，一台仅千元左右，防雷器件价格应比被保护的东西便宜得多才有意义。否则采取买保险岂不更方便合算。

近来许多防雷专家在会议上或学术刊物上，尖锐批评少数人竭力推荐将欧洲的IEC标准全盘转化为中国国标的观点，这是非常正确的。例如，修改后的GB 50057—94(2000年版)强制国内按IEC61312的雷电流参数配置浪涌保护器，其实质就是强迫国内各建筑必须购用欧洲几家大公司的产品。我国民族企业产品多年来都是采用接近苏联和美国的雷电流参数，再根据本国的实践而制定的企业标准，在防雷实践中已证明是有效的。

若把 LEC61312 全盘照抄，则不仅国内民族企业全被打倒了，而且防雷事业也必被毁。因为欧洲这些大公司的商品价格大都在千元以上到万元数量级，比被防护的东西还贵。

气象局印发的一本内部资料《2001 年全国雷电灾害典型实例汇编》，可以说是最有说服力的证据。除了上面提到北京市的统计材料外，还有许多有意义的材料，不妨举例说明。全国在这一年里雷灾损失达一百万元之上的实例共有 10 起：(1)江苏太昌市纺织厂，损失 150 万元，主要原因是 300$m^2$ 厂房全被火烧光了。(2)浙江绍兴市水产公司鳖场，损失 500 万元，主要是 21 600$m^2$ 大棚温室全部烧光了。最值钱的不是大棚，而是温室内的 55 万只甲鱼！(3)济南市第二炼铁厂，损失 200 万元，主要是热风炉顶塌落压坏了设备。(4)山东平原县人民医院，损失 200 万元，主要是 1 台 CT 机、2 台计算机损坏。(5)山东莱芜莱钢公司医院，损失 200 万元，主要是 CT 机和 X 光机损坏。(6)广东惠阳市元翔制品厂，损失 1 000 万元，主要是化学品爆炸，4 200$m^2$ 厂房夷为平地。(7)广东博罗县制衣厂，损失 100 万元，是感应雷击所致，主要是变压器、配电盘及部分仪表损坏。(8)四川绵阳引水工程管理局，损失 118 万元，主要是通信设备受损。(9)贵阳市广播电视局，损失 120 万元，主要是广播电视及供电设备受损。(10)云南镇源县联通分公司，损失 140 万元，主要是计算机设备受损。

这些实例多数是感应雷击，损害的均为价格较贵的电子设备，经济损失都在 100 万元左右。而雷击导致大火或爆炸的，灾害损失就巨大多了，达到 500 万～1 000 万元，雷击只不过是导火线，若消防安全这一环节抓好了，并不会造成大灾。1989 年的黄岛大火又何尝不是如此！抓综合防避之所以重要，于此可见。

除此十件百万元大案之外，另有三件百万元大案很有启发性。

(1) 苏州人寿保险分公司，因雷击灾害理赔金额达 487 万元。这里反映出雷击成灾的小事件为数并不少，但是用保险方式减灾却不失为一种经济上合算的办法。保险公司并没有损失，其收入远远超过 487 万元，因为雷灾是小概率事件，绝大多数交保险金的客户并没有受灾。他们虽有付出，这种支出远比花昂贵费用装防雷设施要低得多。

(2) 云南罗平县农业银行中心机房遭雷击，直接经济损失 60 万元，间接经济损失超 1 000 万元，这里所谓的直接损失是指计算机和网络设备的损坏。一般居民和企业，只需花些修理费或新买设备就行了，没有另外的什么间接损失。可是像银行、公安、国防、交通等部门就大不相同，电子设备的损坏会导致信息方面的损失，信息通道的中断，其影响就太大了，因此这些部门的防避雷灾不同一般。

(3) 广西北海市涠洲终端厂电站，雷击坏信号控制系统模块，造成停产 13 天，经济损失 1 300 万元。雷击只是损坏几只模块，值不了几万元。不能把停产造成的 1 300 万元算到雷击上。如果厂方的管理有方，这 1 300 万元是可以免除的。

综合防避的战术简略介绍如下。

首先，必须从能量角度考虑。闪电的祸害作用首先是因为它在短时间内有较大的能量释放。每次闪电释放的能量并不太大，与台风相比差多了，可是瞬时内的功率则是异常巨大的，类似于一颗炮弹，在击中的局部地点有巨大作用。如果处理不当，会引发巨大灾害，如火灾、爆炸等。有些防雷器件本身经受不了这种瞬时功率而爆炸，反而导致火灾。所以在防雷战术上，必须考虑把闪电的能量引导到合适的地方释放掉，最常用的最安全的措施就是引到大地中释放。所以接地是防雷战术上必须采用的。

其次，必须考虑让闪电从何处入地，就有了战术上的接闪。接闪器如何设计？安装在哪里？方式方法很多。从信息社会的特点看，最好的当然是用人工引雷的办法，把闪电引导到无人地带入地。

由于闪电行径的无规律性，以致闪电的能量常沿着各种输电和通信网络传播，因此必须在这些线路上设置分流措施，使闪电能量入地，这些分流装置通称为避雷器，现在则称之为浪涌保护器或电涌保护器。总之它们都是起了拦截闪电能量并分流入地这种战术作用，没有良好的接地与之配合，就难以起到分流作用。这些起分流作用的器件自身当然也要经得起闪电功率的冲击。

但是仅有上述三种防雷战术是不够的，不可忘了闪电在三维空间里的电磁场的巨大作用，即使是沿着电力线和信号线路的闪电电流也在导线周围产生电磁场，它们均可以进入各种电子、电气设备起破坏作用。不论多么昂贵的避雷器，都不能防止闪电辐射在三维空间的电磁脉冲的灾害，所以电磁屏蔽是综合防雷战术中不可缺少的极端重要的技术措施。

上述各项防避雷灾的战术要综合起来使用，缺一不可。

在结束本章时，需作一点说明：这本书并不能给读者一张明细表，不是仅仅照此进行一项一项具体的防雷工作，如购置器件，按明确的条文规定安装和施工，就可确保防雷安全了。因为雷电科学尚没有发展到这个程度。再加上实际问题很复杂，既有自然界本身的缘故，更有社会上各方面特别是人文科学方面的问题。所以本书只能把种种问题摆出来，再提供一些比较成熟、可靠的基础理论(包括思维方法等)，让读者根据实际复杂的情况自己独立思考，创造性地去解决。也许有些防雷实际问题本身就属于科学研究性质，需要自己设计科学实验，在进行科研之后，再用到防雷工程中去。

## 参考文献


1 王时煦，马宏达，陈首燊．建筑物防雷设计(第2版)．北京：中国建筑工业出版社，1986

2 董振亚．电力系统的过电压保护(修订第2版)．北京：中国电力出版社，1997

3 陈一才．高层建筑电气设计手册．北京：中国建筑工业出版社，1990

4 戴延年．建筑电气设计与应用．北京：水利电力出版社，1992

5 王时煦，马宏达．建筑物防雷及其运行经验．建筑电气．1994.3

6 王道洪，郄秀书，郭昌明．雷电与人工引雷．上海：上海交通大学出版社，2000

7 王洪泽等．防雷接地及电机技术文集．南宁：广西民族出版社，1997

8 川濑太郎．接地技术与接地系统．北京：科学出版社，2001

9 夏里克．接地工程．北京：人民邮电出版社，1988

10 虞昊．用避雷针还是用等离子避雷技术——信息社会防直击雷的思考．雷电防护与标准化．2004.3

11 湖北省电磁兼容学会．电磁兼容性原理及应用．北京：国防工业出版社，1996

12 赖祖武．电磁干扰防护与电磁兼容．北京：原子能出版社，1993

13 刘鹏程，邱扬．电磁兼容原理及技术．北京：高等教育出版社，1993

14　周璧华，陈彬，石立华．电磁脉冲及其工程防护．北京：国防工业出版社，2003
15　张小青．建筑物内电子设备的防雷保护．北京：电子工业出版社，2000
16　庄洪春，黄建国，陈天辰等七人．大气等离子体避雷．地球物理学报．2002 第 45 卷增刊
17　罗福山等．奥运会露天比赛场地雷电的监测与预警．防雷世界商情，2004．10

# 附录 1　录像片《大气电场》解说词[①]

教科书告诉我们：带电体周围存在电场，现在我们用摩擦起电法使孤立导体球带电，用万用表检测它周围的电位差。

读数怎么为0?是书上告诉我们的原理错了，还是这种测量方法有问题?

那么用静电计来检测一下，有指示了，电位差约为180V。

换一个方向试试，保持探针与球心距离 $r_1$ 及 $r_2$ 不变，测量方向从水平变为铅垂。

读数怎么变了?书上公式告诉我们电位差只与 $r$ 的值有关，而现在测得的结果却与方向有关。

请不要忘了，我们生活在带电的地球上，一切物体都受带电的大气的包围，实地测量所得的数值是带电体的电场和大气电场的总和。

### 1. 大气的电场

二百多年前，一个雷雨天里，富兰克林把捆有尖形导体的风筝放上天空，风筝线使莱顿瓶充了电，证明天空中的电与摩擦产生的电是相同的。

晴朗的天空，大气分布有正电荷，而地表面分布着等值的负电荷，总电量约为50万库。

大气电场的电场强度的方向恒指向地面，其大小则经常变化，在局部平坦地面上，它可看作均匀电场，电场强度值约为 $120V \cdot m^{-1}$。

这么说站在地面的人都会在头与脚之间加上约200V的电位差了，怎么没感到电击呢?

### 2. 大气电位差

大气电场强度随高度的增加而递减，大气电位随高度的增加而增大。

在平坦地面上空，大气电场的等位面近似为水平面。非平坦地面上又怎么样呢?

晴天干空气的电阻率很高，约为 $10^{15}\Omega \cdot m$，山脉、树木、房屋等物体的电阻率很小，相对于大气来说，可看作是良导体，所以这些地方大气电场的等位面就随着地形和地面的物体而起伏。

相对于大气，人体也是良导体，人站在地上就与地成等位了，头与脚间电位差为0，人们谁也不会感到电击。

雷暴来临，情况就变了，大气电场的电场强度剧增，站在山上的人受电场作用会“怒发冲冠”。当电场强度超过 $2\,500V \cdot m^{-1}$ 时空气就被击穿，地面上突出的物体就会发生尖

---

① 清华大学音像教材出版社发行(1988年12月)。

端放电。

### 3. 电位零点

静电学原理规定：无穷远处电场为零，作为电位零点。

用电场仪测带电球周围的电场，在离它足够远处仪表指示为0，从物理上说这些地方就是电位零点。工程上电位的标定另有规定。

这些仪器都有接地符号，在实验时，要把各接地端互相连接。

家用电器的插头插座上也标有接地符号。

工厂、实验室和民房都装有接地装置。它按一定要求埋入土中，就成为接地电极。仪器设备上标有接地符号的接线端应与它连接。工程上认为接地电场的电位为0。那么，地球表面处处都是零电位，是不是说整个地球表面是个等位面了呢？不！实际上土壤电阻不是0，电流从接地电极流入大地，沿着电流方向恒有电位降，它随着电流的变化而变。

变电站也有接地装置，这里不准人走近，因为在发生事故时，有很大电流从接地处流入地面，沿地面有很大电位降，在这种地区内一个跨步间距的电位降就有几百伏，足以使站在这里的人触电死亡。

变电站为防止雷击，在四周建有铁塔式的大避雷针，闪电从它的接地电极引入地下。

雷电击中地面时，瞬时电流可达百万安培，雷击点的电位可比远处地面高出数十万伏，看！地面都被大电流烤裂了！

请你想个问题：当你在野外遇上雷电时，该怎样躲避？

站着吧，人成为地面上的尖端，正好是雷击的目标；那么躺平了吧，如果附近地点落雷，人的头与脚间的电位差足以使人丧命；最好的办法是双足并拢蹲下。

### 4. 大气电场强度的测量

现在分析测大气电场的电场仪的原理。金属板放入大气电场，接入电表就有瞬时电流经过。在它上方插入另一金属，当它接地时，电表立刻出现反向瞬时电流。取走上方的金属板，电表又出现瞬时电流。

由这种交变电流可以推算出通过电表的电量，从电量而求出电场强度值。

实际的电场仪是将金属板做成扇形，上方金属板可以转动，下方扇形铜板不动，铝底座是接地的，不动铜板与铝底座间接有测电流的仪表。有些电场仪带有自动记录仪和报警装置。

这是野外实测现场，大气电场随气象等大尺度因素而经常变动，各种物体都会影响实测点的大气电场。

### 5. 大气电位差的测量

现在用静电计测大气电场，它的一支探针插在1.7m高的绝缘杆顶，另一端接地，电表显示该高度对地的电位差为184V 。

前面我们介绍过用万用表测空气中的电位差，结果恒为0，这是什么道理？万用电表是利用磁场对载流线圈的作用。线圈中的电流是靠恒定不变的电位差维持的。在大气电场中引入万用电表，由于探针和线圈均为良导体，其一探针与地面接触，另一探针和线圈都与地等电位，万用表没有恒定电流通过线圈使之偏转，同时被测点与地之间的大气电位差也被探针的短路作用而改变了。

那么静电计会不会出现这种情况呢?这是静电计的构造，悬丝下有扇形金属片，它在金属盒内受静电力作用而偏转，它的两支探针分别接到两对互相绝缘的金属盒上。这两对金属盒相当于一个电容器，故静电计可简化为一个电容。

静电计放入大气电场会改变原有大气电场的等位面，但不发生短路作用，不改变被测点的电位。

现在介绍高空某点的电位的测量，用气球将带有长导线的探针升入高空，用绝缘绳控制气球的升高，导线下端接到静电计上，气球升到220m处，静电计的指示为12 000V。这样高的电位，升气球的学生为什么不会被电击毙?因为这是晴朗的冬天，大气中带电粒子浓度很低，高空探针获得的电能很小。

但是在雷暴天就不同了，金属物升高诱发雷击，后果就严重了。

这是导弹发射场电场仪监测雷电的情况，当它发出警报时，发射导弹就可能出事!

1981年6月日本“马特”导弹在发射后进入云层，正巧遇到落地雷，导弹落地坠毁，五名操作人员也受雷击倒毙。

1987年6月美国宇航局发射五枚火箭，即将开始发射时，突遇暴风雨，三枚火箭被雷击中，自发点火升空。美国施放导弹因雷电作用而引起导弹失控和爆炸事故常有发生，甚至美国国防部部长的座机也曾遭雷击。

鉴于这种情况，法国率先研究建立全国性雷击预报系统，许多国家也陆续开始这方面的研究。

气流翻滚，云层急剧，一场风暴正在形成，要问大气电场是怎样形成和变化的，请看本片下集。

# 附录 2　录像片《雷电及其防护》解说词[①]

自然界中最常见的声势壮观的气象现象是雷电！地球上每天约发生 800 万次云对地的闪电，平均每秒钟有 100 次。

雷电袭击人是经常发生的，随着旅游业的发展，挨雷击的人数逐年增多。仅美国的统计，从 1950 年至 1969 年就有两千多美国人死于雷击。

建筑物遭雷击就更常见了。北京故宫就有多处殿堂毁于雷击；北京鼓楼从 1956 年 6 月到次年 8 月就受到三次雷击。纽约市 102 层高的帝国大厦年平均受雷击次数达 23 次；美国农村民房受雷击的每年多达二千家！

全球由雷电引发的森林火灾年平均达 5 万次！我国鄂伦春林区火灾，有半数以上是起因于雷击；1992 年 8 月上旬，美国西部因雷击起火烧毁了 276 000 英亩（1 英亩 $= 4.046\ 856 \times 10^3 m^2$）森林。

输电网遍布城乡，最易受雷击。1992 年 7 月 10 日，台湾明潭楼蓄电厂才启用一个多月就遭雷击，死伤 12 人；1977 年 7 月 13 日，纽约市雷雨滂沱，一个闪电使五条电缆被切断，全市停电达 26 小时。

我国大庆油田每年因雷击停电而减产的石油，约相当于当年一个玉门油田的产油量。

1992 年澳大利亚墨尔本市的一家化工厂因雷击而爆炸，导致毒气泄漏。

飞行器遭雷击的事故屡有发生，例如 1987 年 3 月 26 日美国“宇宙神／半人马座”火箭连同其上的卫星毁于雷击，损失达 1.7 亿美元。

近年来，各部门的高新技术的昂贵精密设备遭雷击而毁的事故日益增多。1991 年 5 月，北京某微波通信站落雷，使通信停止十余小时。同年 9 月，香港某电视台落雷，两个频道停播。

山东胶州湾口与青岛市区隔海相望的黄岛是我国出口石油的重地，建有油库和输油码头，1989 年 8 月 12 日发生了震惊全国的特大火灾，大火烧了四天多，损失几千万。大火起因是雷击，许多报刊作了报导，这场火灾引起人们关注和反思。《科技日报》载：这次恶性雷击事故，死亡 19 人，伤 78 人，直接经济损失数千万元。

避雷针果真不起作用了吗？

## 1. 避雷针起什么作用

富兰克林在 1749 年倡议，接地的高耸的尖形铁棒可用于保护建筑物，并设计了避雷针的实验，到 18 世纪末，避雷针获得公认，被普遍采用。

---

① 清华大学音像出版社出版（1994 年 12 月）。

避雷针是怎么起保护作用的呢?

雷雨云是带电的,正负电荷分布在不同区域。通常它的下部主要带负电荷,上部带正电荷。雷雨云下方的地面物感应出正电荷,此时大气电场方向朝上。

避雷针尖端放电能中和雷雨云中的异号电荷吗?实验测知:一根避雷针的放电电流仅有几微安,而一般的中等尺度的雷击大约释放25C的电量,它相当于几千根避雷针经过几十分钟放电的电量。

通常人们所说的"避雷针"这个装置,实际上是由接闪器、引下线和接地体这三部分组成。它的作用在于"引雷",就是把闪电吸引到接闪器后,沿引下线流到接地体后流入大地,从而使周围建筑物避免雷击。

避雷装置分四种:避雷线、避雷针、避雷带及避雷网。

11万伏以上的高压输电线或者变电站附近的高压电线的上空要布设与之平行的接地钢线作为接闪器,这就是避雷线。

高大建筑物顶上大都装有一支或数支杆状金属接闪器。这是卫星天线上装的避雷针。对于单支避雷针,一般认为:以针尖为中心的45°锥体内的空间为它的保护范围。

避雷针也可以做成铁塔形状。这是某地卫星测控站的避雷装置。

沿屋顶四周安装金属带作为接闪器,避雷效果优于单支杆状接闪器。这就是"避雷带"。

屋顶上各种金属物件要用导线联结到避雷带。如果把建筑物墙体内的钢筋作电性联结,组成金属屏蔽网,防雷效果最好。近年新建的高层大厦都采用这种笼式避雷网以防雷。

避雷装置是怎样发展的呢?那就要研究闪电的规律了。

**2. 闪电的规律**

当雷雨云与地面间的电场强度增大达到空气的击穿强度值时,必发生火花放电,这就是闪电。闪电主要有云际闪和云地闪两种。云地闪与人们的关系较大。

以常见的下行云地闪为例。闪电是逐步发展而成的,先是云的下部向下方放电,一次又一次伸长放电通道,称之为"梯式先导"。当它伸展而接近地面突出物时,从地面物窜出耀眼的光柱与先导会合,称之为"回闪"。一次闪电大约释放20C～25C的电量,持续时间约为0.3s。我们所见到的闪电都包含多次放电。这是在美国新墨西哥州上空用移动照相法拍下的闪电照片。高大的建筑物则多发生上行的云地闪。

强大的电流把闪电通道内的空气加热到一万度以上,空气骤然膨胀,发出巨大响声,这就是雷。

雷击何外?这是有规律可循的。凡是空气中导电微粒较多的、地面有高耸物的,地面和地下的电阻率较小的地带都易落雷,因雷电流总是选取最易导电的路径。高耸物的顶端、棱角外电场强度最大,附近气体离子增多,最易击穿导电而产生闪电。

1967年6月24日北京发生的一起雷击事故很典型。河旁高压输电线附近有棵大树,树旁有一根晒衣铁丝,左侧房内坐有一女孩。闪电击中大树,沿铁丝窜至房墙,击穿墙后沿房内晾毛巾的铁丝窜至铁丝上挂的钢尺,然后向下方的女孩头顶放电,循人体流入大地,女孩当即毙命倒地!闪电总是选最易导电的路径的。

### 3. 雷击成灾的物理分析

闪电成灾分两种：一种是直击雷，另一种是间接雷击。直击雷的瞬时电流高达几万安，除电效应外还有热效应，这将导致火灾，还能熔化物体。热的作用会使闪电通道膨胀，水分汽化，又造成机械作用。

间接雷击更常见，比直击雷的危害大得多，它有多种。

雷雨云中的电荷使地面金属物感应出大量异号电荷。雷雨云放电后，感应电荷来不及立刻消失，它产生几万伏的高电压，会对周围放电而出现感应雷的雷击现象。

输电线路同样有这种感应现象，近处落雷，云中电荷消失，输电线上的感应电荷就会沿导线流动，出现所谓的感应过电压。11万伏以下的低压输电网上的感应过电压波产生的灾害事故最多，占雷害事故的半数以上。

1957年北京中山公园音乐堂附近的一棵古树落雷，架空电线上的感应过电压波沿导线窜入配电室放电，引起大火灾。

闪电的放电是瞬时的，不仅瞬变电流的峰值很大，电流变化率更大，处在它的瞬变电磁场中的导体可以感应出很大电流。而当导体有断口处，则会产生很大的感应电压，因而出现火花放电。

黄岛大火的起因就是这种电磁感应造成的雷击！这是被毁于火的非金属半地下式油罐的原先构造状况示意图。雷电当空，仍往罐内注油，溅起的油气分子与空气混合成易燃易爆气体，混凝土顶板裸露的钢筋断口由于闪电的电磁感应而产生的电火花引爆了混合气，油罐炸毁，大火四起！

黄岛油库火灾事件中，避雷针并未失效，它起了该起的作用，引雷入地！但是避雷装置的设计安装和管理以及油库的管理工作没有跟上。您知道了这个内情后，作何反思？

在一次雷雨中，闪电击中某研究所的避雷针，这是正常的，可是室内十多台计算机全毁了！这是怎么一回事？大家知道各类电子仪器都要通过公共地线接到接地极上。闪电电流使避雷针的接地体产生瞬时的高电压，于是对附近的计算机的公共接地极放电，把闪电的瞬时高电压引向计算机，这种现象称为反击。因此实验室仪器的接地装置和各种金属管、线都要远离避雷针的引下线及接地体，以防止反击。

### 4. 防雷技术简介

防雷装置的设计和施工一定要严格遵守防雷规范。一要注意设计的合理，二要重视施工质量，三要经常查修隐患。详见专门介绍建筑防雷的录像。请注意：避雷针只能防护建筑物，却不能保护室内电子设备等的间接雷灾害，切记！切记！

清华大学的大礼堂屋顶是个铜壳，它有两根导线接通大地以泄放静电感应电荷入地，引下线旁不应布设电缆，雷雨时，行人应远离它。您想一想，这是为什么？

避雷针周围的瞬时电磁场是可以防备的。黄岛油库吸取了教训，新建的油罐都是金属的，它屏蔽了电磁场。笼式避雷网也起这个作用。

为阻断过电压的侵入，在电线入户处可安装避雷器，它的电阻是非线性的，当电压超过规定的限值时，它的电阻突然降为很小值，等于对地短路，闪电就由此处入地了。

近年来高精尖设备受雷击的事故日益增多，因为其内部微电子设备耐压很低，非常怕间接雷，必须采取严密的措施：房屋要采用笼式避雷网并良好接地，所有金属管、线与避雷网联结成等电位，特别要注意，进户电源线、信号线均需接避雷器，以阻断过电压波。

近年，先进的、精密的电子设备已广泛应用到科学技术的各个领域。随之而来的是，这些弱电设备遭受雷电的感应和反击等危害而被毁的事故也增多了。当前，我国研制的一种有效的综合防雷系统正在被越来越多的部门所采用。

综合防雷系统是指：除采用传统避雷装置外，还综合了屏蔽、均压、过压分流和接地等保护措施。

详见系列片第三集。

雷雨临空，该怎么办？到大树下避雨有危险吗？高大的树容易接闪，雷电流很大，树干的电位降很大，在人手接触的地点对地有很高的瞬时电压，称这为接触电压，它可以使人致命！

离开一步站着呢？仍不行！人与地等电位，树干会对人放电，也就是出现旁侧闪击，致人死地！

跨步走开还不行吗？若正好落雷，跨步电压也有危险！

在山间旅游，可以入山洞避雷雨，但是请想一想：在洞内如何站法才是安全的？

在雷雨时，要远离金属物，以防感应雷的袭击。

人在房内还会挨雷打吗？那不一定！若电视机的室外天线没有采取避雷措施，它接闪入室，可导致机毁人亡，打电话的人挨雷击也常有发生，这是感应过电压所致。

**5. 雷电探测和预报**

气象预报中能增加预报雷电这个新内容吗？近年雷电探测预报技术有可喜的进展，目前我国已广泛使用电场仪进行局部地区的雷电预警。

目前，覆盖面积大的雷电定位系统也已投入使用。它的探头内以平板电场传感器和一对正交环磁场天线接受落地雷发出的电磁波，鉴别之后放大并送至计算机处理，就在屏幕上显示出落雷的装置、雷的极性、强度及落雷时间等，并可以绘图记录下来。雷电预报系统可判明正在发生雷暴的地区、落雷的发展趋势，从而可以向需要预防雷击的要害部门发出预警。

这里监视器屏幕正在显示山东省落雷情况，它自西向东发展，1989 年 8 月 12 日 9 时 55 分，它显示黄岛油库落雷。这为判明此次火灾起因作出科学证明。

几千里长的高压输电线被雷击而断电，茫无人烟的山川荒野怎样寻觅断线地点？这套设备可以迅速准确地告知落雷点，立即可以派人去抢修。

美国已建立覆盖全国的雷电监测网，欧、亚少数国家也开始设立监测网预报雷电。中国近年正在迅速赶上，建立全国雷电监测网也为期不远了。

随着高科技的迅速发展，对雷电的研究，从防护到利用，变害为利造福人类的时代终究会到来！

# 附录 3　防雷术语

下面介绍的术语是选录自全国雷电防护标准化技术委员会初审之后经过修改的“信息系统雷电防护术语”国家标准，其中有些术语尚有争议，需进一步修改完善之后，才能成为审定稿，公布实行。本书出版在即，姑且先放在附录中，供读者参考，待审定稿公布后，读者自行修改即可。

## 1. 基本名词术语

(1) 保护(protection)

阻止过强的干扰电能量传播进入所设计的接口的方法和手段的应用。

(2) 暴露(exposure)

产品处于确定的自然或模拟环境因素的直接影响之下的状态。自然暴露是指产品经受正常工作条件的作用。加速暴露则是指产品经受更严酷的条件的作用。

(3) 冲击(impulse)

一种无明显振荡的单极性的电压或电流波，它迅速上升到最大值，然后通常缓慢下降到零，即使带有反极性振荡，其幅值也较小。定义冲击电流和冲击电压的参数是：极性、峰值、波前时间和波尾降至半峰值时间。

(4) 低压电气和电子设备(low-voltage electrical and electronic equipment)

输入直流电压小于 1 500V 或交流电压均方根值小于 1 000V 的电气和电子设备。

(5) 电气设备(electrical equipment)

发电、变电、配电或用电的任何项目或产品，诸如电机、电器、测量仪表、保护电器、布线系统的设备和电气用具。

(6) 电气装置(electrical installation)

为实现一个或若干个特定目的的具有互相协调特性的电气设备组合。

(7) 电位(electric potential)

指某点与被认为具有零电位的某等电位面(通常是远方地表面)间的电位差。注：比零电位面高的点称为正电位，比零电位面低的点称为负电位。

(8) 电涌电压(surge voltage)

沿线路或电路传播的瞬态电压波。其特征是电压快速上升后缓慢下降。

(9) 故障(fault)

产品的特性处于不能执行所需功能的偶然事故状态(不包括预防性维护，其他计划安排的活动或因缺少外部资源等情况下不能工作)。故障经常是产品本身失效的结果，而不能存在于失效之前。

(10) 过电流(over-current)

超过额定电流的电流。

(11) 过电压(over-voltage)

① 超过额定电压的电压；② 峰值超过设备最高相对地电压峰值($\frac{\sqrt{2}U_m}{\sqrt{3}}$)或最高相间电压峰值($\sqrt{2}U_m$)的任意随时间变化的相对地或相间电压。其中，$U_m$ 为设备最高相电压有效值。

(12) 计算机系统安全性(computer system security)

建立技术性的和管理性的防护设施，将其用于数据处理系统以保护硬件、软件和数据，使之免于偶然的或恶意的修改、破坏和泄漏。

(13) 接口(interface)

两个功能部件之间的共用界面。该界面是由各种功能特性、公共的物理互联特性、信号特性及其他适当特性规定的。

(14) 局域网(local area network, LAN)

一种位于有限地理区域用户宅院内的计算机网络。

(15) 馈电线，馈线(feeder)

功率传送系统中的传输线。

(16) 电涌电流(surge current)

加在电气设备上持续时间短暂的高于额定值的暂态电流。

(17) 输入保护(input protection)

模拟输入通道任何两个输入端之间或者任何输入端与地之间的过压保护。

(18) 数据通信(data communication)

数据从一处通过通信手段供给别处接受的传送。

(19) 同时可触及部分(simultaneously accessible parts)

人能同时触及的导体或导电部分，或在某些场所中动物能同时触及的导体或导电部分。同时可触及部分可以是：① 带电部分；② 外露可导电部分；③ 外部可导电部分；④ 保护导体；⑤ 接地极。

(20) 外部电源(external power supply)

与用电设备不装在同一结构内的电源。

(21) 外部可导电部分(extraneous conductive part)

不是电气装置组成部分的可导电部分。

(22) 外绝缘(external insulation)

空气间隙及电力设备固体绝缘的外露表面。它承受电压并受大气、污秽、潮湿、动物等外界条件的影响。

(23) 外围设备(peripheral equipment)

受某一台特定的计算机控制，并能与之进行通信的任一设备。

(24) 网关(gateway)

互联的具有不同网络体系的两个计算机网络的一种功能部件。

(25) 网络(network)

节点和互联分支的一种安排。

(26) 泄漏电流(leakage current)

由于绝缘不良而在不应通电的路径中流过的电流。

(27) 信号(signal)

用来表示数据的一种物理量的变化(形式)。

(28) 信号传输系统(signal transmission system)

信号发送设备与信号接受设备之间的传输系统。

(29) 信息(information)

关于客体(如事实、事件、实物、过程或思想,包括概念)的指示,在一定的场合中具有特定的意义。

(30) 信息技术设备(information technology equipment,TTE)

用于以下目的的设备:① 接受来自外部源的数据(例如通过键盘或数据线输入);② 对接受到的数据进行某些处理(如计算、数据转换、记录、建档、分类、存储和传送);③ 提供数据输出(或送至另一设备或再现数据与图像)。

(31) 信息系统(information system)

具有相关组织资源(如人力资源、技术资源和金融资源)的一种信息处理系统,提供并分配信息。

(32) 信噪比(signal-noise ratio)

在特定条件下有用信号电平和电磁噪声电平的比值。

(33) 抑制(suppression)

通过采用滤波、连接、屏蔽、吸收、接地等技术减小或消除不期望出现的电磁骚扰。

(34) 暂时过电压(temporary over-voltage,TOV)

在一定特定时段内,工作电压超过最大持续工作电压的有效值或直流最大值。

(35) 噪声(noise)

影响信号并可能使信号携带的信息产生畸变的一种干扰。

(36) 终端(terminal)

系统或通信网络中的功能单元,可用来录入或取出数据。

### 2. 与雷电有关的术语

(1) 保护角(shielding angle)

① (避雷线对导线的) 保护角由通过避雷线所作下垂线和避雷线与被保护导线连线形成的夹角。选择保护角对导线提供一个保护区,使几乎所有雷直击于避雷线而不击于导线。②(避雷针的) 保护角由通过避雷针顶部的垂线和另一由避雷针顶到大地与垂线成所选角度的直线相交形成,此角绕经避雷针顶部的垂线形成一锥形保护区,使物体位于锥形保护区中,选择此角度使雷击于避雷针而不击于位于所形成保护区内的物体。

(2) 避雷针(lightning mast)

一个柱子或基础结构,由它的顶到地有一垂直导体或它本身就是一到地的导体,其目的是拦截雷击使之不落在其保护范围内的物体上。

(3) 避雷线(shield wire, overhead power line or substation)

悬于建筑物、变电站设备或线路的相导线之上,以使雷击该线而不击建筑物、变电站设备或相导线。

(4) 长时间雷击(long stroke)

电流持续时间(从波头10%幅值起至波尾10%幅值止的时间)长于2ms且短于1s的雷击。

(5) 单位能量(specific energy)

一次闪击时间内雷电流的平方对时间的积分。它代表雷电流在一个单位电阻中所产生的能量。

(6) 地闪密度(ground flash density,GFD)

在局部地区单位时间内单位面积雷击地面的平均次数。

(7) 电气几何模型(electrogeometric model, EGM)

对一个设施采用适当的解析表达式将其尺寸与雷电流相关联,能预测雷是否会击在屏蔽系统、大地或被保护设施构件上的几何模型。

(8) 短时雷击(short stroke)

脉冲电流的半峰值时间短于2ms的雷击。

(9) 多雷区(more thunderstorm region)

平均雷暴日超过40但不超过90的地区。

(10) 反击(back flashover)

雷击网络的某部分或正常处于地电位的电气装置导致的绝缘闪络。

(11) 防雷区(lightning protection zone, LPZ)

需要规定和控制雷击电磁环境的那些区域。

(12) 防雷装置的效率(efficiency of lightning protection system)

不造成建筑物或设备损害的直接雷击次数与建筑物或设备遭到直接雷击次数之比。

(13) 负保护角(negative shielding angle)

当避雷线位于输电线路最外侧导线的外部或建筑物最外部的外侧时形成的保护角。

(14) 故障频度(frequency of damage)

雷击引起的预期故障的年平均次数。

(15) 滚球法(rolling sphere method)

电气几何理论应用在防雷分析的简化技术。此技术涉及沿被保护物体表面滚动一规定半径的假想球,此球被避雷针、避雷线、围栏和其他接地的金属体支持上下滚动以供计算雷电保护范围用。一个设备若在球滚动所形成的保护曲面之下,它受到保护,触及球或穿入其表面的设备得不到保护。

(16) 击距(striking distance)

当梯级先导的电位超过最大间隙的耐击穿性能时跃过的最大长度,此长度与第一次主放电的幅值有关。

(17) 非直击雷(indirect lightning flash)

击在建筑物附近的大地、其他物体或与建筑物相连的引入设备的闪电。

(18) 建筑物雷闪频度(lightning flash frequency to the structure)

每年直接和间接雷闪的期望次数。

(19) 建筑物损坏的可接受频度(accepted frequency of damage to the structure)

建筑物可承受的损坏期望频度的最大值。

(20) 接闪器(air-terminal system)

直接接受雷击的避雷针、避雷带(线)、避雷网,以及用作接闪的金属屋面和金属构件等。

(21) 可接受的雷击闪络频度(accepted lightning flash frequency)

可以接受的导致设备或系统损坏的雷击闪络的年平均最大频度。

(22) 雷暴(thunderstorm)

由积雨云产生的具有闪电和雷或伴有阵性降雨的天气现象。

(23) 雷暴日(thunderstorm day)

一天中可听到一次以上的雷声则称为一个雷暴日。

(24) 雷暴小时(thunderstorm hours)

在一小时期间可听到一次以上的雷声称为一雷暴小时。

(25) 雷电保护区(lightning protection zone, LPZ)

雷电电磁环境已定义或控制的区域。

(26) 雷电波侵入(lightning surge on incoming services)

由于雷电对架空线路或金属管道的作用,雷电波可能沿着这些管线侵入屋内,危及人身或损坏设备。

(27) 雷电冲击(lightning surge)

由雷电放电引起的对电气或电子电路的瞬态电磁干扰。

(28) 雷电电磁感应(electromagnetic induction of lightning)

雷电流迅速变化,在其周围空间产生瞬变的强电磁场,使附近导体上感应出很高的电动势。包括静电感应和电磁感应,它可使金属部件之间产生火花。

(29) 雷电电磁脉冲(lightning electromagnetic pulse, LEMP)

与雷电放电相联系的电磁辐射。所产生的电场和磁场能够耦合到电气或电子系统中,从而产生破坏性的冲击电流或电压。

(30) 雷电活动水平(keraunic level)

指定地区平均年雷暴日数或雷暴小时数: ① 雷电活动日水平,称为雷暴日,它是每年的平均日数,在该日24小时内听到雷声; ② 雷电活动小时水平称为雷暴小时,它是每年平均小时数,在该小时的60分钟内听到雷声。

(31) 雷电静电感应(electrostatic induction of lightning)

由于雷云的作用,使附近导体上感应出与雷云符号相反的电荷,雷云主放电时,先导通道中的电荷迅速中和,在导体上的感应电荷得到释放,如不就近泄入地就会产生很高的电位。

(32) 雷电流(lightning current)

流过雷击点的电流。

(33) 雷电流的平均陡度(average steepness of lightning current)

对应指定的时间间隔的起点和终点的雷电流的差值被指定的时间间隔除的数值。

(34) 雷电流峰值(peak value of lightning current)

在一次闪络中雷电流的最大值。

(35) 雷电流总电荷(total charge of lightning current)

雷电流在整个雷击闪络持续时间内的时间积分。

(36) 雷电损害风险(lightning damaging risk)

由于雷击造成的某建筑物或设备可能出现的年平均损失。

(37) 雷击(lightning stroke)

雷闪对地的放电。

(38) 雷击点(lightning strike point)

雷击接触大地、建筑物或防雷装置的那一点。

(39) 雷击风险评估(evaluation of lightning strike risk)

根据雷击大地导致人员、财产损害程度确定防护等级、类别的一种综合计算、分析方法。

(40) 雷击过电压(lightning overvoltage)

因特定的雷电放电,在系统中一定位置上出现的瞬态过电压。

(41) 雷闪(lightning flash)

由雷云产生的先导以一次或多次主放电组成的整个雷闪放电。

(42) 临界雷击电流幅值(critical stroke amplitude)

击于相导线使导线电压升至可能发生闪络的最小雷电流幅值。

(43) 内部引下线(internal down-conductor)

引下线位于被防雷保护的建筑物的内部。例如一个钢筋水泥柱就可作为一个自然引下线。

(44) 耐雷水平(critical current)

同临界雷击电流幅值。

(45) 少雷区(less thunderstorm region)

平均雷暴日不超过 15 的地区。

(46) 绕击率(shielding failure rate, SFR)

以回路或线路长度为基数每年雷电绕过地线或屏蔽线直接击于导线的事故数,它可以造成闪络也可以不造成闪络。

(47) 绕击闪络率(shielding failure flash-over rate, SFFOR)

以回路或输电线路长度为基数的绕击闪络数。

(48) 闪络(flashover)

通过物体(固体或液体)周围空气或流经物体绝缘表面的击穿放电现象。

(49) 首次雷击(lightning first stroke)

当下行先导头部与地面上行先导相遇开始的对地雷击。

(50) 损坏频度(frequency of damage)

引起建筑物损坏的雷电年平均次数,可以分别指直接雷闪、间接雷闪或全部雷闪的损坏频度。

(51) 梯级先导(stepped leader)

静电荷由一雷云传播进入空气中的放电过程。与最终的雷击电流相比,梯级先导电流幅值小(100A量级)。梯级先导随机地以每级10m～80m的步长传播,速度约为光速的0.05%或150 000m·$s^{-1}$,直到梯级先导到达被击点击距范围内,梯级先导才定向指向被击点。

(52) 向上闪击(upward flash)

开始于一地面物体向雷云发展的向上先导。一向上闪击至少有一次或多次短时雷击,其后可能有多次短时雷击并可能有一次或多次长时间雷击。

(53) 向下闪击(downward flash)

开始于雷云向大地产生的向下先导。一向下闪击至少有一次短时雷击,其后可能有多次后续短时雷击并可能含有一次或多次长时间雷击。

(54) 允许故障频度(tolerable frequency of damage)

雷直击和非直击某设备而不要求增加保护措施情况下允许的预期年平均故障频度的最大值。

(55) 正保护角(positive shielding angle)

当避雷线位于输电线路最外侧导线或建筑物最外部的内侧形成的保护角。

(56) 直接雷(direct lightning flash)

直接击在大地、建筑物或防雷装置上的闪电。

(57) 直接雷频度(direct lightning flash frequency)

建筑物每年遭受直接雷闪次数的期望。

(58) 中雷区(middle thunderstorm region)

平均雷暴日超过15但不超过40的地区。

(59) 综合防雷技术(synthetical lightning protection technology)

对一个需要进行雷电防护的建筑物的电子信息系统,从外部和内部对该建筑物采用直击雷防护技术、等电位联结技术、屏蔽技术、完善合理的综合布线技术、共用接地技术和安装各类SPD技术进行雷电防护的措施。

### 3. 与电磁兼容有关的术语

(1) 传导干扰(conducted interference, conducted disturbance)

沿导体传播的不希望出现的电磁能量,通常定义为电压和/或电流水平。

(2) 电磁发射(electromagnetic emission)

从源向外发出电磁能的现象。

(3) 电磁辐射(electromagnetic radiation)

能量以电磁波形式由源发射到空间的现象,能量以电磁波形式在空间传播。

(4) 电磁干扰(electromagnetic interference, EMI)

电磁骚扰引起的设备、传输通道或系统性能的下降。

(5) 电磁干扰安全裕度(electromagnetic interference safety margin)

敏感度门限与出现在关键测试点或信号线上的干扰电平之比值。

(6) 电磁环境(electromagnetic environment)

存在于一个给定场所的电磁现象的总和。

(7) 电磁环境效应(electromagnetic environment effects, E3)

电磁环境对电子或电气系统、设备或装置的工作性能的影响。包括所有电磁学科:①电磁兼容;②电磁干扰;③电磁易损性;④电磁脉冲;⑤电子系统抗干扰对策;⑥电磁辐射对军火及易挥发物的危害。

(8) 电磁兼容性(electromagnetic compatibility)

设备或系统在其电磁环境中能正常工作且不对该环境中任何事物构成不能承受的电磁骚扰的能力。

(9) 电磁兼容裕度(electromagnetic compatibility margin)

装置、设备或系统的抗扰性限值与电磁兼容电平之间的差值。

(10) 电磁屏蔽(electromagnetic screen)

用导电材料减少交变电磁场向指定区域穿透的屏蔽。

(11) 电磁骚扰(electromagnetic disturbance)

任何可能引起装置、设备或系统性能降低或者对有生命或无生命物质产生损害作用的电磁现象。

(12) 电磁噪声(electromagnetic noise)

一种明显不传送信息的时变电磁现象,它可能与有用信号叠加或组合。

(13) 电感耦合(inductive coupling)

两个或两个以上电路间借助电路间互感而形成的耦合。注:电感耦合这一术语通常指互感所形成的耦合,而直接电感耦合这一术语指各电路共同的自感所形成的耦合。

(14) 电容耦合(capacitive coupling)

在两个或两个以上电路间借助电路间电容的耦合。

(15) 电阻耦合(resistive coupling)

在两个或两个以上电路间借助电路间电阻的耦合。

(16) 辐射干扰(radiated interference)

通过空间以电磁波形式传播的电磁干扰。

(17) 干扰(interference)

由于一种或多种发射、辐射、感应或其组合所产生的无用能量对电子设备的接受产生的影响,其表现为性能下降、误动或信息丢失,严重时出现设备损坏,如不存在这种无用能量则此后果可以避免。

(18) 干扰抑制(interference suppression)

削弱或消除电磁干扰的措施。

(19) 耦合(coupling)

在两个或两个以上电路或系统间,可进行一电路(系统)到另一电路(系统)功率或信号转换的效应。

(20) 系统间电磁兼容性(intersystem electromagnetic compatibility)

一个给定系统与其工作的电磁环境或其他系统间的电磁兼容性。

(21) 系统内电磁兼容性(intrasystem electromagnetic compatibility)

系统中的某些部分不因其他部分的电磁干扰而使自身功能明显下降,同时也不对其他部分造成电磁干扰的一种状况。

(22) 误码率(bit error ratio)

在给定时间内,误码数与所传递码的总数之比。

(23) 直接耦合(direct coupling)

在两个或两个以上电路间借助电路共同的自感、电容、电阻或三者集合而形成的耦合。

**4. 与接地有关的名词术语**

(1) 保护接地(protective earthing)

把在故障情况下可能出现危险的对地电压的导电部分同大地紧密地连接起来的接地。

(2) 保护线,PE线(protective conductor)

为防电击用来与下列任一部分作电气连接的导线:外露可导电部分、装置外可导电部分、总接地线或总等电位联结端子、接地极、电源接地点或人工中性点。

(3) 保护中性线(PEN conductor)

具有中性线和保护线双重功能的接地线。

(4) 冲击接地电阻(impulse earthing resistance)

冲击电流流过接地装置时,接地装置对地电压的峰值与通过接地极流入地中电流的峰值的比值。

(5) 单点接地(single-point ground)

单点接地指网络中只有一点被定义为接地点,其他需要接地的点都直接接在该点上。

(6) 等电位联结(equipotential bonding)

将设备、装置或系统的外露可导电部分或外部可导电部分作电位基本相等的电气连接。

(7) 等电位联结带(equipotential bonding bar, EBB)

其电位用来作为共同参考点的一个导电带,需要接地的金属装置、导电物体、电力和通信线路以及其他物体可与之连接。

(8) 地(ground)

① 导电性的土壤,具有等电位,且任意点的电位可以看成零电位。② 导电体(如土壤或钢船的外壳)作为电路的返回通道,或作为零电位参考点。③ 电路中相对于地具有零电位的位置或部分。④ 电路与地或其他起地的作用的导电体的有意的或偶然的连接。

(9) 地电流(earth current, telluric current)

在大地或接地极中流过的电流。

(10) 多点接地(multi-point ground)

每个子系统的“地”都直接接到距它最近的基准面上。通常基准面是指贯通整个系统的粗铜线或铜带,它们与机柜和接地网相连,基准面也可以是设备的底板、构架等。注:这种接地方式的接地引线长度最短,接地线上可能出现的驻波现象可以大大减小。

(11) 防雷接地(lightning protection ground)

避雷针、避雷线及避雷器等雷电防护设备与接地装置的连接。

(12) 浮点接地(floating ground)

将整个网络完全与大地隔离,使电位飘浮。要求整个网络与地之间的绝缘电阻在50MΩ以上,绝缘下降后会出现干扰。通常采用机壳接地,其余的电路浮地。

(13) 工频接地电阻(power frequency ground resistance)

工频电压流过接地装置时,接地极与电位为零的远方接地极之间的欧姆律电阻。其数值等于接地装置对地电压与通过接地极流入地中电流的比值。

(14) 接地电阻(ground resistance)

接地极与电位为零的远方接地极之间的欧姆律电阻。注:所谓远方是指一段距离,在此距离下,两个接地板的互阻基本为零。

(15) 接地(名词)(earth, ground)

一种有意或非有意的导电连接,由于这种连接,可使电路或电气设备接到大地或接到代替大地的某种较大的导电体。注:接地的目的是①使连接到地的导体具有等于或近似于大地(或代替大地的导电体)的电位;②引导入地电流流入和流出大地(或代替大地的导电体)。

(16) 接地(动词)(grounding, earthing)

指将有关系统、电路或设备与地连接。

(17) 接地平面,参考平面(earth plane, reference plane)

一块导电平面,其电位用作公共参考电位。

(18) 基础接地极(foundation earth electrode)

构筑物混凝土基础中的接地电极。

(19) 集中接地装置(concentrated earthing connection)

为加强对雷电流的散流作用、降低对地电位而敷设的附加接地装置,一般敷设3~5根垂直接地板。在土壤电阻率较高的地区,则敷设3~5根放射形水平接地极。

(20) 共用接地系统(common earthing system)

将各部分防雷装置、建筑物金属构件、低压配电保护线(PE)、设备保护地、屏蔽体接地、防静电接地和信息设备逻辑地等连接在一起的接地装置。

(21) 接地导体(earthing conductor)

指构成地的导体,该导体将设备、电气器件、布线系统或其他导体(通常指中性线)与接地极连接。

(22) 接地极(earthing electrode)

为达到与地连接的目的,一根或一组与土壤(大地)密切接触并提供与土壤(大地)之间的电气连接的导体。

(23) 接地系统(earthing system)

在规定区域内由所有互相连接的多个接地连接组成的系统。注：包括埋在地中的接地极、接地线、与接地极相连的电缆屏蔽层及与接地极相连的设备外壳或裸露金属部分、建筑物钢筋、构架在内的复杂系统。

(24) 接地网(ground grid)

由埋在地中的互相连接的裸导体构成的一组接地极，用以为电气设备或金属结构提供共同的地。注：为降低接地电阻，接地网可连以辅助接地极。

(25) 接地均压网(earthing mat)

位于地面或地下、连接到地或接地网的一组裸导体，用以防范危险的接触电压。注：接地均压网的通常形状是适当面积的接地极和接地栅格。

(26) 接地汇流导体(main earthing conductor)

在建筑物、控制室、配电总接地端子板内设置的公共接地母线。可以敷设成环形或条形，所有接地线均由接地汇流导体引出。

(27) 接地基准点(earthing reference point, ERP)

共用接地系统与系统的等电位连接网络之间的惟一连接点。

(28) 接地连接(earthing connection)

用来构成地的连接，系由接地导体、接地极和围绕接地极的大地(土壤)或代替大地的导电体组成。

(29) 接地极有效冲击长度( effective impulse length of ground electrode)

特定幅值及波形的雷电冲击电流在具有某电阻率的土壤中的接地极上流动，雷电流衰减到小于某百分数(如1%)时所对应的长度。

(30) 接地极互阻(mutual resistance of earthing electrode)

指一个接地极的1A直流电流变量在另一接地极产生的电压变量，单位Ω。

(31) 雷电保护接地(lightning protective ground)

为雷电保护装置(避雷针、避雷线和避雷器等)向大地泄放雷电流而设的接地。注：流过防雷接地装置的雷电流幅值很大，可以达到数百千安，但持续的时间很短，一般只有数十微秒。

(32) 远方大地(remote earth)

若接地极与大地表面远处点的距离的增加时测不到接地极与新的远处点间阻抗的变化，则该地表远处点为远方大地。

(33) 信号地(signal ground)

电路中各信号的公共参考点，即电气及电子设备、装置及系统工作时信号的参考点。

(34) 土壤电阻率(earth resistivity)

表征土壤导电性能的参数，为单位体积土壤的阻抗。通常用的单位是Ω·m，它指的是一个土壤方体相对两面间测得的阻抗。

(35) 主电极(main electrode)

放电电流所经过的电极。

(36) 总接地端子(main earthing terminal)

将保护导体,包括等电位连接导体和工作接地的导体(如果有的话)与接地装置连接的端子或接地排。

(37) 总接地端子板(main earth-terminal board)

将多个接地端子连接在一起的金属板。

(38) 自然接地极(natural earthing electrodes)

具有兼作接地功能的但不是为此目的而专门设置的各种金属构件、钢筋混凝土中的钢筋、埋地金属管道和设备等统称为自然接地极。

(39) 引下线(down-conductor system)

连接接闪器与接地装置的金属导体。

(40) 接触电压(touch voltage)

接地的金属结构和地面上相隔一定距离处一点间的电位差。此距离通常等于最大的水平伸臂距离,约为1m。

(41) 跨步电压(step voltage)

地面一步距离的两点间的电位差,此距离取最大电位梯度方向上1m的长度。注:当工作人员站立在大地或某物之上,而有电流流过该大地或该物时,此电位差可能是危险的,在故障状态时尤其如此。

### 5. 与屏蔽有关的名词术语

(1) 屏蔽(shielding)

一个外壳、屏障或其他物体(通常具有导电性),能够削弱一侧的电场、磁场对另一侧的装置或电路的作用。

(2) 静电屏蔽(electrostatic latent screen)

一个由金属箔、密孔金属网或导电涂层构成的防护罩,用以保护所包围的空间免受外界的静电影响。

(3) 屏蔽外壳(shielded enclosure)

① 由导体构成,可以显著减小一侧的电场(或磁场)对另一侧的仪器或电路的影响的遮蔽室或其他围绕物。② 为测量特别设计的能够减小外部射频的遮蔽物。由此对试品的电磁发射的测量可以进行而不会受到外部非预期的电磁辐射源的干扰。③ 为将内外电磁环境分开而特意设计的网状或片状的遮蔽室。

(4) 屏蔽盒(shielding box)

隔离、减弱电场、磁场或电磁场的一种封闭构件。

(5) 屏蔽导体(shielding conductor)

沿电缆或电缆线路平行敷设一根独立导线或单芯电缆,构成闭合回路的一部分,回路中感应电流的磁场将抵消电缆中电流所产生的磁场。

(6) 屏蔽板(shielding panel)

隔离、减弱电场、磁场或电磁场影响的构件。

(7) 屏蔽网(shielding net)

隔离、减弱电场、磁场或电磁场影响的网状构件。

(8) 屏蔽系数(shielding factor)

在有屏蔽体时被屏蔽空间内某点的场强与没有屏蔽时该点场强的比值。

(9) 屏蔽效能(shielding effectiveness)

对屏蔽物排除或约束电磁波的能力的度量。对于给定的外部源，屏蔽效能是指测试时在某给定点放入屏蔽物之前和之后的电场或磁场的强度之比。通常用分贝的形式以入射和透射的信号幅值之比(频域中)来表述。

### 6. 与电涌保护有关的术语

(1) 保安器(protector)

防止设备或人身受到高压或强电流危害的装置。

(2) 保护电路(protective circuit)

以保护为目的的一种辅助电路或部分控制电路。

(3) 避雷器(surge arrester)

通过分流冲击电流来限制出现在设备上的冲击电压，且能返回到初始性能的保护装置，该装置的功能具有可重复性。

(4) 电涌保护器(surge protection device, SPD)

用于限制暂态过电压和分流电涌电流的装置，它至少应包含一个非线性电压限制元件。

(5) 电压开关型电涌保护器(voltage switching type SPD)

在无电涌时呈现高阻抗，当出现电压电涌时该器件突变为低阻抗。通常采用放电间隙、气体放电管、晶闸管(可控硅整流器)和三端双向可控硅元件作这类SPD的组件。有时称这类SPD为“短路开关型”或“克罗巴型”SPD。

(6) 保护系统和装置(protection system and device)

用于防止在有过电流(由于过负载引起)、故障电流和接地故障电流的情况下，危及人、畜和损坏设备的系统和装置。

(7) 保护导体(protective conductor)

低压系统中为防触电用来与下列任一部分作电气连接的导线：① 线路或设备金属外壳；② 线路或设备以外的金属部件；③ 总接地线或总等电位联结端子板；④ 接地极；⑤ 电源接地点或人工中性点。

(8) 保护电容器(capacitor for voltage protection)

接于电源线与地之间，用以抑制电涌电压的电容器。

(9) 单端口电涌保护器(one-port SPD)

与保护电路并联连接的电涌保护器，一个单端口电涌保护器可以有单独的输入输出端口，但它们之间并无专门的串联阻抗。

(10) 双端口电涌保护器(two-port SPD)

具有独立的输入输出端口的电涌保护器。在这些端口之间插入一个专门的串联阻抗。

(11) 限压型电涌保护器(voltage-clamping-type SPD)

这种电涌保护器在无电涌时呈现高阻抗,但随电涌电流和电压的增加其阻抗会不断减小。用作这类非线性装置的常见器件有压敏电阻和钳位二极管。这类电涌保护器有时也称为钳位型电涌保护器。

(12) 信号电涌保护器(signal surge protecting device)

用于模拟信号、数字信号、控制信号等信息网络通道的防雷装置。

(13) 组合型电涌保护器(combination-type SPD)

由电压开关型组件和限压型组件组合而成,可以显示为电压开关型或限压型或这两者都有的特性,这决定于所加电压的特性。

(14) 多级电涌保护器(multi-stage SPD)

具有不止一个限压元件的 SPD。这些限压元件可以是被一系列元件在电气上分离开,也可以不是。这些限压元件可以是开关型的,也可以是限压型的。

(15) 限压(voltage limiting)

SPD 降低所有超过预定电压值的一种功能。

(16) 限流电压(current-limiting voltage)

加在规定输出端之间,输出电流开始被限制时的电压值。

(17) 不可恢复的限流(non-resettable current limiting)

SPD 的只能限流一次的功能。

(18) 标称放电电流(nominal discharge current)

8/20$\mu$s 冲击电流波流过 SPD 的电流峰值。用于对 SPD 做 Ⅱ 级分类试验,也用于对 SPD 做 Ⅰ 级和 Ⅱ 分类试验的预试验。

(19) 最大放电电流(maximal discharge current)

通过 SPD 的电流峰值,该电流具有根据 Ⅱ 类工作状态试验的测试程序所规定的波形(8/20$\mu$s) 及幅值。

(20) 限流(current limiting)

至少包含有一个非线性限流元件的 SPD 降低所有超过预定电流值的一种功能。

(21) 残流(residual current)

SPD 按制造厂家的说明连接,不带负载,施加最大持续工作电压时流过保护接线端子的电流。

(22) 续流(follow current)

当 SPD 通过放电电流脉冲后,随后而至的由电源系统提供的电流,与连续工作电流完全不同。

(23) 残压(residual voltage)

在放电电流通过时,在 SPD 端子间呈现的电压峰值。

(24) 限制电压(measured limiting voltage)

在规定波形和幅值作用下,在 SPD 端子间测量到的电压最大值。

(25) 自复原限流(self-resettable current limiting)

SPD 的限制电流并且在干扰电流消失后自动复原的行为。

(26) 双端口 SPD 负载侧冲击耐受能力(load-side surge withstand capability for a two-port SPD)

双端口 SPD 输出端耐受来自负载侧冲击的能力。

(27) 冲击耐受能力(surge durability)

表征 SPD 容许通过规定的波形和峰值的冲击电流,并能耐受规定的次数的特性。

(28) 交流耐受能力(AC durability)

表征 SPD 容许通过规定幅值的交流电流,并能耐受规定的次数的特性。

(29) 持续工作电压(continuous operating voltage)

连续施加在 SPD 端子间不会引起 SPD 传输特性衰变的直流或交流(有效值)电压。

(30) 电流复原时间(current reset time)

一个自复原限流器恢复到正常和静止状态所需要的时间。

(31) 电流响应时间(current response time)

在确定电流和确定温度下限流元件动作所要求的时间。

(32) 绝缘电阻(insulation resistance)

SPD 指定的端子之间施加最大持续运行电压时呈现的电阻。

(33) 电压保护水平(voltage protection level)

表征一个 SPD 限制其两端电压的特性参数。这个电压数值不小于电涌电压限制的最大实测值,是由生产商确定的。

(34) 插入损耗(insertion loss)

由于在传输系统中插入一个 SPD 所引起的损耗。它是在 SPD 插入前传递到 SPD 后面的系统部分的功率与 SPD 插入后传递到同一部分的功率之比。这个插入损耗通常用分贝表示。

(35) 外部防雷装置(external lightning protection system)

由接闪器、引下线、接地装置组成,主要用于防护直击雷的防护装置。

(36) 盲点(blind spot)

高于最大持续运行电压,但可引起 SPD 不完全动作的工作点。

(37) 劣化(degradation)

SPD 由于电涌或不利环境引起的原始性能参数的变坏。

(38) 连续工作电流(continuous operating current)

SPD 每一种防护方式在最大连续工作电压作用下分别流过的电流,相当于流过 SPD 防护器件的电流和流过 SPD 中与防护器件并联的所有内部电路的电流之和。

(39) 可复原的限流(resettable current limiting)

SPD 的限制电流并且能够在动作后手动复原的功能。

(40) 热崩溃(thermal runaway)

SPD 持续的热损耗超过了外壳及连线的散热能力,导致内部元件温度逐步增加直至损坏,这样一种状态称为热崩溃。

(41) 热稳定(thermal stability)

在工作状态测试引起温度升高,在特定环境温度和最大连续工作电压作用下,SPD 温度随着时间而下降至稳定温度,则称 SPD 是热稳定的。

(42) 额定电流(rated current)

一个限流 SPD 在不引起限流元件动作特性产生变化的条件下所能持续流过的最大电流。

(43) 额定负载电流(rated load current)

可以供给接到 SPD 输出端负载的最大连续额定均方根电流或直流电流。

(44) 防护模式(mode of protection)

SPD 的防护器件可能按接在火线与火线、地线与地线、火线与中性线、中性线与地线或者以其组合等方式接入,这些接入方式被称为防护模式。

(45) 过压故障模式(overstressed fault mode)

可分为三种模式。模式 1,在这种情况中,SPD 的限压部分已经断开,限压功能不再存在,但是线路仍可运行;模式 2,在这种情况中,SPD 的限压部分已经被 SPD 内部的一个很小的阻抗短路,线路不可运行,但是设备仍被短路保护;模式 3,在这种情况下,SPD 的限压部分网络侧内部开路,线路不运行,但是设备仍然受到开路线的保护。

(46) 最大遮断电压(maximum interrupting voltage)

可施加在 SPD 限流元件上,且不致引起 SPD 传输性能降低的最大电压(直流或有效值)。注:这个电压可等于或高于 SPD 的最大持续运行电压,取决于 SPD 内部限流元件的配置。

(47) 防雷装置(lightning protection system, LPS)

用来防护雷电影响的完整系统,是接闪器、引下线、接地装置、电涌保护器及其他连接导体的总和。

(48) 接触保护(contact protection)

机械接触的过流或过压保护。

(49) 金属氧化物避雷器(metal oxide surge arrester)

采用金属氧化物非线性电阻烧结而成的阀体的避雷器。

(50) 非线性金属氧化物电阻片(压敏电阻)(nonlinear metal oxide varistor)

避雷器的主要工作部件。由于其具有非线性伏安特性,在暂态电压作用时呈低电阻,从而限制避雷器端子间的电压,而在正常运行时呈现高电阻。

### 7. 与测试有关的术语

(1) 1.2/50 电压脉冲(1.2/50 voltage impulse)

视在波前时间(从峰值 10% 升至 90% 的时间)为 1.2μs,半峰值时间为 50μs 的电压脉冲。

(2) Ⅰ 级分类试验(class I tests)

用标称放电电流 $I_n$、1.2/50μs 冲击电压和最大冲击电流 $I_{imp}$ 做的实验。最大冲击电流在 10ms 内通过的电荷 $Q$(As) 等于电流幅值 $I_m$(kA) 的 1/2,即 $Q = 0.5I_m$。

(3) Ⅱ 级分类试验(class Ⅱ tests)

用标称放电电流 $I_n$、1.2/50μs 冲击电压和最大放电电流 $I_m$ 做的实验。

(4) Ⅱ级分类试验的最大放电电流(maximum discharge current $I_{max}$ for class Ⅱ tests)

流过SPD的8/20μs冲击电压的最大放电电流$I_{max}$。用于Ⅱ级分类试验,它大于标称电流。

(5) Ⅲ级分类试验(class Ⅲ tests)

用混合波(1.2/50μs冲击电压和8/20μs冲击电流)做的试验。

(6) 8/20电流脉冲(8/20 current wave)

视在波前时间为8μs,半峰值时间为20μs的电流脉冲。

(7) 标准雷电冲击(standard lightning impulse)

30%～90%等值上升时间为1.2μs,半波时间为50μs的单向冲击。

(8) 冲击电流(impulse current)

规定了幅值电流$I_m$和电荷$Q$的持续时间很短的非周期瞬时电流。

(9) 冲击电流发生器(impulse current generator)

产生冲击大电流的试验设备。

(10) 冲击电流耐受能力(current impulse withstand discharge capacity)

在规定的波形(方波、雷电和线路放电等)情况下,压敏电阻耐受通过电流的能力,以电流的幅值和冲击次数表示,亦称冲击电流通流容量。

(11) 冲击电压试验(impulse voltage test)

在绝缘件上施加一个非周期性瞬变电压的试验。试验电压的极性、幅值及波形均需符合预先的规定。

(12) 额定冲击耐压(rated impulse withstand)

在规定的试验条件下,设备能承受而不被击穿的一定波形和极性的冲击电压的峰值。

(13) 混合波(combination wave)

发生器产生1.2/50μs冲击电压加于开路电路,同时8/20μs冲击电流加于短路电路。

(14) 击穿电压(breakdown voltage)

在规定的试验条件下绝缘体或试验发生击穿时的电压。

(15) 受试设备(equipment under test, EUT)

承受电磁兼容性(EMC)符合性试验(发射和抗扰度)的设备(装置、子系统或系统)。

# 附录4 浙江省绍兴绿神特种水产品有限公司鳖场“8.6”重大雷击火灾事故分析

2001年8月6日下午14时25分前后，位于浙江省绍兴县海涂九一丘的绍光绿神特种水产品有限公司鳖场因直击雷引发重大火灾事故，造成烧毁甲鱼养殖温室21 600m$^2$，死亡甲鱼55万只，直接经济超过500万元。灾情发生后，有关部门领导迅速赶赴现场指挥灭火，市、县消防大队出动几十辆消防车，参加灭火的人员达百余人。但由于火势太猛而无法扑救，大火燃烧约45分钟将21 600m$^2$温室全部烧完才自动熄灭。

## 1. 雷击火灾事件调查及分析

当天傍晚，绍兴市防雷设施检测所接到消防部门电话后，按政府指示马上派技术人员赶赴现场，并立即进行勘察、调查、取证，分析起火原因。并向政府有关领导汇报了现场勘察及分析情况。通过对现场细致的勘察、检测、取证，对火灾前后详细天气情况的了解分析，结合对现场目击者提供的目睹雷电闪击情况进行的核实，从理论和实际两方面进行了认真的分析，查明事故的原因如下。

(1) 环境因素

绍兴县位于杭州湾南岸地区，年平均雷暴日天数达48天/年。该鳖场位于绍兴县海涂开阔潮湿地带，在水面和陆地交界地区，由于下垫面的热力性质的差异，极易加剧或产生强对流天气。而该地属三面临海一面靠陆的地形，因此雷击密度大、频率高，每年都有多次雷击事故发生。当地群众也反映，只要一出现雷雨天，就会有大量的电气设备(如变压器，电闸等)及家电被击毁，而且年年多次发生。

(2) 天气因素

从当时的天气情况看，该地区正处于强烈发展的强对流天气中，雷电活动频繁。根据浙江省气象台提供的雷达回波资料证实，2001年8月6日下午14时后有雷达回波带从杭州经萧山、绍兴和余姚等地移过。强回波中心在55dB以上，回波顶高达12km以上，为强对流天气回波。另外从临近的绍兴县、上虞县和萧山县气象站实况观测资料上可看出，从14时开始就有较大范围雷雨云由西南向东北方向发展，14时30分前后正处于海涂地区上空，即时出现强雷暴，并产生雷雨云对地放电。当发现鳖场温室顶部起火时，鳖场电工当即去拉电闸，发现电闸已自动跳开，说明周围附近有强大的瞬变电磁场产生，使电源线感应出强大的电流，超过其负荷而产生跳闸。以上观测和资料及电闸跳开现象都证明该鳖场遭强雷电袭击属实。

(3) 建筑物自身直接因素

从该鳖场防雷设施的情况看,整个鳖场位于一望无际的海涂潮湿开阔地带。大棚温室包括18间连接成一体的12m×100m小温室,弧形温室最高点为2.5m。温室大棚除围墙外全由钢架搭结而成,虽说整个钢结构接地良好,但由于地处潮湿开阔地带,温室大棚的钢架客观上还是起到了接闪器(引雷针)的作用。由于保温需要而严密地覆盖其上的厚度达15cm的多层大面积塑料片、油毛毡、尼龙膜、稻草、泡沫塑料等易燃材料的高度高于金属架,而整个建筑物又没有采取任何防雷保护措施。所以,当雷电流(几十千安至上百千安)穿过易燃层直接击中钢架时,由于强烈的电热效应产生高温,引燃易燃层而引起燃烧(据现场四位目击者介绍,一道闪电打在温室大棚中间位置,随即大棚中间就升起烟火且越来越大)。后经现场仔细勘察,发现温室最先起火部位的钢架上有明显的类似电焊状凹陷小坑的痕迹。

(4) 间接原因

该温室建于2000年,长、宽和高各为216m、100m和2.5m。虽说高度不高,但面积较大,根据国家强制性标准,建筑物防雷设计规范《GB 50057—94》之附录中的计算公式

$$N=K\times 0.024T_{\mathrm{d}}^{1.3}\times A_{\mathrm{e}}$$

式中,$N$为建筑物预计年雷击次数,次/年;$K$为校正系数,位于旷野孤立的建筑物取2;$T_{\mathrm{d}}$为年平均雷暴日,天/年;$A_{\mathrm{e}}$为与建筑物接受相同雷击次数的等效面积,高度小于100m时

$$A_{\mathrm{e}}=[LW+2(L+W)\times\sqrt{H(200-H)}+\pi H(200-H)]\times 10^{-6}$$

其中,$L$、$W$、$H$分别为建筑物的长、宽、高,m。

经计算可知年预计雷击次数达0.273次/年,属三类防雷建筑物(接近二类),按规范要求,必须设置防雷装置。但由于防雷安全意识不够,未按国标规定采取任何防雷措施,这也是这次事故发生的一个很重要的原因。

### 2. 电气事故疑点排除

为准确查明事故起因,对温定电源线路布置的情况也进行了勘察,认定电气事故引起火灾的可能性不大,理由如下:

(1) 位于温室外部走道上的电器开关一切正常,没有任何异常的痕迹。

(2) 护套线布置于距顶部距离为35cm的钢架上,温室内地面是养甲鱼的鱼池,且空气湿度很大,温室顶部布满小水珠。在这样的环境下电气短路的可能性尽管存在,但由短路引起火灾的可能性极小。

### 3. 结束语

通过对这次特大雷击起火事件原因的分析,认为任何建(构)筑物在设计、施工时都必须严格按照强制性国家标准建筑物防雷设计规范《GB 50057—94》来执行,不能存在侥幸心理。也不能只从建筑物高度是否达到24m以上这一物理高度来考虑是否应设置防雷装置,而应根据规范规定,结合当地雷暴日天数、环境、地形等因素综合考虑。凡经按上述规范计算年预计雷击次数大于0.06次/年的一般性民用和工业建(构)筑物都必须

按国标规定设置防雷装置。

近年来随着经济的发展和人民生活水平的提高，各地钢架结构的养殖温室、蔬菜大棚的数量增加很快，且这类建(构)筑物又大多建在空旷的田野上，在雷雨季节被雷电击中而引起人员伤亡和起火的事件时有发生，在日益强调安全生产的形势下，这类钢架结构温室、大棚的雷电安全问题应进一步引起有关部门重视。

# 附录5 从地面到卫星的雷电探测方法评述

## 1. 引言

雷电探测在雷电的研究、监测及防护领域中处于极其核心的位置。一方面,通过遥测方式能大范围、较准确地提供雷电的放电参数,供雷电科学家进一步研究雷电的放电特性和其他更细致的物理过程,为进一步认识、防护雷电提供科学依据。另一方面,通过实时监测雷暴的发生、发展、成灾情况和移动方向及其他活动特性,对一些重点目标进行类似于台风的监测预报,使雷电造成的损失降到最低点。第三方面,雷电往往和暴雨、飓风、冰雹等强对流天气现象有很强的相关性,监测雷电活动的范围和频度是监测、预报上述灾害性天气的手段之一。第四方面,雷场附近的雷电预警等方面都有很高的经济效益。目前,几乎所有的发达国家和地区都布有全国和地区雷电探测网。

## 2. 雷电探测理论及方法

雷电探测理论是指利用闪电辐射的声、光、电磁场特性来遥测闪电放电参数(比如,时间、位置、强度、极性、电荷、能量等)的原理。

(1) 电辐射场特性

云闪和云地闪发生时,辐射频谱范围极大的电磁场,在初始击穿和通道建立过程中(对应先导和流光过程)主要辐射 VHF,当在电离后的通道中产生强电流时(对应云地闪回击过程和云闪活动态)主要辐射 LF 和 VLF。在地电离层波导中,VHF 以射线方式传播,辐射范围较小,一般为百公里量级;LF/VLF 以地波方式传播,可以传播到较大的范围,一般为千公里以内,特别是 VLF 借助于电离层的反射可以传播到很远的地方(数千公里)甚至全球。因此,可以在不同的距离上采用不同的频带,探测闪电过程。

闪电发生时还辐射很强的可见光,可以在空间利用卫星探测,闪电通道的电离和空气的膨胀产生隆隆雷声,可以用声学传感器探测。

(2) 主要的探测技术

根据上述闪电声、光、电磁场特性,目前主要的雷电探测方法如下。

声学　利用雷电辐射的次声进行雷电监测定位

光学　通过闪电光的亮度、光谱成分测定,确定回击放电参数

电磁场

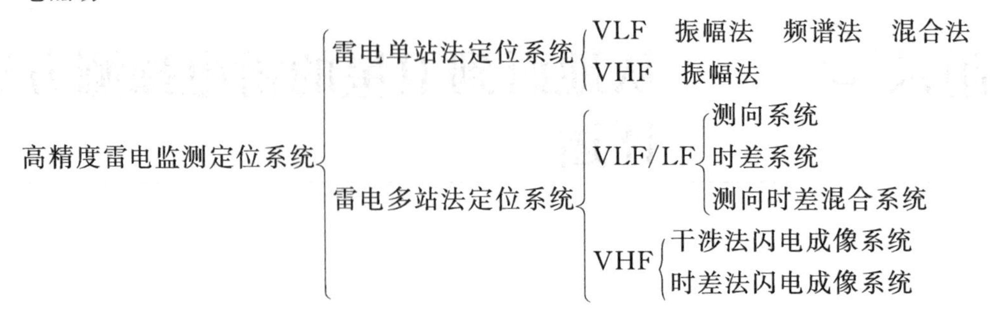


**3. 单站法雷电定位系统**

单站法雷电定位系统是指仅利用一个探测站探测雷电的放电参量，就各类系统分述如下。

(1) 光学法雷电定位系统

在较近距离(一般小于 30km)，采用光学强度计量、光谱分析，对闪电通道位置、温度、回击行进速度进行测量，该系统主要用于回击通道的探测。

接受闪电回击过程辐射的电磁场甚低频段的雷电单站定位系统有：振幅法、频散法以及将二者合起来的混合法。它们主要用来探测云地闪以及近距离的少部分云间闪。由于闪电回击辐射的甚低频信号在地电离层波导中能传播很远，因此这类单站系统能探测几公里到几百甚至上千公里范围的闪电。一般采用南北方向、东西方向放置的正交环磁场天线、垂直方向的电场天线组合测量闪电发生的方位角，理论误差能在±1°以内，但由于路径上折射及探测站周围场地环境的影响，实际测向误差往往达到十几度甚至二十几度。距离定位主要靠振幅测量、频散测量以及将二者合起来的混合法测量。

振幅定距离法是根据闪电辐射场强度和距离成反比的关系，取一标准强度值，由此定出单个闪电的大致距离。相对误差主要由闪电强度的离散度和传播误差决定，一般相对误差为 40%左右。

频散定距离法是根据闪电回击辐射的甚低频信号在地电离层波导中传播时不同频率成分衰减率不一样，选取几个特征频率，比较其衰减率，定出大致距离。由于电离层白天黑夜高度的差异和地表成分的差异等因素直接影响电波的传播特性，采用电离层高度模型校正后，此方法的定位误差也有 30%左右。

混合定距离法结合振幅和频散两种方法的优点，进行综合处理数据。此方法的定位精度较前两者有所提高，一般相对误差能到 25%左右。

为了加强对云间闪的探测，发展了一种甚高频雷电单站探测系统。该系统采用八对 ADCOCK 天线进行方向测量，一般精度能达到±3°以内。另外，统计平均闪电辐射的一系列高频脉冲的幅度值，并根据距离与强度成反比推测距离。一般情况下相对误差为 30%左右。由于甚高频信号的直线辐射特点，该系统只能在 150km 范围内探测雷电。

综上所述，单站法雷电定位系统由于单个闪电定位误差较大、强度无法定出，只能用于探测雷暴的方向、大致位置、频度，一般用于雷暴活动的预警。雷电单站定位系统的优点是设备简单、价格低廉，非常经济实用，可以用于机场、海上舰只等对防雷要求不高的场所的雷电预警。

#### 4. 多站法雷电定位系统

为了克服雷电单站定位的缺点，人们自然想到用多个探测仪对雷电进行定位。多站雷电定位系统定位精度高、探测参量多，但设备复杂、需要通信网和中心数据处理站。根据接受雷电信号的频段差异，分为 VLF、VLF/LF、VHF 三类。典型多站雷电定位系统介绍如下。

(1) 探测地波的 VLF/LF 频带探测系统

首先，介绍磁方向闪电定位系统(DF)。

磁方向闪电定位系统的原理来源于古老的无线电测向技术。由两个和两个以上的磁方向闪电探测仪组成(测向原理在单站中已介绍过)。该系统的探测原理是：当闪电回击发生时，它要向周围空间辐射很强的电磁波，分设在各地的磁方向闪电探测站根据接受到的闪电电磁信号，实时测出闪电到达各站的时间、方向、极性、强度、回击数等多项闪电参数；采用通信线路实时将各站所测数据发往中心数据处理站进行方向交汇定位处理，实时计算出闪电的位置、强度等，并将这些结果实时发给各图形显示终端。

在实际布网应用中，由于磁方向闪电探测仪的南北方向、东西方向的天线不可能做的严格垂直(一般能保证机械误差在 1°以内)、探测仪周围的场地误差以及传播路径上电波的折射等因素的影响，测向误差往往达到十几度，有时甚至达到二十几度，使得雷电定位系统的实际定位误差比较大，一般达到十几公里、有时达到几十公里，甚至得不到结果。虽然，研究了不少场地误差处理方法，对提高定位精度有一定的帮助，但不能从本质上解决问题。正因为如此，单纯的磁方向闪电定位系统在最近几年被彻底淘汰。

其次，介绍时差闪电定位系统(TOA)。

时差法闪电定位系统的探测原理是：每个闪电探测站主要探测每次闪电回击辐射的电磁波到达各探测站的绝对时间。如此，两站之间得到一个时间差，构成一条双曲线，在双曲线上的任何一点都是可能的闪电回击位置，另外，两站之间也有一个时间差，也可以构成另外一条双曲线，二条双曲线的交点，即为闪电回击位置。时差法雷电定位系统的特点是：

① 二站只能定一条双曲线，不能定位，三站在非双解区域可以得到惟一的定位结果，在双解区域有两个定位结果，不可区分。如此，一个雷电定位网最好有四个或四个以上的探测站探测数据，才可以保证探测结果是惟一的。

② 理论探测精度主要依赖各个探测站的时间测量、守时和同步精度，目前，广泛采用全球卫星导航定位系统(GPS)进行时间同步，能保证时间同步精度为 $10^{-7}$s，时间测量精度能保证在 $10^{-7}$s 以内，守时精度采用高稳定性恒温晶振，也能保证时间稳定度在 $10^{-7}$s 以内，因此从理论上讲，时差系统定位精度可以很高。

③ 一般情况下，实际探测误差从几百米到 2km～4km。这时由于各个探测站探测闪电回击波形的特征点是峰点到达的时间，而回击波形峰点随传播路径和距离的不同要发生漂移和畸变或者受环境的干扰，从而导致时间测量误差。这是时差法闪电定位系统的定位误差的主要来源，也是提高定位精度要解决的主要问题。

再次，介绍时差测向混合闪电定位系统(IMPACT)。

鉴于磁方向闪电定位系统定位误差较大，时差系统又必须至少有三个探测站才能定位的事实，很容易想到：把二者联合起来，形成时差测向混合闪电定位系统(IMPACT)。它的定位原理是：每个探测站既探测回击发生的方位角，又探测回击辐射的电磁脉冲波形峰点到达的精确时间。当有两个探测站接受到数据时，采用一条时差双曲线和两个测向量的混合算法计算位置；当有三个探测站接受到数据时，在非双解区域采用时差算法，在双解区域先采用时差算法得出双解后利用测向数据剔除双解中的假解；当有四个及四个以上探测站接受到数据时，采用时差最小二乘算法定位计算。

时差测向混合闪电定位系统的特点是：

① 当有两个探测站接受到数据时，也能进行较高精度的定位，定位误差一般能保证在几公里以内。

② 当有三个探测站接受到数据时，采用测向数据，可以惟一定出定位结果，定位精度和时差系统一样。

③ 四站及四站以上的多站网，主要用时差探测数据定位，测向数据的意义在于，可以用时差定位结果校正测向数据的系统误差，以便提高二站和三站的定位精度。

④ 时差测向混合闪电定位系统既可以和测向系统联网，又可以和时差系统联网，有很好的兼容性。

总之，时差测向混合闪电定位系统即能保证较少数目探测网有定位结果，又能保证较高的定位精度，是一种比较实用的雷电监测定位系统，据国内外资料表明其定位精度一般从几百米到2km～3km。

最后，介绍多参量高精度雷电监测定位系统。

时差测向混合闪电监测定位系统是一个很好的、实用的雷电定位系统。在实际应用中，仍希望其定位精度能进一步提高。导致该系统定位误差的主要原因是各站接受回击电波的传播误差，但在这个系统中，没有处理电波传播的数据。为此，发展了多参量高精度雷击监测定位系统。该系统的探测原理是：在每个探测站除测量回击的主位角、回击波形峰点到达的绝对时间外，另外增加了回击波形的数字采样和处理部分，并将回击波形的特征点送往中心站进行波形相关性分析，以便尽量消除回击波形受传播路径、环境干扰等因素的影响，从而提高回击定位精度。由于各探测站有回击数字波形，通过麦克斯韦方程组很容易得到回击源的其他放电参数和近似波形，显然，该系统获得的定位精度比 IMPACT 高、定位参量比一般的 IMPACT 雷电监测定位系统多。

(2) 长距离的 VLF 频带探测系统

将 VLF/LF 频带探测系统频带压到 VLF 段，波形判据用地电离层反射波形，就可以探测几千公里以外的由地电离层波导反射的雷电信号，根据波形的几跳特征(电离层一次反射称为一跳，$N$ 次反射称为 $N$ 跳)用时间差进行定位。其特点是：由于电离层的高度是变化的，因此定位精度不高，探测效率也没有保障。但该系统适合于探测没有条件布设 VLF/LF 探测设备的地方，应用于全球雷电活动监测。该系统技术处于研究阶段。

(3) VHF 频带的探测系统

与甚低频雷电监测定位系统并行发展的是甚高频雷电定位系统。甚低频雷电监测定位系统(低频低于 1MHz)主要测量云地闪电回击过程和云闪活跃态辐射的电磁场，对大电流过程进行定位。而甚高频雷电定位系统(30MHz～300MHz)则测量闪电每一个放电过程所辐射的甚高频电磁场,无论是云闪还是云地闪,这些甚高频电磁场来自闪电通道的各个部分,主要是由闪电通道等离子体由低向高导电率快变化所产生,所以甚高频雷电定位系统不仅能对闪电位置(云闪和地闪)进行精确的定位,而且能对整个闪电放电通道进行精确三维定位。

首先,介绍干涉法甚高频雷电定位系统。

所谓干涉法是指,测量VHF平面波在一对电场天线(彼此相隔在约1m)上的相位差,被测的相位差是信号达到方向的函数,分放在$X,Y,Z$三个互相垂直的方向上三个天线一组即可以得到两个平面方位角和一个仰角。甚高频雷电定位网一般由基线距离彼此为20km～100km的三个探测站和一个中心数据处理站组成,每个探测站有三个电场鞭天线,以便用干涉法测量放电源空间方位角,中心站根据三个空间角即可惟一定出源的空间位置。

甚高频雷电定位系统的主要特点是:

① 既可以定位云闪也可以定位云地闪,而且能测量每次闪电的放电通道等细致过程。

② 由于地球的球面效应,系统的探测范围不大。一般以网心为圆点,半径约为150km。

③ 系统的空间分辨率,在网内为500km,在覆盖区边沿为5km。

④ 布网基线距离一般为20km～100km,不宜太大。

其次,介绍基于GPS的时差法闪电成像系统。

由于闪电辐射过程包含大量的强脉冲,1970年Procter首次在南非采用时差双曲线定位方法,手工脉冲匹配,对云闪进行更精确的定位,并跟踪一次云闪,制成了三维闪电时空分布图。

1997年后,由于高速采样芯片及技术的问世,以及GPS时间同步技术的成熟应用,计算机速度大幅的提升使得同源脉冲匹配能自动、迅速、可靠实现,使得时差双曲线定位方法及闪电三维时空分布图技术得以完善。

甚高频雷电定位系统不便在大范围内监测雷电活动(比如覆盖半径上千公里的区域),最适合于气象部门做区域雷电放电机理研究以及和云间闪探测有关的观测。也可以供导弹、卫星火箭基地的空间雷电预警。

### 5. 在空间探测地球上的雷电

在卫星上对全球雷电活动,尤其是云间闪电的探测,一直是许多科学家的梦想。最近几年,该领域取得了实质性的进展,在卫星上探测雷电主要有两种方法,一是采用光学方法。二是采用VHF。

(1) 光学阵列传感器(CCD arrays)

光学阵列传感器安装在低轨卫星上,对准地球表面,其传感器是在任何时候(即便是白天)都具有能探测闪电闪光引起的光变化。从实验室工作和高空试验工作来看,NASA估计这套系统在白天探测效率也能达到90%。目前,该系统正处于试运行阶段。

(2) VHF全球闪电和灾害天气监测系统

在GPS卫星上,探测闪电辐射的强VHF场,采用时间差法对雷电在空间定位。该方法和光学探测法比，特点如下表。

时间差法与光学探测法的比较

| | 光学法 | VHF |
|---|---|---|
| 探测量 | 光 | VHF |
| 全球定位技术需要的卫星数 | CCD 阵列/最少需要一颗卫星 | 时间到达差法最少需要 3 颗卫星 |
| 大气影响 | 散射/衰减 | 没有 |
| 电离层影响 | 没有 | 散射和频率有关 |
| 闪电分类 | 不能区分 | 能区分云地闪、云闪、回击、先导等 |

卫星上探测闪电虽然很先进，但目前的技术还不能做到实时，精确定位，大量的数据都是定时、定点传到地面集中处理。